JN409595

제3판

응용다변량분석

- 이론, 방법론, SAS 활용 -

성웅현 저

APPLIED MULTIVARIATE ANALYSIS

머/리/말

개정판에서는 분석방법의 다양성과 내용의 충실성을 보완하기 위해서 필요한 분석방법과 다변량 자료에 근거한 다양한 응용 연습문제를 추가하였다. 제2장 다변량정규분포에 2.5 다변량정규성과 이상값을 탐색할 수 있는 이론과 그래픽 방법론을 제시하였다. 제5장 인자분석에 5.6 인자분석모형의 타당성을 진단할 수 있는 표본적합도 개념을 추가하였다. 제7장 분류와 판별분석에 7.8 정준판별분석인 추가하여 선형판별함수를 추정하고 활용하는 방법을 포함하였다. 그리고 각 장마다 새로운 연습문제를 추가하여 다변량분석의 활용을 다양화하였다. 그리고 예제와 연습문제에 사용된 자료와 분석을 위한 SAS 프로그램을 첨부하였다(탐진 홈페이지 제공).

이 책은 통계학을 전공하는 학부 3, 4학년 학생과 통계학, 경영학, 사회학 등 분야의 석사과정 학생이나 일반 연구자 등을 대상으로 집필하였다. 다변량 핵심이론의 응용과 분석결과의 해석 능력을 높이기 위해서 다음과 같은 관점을 고려하였다. 다변량분석의 핵심이론에 대한 수리적 절차를 가능한 명확하게 설명하려고 노력하였다. 또한 다양한 사례에 적용하기 위해서 다양한 응용 사례를 SAS프로그램을 통하여 분석하고 그 결과의 해석을 자세하게 설명하였다. 따라서 저자는 이 책을 배우는 과정에서 여러분의 학문적 수준과 분석능력이 더욱 향상되기를 기대한다. 단, 이 책을 통계학과 학부생에게 한 학기 강의용으로 사용될 경우 분량이 많을 수 있기 때문에, 부분적으로 몇 개 장을 제외하는 것도 적절하다고 판단된다. 그리고 통계학 전공이 아닌 분야 전공인 경우 수리적 전개보다는 논리적 설명과 사례분석에 집중하는 것이 유용하다.

저자의 부적함으로 인하여 여러 면에서 미흡함이 있지만 독자들에게 다변량분석의 지침서가 될 수 있도록 아낌없는 조언을 바라며, 계속해서 수정 · 보완할 것을 약속드린다. 개정판을 출판해주신 도서출판 탐진의 무궁한 발전을 기원한다.

2016년 8월
양산동 연구실에서 저자 씀
soh@hs.ac.kr

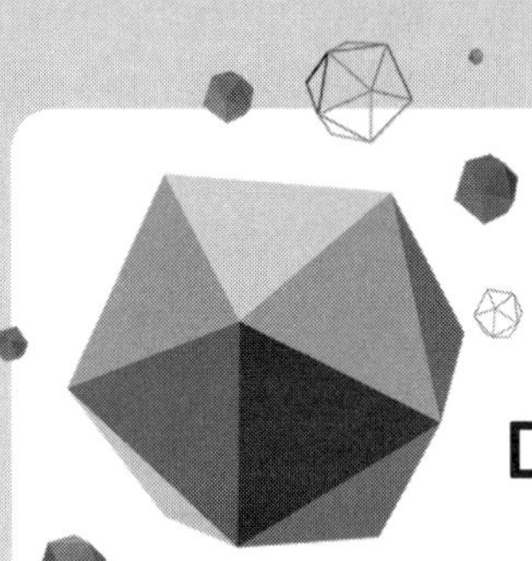

다변량분석방법의 선택

다변량분석방법은 다변량자료 연구에 대한 분석적인 분야뿐만 아니라 의사결정을 위한 자료의 수집과 설계에 영향을 미친다. 어떤 다변량자료가 주어졌을 때 적절한 다변량분석방법의 선택은 주로 세 가지 판단에 의하여 구분될 수 있다. (1) 분석대상 변수들은 이론에 근거하여 종속변수(dependent variable)와 독립변수(independent variable)로 나누어질 수 있는가? (2) 만약 변수들이 두 그룹으로 나누어질 수 있다면, 몇 개의 변수가 종속변수로 구분되는가? (3) 자료들은 어떻게 측정되었는가? 적절한 다변량분석방법의 선택은 위의 세 가지 질문에 대한 답을 통하여 알 수 있을 것이다.

첫 번째 질문 "분석대상 변수들은 이론에 근거하여 종속변수와 독립변수로 나누어질 수 있는가?"에 의하여 분석방법은 크게 두 가지로 구분된다. 분석대상 변수들을 종속변수와 독립변수로 구분하여 종속변수에 대한 독립변수들의 영향을 분석하는 종속적방법(dependence method)과 변수들을 종속변수와 독립변수로 구분하지 않고 모든 변수를 대상으로 분석하는 상호종속적방법(interdependence method)이 있다.

두 번째 질문 "만약 변수들이 두 그룹으로 나누어질 수 있다면, 몇 개의 변수가 종속변수로 구분되는가?"에 의하여 두 가지로 구분된다. 종속변수가 하나인 경우와 두 개 이상인 경우에 따라서 분석방법이 구분된다.

세 번째 질문 "자료들은 어떻게 측정되었는가?"에 대하여 자료는 정량적자료(metric data)와 비정량적자료(nonmetric data)로 구분된다. 비정량적자료에서 사용되는 척도는 명목척도(nominal scale)와 서열척도(ordinal scale)가 있다. 명목척도는 순서, 거리 및 절대영점의 개념이 없는 척도로서 자료를 상호 배타적이고 포괄적인 몇 개의 범주 또는 계급으로 분류하기 위한 숫자를 사용한다. 여기서 숫자자체는 단지 속성의 존재유무만을 나타내 주는 척도로서 숫자자체는 의미가 없는 척도이다. 예를 들면 성별, 종교분류, 지역분류, 기업분류 등이다.

서열척도는 명목척도에 순서 또는 서열개념을 부여하기 위하여 숫자를 사용한다. 여기서 숫자는 속성에 따른 대소관계를 나타내며 숫자의 크기는 속성의 양적 차이를 나타내지 못하는 측정단위이다. 예를 들면 새로운 제품에 대한 소비자의 만족수준순위, 소비자의 자동차 선호도순위 등이다. 따라서 비정량적자료는 명목척도나 순위척도로 측정된 자료로서 질적자료(qualitative data)라고도 한다.

정량적자료에서 사용되는 척도는 등간척도(interval scale)와 비율척도(ratio scale)가 있다. 등간척도는 자료를 분류하고 서열을 결정할 뿐만 아니라 거리 또는 간격을 부여한 숫자를 사용한다. 여기서 숫자는 양적인 차이를 표시하지만 절대적인 크기를 나타내 주지 못하므로 비율의 계산이 불가능하다. 예를 들면 온도나 평가점수 등이다. 비율척도는 앞에서 설명한 세 가지 척도의 특성에 비율의 개념을 추가한 척도이다. 즉, 절대적 크기의 비교가 가능하므로 이 척도에서는 가감승제가 가능하여진다. 예를 들면 거리, 무게, 소득 등이다. 따라서 정량적자료는 등간척도나 비율척도로 측정된 자료로서 양적자료(quantitative data)라고도 한다.

앞에서 설명한 세 가지 기준에 의하여 이 책에서 다룬 다변량분석방법을 분류하면 <표 1>과 같다. 또한 종속적인 방법인 경우 종속변수와 독립변수의 측정 척도에 따라 다변량분석 방법을 구분하면 <표 2>와 같다.

〈표 1〉 다변량분석방법 분류표

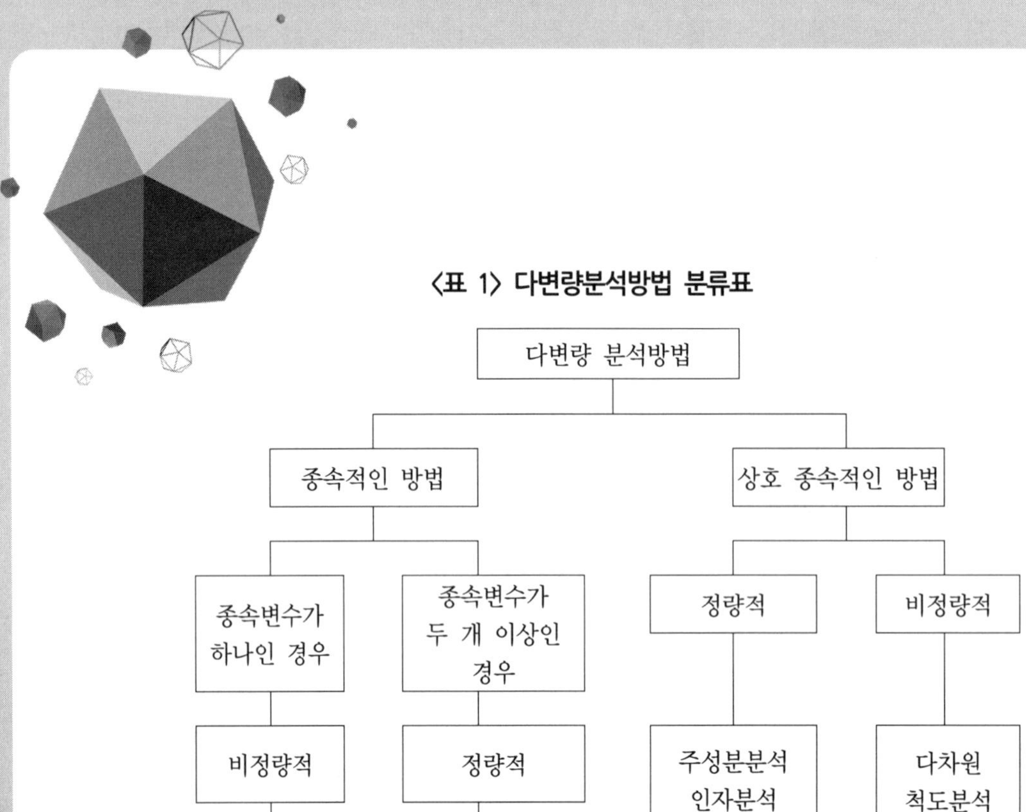

〈표 2〉 종속적인 방법에서 측정척도에 따른 분류

		종속변수	
		정 량 적	비정량적
독립변수	정 량 적	정준상관분석	분류 및 판별분석
	비정량적	다변량분산분석	—

차/례

행렬대수와 확률벡터

CHAPTER 2

다변량정규분포

CHAPTER 3

다변량분산분석

CHAPTER 4 주성분분석

CHAPTER 5 인자분석

CHAPTER 6 정준상관분석

CHAPTER 7 분류와 판별분석

CHAPTER 8 군집분석

다차원척도법

행렬대수와 확률벡터

CHAPTER 01

행렬대수와 확률벡터

APPLIED MULTIVARIATE ANALYSIS

1.1 서 론

다변량분석을 체계적으로 다루고 이해하기 위해서는 행렬대수의 사용이 필수적이다. 이 책에서 다루는 다변량분석 방법론은 행렬의 사용 없이는 설명이 불가능하기 때문에 행렬대수와 확률벡터의 기초이론은 반드시 필요한 분석도구이다. 행렬대수와 확률벡터를 이용하면 통계적 모형과 중요한 통계량을 간결하게 표현할 수 있을 것이다.

따라서 1장에서는 이 책에서 다룰 다변량분석에 필요한 행렬대수학의 기초적 설명과 기하학적 의미를 살펴보고자 한다. 또한 복잡한 행렬연산을 컴퓨터를 이용하여 쉽게 계산할 수 있는 절차를 설명하도록 하겠다.

- ☑ 벡터의 기초
- ☑ 행렬의 기초
- ☑ 고유값과 고유벡터
- ☑ 양정치행렬과 스펙트럼분해
- ☑ 제곱근행렬
- ☑ 평균벡터, 공분산행렬과 상관행렬
- ☑ 표본평균벡터, 표본공분산행렬과 표본상관행렬
- ☑ SAS/IML을 이용한 행렬연산

1.2 벡터의 기초

1.2.1 벡터의 정의 및 성질

n개의 수 $x_1, x_2, \cdots, x_n$의 배열을 표시하는 x를 열벡터(row vector)라 하고 다음과 같이 정의한다.

$$\mathrm{x} = \begin{bmatrix} x_1 \\ x_2 \\ \vdots \\ x_n \end{bmatrix} \quad \text{또는} \quad \mathrm{x}' = [x_1, x_2, \cdots, x_n]$$

여기서 x′는 벡터 x의 열을 행로 전치(transposing)한 행벡터(column vector)를 의미한다. 벡터는 합과 상수배라는 연산으로 정의된다. 벡터 x와 y가 같은 차원일 때, 즉 원소의 수가 같을 때 두 벡터의 합은 다음과 같이 정의한다.

$$\mathrm{x} + \mathrm{y} = \begin{bmatrix} x_1 \\ x_2 \\ \vdots \\ x_n \end{bmatrix} + \begin{bmatrix} y_1 \\ y_2 \\ \vdots \\ y_n \end{bmatrix} = \begin{bmatrix} x_1 + y_1 \\ x_2 + y_2 \\ \vdots \\ x_n + y_n \end{bmatrix}$$

또한 벡터 x에 임의의 상수 c를 곱하면 벡터 x는 확장되거나 축소된다. 기하학적으로 $c > 1$이면 같은 방향으로 확장되고, $0 < c < 1$이면 방향은 같지만 축소된다. 또한 $c < 0$이면 반대방향으로 확장되거나 축소된다. 즉, cx는 x의 각 원소에 임의의 상수 c를 곱한 것으로 다음과 같이 정의한다.

$$\mathrm{cx} = \begin{bmatrix} cx_1 \\ cx_2 \\ \vdots \\ cx_n \end{bmatrix}$$

벡터는 방향(direction)과 길이(length)를 갖는데 2차원 공간의 벡터 $\mathrm{x}' = [x_1, x_2]$의 길이 L_{x}는 다음과 같이 정의된다.

$$L_x = \sqrt{x_1^2 + x_2^2}$$

기하학적으로 이차원 공간상 벡터의 길이는 <그림 1.1>에서 보듯이 직각삼각형의 빗변의 길이를 나타낸다. 일반적으로 n차원 벡터 $\mathbf{x}' = [x_1, x_2, \cdots, x_n]$의 길이는 다음과 같이 정의한다.

$$L_x = \sqrt{x_1^2 + x_2^2 + \cdots + x_n^2} \tag{1-1}$$

그림 1.1 벡터 x의 길이

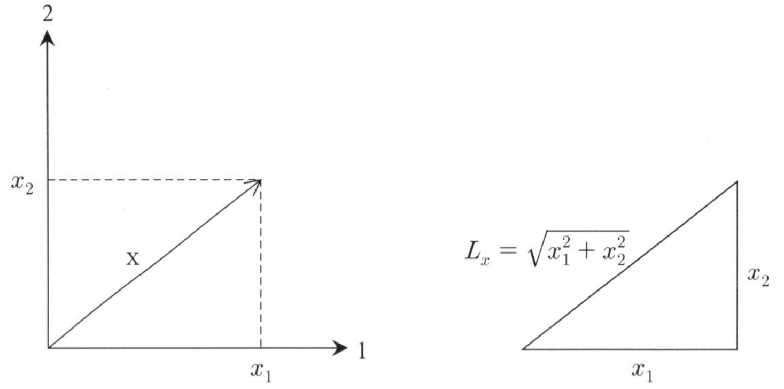

일반적으로 벡터 x에 임의의 상수 c를 곱한 길이는 식 (1−1)에서 다음과 같이 구해진다.

$$\begin{aligned} L_{cx} &= \sqrt{c^2x_1^2 + c^2x_2^2 + \cdots + c^2x_n^2} \\ &= |c|\sqrt{x_1^2 + x_2^2 + \cdots + x_n^2} \\ &= |c|L_x \end{aligned} \tag{1-2}$$

벡터의 길이는 임의의 상수 c의 값에 따라 확장되거나 축소된다. 만약 $c = L_x^{-1}$이면 길이가 1이 되고 방향이 같은 단위벡터(unit vector)를 얻을 수 있다.

두 번째 기하학적 개념은 평면상에서 두 cx벡터 사이의 각도 θ의 의미를 살펴보도록 하자. <그림 1.2>에서 어느 한 벡터 x는 수평축과 각도가 θ_1이고, 다른 한 벡터 y는 수평축과 각도가 θ_2라고 했을 때 두 벡터의 사이각 θ는 θ_2와 θ_1의 차이이다.

그림 1.2 두 벡터의 사이각 θ

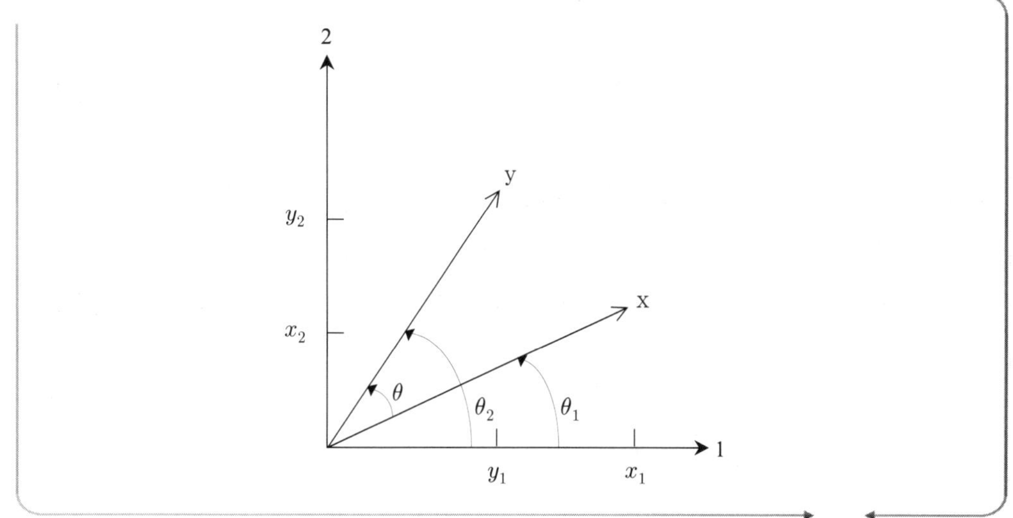

삼각함수의 정의에 의하면

$$\cos(\theta_1) = \frac{x_1}{\mathrm{L_x}} \qquad \sin(\theta_1) = \frac{x_2}{\mathrm{L_x}}$$

$$\cos(\theta_2) = \frac{y_1}{\mathrm{L_y}} \qquad \sin(\theta_2) = \frac{y_2}{\mathrm{L_y}}$$

이 된다. 사이각 θ는 $\theta_2 - \theta_1$이므로 사이각의 cosine 값은 삼각함수 항등식의 정의에 의하여

$$\cos(\theta) = \cos(\theta_2 - \theta_1) = \cos(\theta_2)\cos(\theta_1) + \sin(\theta_2)\sin(\theta_1)$$

로 구해진다. 위 결과를 응용하면 두 벡터 $\mathrm{x}' = [x_1, x_2]$와 $\mathrm{y}' = [y_1, y_2]$의 사이각 θ의 cosine은 다음과 같이 표시될 수 있다.

$$\cos(\theta) = \left(\frac{y_1}{L_y}\right)\left(\frac{x_1}{L_x}\right) + \left(\frac{y_2}{L_y}\right)\left(\frac{x_2}{L_x}\right) = \frac{x_1 y_1 + x_2 y_2}{L_x L_y} \qquad (1-3)$$

식 (1−3)의 분자는 두 벡터의 내적(inner product) 혹은 스칼라 곱(scalar product)으로 표시할 수 있다. 두 벡터 x와 y의 내적은 $x'y = x_1 y_1 + x_2 y_2$ 이고, $L_x = \sqrt{x'x}$ 이므로 식 (1−3)은 다음과 같이 다시 표시될 수 있다.

$$\cos(\theta) = \frac{x'y}{L_x L_y} = \frac{x'y}{\sqrt{x'x}\,\sqrt{y'y}} \qquad (1-4)$$

따라서 사이각 θ가 90°이거나 270°이면 $\cos(\theta) = 0$이 된다. 만약 두 벡터 내적이 $x'y = 0$이면 $\cos(\theta) = 0$이기 때문에 두 벡터는 서로 직교하는 성질을 가진다.

일반적으로 이차원은 n차원으로 확장될 수 있다. 두 벡터가 n차원일 때 내적은

$$x'y = [x_1, x_2, \cdots, x_n] \begin{bmatrix} y_1 \\ y_2 \\ \vdots \\ y_n \end{bmatrix}$$

$$= x_1 y_1 + x_2 y_2 + \cdots + x_n y_n \qquad (1-5)$$

이며, $x'y$ 혹은 $y'x$로 표시된다. 내적을 이용하면 n차원 벡터의 길이와 사이각의 cosine은 다음과 같이 구해진다.

$$L_x = \sqrt{x_1^2 + x_2^2 + \cdots + x_n^2} = \sqrt{x'x}$$

$$L_y = \sqrt{y_1^2 + y_2^2 + \cdots + y_n^2} = \sqrt{y'y}$$

$$\cos(\theta) = \frac{x'y}{L_x L_y} = \frac{x'y}{\sqrt{x'x}\ \sqrt{y'y}} \qquad (1-6)$$

이때 두 벡터의 내적이 $x'y = 0$ 이면 두 벡터는 서로 직교하고, 두 벡터 사이각의 cosine 값은 $\cos(\theta) = 0$ 가 된다.

예제 1.1

두 벡터 $\mathbf{x}' = [4, -3, 1]$, $\mathbf{y}' = [1, 2, -2]$가 주어졌을 때 다음 물음에 답하여라.

(1) $2\mathbf{x}$와 $\mathbf{x}+\mathbf{y}$를 구하고 $\mathbf{x}, \mathbf{y}$의 길이를 구하여라.

(2) 두 벡터의 내적 $\mathbf{x}'\mathbf{y}$ 과 두 벡터 사이각의 cosine을 구하여라.

(3) $2\mathbf{x}$의 길이가 $\mathbf{x}$ 길이의 두 배가 되는 것을 검토하여라.

풀이

$$2\mathbf{x}=2\begin{bmatrix}4\\-3\\1\end{bmatrix}=\begin{bmatrix}8\\-6\\2\end{bmatrix},\quad \mathbf{x}+\mathbf{y}=\begin{bmatrix}4\\-3\\1\end{bmatrix}+\begin{bmatrix}1\\2\\-2\end{bmatrix}=\begin{bmatrix}5\\-1\\-1\end{bmatrix}$$

$$L_{\mathbf{x}} = \sqrt{\mathbf{x}'\mathbf{x}} = \sqrt{4^2+(-3)^2+1^2} = \sqrt{26}$$

$$L_{\mathbf{y}} = \sqrt{\mathbf{y}'\mathbf{y}} = \sqrt{1^2+2^2+(-2)^2} = 3$$

$\mathbf{x}'\mathbf{y} = (4)(1)+(-3)(2)+(1)(-2) = -4$이므로

$\cos(\theta) = \dfrac{\mathbf{x}'\mathbf{y}}{L_{\mathbf{x}}L_{\mathbf{y}}} = \dfrac{-4}{3\sqrt{26}}$가 된다.

또한 $L_{2\mathbf{x}} = \sqrt{8^2+(-6)^2+2^2} = \sqrt{104} = 2\sqrt{26} = 2L_{\mathbf{x}}$이므로 $2\mathbf{x}$의 길이가 $\mathbf{x}$길이의 두 배가되는 것을 알 수 있다.

1.2.2 선형독립과 종속

동일한 차원의 벡터 $\mathbf{x}$와 $\mathbf{y}$에 대하여 선형결합 $c_1\mathbf{x}+c_2\mathbf{y}=0$을 만족시키는 상수 c_1와 c_2가 모두 0이 아니라면 두 벡터는 선형적으로 종속이고, 적어도 하나의 상수가 0이면 두 벡터는 독립적인 관계에 있다고 말한다. 일반적으로 동일한 차원의 k개 벡터와 k개 상수에 대하여 선형결합이 다음과 같이 표시되었을 때

$$c_1\mathbf{x}_1 + c_2\mathbf{x}_2 + \cdots + c_k\mathbf{x}_k = 0 \qquad (1-7)$$

식 (1−7)을 만족시키는 k개 상수가 모두 0이 아니고 k개 벡터 어느 것도 영벡터가

아니면 그러한 벡터들을 선형종속적인 벡터라 하고, 식 (1−7)을 만족시키는 k개 상수가 모두 0이고 k개 벡터 어느 것도 영벡터가 아니면 그러한 벡터들을 선형독립적인 벡터라 한다. 따라서 선형종속이란 적어도 하나의 벡터가 다른 벡터들의 선형결합으로 표시되는 경우를 의미한다.

예제 1.2

다음 세 개의 벡터가 선형적으로 독립임을 밝혀라.

$$\mathbf{x}_1 = \begin{bmatrix} -1 \\ 2 \\ 2 \end{bmatrix}, \quad \mathbf{x}_2 = \begin{bmatrix} 2 \\ -4 \\ -1 \end{bmatrix}, \quad \mathbf{x}_3 = \begin{bmatrix} 3 \\ 2 \\ -1 \end{bmatrix}$$

선형결합이 $c_1\mathbf{x}_1 + c_2\mathbf{x}_2 + c_3\mathbf{x}_3 = 0$일 때 다음이 성립한다.

$$\begin{aligned} -c_1 + 2c_2 + 3c_3 &= 0 \\ 2c_1 - 4c_2 + 2c_3 &= 0 \\ 2c_1 - 1c_2 - 1c_3 &= 0 \end{aligned}$$

위 식들을 만족시키는 유일한 해는 $c_1 = c_2 = c_3 = 0$이므로 세 벡터는 선형적으로 독립이다.

1.3 행렬의 기초

1.3.1 행렬의 정의

실수들을 원소로 하는 어떤 직사각형 모양으로 배열한 것을 행렬(matrix)이라고 한다. 임의의 m행(row)과 k열(column)의 배열을 $m \times k$행렬이라 하고 다음과 같이 정의한다.

$$A_{m \times k} = \begin{bmatrix} a_{11} & a_{12} & \cdots & a_{1k} \\ a_{21} & a_{22} & \cdots & a_{2k} \\ \vdots & \vdots & \ddots & \vdots \\ a_{m1} & a_{m2} & \cdots & a_{mk} \end{bmatrix}$$

앞의 행렬은 간단히 $A = \{a_{ij}\}, (i = 1, 2, \cdots, m\,;\, j = 1, 2, \cdots, k)$로 표시하고, a_{ij}는 행렬 A의 i번째 행과 j번째 열의 원소(element)를 의미한다. 이때 행과 열의 수를 나타내는 $m \times k$을 행렬의 차원(dimension)이라고 한다. 또한 행과 열의 수가 같은 행렬, 즉 $k \times k$행렬을 k차 정방행렬(square matrix)이라고 한다.

(1) 대칭행렬(symmetric matrix)

정방행렬 $A = \{a_{ij}\}$에서 모든 i, j에 대하여 $a_{ij} = a_{ji}$가 성립될 때 A를 대칭행렬이라 부른다. 즉 대칭행렬은 대각선에 대하여 대칭이다. 예를 들면 다음과 같다.

$$\begin{bmatrix} 2 & 5 & 4 \\ 5 & 14 & 12 \\ 4 & 12 & 16 \end{bmatrix}$$

(2) 단위행렬(unit matrix)

k차 정방행렬에서 대각선 원소가 모두 1이고, 나머지 원소가 모두 0이면 이 행렬을 k차 단위행렬이라고 하고, I 혹은 I_k로 표시한다. 따라서 3차 단위행렬은 다음과 같이 표시된다.

$$I_3 = \begin{bmatrix} 1 & 0 & 0 \\ 0 & 1 & 0 \\ 0 & 0 & 1 \end{bmatrix}$$

(3) J행렬(J matrix)

모든 원소가 1인 행렬을 J행렬이라고 부른다. J행렬은 모든 원소가 1인 두 벡터의 외적으로 구해진다. 예를 들면 다음과 같다.

$$1_3 1'_2 = \begin{bmatrix}1\\1\\1\end{bmatrix}[1\,1] = \begin{bmatrix}1\,1\\1\,1\\1\,1\end{bmatrix} = J_{3\times 2}$$

(4) 대각선행렬(diagonal matrix)

정방행렬에서 대각선 원소가 0이 아닌 값을 가지고, 그 외의 모든 비대각 원소들이 0일 때 대각선행렬이라고 한다. 예를 들면 다음과 같다.

$$\begin{bmatrix}2 & 0 & 0\\0 & 5 & 0\\0 & 0 & 8\end{bmatrix}$$

(5) 전치행렬(transpose matrix)

행렬 A의 각 행을 각 열로 바꾸어 놓은 행렬을 전치행렬이라 하고 A′로 표시한다. 따라서 행렬 A차원이 $m \times k$이면 A′차원은 $k\times m$이 된다. 예를 들면 다음과 같다.

$$A_{2\times 3} = \begin{bmatrix}2 & 1 & 3\\7 & -4 & 6\end{bmatrix} \text{ 이면 } A'_{3\times 2} = \begin{bmatrix}2 & 7\\1 & -4\\3 & 6\end{bmatrix} \text{이 된다.}$$

1.3.2 행렬의 연산

(1) 스칼라 배

$m \times k$행렬 $A=\{a_{ij}\}$에 임의의 상수 c를 곱한 행렬 cA는 행렬 A의 각 원소에 상수 c를 곱한 것이 된다. 즉 $cA = Ac = \{ca_{ij}\}$이 된다.

$$cA_{m\times k} = \begin{bmatrix}ca_{11} & ca_{12} & \cdots & ca_{1k}\\ca_{21} & ca_{22} & \cdots & ca_{2k}\\\vdots & \vdots & \ddots & \vdots\\ca_{m1} & ca_{m2} & \cdots & ca_{mk}\end{bmatrix}$$

예제 1.3

2×3행렬 A가 다음과 같이 주어졌을 때 4A를 구하여라.

풀이

$$A = \begin{bmatrix} 3 & 2 & 3 \\ 4 & 1 & 1 \end{bmatrix}, \quad 4A = \begin{bmatrix} 12 & 8 & 12 \\ 16 & 4 & 4 \end{bmatrix}$$

(2) 행렬의 합과 차

동일한 차원의 $m \times k$행렬 $A = \{a_{ij}\}$와 $B = \{b_{ij}\}$가 아래와 같이 주어졌을 때, 두 행렬의 합은 $A + B = \{a_{ij} + b_{ij}\}$이고, 두 행렬의 차는 $A - B = \{a_{ij} - b_{ij}\}$가 된다.

$$A_{m \times k} = \begin{bmatrix} a_{11} & a_{12} & \cdots & a_{1k} \\ a_{21} & a_{22} & \cdots & a_{2k} \\ \vdots & \vdots & \ddots & \vdots \\ a_{m1} & a_{m2} & \cdots & a_{mk} \end{bmatrix} \quad B_{m \times k} = \begin{bmatrix} b_{11} & b_{12} & \cdots & b_{1k} \\ b_{21} & b_{22} & \cdots & b_{2k} \\ \vdots & \vdots & \ddots & \vdots \\ b_{m1} & b_{m2} & \cdots & b_{mk} \end{bmatrix}$$

$$(A+B)_{m \times k} = \begin{bmatrix} a_{11} + b_{11} & a_{12} + b_{12} & \cdots & a_{1k} + b_{1k} \\ a_{21} + b_{21} & a_{22} + b_{22} & \cdots & a_{2k} + b_{2k} \\ \vdots & \vdots & \ddots & \vdots \\ a_{m1} + b_{m1} & a_{m2} + b_{m2} & \cdots & a_{mk} + b_{mk} \end{bmatrix}$$

$$(A-B)_{m \times k} = \begin{bmatrix} a_{11} - b_{11} & a_{12} - b_{12} & \cdots & a_{1k} - b_{1k} \\ a_{21} - b_{21} & a_{22} - b_{22} & \cdots & a_{2k} - b_{2k} \\ \vdots & \vdots & \ddots & \vdots \\ a_{m1} - b_{m1} & a_{m2} - b_{m2} & \cdots & a_{mk} - b_{mk} \end{bmatrix}$$

또한 $a_{ij} = b_{ij}$인 경우에는 $A - B$는 모든 원소가 0인 영행렬 0이 된다. 즉 $A - B = 0$이 된다.

예제 1.4

동일한 차원의 2×3 행렬 A와 B가 다음과 같이 주어졌을 때 두 행렬의 합과 차를 구하여라.

$$A=\begin{bmatrix}3&8&4\\6&2&1\end{bmatrix},\quad B=\begin{bmatrix}1&0&2\\1&-3&-5\end{bmatrix}$$

풀이

$$A+B=\begin{bmatrix}3+1&8+0&4+2\\6+1&2-3&1-5\end{bmatrix}=\begin{bmatrix}4&8&6\\7&-1&-4\end{bmatrix}$$

$$A-B=\begin{bmatrix}3-1&8-0&4-2\\6-1&2+3&1+5\end{bmatrix}=\begin{bmatrix}2&8&2\\5&5&6\end{bmatrix}$$

정리 1-1

동일한 차원의 $m\times k$행렬 A, B, C 와 임의의 상수 c, d에 대하여 다음 관계가 성립된다.

(1) $A+B=B+A$

(2) $(A+B)+C=A+(B+C)$

(3) $c(A+B)=cA+cB$

(4) $(c+d)A=cA+dA$

(5) $(A')'=A$

(6) $(A+B)'=A'+B'$

(7) $(cA)'=cA'$

(3) 행렬의 곱

$m\times n$행렬 $A=\{a_{ij}\}$와 $n\times k$행렬 $B=\{b_{ij}\}$가 주어질 때 두 행렬의 곱 $C=AB$의 차원은 $m\times k$가 되고, (i, j)의 원소 c_{ij}는 행렬 A의 i번째 행의 각 원소와 행렬 B의 j번째 열의 각 원소의 곱을 합한 것으로 다음과 같이 표시된다.

$$c_{ij}=\sum_{h=1}^{n}a_{ih}\,b_{hj},\quad i=1,2,\cdots,m,\ j=1,2,\cdots,k$$

두 행렬의 곱 AB는 A열의 수와 B행의 수가 같을 때만 정의된다. 따라서 AB가 성립된다고 하더라도 BA가 성립되지 않을 수도 있으며, 또한 BA가 성립된다고 해서 반드시 AB = BA가 성립되지는 않는다.

예제 1.5

행렬 A와 B가 아래와 같이 주어졌을 때 행렬의 곱 AB와 BA를 구하여라.

$$A = \begin{bmatrix} 1 & 0 & 2 \\ -1 & 4 & 3 \end{bmatrix}, \quad B = \begin{bmatrix} 0 & 6 \\ 1 & 1 \\ 2 & 4 \end{bmatrix}$$

풀이

$$AB = \begin{bmatrix} 1\times0+0\times1+2\times2 & 1\times6+0\times1+2\times4 \\ -1\times0+4\times1+3\times2 & -1\times6+4\times1+3\times4 \end{bmatrix} = \begin{bmatrix} 4 & 14 \\ 10 & 10 \end{bmatrix}$$

$$BA = \begin{bmatrix} 0\times1+6\times-1 & 0\times0+6\times4 & 0\times2+6\times3 \\ 1\times1+1\times-1 & 1\times0+1\times4 & 1\times2+1\times3 \\ 2\times1+4\times-1 & 2\times0+4\times4 & 2\times2+4\times3 \end{bmatrix} = \begin{bmatrix} -6 & 24 & 18 \\ 0 & 4 & 5 \\ -2 & 16 & 16 \end{bmatrix}$$

$A_{2\times3}B_{3\times2}$이므로 AB의 차원은 2×2가 되고, $B_{3\times2}A_{2\times3}$이므로 BA의 차원은 3×3가 된다.

정리 1-2

행렬 곱이 정의될 수 있는 행렬 A, B, C와 임의의 상수 c에 대하여 다음 성질이 성립한다.

(1) $c(AB) = (cA)B$

(2) $(AB)C = A(BC)$

(3) $A(BC) = (AB)C$

(4) $(A+B)C = AC+BC$

(5) $A(B+C) = AB+AC$

(6) $(AB)' = B'A$

(7) $(ABC)' = C'B'A$

(4) 행렬식

행과 열의 수가 같은 $k\times k$정방행렬 $A = \{a_{ij}\}$의 행렬식(determinant)은 $|A|$로 표시한다. 행렬 A에서 첫 번째 행과 j번째 열을 제외한 $(k-1)\times(k-1)$행렬의 행렬식을

M_{1j}로 표시하면, M_{1j}는 a_{1j}의 소행렬식이라 부르고, $A_{1j}=M_{1j}(-1)^{1+j}$를 a_{1j}의 여인자(cofactor)라 한다. 이때 행렬식 $|A|$는 다음과 같이 정의된다.

만약 $k=1$이면 $|A|=a_{11}$이고

만약 $k>1$이면 $|A|=\sum_{j=1}^{k} a_{1j}A_{1j}$가 된다.

예를 들면 행렬 A가 2×2와 3×3인 경우에 행렬식을 구해보면 다음과 같다.

$$\begin{vmatrix} a_{11} & a_{12} \\ a_{21} & a_{22} \end{vmatrix} = a_{11}a_{22}(-1)^2 + a_{12}a_{21}(-1)^3 = a_{11}a_{22} - a_{12}a_{21}$$

$$\begin{vmatrix} a_{11} & a_{12} & a_{13} \\ a_{21} & a_{22} & a_{23} \\ a_{31} & a_{32} & a_{33} \end{vmatrix}$$

$$= a_{11}\begin{vmatrix} a_{22} & a_{23} \\ a_{32} & a_{33} \end{vmatrix}(-1)^2 + a_{12}\begin{vmatrix} a_{21} & a_{23} \\ a_{31} & a_{33} \end{vmatrix}(-1)^3 + a_{13}\begin{vmatrix} a_{21} & a_{22} \\ a_{31} & a_{32} \end{vmatrix}(-1)^4$$

$$= a_{11}a_{22}a_{33} - a_{11}a_{23}a_{32} - a_{12}a_{21}a_{33} + a_{12}a_{23}a_{31} + a_{13}a_{21}a_{32} - a_{13}a_{22}a_{31}$$

예제 1.6

다음 행렬 A와 B의 행렬식의 값을 구하여라.

$$A = \begin{bmatrix} 1 & 3 \\ 6 & 4 \end{bmatrix}, \quad B = \begin{bmatrix} 3 & 1 & 6 \\ 7 & 4 & 5 \\ 2 & -7 & 1 \end{bmatrix}$$

풀이

$$|A| = \begin{vmatrix} 1 & 3 \\ 6 & 4 \end{vmatrix} = 1(4)(-1)^2 + 3(6)(-1)^3 = 1(4) + 3(6)(-1) = 14$$

$$|B| = \begin{vmatrix} 3 & 1 & 6 \\ 7 & 4 & 5 \\ 2 & -7 & 1 \end{vmatrix} = 3\begin{vmatrix} 4 & 5 \\ -7 & 1 \end{vmatrix}(-1)^2 + 1\begin{vmatrix} 7 & 5 \\ 2 & 1 \end{vmatrix}(-1)^3 + 6\begin{vmatrix} 7 & 4 \\ 2 & -7 \end{vmatrix}(-1)^4$$

$$= 3(39) - 1(-3) + 6(-57) = -222$$

정리 1-3

행렬 A, B가 $k \times k$ 정방행렬이면 임의의 상수 c에 대하여 다음과 같은 성질이 성립한다.

(1) $|A| = |A'|$

(2) 만약 각 행이나 열의 모든 원소가 0이면 $|A| = 0$이다.

(3) 만약 어떤 두 행이나 두 열의 원소가 동일한 경우 $|A| = 0$이다.

(4) 만약 어느 행(또는 열)이 다른 행(또는 열)의 선형결합일 때 $|A| = 0$이다.

(5) $|AB| = |A||B|$

(6) $|cA| = c^k |A|$

(5) 트레이스(trace)

$k \times k$ 정방행렬 $A = \{a_{ij}\}$에서 대각선 원소들의 합을 A의 트레이스라고 하고 $tr(A)$로 표시한다. 즉, $tr(A) = \sum_{i=1}^{k} a_{ii}$이다.

예제 1.7

다음 행렬의 트레이스를 구하여라.

$$A = \begin{bmatrix} 1 & 0 & 3 \\ 2 & 3 & -1 \\ 0 & 4 & 1 \end{bmatrix}$$

풀이

$tr(\boldsymbol{A}) = 1 + 3 + 1 = 5$

정리 1-4

각 행렬 A, B, C 가 $k \times k$ 정방행렬이면 다음과 같은 성질들이 성립한다.

(1) $tr(cA) = c\ tr(A)$

(2) $tr(A \pm B) = tr(A) \pm tr(B)$

(3) $tr(AB) = tr(BA)$

(4) $tr(ABC) = tr(BCA) = tr(CAB)$

(5) $tr(AA') = \sum_{i=1}^{k}\sum_{j=1}^{k} a_{ij}^2$

1.3.3 특수한 행렬

(1) 역행렬(inverse matrix)

행렬 A가 정방행렬이고 행렬식이 $|A| \neq 0$인 경우에, $AB = I$를 성립시키는 정방행렬 B가 존재하면 B를 A의 역행렬이라 하고 $B = A^{-1}$로 표시한다. 따라서 $AA^{-1} = A^{-1}A = I$가 된다. k차 정방행렬 A의 역행렬 A^{-1}는 행렬식과 여인자를 사용한 다음과 같은 공식에 의하여 얻어진다.

$$A^{-1} = \frac{1}{|A|}\begin{bmatrix} A_{11} & A_{21} & \cdots & A_{k1} \\ A_{12} & A_{22} & \cdots & A_{k2} \\ \vdots & \vdots & \ddots & \vdots \\ A_{1k} & A_{2k} & \cdots & A_{kk} \end{bmatrix}$$

역행렬 A^{-1}이 존재하기 위한 두 가지 조건은 A가 정방행렬이고 행렬식이 $|A| \neq 0$임을 유의하기 바란다. 또한 정방행렬의 행렬식이 0일 때 그 정방행렬을 비정칙(singular)행렬이라고 하고 0이 아닌 경우에는 정칙(nonsingular)행렬이라고 한다. 따라서 정칙행렬만이 역행렬을 가진다.

정리 1-5

다음 두 개 정방행렬의 역행렬은 다음과 같이 구해진다.

(1) $A = \begin{bmatrix} a_{11} & a_{12} \\ a_{21} & a_{22} \end{bmatrix}$이면 $A^{-1} = \frac{1}{|A|}\begin{bmatrix} a_{22} & -a_{12} \\ -a_{21} & a_{11} \end{bmatrix}$ 이다.

(2) $A = \begin{bmatrix} a_{11} & a_{12} & a_{13} \\ a_{21} & a_{22} & a_{23} \\ a_{31} & a_{32} & a_{33} \end{bmatrix}$이면

$$A^{-1} = \frac{1}{|A|}\begin{bmatrix} \begin{vmatrix} a_{22} & a_{23} \\ a_{32} & a_{33} \end{vmatrix} & -\begin{vmatrix} a_{12} & a_{13} \\ a_{32} & a_{33} \end{vmatrix} & \begin{vmatrix} a_{12} & a_{13} \\ a_{22} & a_{23} \end{vmatrix} \\ -\begin{vmatrix} a_{21} & a_{23} \\ a_{31} & a_{33} \end{vmatrix} & \begin{vmatrix} a_{11} & a_{13} \\ a_{31} & a_{33} \end{vmatrix} & -\begin{vmatrix} a_{11} & a_{13} \\ a_{21} & a_{23} \end{vmatrix} \\ \begin{vmatrix} a_{21} & a_{22} \\ a_{31} & a_{32} \end{vmatrix} & -\begin{vmatrix} a_{11} & a_{12} \\ a_{31} & a_{32} \end{vmatrix} & \begin{vmatrix} a_{11} & a_{12} \\ a_{21} & a_{22} \end{vmatrix} \end{bmatrix}$$ 이다.

일반적으로 3차 이상의 정방행렬에 대하여 역행렬을 구하는 것은 많은 시간이 걸리고 어려운 일이기 때문에 일반적으로 컴퓨터를 통하여 구하게 된다.

예제 1.8

다음 2차 정방행렬에 대하여 역행렬을 구하여라.

$$A = \begin{bmatrix} 2 & 5 \\ 3 & 9 \end{bmatrix}$$

풀이

$|A| = \begin{vmatrix} 2 & 5 \\ 3 & 9 \end{vmatrix} = 18 - 15 = 3$이기 때문에 역행렬은 $A^{-1} = \frac{1}{3}\begin{bmatrix} 9 & -5 \\ -3 & 2 \end{bmatrix}$이 된다.

정리 1-6

각 행렬 A, B, C 가 정방행렬이고 역행렬이 존재하면 다음과 같은 관계가 성립한다.

(1) $(A^{-1})' = (A')^{-1}$

(2) $(A^{-1})^{-1} = A$

(3) $(AB)^{-1} = B^{-1}A^{-1}$

(4) $|A^{-1}| = 1/|A|$

(5) $(ABC)^{-1} = C^{-1}B^{-1}A^{-1}$

(2) 직교행렬(orthogonal matrix)

정방행렬 A의 각 열벡터가 서로 직교하고 단위길이 1을 가질 때, 즉 $AA' = I$ 이 성립하면 행렬 A를 직교행렬이라고 한다. 즉 행렬 A의 전치행렬 A′과 역행렬 A^{-1}이 일치하는 경우인 $A' = A^{-1}$일 때 행렬 A를 직교행렬이라고 한다.

예제 1.9

다음 행렬 A가 직교행렬임을 보여라.

$$A = \frac{1}{15}\begin{bmatrix} 5 & -14 & 2 \\ -10 & -5 & -10 \\ 10 & 2 & -11 \end{bmatrix}$$

풀이

$$A' = \frac{1}{15}\begin{bmatrix} 5 & -10 & 10 \\ -14 & -5 & 2 \\ 2 & -10 & -11 \end{bmatrix}$$

$$AA' = \frac{1}{(15)^2}\begin{bmatrix} 5 & -14 & 2 \\ -10 & -5 & -10 \\ 10 & 2 & -11 \end{bmatrix}\begin{bmatrix} 5 & -10 & 10 \\ -14 & -5 & 2 \\ 2 & -10 & -11 \end{bmatrix} = \begin{bmatrix} 1 & 0 & 0 \\ 0 & 1 & 0 \\ 0 & 0 & 1 \end{bmatrix}$$

$AA' = I$ 가 성립되므로 행렬 A는 직교행렬이다.

정리 1-7

행렬 A가 직교행렬일 때 다음과 같은 성질들이 성립한다.

(1) $|A| = 1$이거나 -1이다.

(2) $tr(A'BA) = tr(AA'B) = tr(B)$

(3) $|A'BA| = |A'||BA| = |A'||B||A| = |B|$

(3) 멱등행렬(idempotent matrix)

정방행렬 A에 대하여 $AA = A$가 성립되면 행렬 A를 멱등행렬이라고 한다. 예를 들면

$$A = \begin{bmatrix} 2 & 4 & 6 \\ 4 & 8 & 12 \\ -3 & -6 & -9 \end{bmatrix}$$

$$AA = \begin{bmatrix} 2 & 4 & 6 \\ 4 & 8 & 12 \\ -3 & -6 & -9 \end{bmatrix}\begin{bmatrix} 2 & 4 & 6 \\ 4 & 8 & 12 \\ -3 & -6 & -9 \end{bmatrix} = \begin{bmatrix} 2 & 4 & 6 \\ 4 & 8 & 12 \\ -3 & -6 & -9 \end{bmatrix}$$

따라서 $AA = A$가 성립되므로 행렬 A는 멱등행렬이다.

정리 1-8

행렬 A와 B가 멱등행렬이면 다음과 같은 성질이 성립된다.

(1) $I-A$도 멱등행렬이다. 왜냐하면

$$\begin{aligned}(I-A)(I-A) &= I-A-A+AA \\ &= I-A-A+A = I-A\end{aligned}$$

이기 때문이다.

(2) $AB = BA$이 성립되면 AB도 멱등행렬이다. 왜냐하면
$(AB)(AB) = AABB = AB$이기 때문이다.

1.3.4 행렬의 계수

행렬의 계수(rank)는 선형독립인 행 또는 열의 최대 개수이다. 행렬 A의 계수는 $r(A)$로 표시한다. 따라서 $r(A) = k$이면 행렬 A는 k개의 선형독립인 행들과 k개의 선형독립인 열들을 가진다는 의미이다. 만약 $k \times k$ 행렬 A에서 $r(A) = k$이면 행렬 A를 정칙행렬이라 하고, $r(A) < k$이면 비정칙행렬이라고 한다. 예를 들면 [예제 1. 2]에서 다룬 세 개 벡터를 한데 모아 다음과 같은 행렬 A를 생각하여 보자.

$$A = \begin{bmatrix} -1 & 2 & 3 \\ 2 & -4 & 2 \\ 2 & 1 & -1 \end{bmatrix}$$

행렬 A에서 선형독립인 열이 3개이므로 계수는 $r(A) = 3$이 된다.

예제 1.10

다음 행렬 A의 계수를 구하여라.

$$A = \begin{bmatrix} 1 & 1 & 1 \\ 2 & 5 & -1 \\ 0 & 1 & -1 \end{bmatrix}$$

풀이

행렬 A에서 1열과 2열은 선형독립이고, 3열은 1열과 2열의 선형결합으로 다음과 표시할 수 있으므로 계수는 $r(A) = 2$가 된다.

$$2\begin{bmatrix} 1 \\ 2 \\ 0 \end{bmatrix} - \begin{bmatrix} 1 \\ 5 \\ 1 \end{bmatrix} = \begin{bmatrix} 1 \\ -1 \\ -1 \end{bmatrix}$$

정리 1-9

행렬 A의 계수의 대한 성질을 요약하면 다음과 같다.

(1) 행렬의 열의 계수는 행의 계수와 같다.

(2) $r(A)$는 양의 정수이다.

(3) $r(A_{p\times q}) \leq p$이고 $r(A_{p\times q}) \leq q$이다.
즉, 계수는 행이나 열의 개수보다 작거나 같다.

(4) $r(A_{k\times k}) = k$이면 역행렬 A^{-1}가 존재한다.

(5) $r(A_{k\times k}) < k$이면 행렬식 $|A| = 0$이 된다.

1.4 고유값과 고유벡터

정방행렬 A와 단위행렬 I가 주어졌을 때 행렬 A의 특성방정식인 $|A-\lambda I|=0$를 고려하여 보자. 즉, 행렬 A의 특성방정식은 $A-\lambda I$의 행렬식이 0가 될 수 있도록 λ를 구하는 것이다. k차 행렬 A의 특성방정식은 λ에 관한 k차 연립방정식이 되고, 여기서 구한 k개 근인 $\lambda_1, \lambda_2, \cdots, \lambda_k$를 행렬 A의 고유값(eigen value)이라고 한다. 각 고유값 λ_i에 대하여

$$A x_i=\lambda_i x_i \quad \text{혹은} \quad (A-\lambda_i I)x_i=0$$

을 만족하는 영이 아닌 벡터 x_i를 각 고유값 λ_i에 대한 고유벡터(eigen vector)라고 한다. 일반적으로 고유벡터는 단위길이를 갖도록 정규화된 고유벡터 $e_i=x_i/\sqrt{x'_i x_i}$ 로 표시된다.

행렬 A가 $k\times k$정방행렬이면서 대칭행렬이면, 행렬 A에서 k개 고유값과 정규화된 고유벡터짝을 구할 수 있다.

$$((\lambda_1, e_1),\ (\lambda_2, e_2),\ \cdots\ , (\lambda_k, e_k))$$

이때 k개의 정규화된 고유벡터들은 단위길이를 갖고 서로 직교를 이룬다. 이와 같은 성질을 벡터의 내적으로 표시하면 다음과 같다.

$$e'_1 e_1 = e'_2 e_2 = \cdots = e'_k e_k = 1$$
$$e'_i\ e_j = 0 \quad (i \neq j)$$

그리고 두 개 이상의 고유값들이 동일하지 않으면 고유벡터들은 유일하다고 한다.

예제 1.11

다음 행렬 A의 고유값과 고유벡터를 구하여라.

$$A = \begin{bmatrix} 1 & 2 \\ 2 & -2 \end{bmatrix}$$

풀이

행렬 A의 특성방정식은

$$|A-\lambda I| = \left| \begin{bmatrix} 1 & 2 \\ 2 & -2 \end{bmatrix} - \lambda \begin{bmatrix} 1 & 0 \\ 0 & 1 \end{bmatrix} \right| = \begin{vmatrix} 1-\lambda & 2 \\ 2 & -2-\lambda \end{vmatrix}$$
$$= (1-\lambda)(-2-\lambda)-4 = (\lambda+3)(\lambda-2) = 0$$

이므로, 행렬 A의 고유값은 $\lambda_1 = 2$와 $\lambda_2 = -3$이다. 각 고유값에 대하여 고유벡터를 구하는 절차는 다음과 같다.

(1) $\lambda_1 = 2$ 인 경우

$$(A - \lambda_1 I)x_1 = \begin{bmatrix} -1 & 2 \\ 2 & -4 \end{bmatrix} \begin{bmatrix} x_{11} \\ x_{12} \end{bmatrix} = \begin{bmatrix} 0 \\ 0 \end{bmatrix}$$

$$-x_{11} + 2x_{12} = 0$$

$$2x_{11} - 4x_{12} = 0$$

위 방정식에서 $x_{11} = 2x_{12}$이므로 x_{11}과 x_{12}에 대한 해는 무수히 많다. 임의의 값 $x_{12} = 1$이면 $x_{11} = 2$가 된다. 따라서 $\lambda_1 = 2$에 대응되는 고유벡터는

$$x_1 = \begin{bmatrix} 2 \\ 1 \end{bmatrix}$$

의 모든 상수배가 된다. 그리고 고유벡터 x_1의 내적이 $x'_1 x_1 = 5$이므로 정규화된 첫 번째 고유벡터 e_1는 다음과 같다.

$$e_1 = \frac{1}{\sqrt{5}} \begin{bmatrix} 2 \\ 1 \end{bmatrix}$$

(2) $\lambda_2 = -3$ 인 경우

$$(A - \lambda_2 I)x_2 = \begin{bmatrix} 4 & 2 \\ 2 & 1 \end{bmatrix} \begin{bmatrix} x_{21} \\ x_{22} \end{bmatrix} = \begin{bmatrix} 0 \\ 0 \end{bmatrix}$$

$$4x_{21} + 2x_{22} = 0$$

$$2x_{21} + x_{22} = 0$$

위 방정식을 풀면 $2x_{21} = -x_{22}$ 이므로 x_{21}와 x_{22}에 대한 해는 무수히 많다. 임의의 값이 $x_{21} = 1$이면 $x_{22} = -2$가 된다. 따라서 $\lambda_2 = -3$에 대응되는 고유벡터는

$$x_2 = \begin{bmatrix} 1 \\ -2 \end{bmatrix}$$

의 모든 상수배가 된다. 그리고 고유벡터 x_2의 내적이 $x'_2 x_2 = 5$이므로 두 번째 정규화된 고유벡터 e_2는 다음과 같다.

$$e_2 = \frac{1}{\sqrt{5}} \begin{bmatrix} 1 \\ -2 \end{bmatrix}$$

두 개의 정규화된 고유벡터의 내적 $e'_1 e_2$는

$$e'_1 e_2 = \frac{1}{5} [2,1] \begin{bmatrix} 1 \\ -2 \end{bmatrix} = 0$$

이므로 두 정규화된 고유벡터 e_1과 e_2는 서로 독립이다.

정리 1-10

정방행렬 A의 고유값과 고유벡터가 λ, e일 때 다음과 같은 성질을 갖는다.

(1) A^k의 고유값은 λ^k이다.

(2) A^{-1}의 고유값은 $1/\lambda$이다.

(3) 임의의 상수가 c일 때 cA의 고유값은 $c\lambda$이다.

(4) A가 대칭행렬인 경우 서로 다른 고유벡터들은 서로 직교한다.
($e'_i e_j = 0$, $i \neq j$)

1.5 양정치 행렬과 스펙트럼분해

어떤 대칭행렬 A에 대해서 $x'Ax$를 행렬 A의 이차형식(quadratic forms)이라 부른다. 예를 들면 3×3 대칭행렬 A의 이차형식은 다음과 같다.

$$x'Ax = [x_1 \ x_2 \ x_3] \begin{bmatrix} a_{11} & a_{12} & a_{13} \\ a_{12} & a_{22} & a_{23} \\ a_{13} & a_{23} & a_{33} \end{bmatrix} \begin{bmatrix} x_1 \\ x_2 \\ x_3 \end{bmatrix}$$
$$= a_{11}x_1^2 + a_{22}x_2^2 + a_{33}x_3^2 + 2(a_{12}x_1x_2 + a_{13}x_1x_3 + a_{23}x_2x_3)$$

일반적으로 k차 대칭행렬 A의 이차형식$x'Ax$는 다음과 같이 표시된다.

$$x'Ax = \sum_{i=1}^{k} a_{ii}x_i^2 + 2\sum_{i=1}^{k}\sum_{j=i+1}^{k} a_{ij}x_ix_j. \qquad (1-8)$$

$x \neq 0$인 모든 x에 대하여 $x'Ax > 0$이 성립되면 행렬 A를 양정치행렬(positive definite matrix)이라고 한다. 또한 모든 x에 대하여 $x'Ax \geqq 0$이 성립되고, 어떤 $x \neq 0$에 대하여 $x'Ax = 0$이면 행렬 A를 양반정치행렬(positive semi-definite matrix)이라고 한다.

k차 대칭행렬 A는 k개 고유값과 k개 고유벡터의 함수로 표시할 수 있는데 이러한 함수표시를 스펙트럼분해(spectral decomposition)라고 한다. k차 대칭행렬 A를 스펙트럼분해한 결과는 다음과 같이 표시한다.

$$A = \lambda_1 e_1 e'_1 + \lambda_2 e_2 e'_2 + \cdots + \lambda_k e_k e'_k \qquad (1-9)$$

위 식에서 λ_i는 행렬 A의 i번째 고유값을 표시하고, e_i는 고유값 λ_i에 대응되는 정규화된 고유벡터이다. 각각의 정규화된 고유벡터는 단위길이를 갖고, 서로 직교하는 성질이 있다. 즉, 고유벡터의 내적은 $e'_i e_i = 1$이고, 서로 다른 두 벡터의 내적은 $e'_i e_j = 0$, $i \neq j$이 된다.

스펙트럼분해는 다변량분석에서 매우 중요한 분석도구이다. 왜냐하면 스펙트럼분해를 통해서 특정한 통계적 결과를 매우 쉽게 표현할 수 있기 때문이다.

정리 1-11

k차 대칭행렬 A가 양정치행렬이 되기 위한 필요충분조건은 다음 두 조건 중 어느 하나만 만족하면 된다.

(1) 모든 원소가 0가 아닌 벡터 x에 대하여 $x'Ax > 0$이다.

(2) 행렬 A의 모든 고유값은 양수이다. $\lambda_i > 0 \quad i = 1, 2, \cdots, k$.

예제 1.12

다음 대칭행렬 A가 양정치 행렬임을 밝히고, 고유값과 고유벡터를 이용하여 분광분해가 성립됨을 보여라.

$$A = \begin{bmatrix} 9 & -2 \\ -2 & 6 \end{bmatrix}$$

풀이

$$\begin{aligned} x'Ax &= [x_1 \ x_2] \begin{bmatrix} 9 & -2 \\ -2 & 6 \end{bmatrix} \begin{bmatrix} x_1 \\ x_2 \end{bmatrix} \\ &= 9x_1^2 + 6x_2^2 - 4x_1x_2 \\ &= 9\left(x_1 - \frac{2}{9}x_2\right)^2 + \frac{50}{9}x_2^2 \end{aligned}$$

$x \neq 0$에 대하여 이차형식 $x'Ax$는 항상 양수가 됨을 알 수 있다. 따라서 주어진 행렬 A는 양정치행렬이다. 행렬 A의 고유값을 구하기 위하여 특성방정식을 풀면

$$\begin{aligned} |A - \lambda I| &= \left| \begin{bmatrix} 9 & -2 \\ -2 & 6 \end{bmatrix} - \lambda \begin{bmatrix} 1 & 0 \\ 0 & 1 \end{bmatrix} \right| = \begin{vmatrix} 9-\lambda & -2 \\ -2 & 6-\lambda \end{vmatrix} \\ &= (9-\lambda)(6-\lambda) - 4 = (\lambda - 5)(\lambda - 10) = 0 \end{aligned}$$

이다. 따라서 행렬 A는 $\lambda_1 = 10, \lambda_2 = 5$로 주어지는 두 개 고유값을 갖는다. 두 개

고유값에 대하여 정규화된 고유벡터를 구하면 다음과 같다.

$$e_1 = \begin{bmatrix} -\frac{2}{\sqrt{5}} \\ \frac{1}{\sqrt{5}} \end{bmatrix}, \quad e_2 = \begin{bmatrix} \frac{1}{\sqrt{5}} \\ \frac{2}{\sqrt{5}} \end{bmatrix}$$

여기서 $e'_1 e_1 = e'_2 e_2 = 1$이고 $e'_1 e_2 = e'_2 e_1 = 0$이다. 따라서 두 개 고유벡터는 각기 단위길이를 갖고 서로 직교함을 알 수 있다. 그리고 행렬 A의 스펙트럼분해는 다음과 같이 표시된다.

$$\begin{aligned} A &= \lambda_1 e_1 e'_1 + \lambda_2 e_2 e'_2 \\ &= 10 \begin{bmatrix} -\frac{2}{\sqrt{5}} \\ \frac{1}{\sqrt{5}} \end{bmatrix} \begin{bmatrix} -\frac{2}{\sqrt{5}} & \frac{1}{\sqrt{5}} \end{bmatrix} + 5 \begin{bmatrix} \frac{1}{\sqrt{5}} \\ \frac{2}{\sqrt{5}} \end{bmatrix} \begin{bmatrix} \frac{1}{\sqrt{5}} & \frac{2}{\sqrt{5}} \end{bmatrix} \\ &= 10 \begin{bmatrix} \frac{4}{5} & -\frac{2}{5} \\ -\frac{2}{5} & \frac{1}{5} \end{bmatrix} + 5 \begin{bmatrix} \frac{1}{5} & \frac{2}{5} \\ \frac{2}{5} & \frac{4}{5} \end{bmatrix} = \begin{bmatrix} 9 & -2 \\ -2 & 6 \end{bmatrix} \end{aligned}$$

행렬 A가 k차 양정치행렬일 때 스펙트럼분해하여 $A = \sum_{i=1}^{k} \lambda_i e_i e_i'$를 얻었다. 여기서 정규화된 고유벡터들의 열로 구성된 $k \times k$행렬을 P라고 하고, 각 고유값을 대각원소로 하는 대각행렬을 Λ라 하면 행렬 A는 다음과 같이 표시된다.

$$\begin{aligned} A &= \sum_{i=1}^{k} \lambda_i e_i e'_i \qquad (1-10) \\ &= [e_1 e_2 \cdots e_k] \begin{bmatrix} \lambda_1 & 0 & \cdots & 0 \\ 0 & \lambda_2 & \cdots & 0 \\ \vdots & \vdots & \ddots & \vdots \\ 0 & 0 & \cdots & \lambda_k \end{bmatrix} \begin{bmatrix} e'_1 \\ e'_2 \\ \vdots \\ e'_k \end{bmatrix} \\ &= P \Lambda P' \end{aligned}$$

여기서 P는 직교행렬이므로 $P'P = PP' = I$가 된다.

▶▶ 정리 1-12

k차 양정치행렬 A의 스펙트럼분해가 $A = P\Lambda P'$일 때 다음과 같은 성질이 성립된다.

(1) $tr(A) = tr(P\Lambda P') = tr(P'P\Lambda) = tr(\Lambda) = \sum_{i=1}^{k} \lambda_i$

(2) $tr(A'A) = tr((P\Lambda P')'(P\Lambda P'))$

$= tr(P\Lambda' P' P\Lambda P') = tr(P\Lambda'\Lambda P')$

$= tr(P'P\Lambda'\Lambda) = tr(\Lambda'\Lambda) = \sum_{i=1}^{k} \lambda_i^2$

(3) $|A| = |P\Lambda P'| = |P||\Lambda||P'| = |PP'||\Lambda| = \lambda_1 \lambda_2 \cdots \lambda_k$

1.6 제곱근 행렬(square-root matrix)

앞 절에서는 대칭행렬을 스펙트럼분해하면 고유값과 고유벡터로 표현할 수 있음을 살펴보았다. 마찬가지로 대칭형렬의 역행렬도 스펙트럼분해를 이용하면 고유값과 고유벡터로 표현될 수 있다. 또한 이로부터 제곱근행렬의 스펙트럼분해식을 구할 수 있다.

k차 양정치행렬 A를 분광분해하여 $A = \sum_{i=1}^{k} \lambda_i e_i e_i' = P\Lambda P'$를 얻었다. 여기서

$$(P\Lambda^{-1}P')(P\Lambda P') = PP' = I$$

이 성립되므로, 행렬 A의 역행렬 A^{-1}는 다음과 같이 구해진다.

$$A^{-1} = P\Lambda^{-1}P' = \sum_{i=1}^{k} \frac{1}{\lambda_i} e_i e'_i \qquad (1-11)$$

다음으로 $\Lambda^{1/2}$를 고유값의 제곱근 $\sqrt{\lambda_i}$을 대각원소로하는 대각행렬이라고 할 때 행렬 A의 제곱근행렬 $A^{1/2}$은 다음과 같이 표시된다.

$$A^{1/2} = \sum_{i=1}^{k} \sqrt{\lambda_i}\, e_i e'_i = P\Lambda^{1/2}P' \qquad (1-12)$$

정리 1-13

행렬 A의 제곱근행렬 $A^{1/2}$는 다음과 같은 성질을 갖는다.

(1) $(A^{1/2})' = A^{1/2}$(즉, $A^{1/2}$는 대칭행렬)

(2) $A^{1/2}A^{1/2} = A$, $\quad A^{-1/2}A^{-1/2} = A^{-1}3$

(3) $(A^{1/2})^{-1} = \sum_{i=1}^{k} (\lambda_i)^{-1/2} e_i e'_i = P\Lambda^{-1/2}P'$

(4) $A^{1/2}A^{-1/2} = A^{-1/2}A^{1/2} = I$

1.7 평균벡터, 공분산행렬과 상관행렬

확률벡터란 벡터를 구성하는 원소가 확률변수인 벡터를 의미한다. $X = \{X_i\}$가 $p \times 1$ 확률벡터라고 가정하면 각 원소 X_i는 평균이 μ_i이고 분산이 σ_i^2인 확률분포를 가진다. 그리고 서로 다른 확률변수 X_i와 X_j의 공분산은 σ_{ij}이고, 두 확률변수가 서로 독립일 때 공분산은 0이 된다. 이를 기대값 수식으로 표현하면 다음과 같다.

X_i의 평균 : $\mu_i = E(X_i)$

X_i의 분산 : $\sigma_i^2 = Var(X_i) = E(X_i - \mu_i)^2$

X_i의 표준편차 : $\sigma_i = \sqrt{Var(X_i)} = \sqrt{\sigma_i^2}$

X_i와 X_k의 공분산 : $\sigma_{ik} = Cov(X_i, X_k) = E(X_i - \mu_i)(X_k - \mu_k)$

평균벡터는 각 확률변수의 평균을 원소로 하는 벡터를 의미하고 $E(X)$ 혹은 μ로 표시한다.

$$E(X) = \begin{bmatrix} E(X_1) \\ E(X_2) \\ \vdots \\ E(X_p) \end{bmatrix} = \begin{bmatrix} \mu_1 \\ \mu_2 \\ \vdots \\ \mu_p \end{bmatrix} = \mu \qquad (1-13)$$

확률변수가 p개 있을 때에는 p개 확률변수에 대한 분산 σ_i^2와 서로 다른 두 확률변수에 대한 $p(p-1)/2$개 공분산 $\sigma_{ik}(i<k)$이 존재한다. 이러한 분산과 공분산들은 대칭행렬인 분산－공분산행렬(variance-covariance matrix) Σ에 포함된다.

$$\begin{aligned}
\Sigma &= Cov(X) = E(X-\mu)(X-\mu)' \\
&= E\left(\begin{bmatrix} X_1-\mu_1 \\ X_2-\mu_2 \\ \vdots \\ X_p-\mu_p \end{bmatrix}[X_1-\mu_1, X_2-\mu_2, \cdots, X_p-\mu_p]\right) \\
&= \begin{bmatrix} E(X_1-\mu_1)^2 & E(X_1-\mu_1)(X_2-\mu_2) & \cdots & E(X_1-\mu_1)(X_p-\mu_p) \\ E(X_2-\mu_2)(X_1-\mu_1) & E(X_2-\mu_2)^2 & \cdots & E(X_2-\mu_2)(X_p-\mu_p) \\ \vdots & \vdots & \ddots & \vdots \\ E(X_p-\mu_1)(X_1-\mu_1) & E(X_p-\mu_p)(X_2-\mu_2) & \cdots & E(X_p-\mu_p)^2 \end{bmatrix} \\
&= \begin{bmatrix} \sigma_1^2 & \sigma_{12} & \cdots & \sigma_{1p} \\ \sigma_{21} & \sigma_2^2 & \cdots & \sigma_{2p} \\ \vdots & \vdots & \ddots & \vdots \\ \sigma_{p1} & \sigma_{p2} & \cdots & \sigma_p^2 \end{bmatrix}
\end{aligned} \tag{1-14}$$

모집단분산－공분산행렬 Σ에서 모집단상관행렬 ρ를 유도할 수 있다. 확률변수 X_i와 X_k의 선형관계의 정도를 나타내는 모집단상관계수 ρ_{ik}는 다음과 같이 정의된다.

$$\rho_{ik} = \frac{Cov(X_i, X_k)}{\sqrt{Var(X_i)Var(X_k)}} = \frac{\sigma_{ik}}{\sigma_i\ \sigma_k} \tag{1-15}$$

즉, 상관계수는 공분산과 분산을 이용하여 구할 수 있으며, 상관계수를 행렬의 원소로 하는 모집단상관행렬 ρ는 $p\times p$대칭행렬로 다음과 같이 표시된다.

$$\rho = \begin{bmatrix} \frac{\sigma_1^2}{\sigma_1\ \sigma_1} & \frac{\sigma_{12}}{\sigma_1\ \sigma_2} & \cdots & \frac{\sigma_{1p}}{\sigma_1\ \sigma_p} \\ \frac{\sigma_{12}}{\sigma_1\ \sigma_2} & \frac{\sigma_2^2}{\sigma_2\ \sigma_2} & \cdots & \frac{\sigma_{2p}}{\sigma_2\ \sigma_p} \\ \vdots & \vdots & \ddots & \vdots \\ \frac{\sigma_{1p}}{\sigma_1\ \sigma_p} & \frac{\sigma_{2p}}{\sigma_2\ \sigma_p} & \cdots & \frac{\sigma_p^2}{\sigma_p\ \sigma_p} \end{bmatrix} = \begin{bmatrix} 1 & \rho_{12} & \cdots & \rho_{1p} \\ \rho_{12} & 1 & \cdots & \rho_{2p} \\ \vdots & \vdots & \ddots & \vdots \\ \rho_{1p} & \rho_{2p} & \cdots & 1 \end{bmatrix} \tag{1-16}$$

상관행렬 ρ와 분산−공분산행렬 Σ과의 관계를 살펴보기 위하여 각 확률변수의 표준편차를 대각원소로 하는 표준편차행렬(standard deviation matrix) $D^{1/2}$를 구하면 다음과 같다.

$$D^{1/2} = \begin{bmatrix} \sigma_1 & 0 & \cdots & 0 \\ 0 & \sigma_2 & \cdots & 0 \\ \vdots & \vdots & \ddots & \vdots \\ 0 & 0 & \cdots & \sigma_p \end{bmatrix} \quad (1-17)$$

식 (1−17)을 이용하면 분산-공분산행렬 Σ과 상관행렬 ρ는 다음과 같이 표시된다.

$$\Sigma = D^{1/2}\,\rho\,D^{1/2} \quad (1-18)$$

$$\rho = (D^{1/2})^{-1}\,\Sigma\,(D^{1/2})^{-1} \quad (1-19)$$

예제 1.13

분산−공분산행렬 Σ이 다음과 같이 주어졌을 때 표준편차행렬 $D^{1/2}$와 상관행렬 ρ를 구하여라.

$$\Sigma = \begin{bmatrix} 4 & 1 & 2 \\ 1 & 9 & -3 \\ 2 & -3 & 25 \end{bmatrix} = \begin{bmatrix} \sigma_1^2 & \sigma_{12} & \sigma_{13} \\ \sigma_{12} & \sigma_2^2 & \sigma_{23} \\ \sigma_{13} & \sigma_{23} & \sigma_3^2 \end{bmatrix}$$

풀이

표준편차행렬은

$$D^{1/2} = \begin{bmatrix} \sigma_1 & 0 & 0 \\ 0 & \sigma_2 & 0 \\ 0 & 0 & \sigma_3 \end{bmatrix} = \begin{bmatrix} 2 & 0 & 0 \\ 0 & 3 & 0 \\ 0 & 0 & 5 \end{bmatrix} \text{이고, } (D^{1/2})^{-1} = \begin{bmatrix} 1/2 & 0 & 0 \\ 0 & 1/3 & 0 \\ 0 & 0 & 1/5 \end{bmatrix} \text{이므로}$$

상관행렬은

$$\rho = (D^{1/2})^{-1}\,\Sigma\,(D^{1/2})^{-1}$$

$$= \begin{bmatrix} 1/2 & 0 & 0 \\ 0 & 1/3 & 0 \\ 0 & 0 & 1/5 \end{bmatrix} \begin{bmatrix} 4 & 1 & 2 \\ 1 & 9 & -3 \\ 2 & -3 & 25 \end{bmatrix} \begin{bmatrix} 1/2 & 0 & 0 \\ 0 & 1/3 & 0 \\ 0 & 0 & 1/5 \end{bmatrix} = \begin{bmatrix} 1 & 1/6 & 1/5 \\ 1/6 & 1 & -1/5 \\ 1/5 & -1/5 & 1 \end{bmatrix} \text{이 된다.}$$

1.7.1 공분산행렬의 분할

p차원 확률벡터 X는 확률변수의 특성에 따라 두 개 이상의 그룹으로 분할할 수 있다. 일반적으로 확률벡터 X를 q차원인 $X^{(1)}$과 p－q차원인 $X^{(2)}$인 두 그룹으로 분할하였을 때, 평균벡터와 공분산행렬의 분할은 다음과 같이 표시한다.

$$X=\begin{bmatrix} X_1 \\ \vdots \\ X_q \\ \cdots\cdots \\ X_{q+1} \\ \vdots \\ X_p \end{bmatrix}=\begin{bmatrix} X^{(1)} \\ \cdots\cdots \\ X^{(2)} \end{bmatrix}$$

$$\mu=E(X)=\begin{bmatrix} \mu_1 \\ \vdots \\ \mu_q \\ \cdots\cdots \\ \mu_{q+1} \\ \vdots \\ \mu_p \end{bmatrix}=\begin{bmatrix} \mu^{(1)} \\ \cdots\cdots \\ \mu^{(2)} \end{bmatrix} \tag{1-20}$$

$$\begin{aligned}
\Sigma &= E(X-\mu)(X-\mu)' \\
&= E\begin{bmatrix} (X^{(1)}-\mu^{(1)}) \\ \cdots\cdots\cdots\cdots \\ (X^{(2)}-\mu^{(2)}) \end{bmatrix}\left[(X^{(1)}-\mu^{(1)})' \ \vdots\ (X^{(2)}-\mu^{(2)})\right] \\
&= \begin{bmatrix} E(X^{(1)}-\mu^{(1)})(X^{(1)}-\mu^{(1)})' & \vdots & E(X^{(1)}-\mu^{(1)})(X^{(2)}-\mu^{(2)})' \\ \cdots\cdots\cdots & \cdots & \cdots\cdots\cdots \\ E(X^{(2)}-\mu^{(2)})(X^{(1)}-\mu^{(1)})' & \vdots & E(X^{(2)}-\mu^{(2)})(X^{(2)}-\mu^{(2)})' \end{bmatrix} \\
&= \begin{bmatrix} \sigma_1^2 & \cdots & \sigma_{1q} & \vdots & \sigma_{1,q+1} & \cdots & \sigma_{1p} \\ \vdots & \ddots & \vdots & \vdots & \vdots & \ddots & \vdots \\ \sigma_{q1} & \cdots & \sigma_q^2 & \vdots & \sigma_{q,q+1} & \cdots & \sigma_{qp} \\ \cdots\cdots & \cdots\cdots & \cdots\cdots & \cdots & \cdots\cdots & \cdots\cdots & \cdots\cdots \\ \sigma_{q+1,1} & \cdots & \sigma_{q+1,q} & \vdots & \sigma_{q+1}^2 & \cdots & \sigma_{q+1,p} \\ \vdots & \ddots & \vdots & \vdots & \vdots & \ddots & \vdots \\ \sigma_{p1} & \cdots & \sigma_{pq} & \vdots & \sigma_{p,q+1} & \cdots & \sigma_p^2 \end{bmatrix}
\end{aligned}$$

$$= \begin{bmatrix} \Sigma_{11} & \vdots & \Sigma_{12} \\ \cdots\cdots & \cdots & \cdots\cdots \\ \Sigma_{21} & \vdots & \Sigma_{22} \end{bmatrix} \qquad (1-21)$$

여기서,

Σ_{11} : $X^{(1)}$의 $q \times q$공분산행렬

Σ_{22} : $X^{(2)}$의 $(p-q) \times (p-q)$공분산행렬

Σ_{12} : $X^{(1)}$과 $X^{(2)}$의 $q \times (p-q)$공분산행렬

Σ_{21} : $X^{(2)}$와 $X^{(1)}$의$(p-q) \times q$공분산행렬

Σ_{12} : Σ_{21}의 전치행렬로 $\Sigma_{12} = \Sigma'_{21}$이다.

1.7.2 확률변수들의 선형결합에 대한 평균벡터와 공분산행렬

확률변수 X_1에 임의의 상수 c를 곱했을 때 평균과 분산은 다음과 같이 구해진다.

$$E(cX_1) = cE(X_1) = c\mu_1$$

$$Var(cX_1) = E(cX_1 - c\mu_1)^2 = c^2\ E(X_1 - \mu_1)^2$$
$$= c^2\ Var(X_1) = c^2\sigma_1^2$$

a와 b를 임의의 상수라 할 때 두 확률변수 aX_1와 bX_2의 공분산을 기대값 정의를 이용하여 아래와 같이 구할 수 있다.

$$Cov(aX_1, bX_2) = E(aX_1 - a\mu_1)(bX_2 - b\mu_2)$$
$$= a\,b\ E(X_1 - \mu_1)(X_2 - \mu_2)$$
$$= a\,b\ Cov(X_1, X_2) = a\,b\sigma_{12}$$

위 결과를 이용하여 두 확률변수의 선형결합 $aX_1 + bX_2$에 대하여 평균과 분산을 구해보면 다음과 같다.

$$E(aX_1 + bX_2) = aE(X_1) + bE(X_2) = a\mu_1 + b\mu_2$$

$$\begin{aligned} Var(aX_1 + bX_2) &= E[(aX_1 + bX_2) - (a\mu_1 + b\mu_2)]^2 \\ &= E[a(X_1 - \mu_1) + b(X_2 - \mu_2)]^2 \\ &= E[a^2(X_1 - \mu_1)^2 + b^2(X_2 - \mu_2)^2 + 2ab(X_1 - \mu_1)(X_2 - \mu_2)] \\ &= a^2 Var(X_1) + b^2 Var(X_2) + 2ab Cov(X_1, X_2) \\ &= a^2\sigma_1^2 + b^2\sigma_2^2 + 2ab\sigma_{12} \end{aligned}$$

위에서 구한 두 확률변수들의 선형결합 $aX_1 + bX_2$에 대한 평균과 분산을 벡터와 행렬로 표시하여 보자. 우선 두 확률변수를 원소로 하는 확률벡터 X의 평균벡터 μ와 공분산행렬 Σ는 다음과 같이 표시된다.

$$X = \begin{bmatrix} X_1 \\ X_2 \end{bmatrix}, \ \mu = \begin{bmatrix} \mu_1 \\ \mu_2 \end{bmatrix}, \ \Sigma = \begin{bmatrix} \sigma_1^2 & \sigma_{12} \\ \sigma_{12} & \sigma_2^2 \end{bmatrix}$$

상수 행벡터를 $c' = [a, b]$로 표시하면 선형결합 $c'X = aX_1 + bX_2$의 평균과 분산은 다음과 같이 표시된다.

$$aX_1 + bX_2 = [a \ \ b]\begin{bmatrix} X_1 \\ X_2 \end{bmatrix} = c'X$$

$$E(c'X) = a\mu_1 + b\mu_2 = [a \ \ b]\begin{bmatrix} \mu_1 \\ \mu_2 \end{bmatrix} = c'\mu$$

$$\begin{aligned} Var(c'X) &= a^2\sigma_1^2 + 2ab\sigma_{12} + b^2\sigma_2^2 \\ &= [a\, b]\begin{bmatrix} \sigma_1^2 & \sigma_{12} \\ \sigma_{21} & \sigma_2^2 \end{bmatrix}\begin{bmatrix} a \\ b \end{bmatrix} = c'\Sigma c \end{aligned}$$

일반적으로 p개 확률변수들의 선형결합 $c'X = c_1X_1 + \cdots + c_pX_p$의 평균과 분산은 다음과 같이 표시된다.

$$E(c'X) = c'E(X) = c'\mu \tag{1-22}$$

$$Var(c'X) = c'Cov(X)c = c'\Sigma c$$

식 (1−22)의 결과는 아래와 같은 p개 확률변수 $X_1, X_2, \cdots, X_p$에 대한 q개 선형결합인 경우의 평균벡터와 공분산행렬을 구하는데 이용될 수 있다.

$$
\begin{aligned}
Z_1 &= c_{11}X_1 + c_{12}X_2 + \cdots + c_{1p}X_p \\
Z_2 &= c_{21}X_1 + c_{22}X_2 + \cdots + c_{2p}X_p \\
&\vdots \qquad\qquad\qquad \vdots \\
Z_q &= c_{q1}X_1 + c_{q2}X_2 + \cdots + c_{qp}X_p
\end{aligned}
$$

위 q개의 선형결합을 행렬로 표시하면 다음과 같다.

$$
Z = \begin{bmatrix} Z_1 \\ Z_2 \\ \vdots \\ Z_q \end{bmatrix} = \begin{bmatrix} c_{11} & c_{12} & \cdots & c_{1p} \\ c_{21} & c_{22} & \cdots & c_{2p} \\ \vdots & \vdots & \ddots & \vdots \\ c_{q1} & c_{q2} & \cdots & c_{qp} \end{bmatrix} \begin{bmatrix} X_1 \\ X_2 \\ \vdots \\ X_p \end{bmatrix} = CX
$$

따라서 $Z = CX$의 평균벡터 μ_z와 공분산행렬 Σ_z는 다음과 같이 구해진다.

$$
\begin{aligned}
\mu_z &= E(Z) = E(CX) = CE(X) = C\mu \qquad (1-23) \\
\Sigma_z &= Cov(Z) = Cov(CX) = C\,Cov(X)C' = C\Sigma C'
\end{aligned}
$$

예제 1.14

확률벡터 $X' = [X_1, X_2]$의 평균벡터 μ와 분산-공분산행렬 Σ가 다음과 같을 때

$$
\mu' = [\mu_1, \mu_2], \quad \Sigma = \begin{bmatrix} \sigma_1^2 & \sigma_{12} \\ \sigma_{12} & \sigma_2^2 \end{bmatrix}
$$

아래와 같은 두 선형결합에 대한 평균벡터와 공분산행렬을 구하여라.

$$
Z_1 = 2X_1 - X_2 \qquad Z_2 = 3X_1 - 2X_2
$$

풀이

두 개 선형결합을 행렬로 표시하면

$$Z = \begin{bmatrix} Z_1 \\ Z_2 \end{bmatrix} = \begin{bmatrix} 2 & -1 \\ 3 & -2 \end{bmatrix} \begin{bmatrix} X_1 \\ X_2 \end{bmatrix} = C\,X \text{이므로}$$

$$\mu_Z = E(Z) = C\,\mu = \begin{bmatrix} 2 & -1 \\ 3 & -2 \end{bmatrix} \begin{bmatrix} \mu_1 \\ \mu_2 \end{bmatrix} = \begin{bmatrix} 2\mu_1 - \mu_2 \\ 3\mu_1 - 2\mu_2 \end{bmatrix}$$

$$\Sigma_z = Cov(Z) = C\,\Sigma\,C' = \begin{bmatrix} 2 & -1 \\ 3 & -2 \end{bmatrix} \begin{bmatrix} \sigma_1^2 & \sigma_{12} \\ \sigma_{12} & \sigma_2^2 \end{bmatrix} \begin{bmatrix} 2 & 3 \\ -1 & -2 \end{bmatrix}$$

$$= \begin{bmatrix} 4\sigma_1^2 - 4\sigma_{12} + \sigma_2^2 & 6\sigma_1^2 - 7\sigma_{12} + 2\sigma_2^2 \\ 6\sigma_1^2 - 7\sigma_{12} + 2\sigma_2^2 & 9\sigma_1^2 - 12\sigma_{12} + 4\sigma_2^2 \end{bmatrix}$$

1.8 표본평균벡터, 표본공분산행렬과 표본상관행렬

앞 절에서는 모집단평균벡터, 모집단공분산행렬과 모집단상관행렬에 대하여 살펴보았으나 모집단에 대한 정보가 없을 때에는 표본을 이용하여 추정하여야 한다. 각 확률변수 X_i에 대하여 n개 관찰치가 얻어지면 표본평균, 표본분산과 표본공분산은 다음과 같이 계산된다.

$$\text{표본평균} : \bar{x}_i = \frac{1}{n} \sum_{j=1}^{n} x_{ij}$$

$$\text{표본분산} : s_i^2 = \frac{1}{n-1} \sum_{j=1}^{n} (x_{ij} - \bar{x}_i)^2$$

$$\text{표본표준편차} : s_i = \sqrt{s_i^2}$$

$$\text{표본공분산} : s_{ik} = \frac{1}{n-1} \sum_{j=1}^{n} (x_{ij} - \bar{x}_i)(x_{kj} - \bar{x}_k)$$

위 결과를 이용하여 모집단평균벡터 μ의 추정치인 표본평균벡터 $\bar{x}$와 모집단공분산행렬 Σ의 추정치인 표본공분산행렬 S는 다음과 같이 표시된다.

$$\bar{x} = \begin{bmatrix} \bar{x}_1 \\ \bar{x}_2 \\ \vdots \\ \bar{x}_p \end{bmatrix}, \qquad S = \begin{bmatrix} s_1^2 & s_{12} & \cdots & s_{1p} \\ s_{12} & s_2^2 & \cdots & s_{2p} \\ \vdots & \vdots & \ddots & \vdots \\ s_{1p} & s_{2p} & \cdots & s_p^2 \end{bmatrix} \qquad (1-24)$$

모집단의 경우와 마찬가지로 변수들이 두 그룹으로 분할될 때, 표본평균벡터 $\bar{x}$와 표본 공분산행렬 S는 다음과 같은 형태로 표시된다.

$$\bar{x} = \begin{bmatrix} \bar{x}_1 \\ \vdots \\ \bar{x}_q \\ \cdots\cdots \\ \bar{x}_{q+1} \\ \vdots \\ \bar{x}_p \end{bmatrix} = \begin{bmatrix} \bar{x}^{(1)} \\ \cdots\cdots \\ \bar{x}^{(2)} \end{bmatrix} \qquad (1-25)$$

$$S = \left[\begin{array}{ccc:ccc} s_1^2 & \cdots & s_{1q} & s_{1,q+1} & \cdots & s_{1p} \\ \vdots & \ddots & \vdots & \vdots & \ddots & \vdots \\ s_{q1} & \cdots & s_q^2 & s_{q,q+1} & \cdots & s_{qp} \\ \hdashline s_{q+1,1} & \cdots & s_{q+1\,q} & s_{q+1}^2 & \cdots & s_{q+1,p} \\ \vdots & \ddots & \vdots & \vdots & \ddots & \vdots \\ s_{p1} & \cdots & s_{pq} & s_{p,q+1} & \cdots & s_p^2 \end{array}\right] = \left[\begin{array}{c:c} S_{11} & S_{12} \\ \hdashline S_{21} & S_{22} \end{array}\right] \qquad (1-26)$$

여기서 $\bar{x}^{(1)}$과 $\bar{x}^{(2)}$는 각각 $x^{(1)}$과 $x^{(2)}$에서 구해진 표본평균벡터를 의미한다.
그리고 S_{11}과 S_{22}는 각각 $\bar{x}^{(1)}$과 $\bar{x}^{(2)}$에서 구해진 표본공분산행렬이고, $S_{12} = S'_{21}$은 $x^{(1)}$과 $x^{(2)}$의 표본공분산행렬을 의미한다.

두 확률변수 X_i와 X_k에서 얻어진 자료에 대하여 모집단상관계수 ρ_{ik}의 추정치인 표본상관계수 r_{ik}는 다음과 같이 정의된다.

$$r_{ik} = \frac{s_{ik}}{s_i \; s_k} \qquad (1-27)$$

즉, 표본상관계수는 표본공분산과 표본분산으로부터 구할 수 있다. 표본상관계수를 행렬의 원소로 하는 표본상관행렬 R은 다음과 같은 형태로 표시된다.

$$R = \begin{bmatrix} \frac{s_1^2}{s_1\,s_1} & \frac{s_{12}}{s_1\,s_2} & \cdots & \frac{s_{1p}}{s_1\,s_p} \\ \frac{s_{12}}{s_1\,s_2} & \frac{s_2^2}{s_2\,s_2} & \cdots & \frac{s_{2p}}{s_2\,s_p} \\ \vdots & \vdots & \ddots & \vdots \\ \frac{s_{1p}}{s_1\,s_p} & \frac{s_{2p}}{s_2\,s_p} & \cdots & \frac{s_p^2}{s_p\,s_p} \end{bmatrix}$$

$$= \begin{bmatrix} 1 & r_{12} & \cdots & r_{1p} \\ r_{12} & 1 & \cdots & r_{2p} \\ \vdots & \vdots & \ddots & \vdots \\ r_{1p} & r_{2p} & \cdots & 1 \end{bmatrix} \qquad (1-28)$$

또한 각 표본표준편차를 대각원소로 하는 표본표준편차행렬 $\hat{D}^{1/2}$를 다음과 같이 정의하면

$$\hat{D}^{1/2} = \begin{bmatrix} s_1 & 0 & \cdots & 0 \\ 0 & s_2 & \cdots & 0 \\ \vdots & \vdots & \ddots & \vdots \\ 0 & 0 & \cdots & s_p \end{bmatrix} \qquad (1-29)$$

표본공분산행렬 S와 표본상관행렬 R의 관계는 다음과 같이 구해진다.

$$S = \hat{D}^{1/2}\, R\, \hat{D}^{1/2} \qquad (1-30)$$

$$R = (\hat{D}^{1/2})^{-1}\, S\, (\hat{D}^{1/2})^{-1} \qquad (1-31)$$

1.9 SAS/IML를 이용한 행렬연산

SAS/IML은 행렬연산만을 처리하는 독립적인 언어인 IML(Iterative Matrix Language)로 구성된 프로그램을 처리하기 위한 소프트웨어이다. SAS/IML의 연산기능, 함수, 부프로그램을 이해하게 되면 행렬대수학에 필요한 프로그램을 효율적으로 작성할 수 있을 것이다. 여기서는 우선 행렬연산과 고유값과 고유벡터를 컴퓨터를 이용하여 구하는 기본적인 방법을 살펴보기로 하자. IML에서 지원하는 연산자 중 제1장에서 다룬 문제를 해결하기 위한 연산자를 정리하면 다음과 같다.

(1) 행렬 산술 연산자와 함수

연산자와 함수	기　능	표　시
+	합(addition)	행렬 + 행렬
−	차(subtraction)	행렬 − 행렬
/	나누기(division)	행렬 / 행렬
*	행렬 곱(matrix multiplication)	행렬 * 행렬
**	행렬 멱(matrix power)	행렬 ** 멱수
TRACE	대각원소 합	TRACE(행렬)

(2) 행렬조작 연산자와 함수

연산자와 함수	기　능	표　시
`	전치행렬	행렬`
||	수평접합	행렬 || 행렬
//	수직접합	행렬 // 행렬
I	단위행렬 생성	I(차원)
J	J 행렬 생성	J(열 수)
DIAG	대각행렬 생성	DIAG{대각원소}

(3) 선형대수 함수

함 수	기 능	표 시
DET	행렬식의 값	DET(행렬)
INV	역행렬	INV(행렬)
EIGVAL	고유값	EIGVAL(행렬)
EIGVEC	고유벡터	EIGVEC(행렬)

예제 1.15

다음 행렬연산을 SAS/IML을 이용하여 답하여라.

$$A = \begin{bmatrix} 1 & 0 & 1 \\ 2 & -1 & 3 \\ 0 & 0 & 4 \end{bmatrix} \quad B = \begin{bmatrix} 0.5 & 0.5 & 0.5 & 0.5 \\ 0.5 & 0.5 & -0.5 & -0.5 \\ 0.5 & -0.5 & -0.5 & 0.5 \\ 0.5 & -0.5 & 0.5 & -0.5 \end{bmatrix} \quad C = \begin{bmatrix} 0.25 & 0.25 & 0.25 & 0.25 \\ 0.25 & 0.25 & 0.25 & 0.25 \\ 0.25 & 0.25 & 0.25 & 0.25 \\ 0.25 & 0.25 & 0.25 & 0.25 \end{bmatrix}$$

(1) 행렬 AA'와 $A'A$을 계산하여 두 행렬이 동일한지 검토하여라.

(2) 행렬 B가 직교행렬인지 확인하여라.

(3) 행렬 C가 멱등행렬인지 확인하여라.

프로그램 \CH1\EX15.SAS

```
① PROC IML ;
② RESET NOPRINT NOLOG ;
   *----- MATRIX A, B AND C----*;
③ A={1  0  1,  2  −1  3,  0  0  4} ;
   B={0.5  0.5  0.5  0.5,  0.5  0.5  −0.5  −0.5,
        0.5  −0.5  −0.5  0.5,  0.5  −0.5  0.5  −0.5} ;
   C={0.25  0.25  0.25  0.25,  0.25  0.25  0.25  0.25,
        0.25  0.25  0.25  0.25,  0.25  0.25  0.25  0.25} ;
④ *----COMPUTE AA' AND A'A----* ;
   AAT=A*A` ;  ATA=A`*A ;
   *----COMPUTE BB' AND CC----* ;
```

```
BBT = B*B` ;   CC = C*C ;
⑤ PRINT AAT ATA, BBT, CC ;
```

프로그램 해설

① PROC IML : SAS 시스템을 IML 환경으로 바꾸라는 명령문이다.

② RESET NOPRINT NOLOG : RESET 문장은 IML 환경을 조절하는 명령문이고, NOPRINT는 필요한 결과만 출력시키고자 할 때 미리 설정된다. 또한 NOLOG는 출력결과를 OUTPUT로 보내라는 문장이다.

③ 행렬 입력 시에는 행 단위로 원소들을 입력하고, 각 원소 사이에는 한 칸 이상 띄워야 하며, 행이 끝날 때는 쉼표 ,를 사용한다. 또한 행렬의 시작과 끝은 중괄호 {행렬 원소}를 사용한다.

④ 행렬의 곱은 * 로, 행렬 A의 전치연산자는 A` 로 표시된다.

⑤ 행렬연산의 지정된 변수의 결과를 출력시키라는 명령문으로 콤마 ,는 출력을 한 줄씩 띄우고 인쇄하라는 것이다. 만약 두 줄을 띄우고 싶다면 변수들 사이를 두 개의 콤마 ,,를 사용하면 된다.

결과 및 해석

```
AAT                  ATA
 2    5    4          5   -2    7
 5   14   12         -2    1   -3
 4   12   16          7   -3   26
```

AA'행렬과 $A'A$행렬의 결과는 같지 않음을 알 수 있다.

```
BBT
1   0   0   0
0   1   0   0
0   0   1   0
0   0   0   1
```

행렬 B가 직교행렬이 되기 위하여는 $BB'=I$ 이 됨을 확인하여야 한다. 그 결과가 단위행렬 I이므로 B행렬은 직교행렬임을 알 수 있다.

CC

0.25	0.25	0.25	0.25
0.25	0.25	0.25	0.25
0.25	0.25	0.25	0.25
0.25	0.25	0.25	0.25

CC = C가 성립되므로 행렬 C는 멱등행렬이다.

예제 1.16

다음 행렬연산에 대하여 SAS/IML을 이용하여 물음에 답하여라.

$$A=\begin{bmatrix}-1 & 3 & 0\\ 0 & 2 & 1\\ 1 & 0 & 4\end{bmatrix} \quad B=\begin{bmatrix}10 & 6 & -1\\ 6 & 5 & 4\\ -1 & 4 & 17\end{bmatrix} \quad C=\begin{bmatrix}-1 & -2 & 1\\ -2 & 2 & -2\\ 1 & -2 & -1\end{bmatrix}$$

(1) $A+B$ (2) $A-B$ (3) AB' (4) BA'

(5) $tr(A)$, $tr(B)$ (6) $|A|$, $|B|$ (7) A^{-1}, B^{-1}

(8) C의 고유값과 고유벡터

프로그램 \CH1\EX16.SAS

```
PROC IML ;
RESET NOPRINT NOLOG ;
*----- MATRIX A AND B----* ;
A={-1 3 0, 0 2 1, 1 0 4} ;
B={ 10 6 -1, 6 5 4, -1 4 17} ;
C={-1 -2 1, -2 2 -2, 1 -2 -1} ;
① *---- COMPUTE A+B AND A-B---* ;
SUMAB=A+B ; SUBAB=A-B ;
② *----COMPUTE AB' AND BA'----* ;
ABT=A*B` ; BAT=B*A` ;
③ *----COMPUTE TRACE A AND B----* ;
TRA=TRACE(A) ; TRB=TRACE(B) ;
```

```
④ *----COMPUTE DETERMINANT A AND B----* ;
   DETA=DET(A) ;  DETB=DET(B) ;
⑤ *----COMPUTE INVERSE A AND B----*;
   INVA=INV(A) ;  INVB=INV(B) ;
⑥ *----COMPUTE EIGENSYSTEM C----* ;
   EIGVALC=EIGVAL(C) ;  EIGVECC=EIGVEC(C) ;
   PRINT SUMAB SUBAB, ABT BAT, TRA TRB,
   DETA DETB, INVA INVB, EIGVALC EIGVECC ;
```

프로그램 해설

① 행렬의 합은 SUMAB=A+B ; 로, 행렬의 차는 SUBAB=A−B ; 로 표시했다.
② 행렬의 곱은 * 로 전치는 ` 로 표시한다.
③ TRA=TRACE(A) ; 행렬 A의 대각원소의 합을 구한다.
④ DETA=DET(A) ; 행렬 A의 행렬식을 구한다.
⑤ INVA=INV(A) ; 행렬 A의 역행렬을 구한다.
⑥ EIGVALC=EIGVAL(C) ; 행렬 C의 고유값을, EIGVECC=EIGVEC(C) ; 행렬 C의 고유벡터를 구한다.

결과 및 해석

① A+B　　　　② A−B

BUBAB			SUBAB		
9	9	−1	−11	−3	1
6	7	5	−6	−3	−3
0	4	21	2	−4	−13

③ A B′　　　　④ B A′

ABT			BAT		
8	9	13	8	11	6
11	14	25	9	14	22
6	22	67	13	25	67

⑤ tr(A), tr(B)　　　　⑥ |A|, |B|

TRA	TRB
5	32

DETA	DETB
−5	25

⑦ A^{-1} B^{-1}

INVA

−1.6	2.4	−0.6
−0.2	0.8	−0.2
0.4	−0.6	0.4

INVB

2.76	−4.24	1.16
−4.24	6.76	−1.84
1.16	−1.84	0.56

⑧ C의 고유값과 고유벡터

EIGVALC	EIGVECC		
	e_1	e_2	e_3
$\lambda_1=4$	0.4082483	0.8944272	−0.182574
$\lambda_2=-2$	−0.816497	0.4472136	0.3651484
$\lambda_3=-2$	0.4082483	0	0.9128709

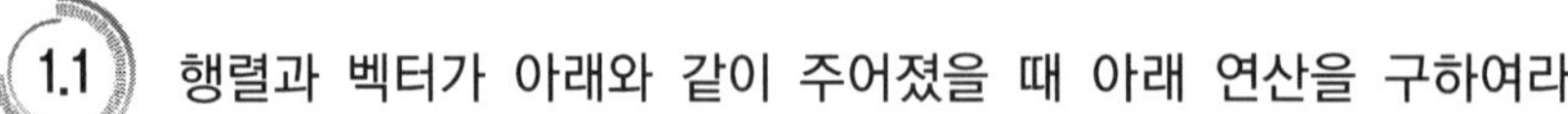

연 / 습 / 문 / 제

1.1 행렬과 벡터가 아래와 같이 주어졌을 때 아래 연산을 구하여라.

$$A=\begin{bmatrix}3 & 2 & 1\\ 2 & 5 & -1\\ 1 & -1 & 3\end{bmatrix},\ B=\begin{bmatrix}1 & 2 & 2 & 1\\ 1 & 1 & 1 & 4\\ 1 & 2 & 2 & 1\end{bmatrix},\ C=\begin{bmatrix}1 & 2\\ -5 & 2\\ 3 & -1\\ -2 & 2\end{bmatrix}$$

$$x=\begin{bmatrix}1\\ 0\\ -1\end{bmatrix},\quad y=\begin{bmatrix}2\\ 3\\ 2\end{bmatrix},\quad z=\begin{bmatrix}-1\\ -2\\ -3\\ -4\end{bmatrix}$$

(1) AB (2) ABC (3) yx'

(4) $x'Ax$ (5) $A(x+y)$

1.2 행렬이 아래와 같이 주어졌을 때 전치의 성질을 증명하여라.

$$A=\begin{bmatrix}2 & 1\\ 1 & 3\end{bmatrix},\quad B=\begin{bmatrix}1 & 4 & 2\\ 5 & 0 & 3\end{bmatrix},\quad C=\begin{bmatrix}1 & 4\\ 3 & 2\end{bmatrix}$$

(1) $(A')'=A$ (2) $(C')^{-1}=(C^{-1})'$ (3) $(AB)'=B'A'$

1.3 행렬이 다음과 같이 주어졌을 때 아래 물음에 답하여라.

$$A = \begin{bmatrix} 1 & 2 \\ 2 & -2 \end{bmatrix}$$

(1) A^{-1}를 구하여라.

(2) A^{-1}의 고유값과 고유벡터를 구하여라.

(3) A^{-1}을 분광분해하여라.

1.4 행렬 A가 $p \times p$ 직교행렬일 때 행렬식 $|A|$이 1이나 -1임을 증명하여라.
(힌트 : $|AA'| = |A||A'| = |I|$)

1.5 아래 행렬이 양정치행렬임을 보여라.

$$A = \begin{bmatrix} 3 & 5 & 1 \\ 5 & 13 & 0 \\ 1 & 0 & 1 \end{bmatrix}$$

1.6 $k \times k$양정치행렬 A의 모든 고유값이 양수임을 증명하여라.
(힌트 : 고유값 정의에 의하면 $Ae = \lambda e$이므로 양변 왼쪽에 e'을 곱하면 $e'Ae = \lambda e'e$이다.)

1.7 확률벡터 X의 분산-공분산행렬 Σ이 아래와 같이 주어졌을 때 다음 물음에 답하여라.

$$\boldsymbol{\Sigma} = \begin{bmatrix} 25 & -2 & 4 \\ -2 & 4 & 1 \\ 4 & 1 & 9 \end{bmatrix}$$

(1) 상관행렬 ρ와 표준편차행렬 $D^{1/2}$을 구하여라.

(2) $D^{1/2}\rho D^{1/2} = \boldsymbol{\Sigma}$ 됨을 확인하여라.

확률벡터 $X' = [X_1, X_2, \cdots, X_5]$의 평균벡터와 분산-공분산행렬이 아래와 같다.

$$\mu' = [2, 4, -1, 3, 0]$$

$$\boldsymbol{\Sigma} = \begin{bmatrix} 4 & -1 & 1/2 & -1/2 & 0 \\ -1 & 3 & 1 & -1 & 0 \\ 1/2 & 1 & 6 & 1 & -1 \\ -1/2 & -1 & 1 & 4 & 0 \\ 0 & 0 & -1 & 0 & 2 \end{bmatrix}$$

확률벡터 X가 아래와 같이 분할되고, 선형결합에 사용되는 상수행렬을 A와 B로 표시했을 때 SAS/IML를 이용하여 아래 질문에 답하여라.

$$X = \begin{bmatrix} X_1 \\ X_2 \\ \cdots\cdots \\ X_3 \\ X_4 \\ X_5 \end{bmatrix} = \begin{bmatrix} X^{(1)} \\ \cdots\cdots \\ X^{(2)} \end{bmatrix} \quad A = \begin{bmatrix} 1 & -1 \\ 1 & 1 \end{bmatrix} \quad B = \begin{bmatrix} 1 & 1 & 1 \\ 1 & 1 & -2 \end{bmatrix}$$

(1) $E(X^{(1)})$ (2) $E(AX^{(1)})$ (3) $Cov(X^{(1)})$

(4) $Cov(AX^{(1)})$ (5) $E(X^{(2)})$ (6) $E(BX^{(2)})$

(7) $Cov(X^{(2)})$ (8) $Cov(BX^{(2)})$ (9) $Cov(X^{(1)}, X^{(2)})$

(10) $Cov(AX^{(1)}, BX^{(2)})$

다변량정규분포

CHAPTER 02

다변량정규분포

2.1 서 론

다변량분석에서 가장 널리 사용되는 분포는 다변량정규분포(multivariate normal distribution)이다. 왜냐하면 다변량분석에서 다루는 방법론 중 상당부분이 자료가 다변량정규분포에서 추출된 표본이라는 것을 가정하고 있기 때문이다. 물론 실제 자료가 다변량정규분포에 정확히 따르지 않는다고 하더라도, 정규분포는 자료의 참 분포에 대한 근사적인 분포로서 유용하게 이용된다. 다변량정규분포는 다음과 같은 두 가지 이유에서 유용하게 사용된다. 첫 번째 이유는 정규분포는 여러 분석모형에서 모집단모형을 가정하는데 사용된다. 두 번째 이유는 다변량통계량의 표본분포는 중심극한정리에 의하여 모집단분포의 형태와 상관없이 정규분포에 근사하는 성질을 가지고 있기 때문이다. 본 장에서 다룰 내용은 다음과 같다.

☑ 다변량정규분포의 밀도함수와 성질
☑ 다변량정규분포의 추가적인 성질
☑ 모수의 최대우도추정과 표본분포

2.2 다변량정규분포의 밀도함수와 성질

다변량정규분포는 일변량정규분포를 $p \geq 2$차원으로 일반화시킨 것이므로, 우선 일변량정규분포에 대하여 살펴본 후 다변량정규분포로 일반화시키고자 한다. 평균이 μ이고 분산이 σ^2인 일변량정규확률변수 X의 확률밀도함수는

$$f(x) = \frac{1}{\sqrt{2\pi}\,\sigma}\exp\left\{-\frac{(x-\mu)^2}{2\sigma^2}\right\} \qquad -\infty < x < \infty \tag{2-1}$$

로 정의되며, 확률변수 X의 분포는 $X \sim N(\mu, \sigma^2)$로 표시한다. 식 (2−1)에서 멱지수항인

$$\left(\frac{(x-\mu)}{\sigma}\right)^2 = (x-\mu)(\sigma^2)^{-1}(x-\mu) \tag{2-2}$$

은 표준편차단위로 측정한 x와 μ 사이의 거리의 제곱을 나타낸다. 식 (2−2)를 다변량 경우로 확장하기 위하여 $p\times 1$확률벡터 $\mathbf{X} = [X_1, X_2, \cdots, X_p]'$의 분포를 살펴보자. 확률벡터 X의 평균벡터는 $\boldsymbol{\mu} = [\mu_1, \mu_2, \cdots, \mu_p]'$이고, 공분산행렬 $\boldsymbol{\Sigma}$은 $p\times p$대칭행렬이다. 확률벡터 X에 대하여 다변량관찰치벡터를 **x**라 하면 **x**와 $\boldsymbol{\mu}$ 사이의 일반화 거리는 다음과 같이 표시된다.

$$(\mathbf{x}-\boldsymbol{\mu})'\boldsymbol{\Sigma}^{-1}(\mathbf{x}-\boldsymbol{\mu}) \tag{2-3}$$

따라서 확률벡터 X에 대한 p차원 정규확률밀도함수는 다음과 같이 정의된다.

$$f(\mathbf{x}) = \frac{1}{(2\pi)^{p/2}|\boldsymbol{\Sigma}|^{1/2}}\exp\left\{-\frac{1}{2}(\mathbf{x}-\boldsymbol{\mu})'\boldsymbol{\Sigma}^{-1}(\mathbf{x}-\boldsymbol{\mu})\right\} \tag{2-4}$$

확률벡터 X가 p차원 다변량정규분포를 가지면 $\mathbf{X} \sim N_p(\boldsymbol{\mu}, \boldsymbol{\Sigma})$로 표시한다. 또한 개별확률변수의 주변확률분포가 $X_i \sim N(\mu_i, \sigma_i)$이고 서로 독립이라고 가정하면, p차원 정규확률밀도함수는 일변량정규확률밀도함수의 곱으로 다음과 같이 구해진다.

$$f(\mathbf{x}) = \prod_{i=1}^{p} f(x_i) = \frac{1}{(2\pi)^{p/2}\sigma_1\cdots\sigma_p}\exp\left[-\frac{1}{2}\sum_{i=1}^{p}\left(\frac{x_i-\mu_i}{\sigma_i}\right)^2\right] \tag{2-5}$$

예제 2.1

확률벡터 $X=[X_1, X_2]'$ 가 다음과 같은 평균벡터 μ와 공분산행렬 Σ을 갖는 다변량정규분포에 따를 때 이변량정규확률밀도함수를 유도하여라.

$$\mu = \begin{bmatrix} \mu_1 \\ \mu_2 \end{bmatrix}, \quad \Sigma = \begin{bmatrix} \sigma_1^2 & \sigma_{12} \\ \sigma_{12} & \sigma_2^2 \end{bmatrix} = \begin{bmatrix} \sigma_1^2 & \rho_{12}\sigma_1\sigma_2 \\ \rho_{12}\sigma_1\sigma_2 & \sigma_2^2 \end{bmatrix}$$

풀이

두 변수 사이의 상관계수는 $\rho_{12} = \sigma_{12}/\sigma_1\sigma_2$이므로 공분산은 $\sigma_{12} = \rho_{12}\sigma_1\sigma_2$이 된다. 이변량정규확률밀도함수를 구하기 위해서는 우선 공분산행렬의 역행렬 Σ^{-1}과 행렬식 $|\Sigma|$을 구하여야 한다.

$$|\Sigma| = \sigma_1^2\sigma_2^2 - \rho_{12}^2\sigma_1^2\sigma_2^2 = \sigma_1^2\sigma_2^2(1-\rho_{12}^2)$$

$$\Sigma^{-1} = \frac{1}{\sigma_1^2\sigma_2^2(1-\rho_{12}^2)} \begin{bmatrix} \sigma_2^2 & -\rho_{12}\sigma_1\sigma_2 \\ -\rho_{12}\sigma_1\sigma_2 & \sigma_1^2 \end{bmatrix}$$

위 결과를 이용하여 $(x-\mu)'\Sigma^{-1}(x-\mu)$를 구하면

$$\begin{aligned}
&(x-\mu)'\Sigma^{-1}(x-\mu) \\
&= [x_1-\mu_1, x_2-\mu_2]\frac{1}{\sigma_1^2\sigma_2^2(1-\rho_{12}^2)}\begin{bmatrix} \sigma_2^2 & -\rho_{12}\sigma_1\sigma_2 \\ -\rho_{12}\sigma_1\sigma_2 & \sigma_1^2 \end{bmatrix}\begin{bmatrix} x_1-\mu_1 \\ x_2-\mu_2 \end{bmatrix} \\
&= \frac{\sigma_2^2(x_1-\mu_1)^2 + \sigma_1^2(x_2-\mu_2)^2 - 2\rho_{12}\sigma_1\sigma_2(x_1-\mu_1)(x_2-\mu_2)}{\sigma_1^2\sigma_2^2(1-\rho_{12}^2)} \\
&= \frac{1}{1-\rho_{12}^2}\left[\left(\frac{x_1-\mu_1}{\sigma_1}\right)^2 + \left(\frac{x_2-\mu_2}{\sigma_2}\right)^2 - 2\rho_{12}\left(\frac{x_1-\mu_1}{\sigma_1}\right)\left(\frac{x_2-\mu_2}{\sigma_2}\right)\right]
\end{aligned}$$

이 된다. 따라서 이변량정규확률밀도함수는 다음과 같이 정의된다.

$$f(x_1, x_2) = \frac{1}{2\pi\sqrt{\sigma_1^2\sigma_2^2(1-\rho_{12}^2)}} \times \exp\left\{-\frac{1}{2(1-\rho_{12}^2)}\right.$$

$$\left[\left(\frac{x_1-\mu_1}{\sigma_1}\right)^2+\left(\frac{x_2-\mu_2}{\sigma_2}\right)^2-2\rho_{12}\left(\frac{x_1-\mu_1}{\sigma_1}\right)\left(\frac{x_2-\mu_2}{\sigma_2}\right)\right]\Bigg\} \qquad (2-6)$$

$$-\infty < x_1 < \infty, \quad -\infty < x_2 < \infty$$

식 (2-6)에서 정의된 이변량정규확률밀도함수는 복잡한 형태를 이루고 있기 때문에 좀 더 간편하고 일반적인 행렬형태인 식 (2-4)가 여러 면에서 유용하게 사용된다. 식 (2-6)에서 두 변수 사이의 서로 독립이면 상관계수는 $\rho_{12}=0$가 된다. 따라서 식 (2-6)은 두 개의 일변량 정규확률밀도함수들의 곱으로 축소된다. 즉, $f(x_1, x_2) = f(x_1)f(x_2)$인 관계가 성립된다.

식 (2-6)의 특성을 이해하기 위하여 x_1과 x_2의 함수인 지수항을 살펴보아야 한다. 지수항에서 $z_i = (x_i - \mu_i)/\sigma_i$로 표시하면 $z_1^2 - 2\rho_{12}z_1z_2 + z_2^2$ =상수일 때 $f(x_1, x_2)$는 상수가 된다. 즉, $|\rho_{12}| < 1$인 경우에는 타원체(ellipse) 방정식을 의미한다. 만약 $\rho_{12} > 0$일 때에는 타원체의 주축(major axes)은 양의 기울기를 갖고, 반대로 $\rho_{12} < 0$일 때에는 주축이 음의 기울기를 갖게 된다. 또한 $f(x_1, x_2)$는 $x_1 = \mu_1$과 $x_2 = \mu_2$에서 극대값을 갖게 된다.

이변량 결과를 확장하면 다변량 정규확률밀도함수인 식 (2-4)에서 동일한 높이를 갖는 x값의 궤적 혹은 등고선(contours)은 타원체를 이룬다. 즉, p차원정규분포 $N_p(\mu, \Sigma)$의 확률밀도함수가 상수가 되는 등고선은 다음 조건을 만족하는 x값들의 집합을 의미하게 된다.

$$\text{동일확률밀도등고선} = \{\text{모든 } x:\ (x-\mu)'\Sigma^{-1}(x-\mu) = c^2\}$$
$$= \mu\text{가 중심인 타원체의 표면}$$

여기서 상수 c의 값을 변화시킴에 따라 모양은 같지만 크기가 다른 타원체를 갖게 되고, 크기가 같은 타원체의 표면에 위치한 점들은 모두 동일한 확률밀도함수 값을 갖게 된다.

정리 2-1

p차원정규분포 $N_p(\boldsymbol{\mu}, \boldsymbol{\Sigma})$에 대한 동일한 밀도를 갖는 등고선은 p차원의 타원체를 이룬다. 이 타원체의 축들은 $\boldsymbol{\Sigma}^{-1}$의 고유벡터들의 방향에 놓여있다. 또한 타원체의 중심은 μ이고 중심에서 타원체의 표면까지의 길이는 $\pm c\sqrt{\lambda_i}$ 이다.

증명

식 (1−11)에 의하여 $\boldsymbol{\Sigma}^{-1}$를 스펙트럼분해식으로 표현하면 $\boldsymbol{\Sigma}^{-1} = \sum_{i=1}^{p} \frac{1}{\lambda_i} e_i e'_i$ 이므로

$$(x-\mu)'\boldsymbol{\Sigma}^{-1}(x-\mu) = \frac{1}{\lambda_1}(x-\mu)'e_1 e'_1(x-\mu) + \cdots + \frac{1}{\lambda_i}(x-\mu)'e_i e'_i(x-\mu) + \cdots + \frac{1}{\lambda_p}(x-\mu)'e_p e'_p(x-\mu) = c^2$$

이 성립된다. 위 식에서 $(x-\mu)'e_i$는 스칼라이기 때문에

$$y_i = (x-\mu)'e_i = e'_i(x-\mu)$$

라고 놓으면, 위 식은 다음과 같이 다시 표시된다.

$$\frac{1}{\lambda_1}y_1^2 + \cdots + \frac{1}{\lambda_i}y_i^2 + \cdots + \frac{1}{\lambda_p}y_p^2 = c^2$$

위 방정식은 새로운 p개 좌표축 $y_i\,(i=1,2,\cdots,p)$를 갖는 타원체를 의미한다. i번째 좌표축 y_i는 $\boldsymbol{\Sigma}$의 i번째 고유벡터 e_i의 방향과 일치함을 알 수 있다. 또한 타원체의 중심은 μ이고 i번째 좌표축 y_i 중심에서 타원체의 표면 끝까지의 길이는 $(1/\lambda_i)y_i^2 = c^2$이므로 $y_i = \pm\sqrt{\lambda_i}\,c$가 된다. 결과를 요약하면 $\boldsymbol{\Sigma}$의 고유벡터와 고유값의 제곱근은 타원체의 축의 방향과 중심으로부터의 길이를 결정하게 된다.

예제 2.2 **이변량 정규밀도의 등고선**

두 변수의 분산이 같은 $\sigma_1^2 = \sigma_2^2$인 경우 이변량 정규확률밀도함수에서 동일확률밀도 등고선에 대한 축의 방향과 중심으로부터의 길이를 구해보도록 하자.

풀이

타원체의 축의 방향과 길이는 $\mathbf{\Sigma}$의 고유벡터와 고유값에 의하여 결정된다. 우선 $\mathbf{\Sigma}$의 고유값을 구하기 위하여 특성방정식 $|\mathbf{\Sigma} - \lambda \mathrm{I}| = 0$를 풀면

$$0 = \begin{vmatrix} \sigma_1^2 - \lambda & \sigma_{12} \\ \sigma_{12} & \sigma_1^2 - \lambda \end{vmatrix} = (\sigma_1^2 - \lambda)^2 - \sigma_{12}^2$$

$$= (\lambda - \sigma_1^2 - \sigma_{12})(\lambda - \sigma_1^2 + \sigma_{12})$$

고유값은 $\lambda_1 = \sigma_1^2 + \sigma_{12}$와 $\lambda_2 = \sigma_1^2 - \sigma_{12}$이다. 각 고유값에 대응되는 고유벡터는 다음과 같은 식 $(\mathbf{\Sigma} - \lambda_i \mathrm{I})\,\mathrm{x}_i = 0$ 으로부터 구해진다.

(1) $\lambda_1 = \sigma_1^2 + \sigma_{12}$ 일 때

$$\begin{bmatrix} -\sigma_{12} & \sigma_{12} \\ \sigma_{12} & -\sigma_{12} \end{bmatrix} \begin{bmatrix} \mathrm{x}_{11} \\ \mathrm{x}_{12} \end{bmatrix} = \begin{bmatrix} 0 \\ 0 \end{bmatrix}, \quad \begin{matrix} -\sigma_{12}\mathrm{x}_{11} + \sigma_{12}\mathrm{x}_{12} = 0 \\ \sigma_{12}\mathrm{x}_{11} - \sigma_{12}\mathrm{x}_{12} = 0 \end{matrix}$$

연립방정식의 해를 구하면 $\mathrm{x}_{11} = \mathrm{x}_{12}$이므로, 정규화된 첫 번째 고유벡터 e_1는 $\mathrm{e}'_1 = [1/\sqrt{2}, 1/\sqrt{2}]$이 된다.

(2) $\lambda_2 = \sigma_1^2 - \sigma_{12}$ 일 때

$$\begin{bmatrix} \sigma_{12} & \sigma_{12} \\ \sigma_{12} & \sigma_{12} \end{bmatrix} \begin{bmatrix} \mathrm{x}_{21} \\ \mathrm{x}_{22} \end{bmatrix} = \begin{bmatrix} 0 \\ 0 \end{bmatrix}, \quad \begin{matrix} \sigma_{12}\mathrm{x}_{21} + \sigma_{12}\mathrm{x}_{22} = 0 \\ \sigma_{12}\mathrm{x}_{21} + \sigma_{12}\mathrm{x}_{22} = 0 \end{matrix}$$

연립방정식의 해를 구하면 $\mathrm{x}_{21} = -\mathrm{x}_{22}$이므로 정규화된 두 번째 고유벡터 e_2는 $\mathrm{e}'_2 = [1/\sqrt{2}, -1/\sqrt{2}]$이 된다.

공분산 σ_{12}(또는 상관계수 ρ_{12})가 양수이면 첫 번째 고유값 λ_1이 가장 큰 고유값이 된다. 그리고 첫 번째 고유값에 대응되는 고유벡터 e_1은 중심 $\mu' = (\mu_1, \mu_2)$을 통과하는 45°선을 따라 놓이게 되며 이것은 타원체의 주축 방향과 일치한다. 또한 가장

작은 고유값 λ_2에 대응되는 고유벡터 e_2의 방향은 중심을 통과하면서 e_1의 방향과 서로 직교하는 부축 방향을 의미한다. 또한 중심에서 두 축으로부터 타원체의 표면 끝까지의 거리는 $\pm c\sqrt{\lambda_1}$ 과 $\pm c\sqrt{\lambda_2}$ 이다. 이를 그림으로 표시하면 다음과 같다.

그림 2.1 이변량 정규분포의 일정밀도 등고선 $\sigma_1^2 = \sigma_2^2$

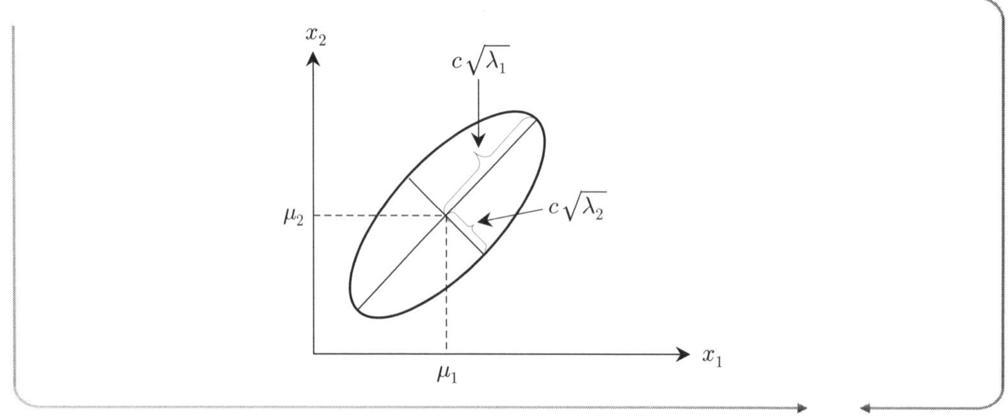

그림 2.2 이변량분포의 등고선

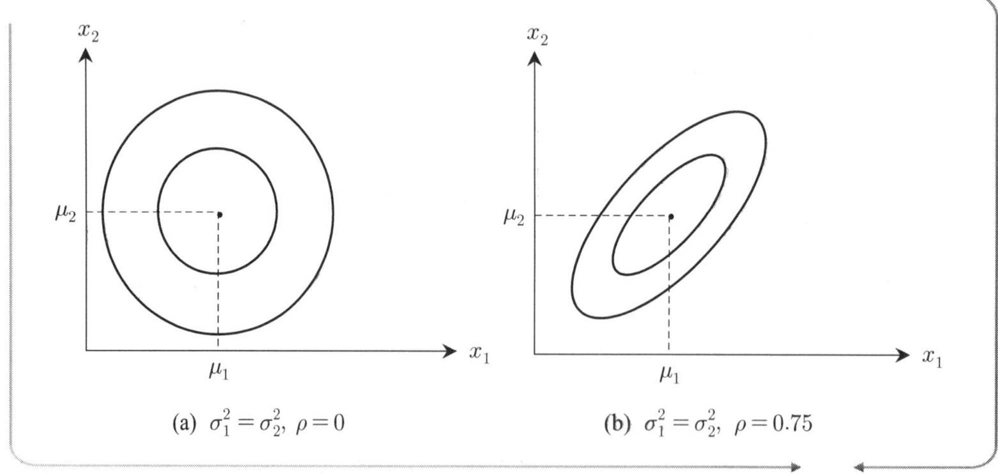

2.3 다변량정규분포의 추가적인 성질

p차원 확률벡터 X가 다변량정규분포 $N_p(\mu, \Sigma)$에 따르면 다음과 같은 추가적인 성질이 성립됨을 살펴보기로 하자.

정리 2-2

p차원 확률벡터 X가 $N_p(\mu, \Sigma)$에 따르면 확률변수들의 선형결합도 정규분포에 따른다.

(1) $a = \begin{bmatrix} a_1 \\ a_2 \\ \vdots \\ a_p \end{bmatrix}$ $a'X = a_1X_1 + a_2X_2 + \cdots + a_pX_p$ 일 때

$a'X \sim N(a'\mu, a'\Sigma a)$이다.

(2) $A = \begin{bmatrix} a_{11} \cdots a_{1p} \\ a_{21} \cdots a_{2p} \\ \vdots \quad \vdots \quad \vdots \\ a_{q1} \cdots a_{qp} \end{bmatrix}$ $A_{q\times p}X_{p\times 1} = \begin{bmatrix} a_{11}X_1 + \cdots + a_{1p}X_p \\ a_{21}X_1 + \cdots + a_{2p}X_p \\ \vdots \\ a_{q1}X_1 + \cdots + a_{qp}X_p \end{bmatrix}$ 일 때

$AX \sim N_q(A\mu, A\Sigma A')$이다.

예제 2.3

$X \sim N_3(\mu, \Sigma)$일 때 다음 선형결합에 대한 분포를 구하여라.

(1) $2X_1 + X_2 - 3X_3$

(2) $X_1 - X_2$

$X_2 + X_3$

풀이

(1) $a' = [2, 1, -3]$ 이므로

$$a'\mu = [2\ 1\ -3]\begin{bmatrix} \mu_1 \\ \mu_2 \\ \mu_3 \end{bmatrix} = 2\mu_1 + \mu_2 - 3\mu_3$$

$$a'\Sigma a = [2,1,-3]\begin{bmatrix}\sigma_1^2 & \sigma_{12} & \sigma_{13} \\ \sigma_{12} & \sigma_2^2 & \sigma_{23} \\ \sigma_{13} & \sigma_{23} & \sigma_3^3\end{bmatrix}\begin{bmatrix}2 \\ 1 \\ -3\end{bmatrix}$$

$$= 4\sigma_1^2 + \sigma_2^2 + 9\sigma_3^3 + 4\sigma_{12} - 12\sigma_{13} - 6\sigma_{23}$$

따라서 $a'X$는 $N(a'\mu, a'\Sigma a)$인 일변량정규분포에 따른다.

(2) $A = \begin{bmatrix}1 & -1 & 0 \\ 0 & 1 & 1\end{bmatrix}$이므로

$$A\mu = \begin{bmatrix}1 & -1 & 0 \\ 0 & 1 & 1\end{bmatrix}\begin{bmatrix}\mu_1 \\ \mu_2 \\ \mu_3\end{bmatrix} = \begin{bmatrix}\mu_1 - \mu_2 \\ \mu_2 + \mu_3\end{bmatrix}$$

$$A\Sigma A' = \begin{bmatrix}1 & -1 & 0 \\ 0 & 1 & 1\end{bmatrix}\begin{bmatrix}\sigma_1^2 & \sigma_{12} & \sigma_{13} \\ \sigma_{12} & \sigma_2^2 & \sigma_{23} \\ \sigma_{13} & \sigma_{23} & \sigma_3^3\end{bmatrix}\begin{bmatrix}1 & 0 \\ -1 & 1 \\ 0 & 1\end{bmatrix}$$

$$= \begin{bmatrix}\sigma_1^2 - 2\sigma_{12} + \sigma_2^2 & \sigma_{12} - \sigma_2^2 + \sigma_{13} - \sigma_{23} \\ \sigma_{12} + \sigma_{13} - \sigma_2^2 - \sigma_{23} & \sigma_2^2 + 2\sigma_{23} + \sigma_3^2\end{bmatrix}$$

따라서 AX는 $N_2(A\mu, A\Sigma A')$인 이변량정규분포에 따른다.

정리 2-3

p차원 확률벡터 X가 다변량정규분포에 따를 때, X를 이등분 분할하면 평균벡터 μ와 분산-공분산행렬 Σ는 아래와 같이 분할되고, 다음과 같은 성질이 성립된다.

$$X = \begin{bmatrix}X_1 \\ \vdots \\ X_q \\ \cdots\cdots \\ X_{q+1} \\ \vdots \\ X_p\end{bmatrix} = \begin{bmatrix}X^{(1)} \\ \cdots\cdots \\ X^{(2)}\end{bmatrix}, \quad \mu = E(X) = \begin{bmatrix}\mu_1 \\ \vdots \\ \mu_q \\ \cdots\cdots \\ \mu_{q+1} \\ \vdots \\ \mu_p\end{bmatrix} = \begin{bmatrix}\mu^{(1)} \\ \cdots\cdots \\ \mu^{(2)}\end{bmatrix}$$

$$\Sigma = E(X-\mu)(X-\mu)'$$

$$
= \begin{bmatrix} \sigma_1^2 & \cdots & \sigma_{1q} & \vdots & \sigma_{1,q+1} & \cdots & \sigma_{1p} \\ \vdots & \ddots & \vdots & \vdots & \vdots & \ddots & \vdots \\ \sigma_{q1} & \cdots & \sigma_q^2 & \vdots & \sigma_{q,q+1} & \cdots & \sigma_{qp} \\ \cdots & \cdots & \cdots & \cdots & \cdots & \cdots & \cdots \\ \sigma_{q+1,1} & \cdots & \sigma_{q+1,q} & \vdots & \sigma_{q+1}^2 & \cdots & \sigma_{q+1,p} \\ \vdots & \ddots & \vdots & \vdots & \vdots & \ddots & \vdots \\ \sigma_{p1} & \cdots & \sigma_{pq} & \vdots & \sigma_{p,q+1} & \cdots & \sigma_p^2 \end{bmatrix}
$$

$$
= \begin{bmatrix} \boldsymbol{\Sigma}_{11} & \vdots & \boldsymbol{\Sigma}_{12} \\ \cdots & \cdots & \cdots \\ \boldsymbol{\Sigma}_{21} & \vdots & \boldsymbol{\Sigma}_{22} \end{bmatrix}
$$

$X^{(1)}$은 q차원정규분포 $N_q(\mu^{(1)}, \boldsymbol{\Sigma}_{11})$, $X^{(2)}$는 p−q차원정규분포 $N_{p-q}(\mu^{(2)}, \boldsymbol{\Sigma}_{22})$에 따른다. 또한 $X^{(1)}$과 $X^{(2)}$의 공분산행렬은 $\boldsymbol{\Sigma}_{12}$이고, $\boldsymbol{\Sigma}_{12}$의 차원은 $p \times (p-q)$이다. 따라서 $\boldsymbol{\Sigma}_{12} = 0$이면 $X^{(1)}$과 $X^{(2)}$는 서로 독립인 관계가 성립된다.

예제 2.4

3차원 확률벡터 X가 평균벡터 μ와 분산−공분산행렬 $\boldsymbol{\Sigma}$을 갖는 3차원정규분포에 따른다고 하자. 확률벡터 X가 다음과 같이 분할되었을 때 다음 물음에 답하여라.

$$
X = \begin{bmatrix} X_1 \\ X_2 \\ \cdots \\ X_3 \end{bmatrix}, \qquad \boldsymbol{\Sigma} = \begin{bmatrix} 4 & 1 & \vdots & 0 \\ 1 & 3 & \vdots & 0 \\ \cdots & \cdots & \cdots & \cdots \\ 0 & 0 & \vdots & 2 \end{bmatrix} = \begin{bmatrix} \boldsymbol{\Sigma}_{11} & \vdots & \boldsymbol{\Sigma}_{12} \\ \cdots & \vdots & \cdots \\ \boldsymbol{\Sigma}_{21} & \vdots & \boldsymbol{\Sigma}_{22} \end{bmatrix}
$$

(1) X_1과 X_2는 서로 독립인가?

(2) X_2와 X_3는 서로 독립인가?

(3) (X_1, X_2)와 X_3는 서로 독립인가?

(4) $(X_1 + X_2)$와 X_3는 서로 독립인가?

풀이

X_1과 X_2의 공분산이 $\sigma_{12} = 1$이므로 두 변수는 서로 독립이 아니다. X_2와 X_3의 공분산은 $\sigma_{23} = 0$이므로 두 변수는 서로 독립이다. 또한 (X_1, X_2)와 X_3의 공분산행렬 $\boldsymbol{\Sigma}_{12}$의 각 원소가 0이기 때문에 (X_1, X_2)와 X_3는 서로 독립이다. 이 결과는 X_3가 X_1

과 X_2와 각각 독립인 것을 의미한다. 따라서 (X_1+X_2)와 X_3는 서로 독립이다. 이를 다시 수식으로 확인하면 다음과 같다.

$$X_1+X_2=[1,1,0]\begin{bmatrix}X_1\\X_2\\X_3\end{bmatrix}=a'X,\quad X_3=[0,0,1]\begin{bmatrix}X_1\\X_2\\X_3\end{bmatrix}=b'X$$

$$Cov(a'X,b'X)=a'\Sigma b=[1,1,0]\begin{bmatrix}4&1&0\\1&3&0\\0&0&2\end{bmatrix}\begin{bmatrix}0\\0\\1\end{bmatrix}=0$$

정리 2-4

p차원 확률벡터 X가 $N_p(\mu,\Sigma)$에 따르고 $|\Sigma_{22}|>0$이면 $X^{(2)}=x^{(2)}$로 주어졌을 때 $X^{(1)}$의 조건부분포는 아래 식에 의하여 구해진다.

$$X=\begin{bmatrix}X^{(1)}\\\cdots\cdots\\X^{(2)}\end{bmatrix},\quad \mu=\begin{bmatrix}\mu^{(1)}\\\cdots\cdots\\\mu^{(2)}\end{bmatrix},\quad \Sigma=\begin{bmatrix}\Sigma_{11}&\vdots&\Sigma_{12}\\\cdots&\cdots&\cdots\\\Sigma_{21}&\vdots&\Sigma_{22}\end{bmatrix}$$

Σ_{22}의 계수는 $p-q$이고 역행렬 Σ_{22}^{-1}이 존재하면, $X^{(2)}=x^{(2)}$로 주어졌을 때 $X^{(1)}$의 조건부분포는 다음과 같은 평균벡터와 공분산행렬을 가지는 q차원정규분포에 따른다. 이때 공분산행렬은 조건변수인 x_2값에 의존하지 않는다.

$$\text{평 균 벡 터 : } E(X^{(1)}|X^{(2)}=x^{(2)})=\mu^{(1)}+\Sigma_{12}\Sigma_{22}^{-1}(x^{(2)}-\mu^{(2)})$$

$$\text{공분산행렬 : } Cov(X^{(1)}|X^{(2)}=x^{(2)})=\Sigma_{11}-\Sigma_{12}\Sigma_{22}^{-1}\Sigma_{21}$$

예제 2.5

이변량확률벡터 $X'=[X_1, X_2]'$가 $N_2(\boldsymbol{\mu}, \boldsymbol{\Sigma})$에 따른다고 하자. 이때 $X_2 = x_2$일 때 X_1의 조건부분포의 평균과 분산을 구하고, 조건부밀도함수 $f(x_1|x_2)$를 구하여라.

$$\boldsymbol{\mu} = \begin{bmatrix} \mu_1 \\ \mu_2 \end{bmatrix}, \quad \boldsymbol{\Sigma} = \begin{bmatrix} \sigma_1^2 & \sigma_{12} \\ \sigma_{12} & \sigma_2^2 \end{bmatrix} = \begin{bmatrix} \sigma_1^2 & \rho_{12}\sigma_1\sigma_2 \\ \rho_{12}\sigma_1\sigma_2 & \sigma_2^2 \end{bmatrix}$$

풀이

조건부분포의 평균과 분산을 구하기 위하여 [정리 2.4]를 이용하면 다음과 같다.

$$E(X_1|X_2 = x_2) = \mu_1 + \frac{\sigma_{12}}{\sigma_2^2}(x_2 - \mu_2) = \mu_1 + \frac{\rho_{12}\sigma_1\sigma_2}{\sigma_2^2}(x_2 - \mu_2)$$

$$Var(X_1|X_2 = x_2) = \sigma_1^2 - \frac{\sigma_{12}^2}{\sigma_2^2} = \sigma_1^2\left(1 - \frac{\sigma_{12}^2}{\sigma_1^2\sigma_2^2}\right) = \sigma_1^2(1 - \rho_{12}^2)$$

따라서 조건부분포는 다음과 같은 정규분포에 따른다.

$$X_1|x_2 \sim N_2\left(\mu_1 + \frac{\sigma_{12}}{\sigma_2^2}(x_2 - \mu_2),\ \sigma_1^2(1 - \rho_{12}^2)\right)$$

이때 조건부밀도함수 $f(x_1|x_2)$는 식 (2−1)의 정규확률밀도함수에 대입하면 쉽게 구할 수 있다.

$$f(x_1|x_2) = \frac{1}{\sqrt{2\pi}\sqrt{\sigma_1^2(1-\rho_{12}^2)}} \exp\left[-\frac{\left\{x_1 - \mu_1 - \dfrac{\sigma_{12}}{\sigma_2^2}(x_2 - \mu_2)\right\}^2}{2\sigma_1^2(1-\rho_{12}^2)}\right]$$

$$-\infty < x_1 < \infty$$

정리 2-5

p차원 확률벡터 X가 $N_p(\boldsymbol{\mu}, \boldsymbol{\Sigma})$에 따르고 $|\boldsymbol{\Sigma}| > 0$일 때 다음과 같은 성질이 성립된다.

(1) $(X-\boldsymbol{\mu})'\boldsymbol{\Sigma}^{-1}(X-\boldsymbol{\mu})$는 자유도가 p인 카이자승분포 χ_p^2에 따른다.

(2) $\chi_p^2(\alpha)$는 χ_p^2분포에서 상위 $100\alpha\%$에 해당되는 값을 의미할 때 $P\left(\mathbf{x} : (\mathbf{x}-\boldsymbol{\mu})'\boldsymbol{\Sigma}^{-1}(\mathbf{x}-\boldsymbol{\mu}) \le \chi_p^2(\alpha)\right) = 1 - \alpha$이 된다.

증명

자유도가 p인 χ_p^2분포는 평균이 0이고 분산이 1인 표준화정규분포 N(0,1)에 따르는 서로 독립인 p개 확률변수Z_i 들의 제곱합의 분포이다. 즉, $\sum_{i=1}^{p} Z_i^2$ 의 분포이다. 공분산행렬의 역행렬 Σ^{-1}을 스펙트럼분해하면

$$\Sigma^{-1} = \sum_{i=1}^{p} \frac{1}{\lambda_i} e_i e'_i$$

이므로 $(X-\mu)' \Sigma^{-1} (X-\mu)$ 는

$$\begin{aligned}(X-\mu)' \Sigma^{-1} (X-\mu) &= \sum_{i=1}^{p} \frac{1}{\lambda_i} (X-\mu)' e_i e'_i (X-\mu) \\ &= \sum_{i=1}^{p} \frac{1}{\lambda_i} (e'_i (X-\mu))^2 \\ &= \sum_{i=1}^{p} \left(\frac{e'_i (X-\mu)}{\sqrt{\lambda_i}} \right)^2\end{aligned}$$

로 표시된다. 여기서 $Z_i = \dfrac{e'_i (X-\mu)}{\sqrt{\lambda_i}}$ 의 분포에 대하여 살펴보면 다음과 같다.

$$E(Z_i) = E\left(\frac{e'_i (X-\mu)}{\sqrt{\lambda_i}} \right) = \frac{e'_i}{\sqrt{\lambda_i}} E(X-\mu) = 0$$

$$\begin{aligned}Var(Z_i) &= Var\left(\frac{e'_i (X-\mu)}{\sqrt{\lambda_i}} \right) \\ &= \frac{e'_i \Sigma e_i}{\lambda_i} = \frac{\lambda_i e'_i e_i}{\lambda_i} \qquad (\because\ \Sigma e_i = \lambda_i e_i) \\ &= 1 \quad (\because\ e'_i e_i = 1)\end{aligned}$$

$Z_i, i = 1,2,\cdots,p$는 서로 독립인 표준정규확률변수로 N(0,1)인 분포에 따른다.

따라서 $(X-\mu)' \Sigma^{-1} (X-\mu) = \sum_{i=1}^{p} Z_i^2$ 는 자유도가 p 인 카이자승분포 χ_p^2에 따르게 된다.

2.4 최대우도추정과 표본분포

일반적으로 다변량정규분포의 모수인 평균벡터 μ와 공분산행렬 Σ가 알려져 있지 않은 경우는 다변량정규분포로부터 추출된 표본을 이용하여 모수를 추정하여야 한다. 모수를 추정하는 대표적인 방법인 최대우도추정방법에 대하여 살펴보고, 표본통계량인 표본평균벡터 $\overline{X}$와 표본공분산행렬인 S의 표본분포에 대하여 알아보자.

2.4.1 최대우도 추정량

모집단$X \sim N_p(\mu, \Sigma)$에서 p차원 확률표본 $X_1, X_2, \cdots, X_n$이 추출되었다고 가정하면, 각 확률표본 X_j들은 서로 독립인 $N_p(\mu, \Sigma)$인 분포에 따른다. 다변량 확률표본의 결합밀도함수는 일변량의 경우와 마찬가지로 다변량정규밀도함수들의 곱의 형태를 가진다. 이러한 형태를 다변량정규우도함수(multivariate normal likelihood function) 라고 하고 다음과 같이 정의한다.

$$
\begin{aligned}
L(\mu, \Sigma) &= \prod_{j=1}^{n} f(\mathbf{x}_j) \\
&= \prod_{j=1}^{n} \frac{1}{(2\pi)^{p/2} |\Sigma|^{1/2}} \exp\left\{-\frac{1}{2}(\mathbf{x}_j-\mu)'\Sigma^{-1}(\mathbf{x}_j-\mu)\right\} \\
&= \frac{1}{(2\pi)^{np/2} |\Sigma|^{n/2}} \exp\left\{-\frac{1}{2}\sum_{j=1}^{n}(\mathbf{x}_j-\mu)'\Sigma^{-1}(\mathbf{x}_j-\mu)\right\} \qquad (2-7)
\end{aligned}
$$

모평균벡터 μ와 모공분산행렬 Σ의 최대우도추정량은 식 (2-7)의 우도함수를 최대화하는 μ와 Σ의 값이다. 일반적으로 우도함수 $L(\mu, \Sigma)$보다는 계산상의 편의를 위하여 우도함수에 자연대수를 취한 $\log_e L(\mu, \Sigma)$를 사용한다. 결론적으로 μ의 최대우도추정량 $\overline{X}$와 Σ의 최대우도추정량 S_n은 다음과 같이 구해진다. 최대우도추정량을 구하는 수리적 증명은 이 책의 수준을 넘으므로 생략하기로 한다.

$$\overline{X} = \frac{1}{n}\sum_{j=1}^{n} X_j, \quad S_n = \frac{1}{n}\sum_{j=1}^{n} (X_j - \overline{X})(X_j - \overline{X})' \tag{2-8}$$

또한 모평균벡터 μ와 모공분산행렬 Σ의 최소불편추정량 $\overline{X}$와 S는 각각 다음과 같이 구해진다.

$$\overline{X} = \frac{1}{n}\sum_{j=1}^{n} X_j, \quad S = \frac{1}{n-1}\sum_{j=1}^{n} (X_j - \overline{X})(X_j - \overline{X})' \tag{2-9}$$

최대우도추정량과 최소불편추정량을 비교하면 모평균벡터 μ의 최대우도추정량은 최소불편추정량과 같으나, 공분산행렬 Σ의 최대우도추정량은 최소불편추정량이 아니며 분모에서 최소불편추정량과 약간 차이가 있음을 알 수 있다. 표본수 n가 상당히 크다면 두 추정량은 근사적으로 같지만 $S_n = \frac{n-1}{n}S$의 관계가 있음을 유의하기 바란다. 즉, $E(S_n) = \frac{n-1}{n}\Sigma$이다.

2.4.2 $\overline{X}$와 S의 표본분포

p개 변수에 대하여 n번 관찰한 다변량 자료행렬 X가 다음과 같을 때

$$X_{p\times n} = \begin{bmatrix} X_{11} & X_{12} & \cdots & X_{1n} \\ X_{21} & X_{22} & \cdots & X_{2n} \\ \vdots & \vdots & \ddots & \vdots \\ X_{p1} & X_{p2} & \cdots & X_{pn} \end{bmatrix} = [X_1, X_2, \cdots, X_n]$$

각 열벡터 X_j는 평균벡터가 μ이고, 분산-공분산행렬이 Σ인 정규모집단에서 추출된 확률표본이다. 이때 최소분산불편추정량인 $\overline{X}$와 S의 표본분포에 대하여 살펴보도록 하자. 우선 $\overline{X}$의 표본분포는 다음과 같다.

(1) 일변량($p = 1$)인 경우

$X \sim N(\mu, \sigma^2)$일 때 표본평균 $\overline{X}$의 표본분포는 다음과 같다.

$\overline{X}$의 평균 : $E(\overline{X}) = \mu$, $\overline{X}$의 분산 : $Var(\overline{X}) = \frac{\sigma^2}{n}$

따라서 $\overline{X} \sim N(\mu, \frac{\sigma^2}{n})$에 따른다.

(2) 다변량($p \geq 2$)인 경우

$X \sim N_p(\boldsymbol{\mu}, \boldsymbol{\Sigma})$일 때 표본평균벡터 $\overline{X}$의 분포는 일변량 경우에서 얻은 결과를 이용하면 다음과 같다.

$\overline{X}$ 의 평균벡터 : $E(\overline{X}) = \boldsymbol{\mu}$,

$\overline{X}$ 의 분산－공분산행렬 : $Cov(\overline{X}) = \frac{\boldsymbol{\Sigma}}{n}$

따라서 $\overline{X} \sim N_p(\boldsymbol{\mu}, \boldsymbol{\Sigma}/n)$에 따른다.

다음으로 표본공분산행렬 S의 표본분포에 대하여 살펴보자.

(1) 일변량($p = 1$)인 경우

$X \sim N(\mu, \sigma^2)$일 때 표본분산 s^2의 함수인 $(n-1)s^2/\sigma^2$의 분포는

$$\frac{(n-1)s^2}{\sigma^2} = \frac{\sum_{j=1}^{n}(X_j - \overline{X})^2}{\sigma^2} \sim \chi^2(n-1)$$

자유도가 $n-1$인 카이자승분포에 따른다. 따라서 $(n-1)s^2$은 $\sigma^2\chi^2(n-1)$분포에 따르게 된다. 카이자승분포는 서로 독립인 표준화정규확률변수 Z_j의 제곱합의 분포이므로 $(n-1)s^2$는

$$\sigma^2(Z_1^2 + Z_2^2 + \cdots + Z_{n-1}^2) = (\sigma Z_1)^2 + (\sigma Z_2)^2 + \cdots + (\sigma Z_{n-1})^2$$

와 같은 분포를 하게 된다. 여기서 개별항(σZ_i)는 서로 독립적인 $N(0, \sigma^2)$분포에 따른다.

(2) 다변량 $(p \geq 2)$인 경우

일변량인 경우에서 구한 결과를 확장하면 $(n-1)S$는

$$(n-1)S = \sum_{j=1}^{n} (X_j - \overline{X})(X_j - \overline{X})'$$

서로 독립인 p차원 정규확률벡터 $Z_j \sim N_p(0, \Sigma)$들의 곱의 합인 $\sum_{j=1}^{n-1} Z_j Z'_j$ 형태로 표시된다. 이와 같은 형태의 분포는 자유도가 $n-1$인 위샤트(wishart)분포에 따르고 다음과 같이 표시한다.

$$(n-1)S \sim W_{n-1}((n-1)S \mid \Sigma)$$

정리 2-6

위샤트분포의 성질에 대한 몇 가지 중요한 정리는 다음과 같다.

(1) 두 확률벡터 A_1, A_2가 서로 독립이고, $A_1 \sim W_{m1}(A_1 \mid \Sigma), A_2 \sim W_{m2}(A_2 \mid \Sigma)$분포에 따르면 두 확률벡터 합 $A_1 + A_2$는 $W_{m1+m2}(A_1 + A_2 \mid \Sigma)$인 분포를 갖는다. 즉, 자유도는 가산적이다.

(2) $A \sim W_m(A \mid \Sigma)$분포일 때 CAC'는 $W_m(CAC' \mid C\Sigma C')$분포에 따른다.

2.4.3 $\overline{X}$ 와 S 의 대표본 성질

일변량 중심극한정리에 의하면 표본크기가 커짐에 따라 모집단 분포의 형태와 관계없이 표본평균의 표본분포는 정규분포에 근사하는 성질을 가진다. 다변량의 경우에도 일변량 경우와 마찬가지로 중심극한정리가 성립된다.

정리 2-7 중심극한 정리

$X_1, X_2, \cdots, X_n$은 평균벡터가 μ이고, 공분산행렬이 Σ인 모집단에서 추출된 p차원 확률표본이라 했을 때 n−p가 상당히 크면 다음과 같은 성질이 성립된다.

(1) $\sqrt{n}(\overline{X}-\mu)$는 $N_p(0, \Sigma)$인 분포에 근사한다.

(2) $n(\overline{X}-\mu)' S^{-1}(\overline{X}-\mu)$는 χ_p^2 분포에 근사한다.

증명

만약 p차원 확률표본 X_i이 $N_p(\mu, \Sigma)$분포에 따르면, μ의 추정량인 표본평균벡터 $\overline{X}$의 표본분포는 $N_p(\mu, \Sigma/n)$분포에 따른다. 따라서 $\sqrt{n}(\overline{X}-\mu)$의 표본분포는 다음과 같이 구할 수 있으므로

$$E(\sqrt{n}(\overline{X}-\mu)) = \sqrt{n}\,E(\overline{X}-\mu) = 0$$
$$Cov(\sqrt{n}(\overline{X}-\mu)) = n\,Cov(\overline{X}) = \Sigma$$

$\sqrt{n}(\overline{X}-\mu)$는 $N_p(0, \Sigma)$ 인 분포에 따른다. 따라서 X의 모집단 분포가 정규분포가 아니라고 하더라도 n이 커짐에 따라 $\sqrt{n}(\overline{X}-\mu)$의 분포는 $N_p(0, \Sigma)$에 근사하게 된다.

또한 $\sqrt{n}(\overline{X}-\mu) \sim N_p(0, \Sigma)$이면 $n(\overline{X}-\mu)' \Sigma^{-1}(\overline{X}-\mu)$는 χ_p^2 분포를 갖게 된다. 따라서 모집단이 정규분포에 따르지 않더라도 중심극한정리에 의하여 표본크기 n이 커짐에 따라 $n(\overline{X}-\mu)' \Sigma^{-1}(\overline{X}-\mu)$는 χ_p^2의 분포에 근사하게 된다. 그리고 n이 크고 변수의 수 p보다 훨씬 크면 Σ^{-1} 대신에 S^{-1}를 사용하여도 카이제곱분포의 근사에는 심각한 영향을 미치지 않는다.

2.5 다변량정규성과 이상값 탐색

2.5.1 카이제곱 Q-Q 플롯

다변량분석에서 개별변수에 대한 정규성을 검토하는 것도 유용하다. 그러나 변수가 다수인 경우 다음과 현상이 발생될 수 있다. 첫째, 변수의 수가 증가할수록 변수들 사이에 복잡한 선형관계가 존재할 가능성이 높아진다. 둘째, 개별변수가 정규성을 만

족하더라도 다변량 정규성이 성립되지 않는 경우가 발생될 수 있다. 본 절에서는 개별변수의 정규성 검토와 유사하게 다변량정규성을 그래프로 탐색하기 위한 카이제곱 Q-Q 플롯을 설명하겠다. Q-Q 플롯은 Quantile-by-Quantile의 약자이고, 한 분위수를 다른 한 분위수에 대하여 플롯하고, 두 분위수의 값이 직선에 가까운 형태를 보이는지를 검토하는 것이다. 여기서 한 분위수는 순서로 정리된 표본 관측값을 의미하고, 다른 한 분위수는 표본이 추출된 것으로 가정된 확률분포의 분위수를 의미한다. Q-Q 플롯은 해당 표본이 가정된 확률분포로부터 추출된 것으로 주장할 수 있는지 여부를 판단할 수 근거가 된다. $X_1, X_2, \cdots, X_n$는 평균벡터가 μ이고 공분산행렬이 Σ인 다변량정규분포 $N_p(\mu, \Sigma)$에서 추출된 p차원 확률표본이라고 하자. 이때 j-번째 관측벡터 $X_j = (X_{j1}, X_{j2}, \cdots, X_{jp})'$가 평균벡터 μ로부터 떨어진 일반화거리제곱(squared generalized distance) $D_{(j)}^2$는 자유도가 p인 카이제곱분포 χ_p^2에 따른다.

$$D_j^2 = (X_j - \mu)' \Sigma^{-1} (X_j - \mu) \qquad (2-10)$$

따라서 $X_j \sim N_p(\mu, \Sigma)$이면 $(D_1^2, D_2^2, \cdots, D_n^2)$은 χ_p^2에서 추출된 확률표본이 된다. 일반적으로 평균벡터 μ와 공분산행렬 Σ이 알려져 있지 않기 때문에, 표본평균벡터 $\overline{X}$와 표본공분산행렬 S로 추정된다. 식 (2-10)에 μ와 Σ 대신에 $\overline{X}$와 S를 대입하면, X_j가 $\overline{X}$로부터 떨어진 일반화거리제곱 d_j^2는 식 (2-11)과 같이 표시된다. n과 n-p가 25 혹은 30보다 클 때 $(d_1^2, d_2^2, \cdots, d_n^2)$는 카이제곱분포에 근사하게 된다.

$$d_j^2 = (X_j - \overline{X})' S^{-1} (X_j - \overline{X}) \qquad (2-11)$$

카이제곱 Q-Q 플롯은 d_j^2가 자유도가 p인 카이제곱분포 χ_p^2에 따르는지 여부를 판단할 수 있는 유용한 방법이다. 카이제곱 Q-Q 플롯은 표본에서 구한 $(d_1^2, d_2^2, \cdots, d_n^2)$의 백분위수와 자유도가 p인 카이제곱분포 χ_p^2의 백분위수를 비교하는 것이다. 만약 Q-Q 플롯의 점들이 직선에 근접하게 놓이게 되면 카이제곱분포에 근사한다고 주장할 수 있는 근거가 된다. 카이제곱 Q-Q 플롯의 절차는 일변량정규성을 평가할 때와 유사한 절차를 적용한다.

카이제곱 Q-Q 플롯에 대한 표본 분위수는 다음과 같이 구해진다. 첫째, 일반화거리제곱 d_j^2을 작은 값부터 큰 값으로 순서로 나열하고, 순위 관측값으로 표시하면 $d_{(1)}^2 \le d_{(2)}^2 \le \cdots \le d_{(n)}^2$와 같고, 순위 관측값 $d_{(j)}^2$을 j/n 분위수라고 한다. 만약 $n = 50$일 때 $d_{(10)}^2$은 $10/50 = 0.20$ 분위수이고, 50개 d_j^2의 20%가 $d_{(10)}^2$ 이하라는 의미이다. 이 경우 연속성 수정을 위하여 분위수 j/n를 $(j - 0.5)/n$로 변경한다. 모집단 카이제곱분포의 분위수를 $(j - 0.5)/n$에 대응되는 값 q_j으로 식 (2 - 12)와 같이 정의된다. 모집단 분위수 자유도가 p인 카이제곱분포 χ_p^2에서 q_j보다 같거나 작을 확률이 $(j - 0.5)/n$이 되는 q_j를 찾는 것이다.

$$P(\chi_p^2 \le q_j) = \frac{j - 0.5}{n} \qquad (2-12)$$

표본 분위수 $d_{(j)}^2$와 대응되는 모집단 분위수 q_j가 구해지면 분위수 짝 $(q_j, d_{(j)}^2)$을 플롯하고, 직선의 형태를 보이는지 점검한다. 만약 직선에서 크게 위반되는 형태를 보이면, 해당 $d_{(j)}^2$이 자유도가 p인 카이제곱분포 χ_p^2에 따른다고 할 수 없게 된다. 따라서 $X_1, X_2, \cdots, X_n$는 다변량정규분포에서 추출된 표본이라고 주장할 수 있는 근거가 미약하게 된다.

예제 2.6

어느 대기업에서 직장상사에 대한 업무 및 인력 관리능력을 평가하기 위해서 사내 30개 팀 조직을 조사하였다. 개별 팀은 팀장 1명과 20명으로 사원으로 구성된다. 아래 자료는 상사를 평가하는 6개 변수에 대한 선호도를 의미하고, 6개 변수는 아래와 같고, 평가자료는 아래와 같다.

X_1: 부하 직원의 불평을 다루는 능력　　X_2: 부하직원에 대한 공평성

X_3: 새로운 것에 대한 학습능력　　X_4: 업무성과에 대한 격려정도

X_5: 업무성과에 대한 질책정도　　X_6: 업무수행의 진취도

team	X1	X2	X3	X4	X5	X6	team	X1	X2	X3	X4	X5	X6
1	37	42	58	50	57	49	16	77	66	63	88	76	72

team	X1	X2	X3	X4	X5	X6	team	X1	X2	X3	X4	X5	X6
2	51	30	39	61	92	45	17	61	45	47	62	80	41
3	55	49	44	54	49	34	18	60	47	39	59	74	41
4	57	44	45	51	83	38	19	83	83	45	59	77	35
5	58	68	54	64	78	52	20	62	57	42	55	63	25
6	40	33	34	43	64	33	21	70	68	69	76	86	48
7	66	52	50	63	80	37	22	75	50	55	70	66	41
8	67	42	56	66	68	35	23	82	72	67	71	83	31
9	63	45	47	54	84	35	24	85	64	69	79	79	63
10	64	51	54	63	73	47	25	77	54	72	79	77	46
11	54	42	48	66	75	33	26	75	58	74	80	78	49
12	53	53	58	58	67	34	27	78	56	66	71	83	47
13	61	52	62	66	80	41	28	90	50	72	60	54	36
14	60	65	75	55	80	60	29	82	39	59	64	78	39
15	70	46	57	75	85	46	30	85	71	71	77	74	55

프로그램 \CH2\EX6.SAS 

```
DATA ONE;
INPUT T X1-X6;
CARDS;
 1 37 42 58 50 57 49
 2 51 30 39 61 92 45
 ⋮
30 85 71 71 77 74 55
;
RUN;
① PROC PRINCOMP COV STD OUT=TWO NOPRINT;
VAR X1-X6;
RUN;
DATA THREE;
```

```
  SET TWO;
② DSQ = USS(OF PRIN1-PRIN6);
  RUN;
③ PROC SORT; BY DSQ;
  RUN;
  DATA FOUR; OBS = _N_;
  SET THREE;
  NOVAR = 6; N = 30; ④CHISQ = CINV(((_N_ - 0.5)/N), NOVAR);
  RUN;
⑤ PROC PRINT;
  VAR T DSQ CHISQ;
  RUN;
⑥ PROC PLOT;
  PLOT DSQ*CHISQ = '*';
  RUN;
```

프로그램 해설

① 6개 변수 X1-X6에 대한 주성분 분석(제4장에서 설명함)을 수행하기 위한 명령어인 PROC PRINCOMP; 이고 공분산행렬로부터 주성분을 도출하기 위해서 COV 옵션을 사용한다. 주성분점수(principal score)를 표준화하기 위해서 STD 옵션을 사용하고, 출력자료를 자료 TWO에 저장한다.

② 식 (2.11) 일반화거리제곱 d_j^2은 6개 주성분 자승합인 DSQ = USS(OF PRIN1-PRIN6); 로 구해진다.

③ 일반화거리제곱 d_j^2을 작은 값부터 큰 값 순으로 정렬하기 위해서 PROC SORT; BY DSQ;을 사용한다.

④ 자유도가 6인 카이제곱분포 χ_6^2의 누적확률 $(j-0.5)/N$에 대응되는 카이제곱 분위수 q_j를 구하기 위해서 CHISQ = CINV(((_N_−0.5)/N),NOVAR); 식을 이용한다.

⑤ 개별 팀 T에 대한 $d_{(j)}^2$와 q_j를 출력하기 위한 명령문은 PROC PRINT; VAR T DSQ CHISQ; 이다.

⑥ 30개 팀의 $(q_j, d_{(j)}^2)$ 자료를 Q-Q 플롯으로 출력하기 위한 명령문은 PROC PLOT; PLOT DSQ*

CHISQ='*'; 이다.

카이제곱 Q-Q 플롯을 작성하기 위한 카이제곱 분위수 q_j를 수평축으로 하고, 표본 분위수 $d^2_{(j)}$를 수직축으로 한다. $(q_j, d^2_{(j)})$에 대한 출력자료는 <표 2.1>과 같고 Q-Q 플롯은 <그림 2.1>과 같다. <표 2.1>에 의하면 상사에 대한 전반적인 선호도가 낮은 팀으로 오름차순으로 정리되어 있다. 상사에 대한 전반적인 선호도가 가장 낮은 팀은 팀 10이고, 선호도가 가장 높은 팀은 팀 14로 나타났다. <그림 2.1>의 카이제곱 Q-Q 플롯에 의하면 상위 5개가 직선으로부터 상당히 아래 쪽에 위치하고 있음을 알 수 있다. 따라서 표본 $(d^2_1, d^2_2, \cdots, d^2_n)$은 자유도가 6인 카이제곱분포 χ^2_6에 따른다고 할 수 없다. 따라서 확률표본은 다변량정규분포에서 추출된 표본이라고 강하게 주장할 수 있는 근거가 미흡하다. 카이제곱 Q-Q 플롯에서 오른쪽에 위치한 값들이 직선에서 크게 벗어난 경우에 다변량 이상값이 가능성이 존재한다.

〈표 2.1〉 상사업무 및 관리평가에 대한 $d^2_{(j)}$와 q_j

순위	팀	$d^2_{(j)}$	q_j	순위	팀	$d^2_{(j)}$	q_j
1	10	0.5854	1.0576	16	5	4.6854	5.4845
2	7	0.9708	1.6354	17	21	4.7464	5.7652
3	17	1.2238	2.0327	18	11	4.8617	6.0585
4	27	1.6949	2.3643	19	24	5.4156	6.3672
5	13	2.2782	2.6613	20	20	5.56	6.6948
6	8	2.6385	2.9374	21	6	5.8664	7.0454
7	22	2.8478	3.2002	22	29	7.4322	7.4249
8	15	2.9182	3.4546	23	3	7.9731	7.8408
9	18	3.0784	3.7039	24	23	8.3982	8.304
10	30	3.406	3.9508	25	2	8.9621	8.8306
11	25	3.7046	4.1973	26	1	10.9639	9.4461
12	9	3.8162	4.4452	27	16	13.2913	10.1953
13	26	3.9861	4.6961	28	28	14.6422	11.1676
14	4	4.1473	4.9519	29	19	14.7088	12.5916
15	12	4.4096	5.2141	30	14	14.787	15.5059

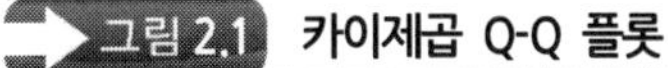
그림 2.1 카이제곱 Q-Q 플롯

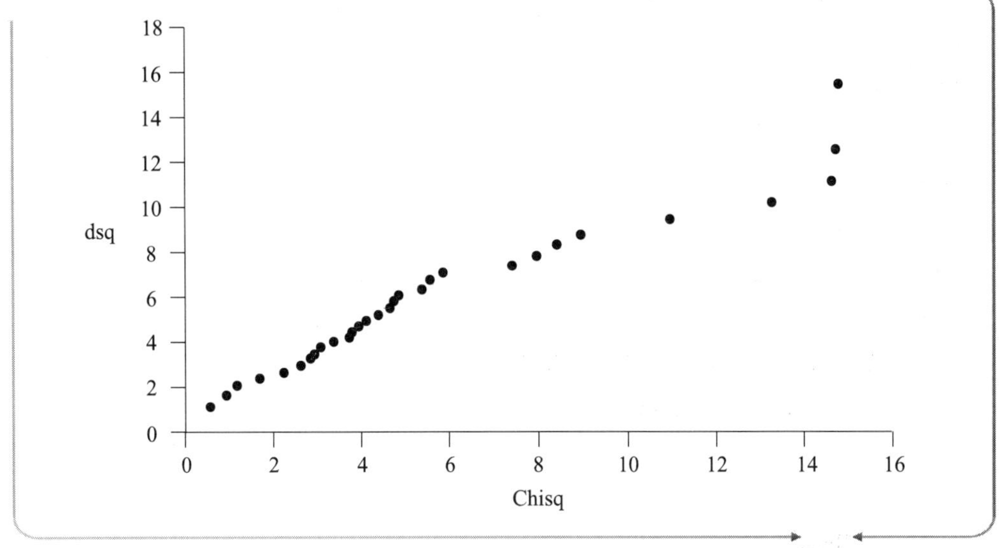

2.5.2 다변량 이상값 탐색

다변량 이상값을 탐색하는 방법은 여러 가지 있으나, Yang과 Lee(1987)가 제안한 F-검정을 설명하겠다. 다변량 이상값을 검정하기 위한 통계량은 식 (2 – 13)과 같다. 검정 통계량 F_j은 분자의 자유도가 p이고 분모의 자유도가 $n-p-1$인 $F_{p,n-p-1}$에 따른다.

$$F_j = \frac{n-p-1}{p}\left[\frac{1}{1-n d_j^2/(n-1)^2} - 1\right], \; j = 1, 2, \ldots n. \qquad (2-13)$$

[예제 2.6: 계속] <표 2.1>자료에 대하여 식 (2 – 13)을 이용하여 유의수준 5%에서 다변량 이상값을 탐색하여보자.

프로그램 \CH2\EX6.SAS

```
DATA FIVE;
SET FOUR;
```

```
① F=((N - P - 1)/P)*((1/(1 - N*DSQ/(N - 1)**2)) - 1);
② FVALUE=FINV(0.95, P, N - P-1);
   RUN;
   PROC SORT;
   BY T;
   RUN;
③ PROC PRINT;
   VAR T F FVALUE;
   RUN;;
   PROC PLOT HPERCENT = 50 VPERCENT = 50;
④ PLOT F*T = '*'/VREF = 2.52766;
   RUN;
```

프로그램 해설

① 식(2 – 13)의 검정통계량 F_j를 SAS수식으로 표현한 것이다.

② $F_{p,n-p-1}$분포에서 상위 5%에 해당되는 임계값을 구하기 위해서 FVALUE= FINV(0.95, P, N - P - 1);를 사용하였다.

③ 30개 팀 T에 대한 F_j값과 임계값을 출력하기 위해서 PROC PRINT; VAR T F FVALUE;를 사용하였다.

④ 어떤 팀의 F_j값이 임계값을 크게 벗어난 이상값인지를 판단하기 위한 산점도를 출력하였다.

결과 및 해석

다변량 이상값을 탐색하기 위한 팀별 F_j값은 <표 2.2>와 같다. 팀 28, 14, 19, 16의 F_j값이 임계값 2.52766보다 상당히 큰 값으로 이상값으로 보이고, 팀 1의 F_1은 임계값에 가까이 있다. <표 2.2> 자료를 산점도로 표현하면 <그림 2.2>와 같다.

〈표 2.2〉 다변량 이상값 탐색 F_j값과 임계값

팀	F_j	임계값	팀	F_j	임계값
1	2.4622	2.52766	**16**	**3.45609**	2.52766
2	1.8014	2.52766	17	0.17498	2.52766
3	1.52358	2.52766	18	0.47287	2.52766
4	0.66558	2.52766	**19**	**4.23159**	2.52766
5	0.76926	2.52766	20	0.94839	2.52766
6	1.01448	2.52766	21	0.78132	2.52766
7	0.13751	2.52766	22	0.43345	2.52766
8	0.39828	2.52766	23	1.63957	2.52766
9	0.60407	2.52766	24	0.91786	2.52766
10	0.08175	2.52766	25	0.58371	2.52766
11	0.80427	2.52766	26	0.63541	2.52766
12	0.71553	2.52766	27	0.24668	2.52766
13	0.33908	2.52766	**28**	**4.19146**	2.52766
14	**4.27918**	2.52766	29	1.38294	2.52766
15	0.44541	2.52766	30	0.53016	2.52766

그림 2.2 다변량 이상값 탐색 산점도

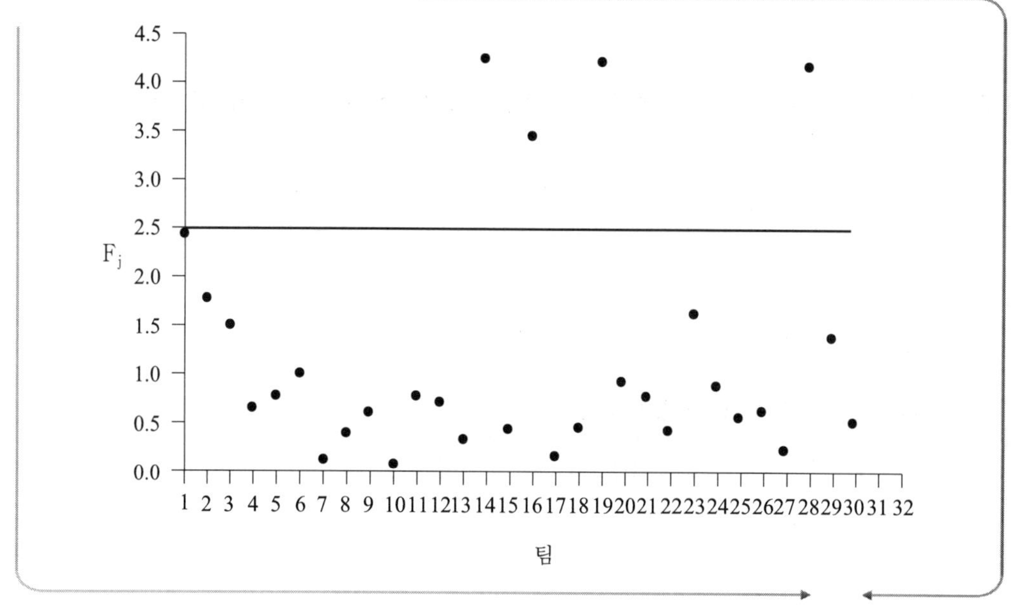

연 / 습 / 문 / 제

2.1 $X \sim N_3(\mu, \Sigma)$의 분포일 때 μ와 Σ가 다음과 같이 주어졌을 때 아래 질문 중 어느 것이 독립적인지 확인하여라?

$$\mu = \begin{bmatrix} -3 \\ 1 \\ 4 \end{bmatrix}, \qquad \Sigma = \begin{bmatrix} 1 & -2 & 0 \\ -2 & 5 & 0 \\ 0 & 0 & 2 \end{bmatrix}$$

(1) X_1과 X_2

(2) X_2와 X_3

(3) (X_1, X_2)와 X_3

(4) $\frac{X_1 + X_2}{2}$와 X_3

(5) X_2와 $(X_2 - \frac{5}{2}X_1 - X_3)$

2.2 $X \sim N_3(\mu, \Sigma)$ 분포일 때 아래 선형결합에 대한 분포를 구하여라.

$$\mu = \begin{bmatrix} 2 \\ -3 \\ 1 \end{bmatrix}, \qquad \Sigma = \begin{bmatrix} 1 & 1 & 1 \\ 1 & 3 & 2 \\ 1 & 2 & 2 \end{bmatrix}$$

(1) $3X_1 - 2X_2 + X_3$ 의 분포를 구하여라. (힌트 : $a' = [3, -2, 1]$)

(2) 두 개 선형결합의 분포를 구하여라.

$X_1 + X_2$ (힌트 : $C = \begin{bmatrix} 1 & 1 & 0 \\ 1 & 0 & -1 \end{bmatrix}$)

$X_1 - X_3$

$X \sim N_2(\mu, \Sigma)$ 분포일 때 아래 물음에 답하여라.

$$\mu = \begin{bmatrix} 0 \\ 0 \end{bmatrix}, \quad \Sigma = \begin{bmatrix} 3 & 1 \\ 1 & 3 \end{bmatrix}, \quad (X-\mu)'\Sigma^{-1}(X-\mu) = 1$$

(1) 이변량 정규분포의 등고선을 그려라.

(2) 주축이 (1,1)를 통과하는지 확인하여라.

(3) 주축과 부축은 어떤 관계에 있는지 설명하여라.

(4) 중심으로부터 타원체의 표면 끝까지의 길이를 구하여라.

5차원정규모집단 $N_5(\mu, \Sigma)$에서 크기가 $n = 10$인 확률표본을 얻었을 때 아래 물음의 구체적인 분포를 답하여라.

(1) $(X_1 - \mu)' \Sigma^{-1} (X_1 - \mu)$

(2) $\overline{X}$

(3) $\sqrt{n}\,(\overline{X} - \mu)$

(4) $(n-1)\,S$

(5) $n\,(\overline{X} - \mu)' \Sigma^{-1} (\overline{X} - \mu)$

평균벡터가 μ이고 공분산행렬이 Σ인 모집단에서 표본크기가 $n = 50$인 확률표본을 추출하였을 때 아래 물음에 대한 근사분포를 구체적으로 답하여라.

(1) $\overline{X}$

(2) $n\,(\overline{X} - \mu)' S^{-1} (\overline{X} - \mu)$

2.6 기업의 유동성과 재무적 융통성에 관한 정보는 재무상태표(Balance Sheet)로부터 구해지고, 기업의 수익성을 판단하기 위해서 손익계산서(Income Statement) 정보를 활용한다. 재무적 관점에서 기업의 경쟁력 수준을 확인하기 위해서 기업의 성장성, 수익성, 유동성 및 안정성, 자산 · 자본의 회전율 등 지표를 사용한다. 성장성 지표는 당해연도 활동성과가 전년에 비하여 얼마나 증가했는가를 나타내는 지표이고 기업의 미래 수익창출능력을 간접적으로 평가할 수 있다. 수익성 지표는 자산이용의 효율성과 이익창출능력을 평가할 때 사용된다. 유동성 및 안정성 지표는 기업의 단기채무 지불능력인 유동성과 경기대응 능력인 안정성을 측정하는 지표이다. 활동성 지표는 기업에 투하된 자본이 기간 중 얼마나 활발하게 운용되었는가를 나타내는 비율을 의미한다. 4가지 지표에 사용된 변수와 속성은 아래와 같다. 2014년 국내 37개 기업의 12개 변수에 대한 자료는 \DATA\FIN.DAT에 저장되어 있다. 분석을 위하여 프로그램 \CH2\P6.SAS을 활용하여라.

지표	변수	정의 및 의미
성장성 지표	X1 : 매출액 증가율	(당기매출액 / 전기매출액) × 100 − 100
		기업의 외형 신장세를 판단
	X2 : 총자산 증가율	(당기말 총자산 / 전기말 총자산) × 100 − 100
		기업의 전체적인 성장성을 측정
	X3 : 자기자본 증가율	(당기말 자기자본 / 전기말 자기자본) × 100 − 100
		내부유보 또는 유상증자를 통한 자기자본증가
수익성 지표	X4 : 매출액 영업이익률	(영업이익 / 매출액) × 100
		영업이익만을 매출액과 대비한 영업효율성
	X5 : 총자산 순이익률	(당기순이익 / 총자산) × 100
		ROA(Return on assets)로 기업경영활동 평가
	X6 : 자본금 순이익률	(당기순이익 / 총자본) × 100
		기업의 배당능력 판단을 위한 기초자료
유동성 및 안정성 지표	X7 : 자기자본비율	(자기자본 / 총자본) × 100
		비율이 높을수록 기업의 안정성이 높음
	X8 : 유동비율	(유동자산 / 유동부채) × 100
		비율이 높을수록 단기지급능력이 양호함
	X9 : 부채비율	((유동부채 + 비유동부채) / 자기자본) × 100
		비율이 높을수록 이자비용로 수익성 악화됨

활동성 지 표	X10: 총자산 회전율	매출액 / 총자산
		기업에 투하한 총자산의 운용효율
	X11: 자본금 회전율	매출액 / 총자본
		자본금 이용의 효율성 수준
	X12: 매출채권 회전율	매출액 / 매출채권
		비율이 높을수록 매출채권의 현금화 속도가 높음

(1) 카이제곱 Q-Q플롯을 이용하여 37개 기업의 12개 변수의 다변량자료가 다변량 정규분포에 따르는지 여부를 검정하여라.

(2) 다변량 이상값을 탐색하고 이상값으로 판정된 기업의 속성을 설명하여라.

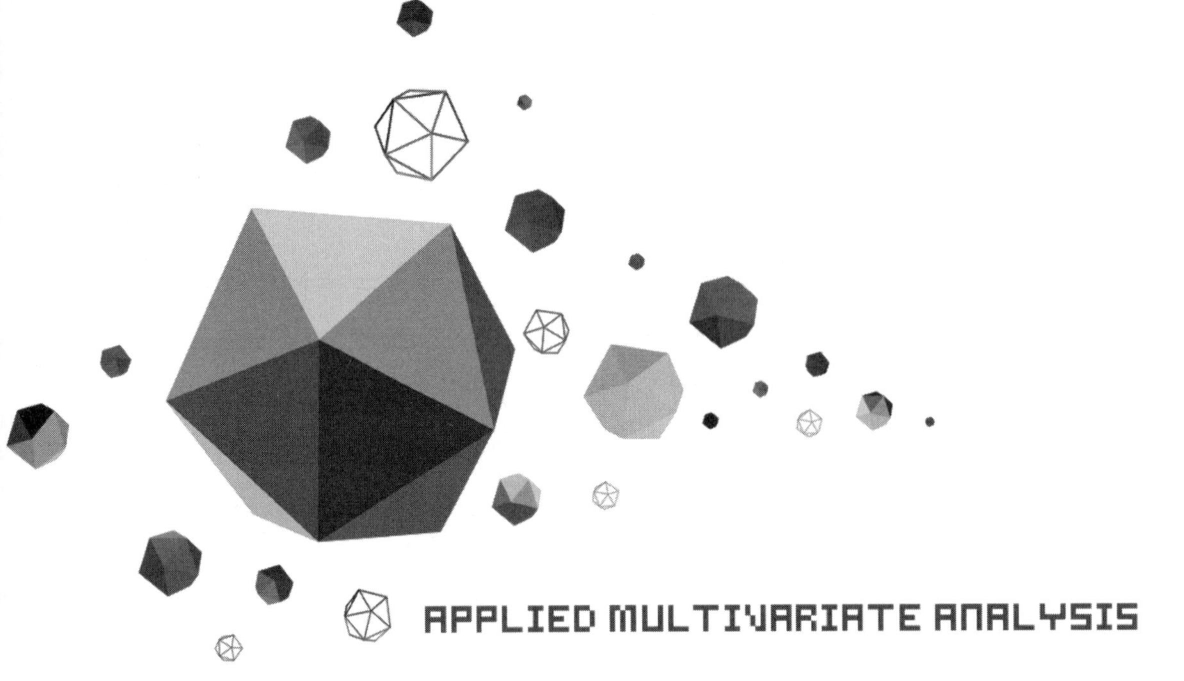
APPLIED MULTIVARIATE ANALYSIS

다변량 분산분석

CHAPTER 03

다변량분산분석

3.1 서 론

분산분석(Analysis of variance)은 정량적인 종속변수와 비정량적인 독립변수들 간의 관계를 분석하는데 사용되어지는 통계적 분석방법이다. 분산분석에서 독립변수를 인자(factor), 처리(treatment) 혹은 집단(group)이라고 하며 독립변수가 가질 수 있는 범주를 인자수준(factor level), 처리수준(treatment level) 혹은 집단수준(group level)이라고 한다. 일변량분산분석(ANOVA)의 경우에는 하나의 연속형 종속변수에 대한 서로 다른 수준에서 측정된 하나 혹은 둘 이상의 범주형 독립변수들의 영향을 분석하는 것을 목적으로 한다. 반면에 다변량분산분석(MANOVA)의 경우에는 두 개 이상의 연속형 종속변수에 대하여 서로 다른 수준에서 측정된 하나 혹은 둘 이상의 범주형 독립변수들의 영향을 분석하는 것을 목적으로 한다. 따라서 일변량분산분석과 다변량분산분석을 구분하는 것은 종속변수의 수에 있다. 종속변수가 하나인 경우에는 일변량분산분석이라고 부르고, 종속변수가 두 개 이상 확률변수로 표시된 벡터인 경우에는 다변량분산분석이라고 부른다.

다변량분산분석은 일변량분산분석의 확장 혹은 일반화에 불과하므로 일변량분산분석의 기본원리, 모형의 설정 및 가설검정 절차 등은 다변량분산분석에 적용될 수 있다고 본다. 따라서 본 장에서는 우선 다변량분산분석의 이해를 돕기 위하여 일변량분산분석도 간략하게 함께 다루기로 하겠다. 본 장에서 다룰 내용은 일원배치와 이원배치 분산분석이며 다음과 같은 내용이 포함된다.

- ☑ 일원배치 일변량분산분석
- ☑ 이원배치 일변량분산분석
- ☑ SAS를 이용한 분산분석
- ☑ 일원배치 다변량분산분석
- ☑ 이원배치 다변량분산분석

3.2 일원배치 일변량 분산분석

일원배치 일변량분산분석은 하나의 종속변수에 두 개 이상의 범주를 갖는 하나의 독립변수들이 미치는 영향을 분석하기 위한 가장 단순한 분석방법이다. 즉, 두 개 이상 인자수준에 따라 종속변수의 평균이 유의적인 차이가 있는가를 분석하는 방법이다. 여기서 유의적인 차이란 각 인자수준에 따라 평균이 모두 다르다는 의미보다는 모두 같지는 않다는 의미이다.

(1) 자료구조와 가정

독립변수인 인자 A의 수준이 a개 있고 i번째 인자수준에서 n_i개의 관찰치를 추출한다. i번째 인자수준에서 j번째 관찰치 자료를 X_{ij}로 표시된 일원배치법 자료는 <표 3.1>과 같이 배열된다. 여기서 $\overline{X}_i$는 각 수준 A_i에서 얻어진 n_i개 자료의 표본평균이고, $\overline{X}$는 모든 자료 $N = \sum_{i}^{a} n_i$에 대한 전체 표본평균을 나타낸다.

〈표 3.1〉 일원배치법 일변량 자료구조

구 분	인자 A수준			
	1	2	…	a
반 복 관 찰	X_{11} X_{12} ⋮ $X_1 n_1$	X_{21} X_{22} ⋮ $X_2 n_2$	… … ⋮ …	X_{a1} X_{a2} ⋮ $X_a n_a$
표 본 평 균	$\overline{X}_1$	$\overline{X}_2$	…	$\overline{X}_a$
전체 표본평균	$\overline{X} = \sum_{i}^{a} \sum_{j}^{n_i} X_{ij} / N$			

일원배치 분산분석은 다음과 같은 가정 하에 성립된다. 첫째, 인자의 각 수준에서 얻어진 자료는 평균이 μ_i이고 동일한 분산 σ^2를 갖는 정규모집단에서 추출된 확률표본이다. 즉,

$$X_{ij} \sim N(\mu_i, \sigma^2), \quad i = 1, 2, \cdots, a.$$

이다. 둘째, 인자의 각 수준에 대한 모집단의 분포는 서로 독립적이다.

그러나 실제로 분산분석을 위한 F검정에서는 첫 번째 가정이 심하게 위반되지 않는 한 의미 있는 결과를 가져오는 것으로 알려져 있다.

(2) 모형설정과 분산분석표

인자수준에서 얻어진 자료를 종속변수로 하고 인자수준을 독립변수로 하였을 때 일원배치 일변량분산분석 모형은 다음과 같이 설정된다.

$$X_{ij} = \mu_i + \epsilon_{ij}, \quad i = 1, 2, \cdots, a, \quad j = 1, 2, \cdots, n_i \qquad (3-1)$$

여기서 μ_i는 i번째 인자수준 A_i의 모평균이고, ϵ_{ij}는 확률오차에 해당되는 부분으로 평균이 0이고 분산이 σ^2인 정규분포 $N(0, \sigma^2)$에 따른다고 가정한다. 따라서 식 (3－1)에서 i번째 인자수준의 j번째 자료 X_{ij}는 μ_i와 ϵ_{ij}의 선형결합으로 표시되고 정규분포 $N(\mu_i, \sigma^2)$에 따르게 된다. 또한 인자의 각 수준에서의 모평균 μ_i와 전체자료의 평균 μ와의 차이를 $\alpha_i = \mu_i - \mu$로 표시하면 식 (3－1)은 다음과 같이 다시 표시할 수 있다.

$$\begin{aligned} X_{ij} &= \mu_i + \epsilon_{ij} \\ &= \mu + (\mu_i - \mu) + \epsilon_{ij} \\ &= \mu + \alpha_i + \epsilon_{ij} \end{aligned} \qquad (3-2)$$

여기서 전체 모평균은 $\mu = \dfrac{\sum_{i=1}^{a} n_i \mu_i}{N}$이다.

α_i는 인자수준 i에서 모평균 μ_i가 전체자료에서 얻어진 모평균 μ로부터 어느 정도의 차이를 갖는가를 나타내는 수치로 인자 A의 주효과(main effect)라고 부른다. 이때 α_i는 다음과 같은 제약조건이 성립된다.

$$\begin{aligned}\sum_{i}^{a} n_i\,\alpha_i &= \sum_{i=1}^{a} n_i\,(\mu_i - \mu) \\ &= \sum_{i}^{a} n_i\,\mu_i - \mu\sum_{i=1}^{a} n_i \\ &= 0 \qquad (3-3)\end{aligned}$$

자료를 식 (3−2)와 유사하게 배열하면 개별자료 X_{ij}와 전체표본평균 $\overline{X}$의 편차는 다음과 같이 두 개 편차의 합으로 분해된다.

$$(X_{ij} - \overline{X}) = (\overline{X}_i - \overline{X}) + X_{ij} - \overline{X}_i) \qquad (3-4)$$

여기서 우변 첫 번째 항 $(\overline{X}_i - \overline{X})$는 각 인자수준의 표본평균과 전체 표본평균과의 차이로 주효과의 추정치인 $\hat{\alpha}_i$이다. 두 번째 항 $(X_{ij} - \overline{X}_i)$는 자료값과 각 수준 표본평균과의 차이로 오차 추정치인 잔차를 의미한다. 식 (3−4)의 양변을 동시에 제곱하고 모든 자료에 대한 합을 구하면 다음과 같이 표시된다.

$$\sum_{i=1}^{a}\sum_{j=1}^{n_i}(X_{ij} - \overline{X})^2 = \sum_{i=1}^{a} n_i(\overline{X}_i - \overline{X})^2 + \sum_{i=1}^{a}\sum_{j=1}^{n_i}(X_{ij} - \overline{X}_i)^2 \qquad (3-5)$$

식 (3−5) 양변에 있는 자승합의 의미를 살펴보면 다음과 같다. 우선 좌변항은 각 수준의 자료들이 전체 표본평균으로부터 얼마나 퍼져있는가를 나타내는 변동으로 전체자승합 또는 전체변동이라 부르고 SST로 표시한다. 우변 첫 번째 항은 각 인자수준 표본평균이 전체 표본평균으로부터 얼마나 떨어져 있는가를 나타내는 인자수준 간 변동으로 인자자승합이라 부르고 SSA로 표시한다. 두 번째 항은 자료들이 각 수준 표본평균으로부터 얼마나 퍼져있는가를 나타내는 인자수준내 변동으로 잔차자승합이라 부르고 SSE로 표시한다. 따라서 전체자승합은 인자자승합과 잔차자승합으로 분해되기 때문에 다음과 같은 관계가 성립한다.

$$SST = SSA + SSE \tag{3-6}$$

위에서는 분산분석과 관련된 자승합에 대하여 설명하였는데 이들 자승합들과 연관된 자유도를 구하여 보기로 하자. 자승합의 자유도는 자승을 한 편차의 개수에서 편차들의 선형제약식 개수만큼 자유도를 잃게 된다. 먼저 총자승합의 자유도를 구하여 보면

$$SST = \sum_{i=1}^{a}\sum_{j=1}^{n_i}(X_{ij} - \overline{X})^2$$

편차자승의 개수는 N개이고 선형제약조건 $\sum_{i=1}^{a}\sum_{j=1}^{n}(X_{ij} - \overline{X}) = 0$이 하나 있으므로 자유도 하나를 잃게 되어 SST의 자유도는 $N-1$이 된다. 다음으로 인자자승합의 자유도를 구하여 보면

$$SSA = \sum_{i=1}^{a} n_i(\overline{X}_i - \overline{X})^2$$

편차자승의 개수는 a개이고 선형제약조건 $\sum_{i=1}^{a} n_i(\overline{X}_i - \overline{X}) = 0$ 이 하나 있으므로 자유도 하나를 잃게 되어 SSA의 자유도는 $a-1$이 된다. 마지막으로 잔차자승합의 자유도를 구하여 보면

$$SSE = \sum_{i=1}^{a}\sum_{j=1}^{n_i}(X_{ij} - \overline{X}_i)^2$$

편차자승의 개수는 N이고 모든 $i = 1, 2, \ldots, a$에 대하여 $\sum_{j=1}^{n}(X_{ij} - \overline{X}_i) = 0$이 성립한다. 즉, a개의 선형제약조건이 있으므로 자유도 a개를 잃게 되어 SSE의 자유도는 $N-a$이 된다.

따라서 전체자승합의 자유도는 인자자승합 자유도와 잔차자승합 자유도로 분해됨을 알 수 있다. 또한 인자수준 간 변동인 인자자승합 SSA와 인자수준내 변동인 잔차자승합

SSE를 각각 연관된 자유도로 나누면 인자자승평균 MSA와 잔차자승평균 MSE는 다음과 같이 구해진다.

$$MSA = SSA / (a-1) \qquad MSE = SSE / (N-a)$$

앞에서 구한 내용을 표로 나타낸 것이 일원배치 분산분석표이며 <표 3.2>와 같은 형태를 갖는다.

〈표 3.2〉 일원배치 일변량분산분석표

요 인 (Source)	자승합 (Sum of Squares)	자유도 (DF)	자승평균 (Mean Squares)	F값
인 자(Model)	SSA	a－1	MSA	$\frac{MSA}{MSE}$
잔 차(Error)	SSE	N－a	MSE	
합 계(Total)	SST	N－1		

(3) 인자수준 간 모평균의 동일성 검정

분산분석표를 이용하여 인자수준의 모든 μ_i가 유의적인 차이가 있는가를 검정하기 위하여는 인자수준 간 변동인 인자자승합이 인자수준내 변동인 잔차자승합보다 얼마나 큰가를 판단하여 인자수준 간 차이를 검정하여야 한다. 이때 F검정을 하게 되는데 검정절차는 아래와 같다.

① 가설설정

$H_o : \mu_1 = \mu_2 = \cdots = \mu_a$ $\quad$ H_1 : 모든 μ_i가 다 같지는 않다.

혹은 $H_o : \alpha_1 = \alpha_2 = \cdots = \alpha_a = 0$ $\quad$ H_1 : 모든 α_i는 0이 아니다.

귀무가설은 각 인자수준의 모평균이 모두 동일하다는 것이고, 대립가설은 적어도 하나 이상의 모평균이 다르다는 것이다.

② 검정통계량 : $F^* = MSA/MSE$

귀무가설이 참일 때 검정통계량 F^*는 분자의 자유도가 $a-1$이고 분모의 자유도 $N-a$인 F분포에 따르기 때문에 F^*값이 클수록 MSA가 MSE보다 상대적으로 크기 때문에 대립가설을 채택할 가능성이 커지게 된다.

③ 기각치 설정 및 의사결정

유의수준 α에서 기각치는 $F(\alpha ; a-1, N-a)$이기 때문에 귀무가설에 대한 판정기준은 다음과 같다.

만약 $F^* \leq F(\alpha, a-1, N-a)$이면 H_0를 채택한다.

만약 $F^* > F(\alpha, a-1, N-a)$이면 H_0를 기각한다.

④ p-값 계산

p-값은 자료와 귀무가설 사이에 어느 정도 일치성이 있는가를 결정하는 값이다. F 검정에서 p-값은 귀무가설이 참일 때 검정통계량의 분포에서 검정통계량의 값보다 클 확률을 의미하므로 이 값이 작을수록 분포의 우측꼬리 부분에 위치하기 때문에 관측자료는 귀무가설이 참인 분포에서 추출된 표본이라고 판단하기보다는 대립가설이 참인 분포에서 추출된 표본이라고 판단할 수 있을 것이다. 따라서 p-값이 매우 작은 경우 자료와 귀무가설의 일치정도는 작아져서 귀무가설을 기각할 수 있는 충분한 증거가 된다.

또한 p-값은 유의수준 α값과 비교하여 귀무가설의 체택여부를 결정할 수 있다. 만약 p-값이 α값보다 작으면 귀무가설을 기각하게 되고, p-값이 α값보다 크거나 같다면 귀무가설을 채택할 수 있는 판단기준이 된다. p-값의 계산은 아래와 같다.

$$\text{p-값} = P(F(a-1, N-a) \geq F^*)$$

⑤ 인자수준 간 평균차이 검정

만약 귀무가설이 기각이 되면 인자의 두 수준에 대한 모평균이 유의수준 α에서 통계적으로 유의한 차이가 있는지를 분석할 필요가 있다. 각 수준의 모평균을 다중 비교하는 통계적 분석방법에는 최소유의차 방법(LSD), 투키(Tukey)와 쉐훼(Scheffe) 등 여러 가지 방법이 있으나 여기서는 Fisher의 최소유의차 방법(LSD)을 사용하기로 하자.

Fisher의 최소유의차 방법은 두 처리수준들에 대한 개별적인 t-검정을 여러 번 수행하는 절차이다. 최소유의차 방법에 의하면 다음과 같은 조건일 때 두 처리수준은 유의수준 α에서 두 모평균 사이에 차이가 있다고 판단한다.

$$|\overline{X}_i - \overline{X}_j| > LSD_\alpha ,$$

여기서 $LSD_\alpha = t(\alpha/2; N-a)\sqrt{MSE}\sqrt{\frac{1}{n_i} + \frac{1}{n_j}}$ 이다.

예제 3.1 **영업사원의 새로운 고객 확보실적 비교**

어느 대기업 영업관리 책임자는 영업사원들의 영업경력에 따라 새로운 고객을 확보하기 위한 공격적인 영업활동에 적극적인지를 분석하고자 한다. 따라서 새로운 고객 확보실적을 비교하기 위하여 18명을 무작위로 추출하여 영업경력에 따라 6명씩 세 집단으로 분류하였다. (집단 1) 영업경력이 6년 미만, (집단 2) 영업경력이 6년 이상 10년 미만, (집단 3) 영업경력이 10년 이상, 영업관리 책임자는 지난 6개월간 세 집단 영업사원들의 새로운 고객 확보실적을 조사하여 차이가 있는 지를 분석하고자 한다. 유의수준 $\alpha = 0.05$에서 다음 절차에 의하여 분석하여라.

(1) 분산분석표를 이용하여 세 집단의 새로운 고객 확보실적의 모평균이 동일한지 검정하여라.

(2) 집단간 모평균에 대한 비교를 최소유의차 방법(LSD)방법에 의하여 검정하여라.

집단별 새로운 고객 확보실적 (단위 : 명)

집단 1	집단 2	집단 3
50	42	51
42	41	48
35	30	44
45	37	50
40	38	46
46	40	49

프로그램 \CH3\EX1.SAS

```
   DATA ONE;
① DO GROUP=1 TO 3 ;
   INPUT X@@ ; OUTPUT ;
   END ;
   CARDS ;
     50 42 51 42 41 48 35 30 44
     45 37 50 40 38 46 46 40 49
     ;
   RUN ;
② PROC ANOVA ;
③ CLASS GROUP ;
④ MODEL X=GROUP ;
⑤ MEANS GROUP/ALPHA=0.05 LSD ;
   RUN ;
```

프로그램 해설

① 입력된 자료에 대하여 3가지 집단수준(GROUP)를 차례로 지정하기 위하여 DO-OUT-END문을 사용하였다.

② PROC ANOVA ; 는 분산분석을 수행하라는 명령문이다.

③ CLASS GROUP ; 인자수준을 나타내는 독립변수는 GROUP이다.

④ MODEL X=GROUP ; 새로운 고객확보실적(X)를 종속변수로 하고 영업사원 집단(GROUP)를 독립변수로 하는 일원배치 분산분석모형이다.

⑤ MEANS GROUP/ALPHA=0.05 LSD ; 인자수준 모평균에 대한 다중비교를 유의수준 $\alpha = 0.05$ 에서 최소유의차 방법(LSD)방법에 의하여 검정하라는 것이다.

결과 및 해석

Analysis of Variance Procedure

Class Level Information

Class	Levels	Values
GROUP	3	1 2 3

Number of observations in data set = 18

Analysis of Variance Procedure

Dependent Variable : X

Source	DF	Sum of Square	Mean Square	① F Value	Pr > F
Model	2	300.00	150.00	8.52	0.0034
Error	15	264.00	17.60		
Corrected Total	17	564.00			

② R-Square	C.V.	Root MSE	X Mean
0.531915	9.756361	4.195235	43.00

분산분석표에서 검정통계량값은 ① $F^* = 8.52$이고, 검정통계량의 p-값이 0.0034로 유의수준 0.05보다 상당히 작기 때문에 귀무가설 $H_0 : \mu_1 = \mu_2 = \mu_3$은 기각된다. 즉, 세 집단의 새로운 고객 확보실적 평균이 모두 같지는 않다는 결론을 내릴 수 있고, 집단수준이 새로운 고객 확보실적에 유의한 영향을 미친다고 판단할 수 있다. ② $R^2 = 0.532$는 회귀분석에서 사용한 결정계수로 전체자승합(SST)에 대한 인자자승합(SSA)의 비율로 전체변동이 집단수준에 의하여 약 53% 설명된다는 의미이다.

Analysis of Variance Procedure

T tests (LSD) for variable: X

Alpha = 0.05 df = 15 MSE = 17.6

Critical Value of T = 2.13

③ Least Significant Difference = 5.1626

Means with the same letter are not significantly different.

T Grouping		Mean	N	GROUP
	A	48.00	6	3
	A			
B	A	43.00	6	1
B				
B		38.00	6	2

집단수준 사이의 모평균을 다중비교하기 위하여 최소유의차방법(LSD)을 사용하였다. 출력결과에서 집단간의 새로운 고객확보 평균실적에 대한 다중비교를 할 때 왼쪽에 같은 문자로 연결되어 있는 집단은 통계적으로 유의한 차이가 없다는 의미이다. ③ 최소유의차 방법(LSD) 결과에 의하면 LSD=5.1626이다. 새로운 고객확보 평균의 크기순으로 집단 3−1−2 순이다. 유의수준 0.05에서 다중비교 검정결과에 의하면 (집단 2 와 집단 3) 사이에만 모평균이 유의적인 차이가 있고, (집단 1, 집단 3), (집단 1, 집단 2)간에는 차이가 유의하지 않음을 알 수 있다. 따라서 영업경력이 중간인 집단 2 의 새로운 고객확보 실적에 문제점이 있다고 판단된다. 즉, 집단 2는 새로운 고객확보보다는 기존에 확보된 고객에 대한 지속적인 영업활동을 한다고 잠정적으로 결론을 내릴 수 있을 것이다.

3.3 일원배치 다변량분산분석

일원배치 다변량분산분석에서는 두 개 이상의 종속변수에 대하여 하나의 독립변수 수준에 대한 효과를 분석하게 된다. 일원배치 일변량분산분석이 독립변수인 인자수준별로 하나의 종속변수 평균의 차이를 알아보기 위한 방법이라면, 일원배치 다변량분산분석은 두 개 이상 종속변수를 대상으로 인자수준 간 모평균 벡터가 유의한 차이가 있는지 검정하기 위한 통계적 방법이다.

(1) 자료구조와 가정

독립변수인 인자 A수준이 a개 있고, 각 인자수준에서 p개 종속변수에 대하여 관찰치 n_i개를 추출한다. i번째 인자수준에서 j번째 다변량 관찰치 자료벡터를 X_{ij}로 표시한 자료구조는 <표 3.3>과 같다.

〈표 3.3〉 일원배치 다변량 자료구조

구 분	인자 A수준			
	1	2	…	a
자 료 벡 터	X'_{11} X'_{12} ⋮ X'_{1n_1}	X'_{21} X'_{22} ⋮ X'_{2n_2}	… … ⋮ …	X'_{a1} X'_{a2} ⋮ X'_{an_a}

여기서 p차원 벡터 $X'_{ij}=[X_{ij1}, X_{ij2}, \cdots, X_{ijp}]$이다. 인자수준에 대한 모집단분포의 가정은 다음과 같다. 첫째, 인자 각 수준에서 얻어진 다변량 자료벡터 X_{ij}는 모평균벡터가 μ_i이고 동일한 공분산행렬 Σ를 갖는 다변량 정규모집단에서 추출된 확률표본벡터이다.

$$X_{ij} \sim N_p(\mu_i, \Sigma), \quad i = 1, 2, \cdots, a.$$

둘째, 인자의 각 수준에 대한 모집단의 분포는 서로 독립이다.

(2) 모형설정과 분산분석표

인자수준에서 얻어진 자료벡터를 종속변수로 하고 인자수준을 독립변수로 하였을 때 일원배치 다변량분산분석모형은 다음과 같이 설정된다. 다변량분산분석모형은 일변량분산분석모형과 형식은 같으나 다른 점은 벡터로 표시된다는 것이다.

$$X_{ij} = \mu + \alpha_i + \epsilon_{ij} \tag{3-7}$$

$$X_{ij} = \begin{bmatrix} X_{ij1} \\ X_{ij2} \\ \vdots \\ X_{ijp} \end{bmatrix} = \begin{bmatrix} \mu_1 \\ \mu_2 \\ \vdots \\ \mu_p \end{bmatrix} + \begin{bmatrix} \alpha_{i1} \\ \alpha_{i2} \\ \vdots \\ \alpha_{ip} \end{bmatrix} + \begin{bmatrix} \epsilon_{ij1} \\ \epsilon_{ij2} \\ \vdots \\ \epsilon_{ijp} \end{bmatrix}$$

여기서 α_i는 인자수준 i에서 모평균벡터 μ_i가 전체자료에서 얻어진 모평균벡터 μ로부터 어느 정도 치우침이 있는가를 나타내는 수치로 인자 A의 주효과라고 하며,

$\sum_{i=1}^{a} n_i \alpha_i = 0$의 제약조건이 성립되도록 한다. 확률오차 벡터항 ϵ_{ij}는 서로 독립인 p차원정규분포 $N_p(0, \Sigma)$에 따른다고 가정한다.

자료 벡터를 식 (3-4)와 같은 형태로 표시하면 자료벡터 X_{ij}와 전체 표본평균벡터 $\overline{X}$의 편차벡터는 다음과 같이 두 개 편차벡터의 합으로 분해될 수 있다.

$$(X_{ij} - \overline{X}) = (\overline{X}_i - \overline{X}) + (X_{ij} - \overline{X}_i) \quad (3-8)$$

여기서 우변 첫 번째 항 $(\overline{X}_i - \overline{X})$는 인자 각 수준 표본평균벡터와 전체 표본평균벡터와의 차이로 주효과의 추정벡터인 $\hat{\alpha_i}$를 의미한다. 두 번째 항$(X_{ij} - \overline{X})$는 자료벡터와 각 수준 표본평균벡터와의 차이로 오차의 추정벡터인 잔차벡터를 의미한다. 식 (3-8)에서 자승합의 형태를 유도하기 전에 우선 아래 교차곱을 전개하여 보자.

$$\begin{aligned}
&(X_{ij} - \overline{X})(X_{ij} - \overline{X})' \\
&= \left[(\overline{X}_i - \overline{X}) + (X_{ij} - \overline{X}_i)\right]\left[(\overline{X}_i - \overline{X}) + (X_{ij} - \overline{X}_i)\right]' \\
&= (\overline{X}_i - \overline{X})(\overline{X}_i - \overline{X})' + (\overline{X}_i - \overline{X})(X_{ij} - \overline{X}_i)' + \\
&\quad (X_{ij} - \overline{X}_i)(\overline{X}_i - \overline{X})' + (X_{ij} - \overline{X}_i)(X_{ij} - \overline{X}_i)' \qquad (3-9)
\end{aligned}$$

식 (3-9)를 j에 관하여 합하면 우변의 두개 중간항은 $\sum_{j=1}^{n_i}(X_{ij} - \overline{X}_i) = 0$가 된다.

따라서 식 (3-9)를 i와 j에 대한 교차곱을 합하면 다음과 같은 자승합과 교차곱 행렬이 구해진다.

$$\begin{aligned}
&\sum_{i=1}^{a}\sum_{j=1}^{n_i}(X_{ij} - \overline{X})(X_{ij} - \overline{X})' \\
&= \sum_{i=1}^{a} n_i(\overline{X}_i - \overline{X})(\overline{X}_i - \overline{X})' + \sum_{i=1}^{a}\sum_{j=1}^{n_i}(X_{ij} - \overline{X}_i)(X_{ij} - \overline{X}_i)' \qquad (3-10)
\end{aligned}$$

식 (3-10)의 양변에 있는 자승합과 교차곱행렬의 의미를 살펴보면 다음과 같다. 우선 우변의 첫 번째 항은 각 인자수준의 표본평균벡터가 전체 표본평균벡터로부터 얼마나 떨어져 있는가를 나타내는 인자수준 간(Between) 변동으로 인자수준 간 자승합과 교차곱 행렬로서 $B_{p \times p}$로 표시한다. 우변 두 번째 항은 각 수준의 자료벡터들이 각 수준의 표본평균벡터로부터 얼마나 퍼져있는가를 나타내는 인자수준내(Within) 변동으로 인자수준내 자승합과 교차곱행렬로서 $W_{p \times p}$로 표시한다. 그리고 좌변의 항은 각 수준의 자료벡터들이 전체 표본평균벡터로부터 얼마나 퍼져있는가를 나타내는 전체(Total) 변동으로 전체자승합과 교차곱행렬로서 $T_{p \times p}$로 표시한다.

또한 인자수준내 자승합과 교차곱행렬 W는 다음과 같은 인자 수준들의 표본공분산행렬의 함수로 표시된다.

$$W = \sum_{i=1}^{a} \sum_{j=1}^{n_i} (X_{ij} - \overline{X}_i)(X_{ij} - \overline{X}_i)' \qquad (3-11)$$

$$= (n_1 - 1)S_1 + (n_2 - 1)S_2 + \cdots + (n_a - 1)S_a$$

이 행렬은 각 인자수준의 공분산행렬이 동일하다고 가정했을 때 추정된 합동 표본공분산행렬 ($S_p = W/(N-a)$)에서 분자에 해당된다. 따라서 전체변동 T는 인자수준간 변동 B와 인자수준내 변동 W의 합으로 표시된다.

$$T = B + W \qquad (3-12)$$

앞에서 구한 각 변동과 관련된 자유도는 일변량 분산분석에서 구한 결과와 같다. 이러한 결과를 표로 나타낸 것이 일원배치 다변량분산분석표이며 <표 3.4>와 같은 형태를 갖는다.

〈표 3.4〉 일원배치 다변량 분산분석표

변동 요인	자승합과 교차곱 행렬	자유도
인자수준 간	$B = \sum_{i=1}^{a} n_i (\overline{X}_i - \overline{X})(\overline{X}_i - \overline{X})'$	$a-1$
인자수준내	$W = \sum_{i=1}^{a} \sum_{j=1}^{n_i} (X_{ij} - \overline{X}_i)(X_{ij} - \overline{X}_i)'$	$N-a$
전체	$T = \sum_{i=1}^{a} \sum_{j=1}^{n_i} (X_{ij} - \overline{X})(X_{ij} - \overline{X})'$	$N-1$

(3) 인자수준 간 모평균벡터의 동일성 검정

분산분석표를 이용하여 인자수준 간에 모평균벡터가 유의적인 차이가 있는가를 검정하여보자.

① 가설설정

$H_o : \mu_1 = \mu_2 = \cdots = \mu_a$ H$_1$: 모든 μ_i가 다 같지는 않다.

혹은 $H_o : \alpha_1 = \alpha_2 = \cdots = \alpha_a = 0$ H$_1$: 모든 α_i는 0가 아니다.

여기서 벡터로 표시된 귀무가설은 다음과 같은 의미이다.

$$H_o : \begin{bmatrix} \mu_{11} \\ \mu_{12} \\ \vdots \\ \mu_{1p} \end{bmatrix} = \begin{bmatrix} \mu_{21} \\ \mu_{22} \\ \vdots \\ \mu_{2p} \end{bmatrix} = \cdots = \begin{bmatrix} \mu_{a1} \\ \mu_{a2} \\ \vdots \\ \mu_{ap} \end{bmatrix}$$

μ_{ij}는 i 번째 인자수준의 j 번째 종속변수의 모평균을 의미한다. 귀무가설은 각 인자수준에 대한 모평균벡터가 모두 동일하다는 것이고, 대립가설은 적어도 하나 이상의 모평균벡터가 다르다는 것이다.

② 검정통계량 : $\Lambda^* = \dfrac{|W|}{|B+W|}$

검정통계량은 W와 B+W의 일반화된 분산인 두 행렬식 $|W|$와 $|B+W|$의 비율로 표시된다. 이 검정통계량은 윌크스(Wilks, 1936)에 의하여 처음 제안되었기 때문에 윌크스 람다(Wilk's lambda)라고 한다. 만약 Λ^*값이 작다면 인자수준내 변동이 전체(혹은 인자수준 간) 변동에 비하여 상대적으로 작다는 것을 의미하므로, 귀무가설 H_o를 기각할 수 있는 충분한 근거가 된다는 것이다. 귀무가설이 참일 때 Λ^*에 대한 정확한 분포는 종속변수의 수 p와 인자수준의 수 a가 특정한 값을 갖는 특별한 경우에 F분포에 따른다고 알려져 있다. 따라서 <표 3.5>과 같은 특별한 경우에 Λ^*의 간단한 함수도 F분포에 따른다.

〈표 3.5〉 윌크스 람다 Λ의 함수에 대한 분포

p	a	다변량정규자료에 대한 표본분포
p = 1	a ≧ 2	$\left(\frac{N-a}{a-1}\right)\left(\frac{1-\Lambda^*}{\Lambda^*}\right) \sim F(a-1, N-a)$
p = 2	a ≧ 2	$\left(\frac{N-a-1}{a-1}\right)\left(\frac{1-\sqrt{\Lambda^*}}{\sqrt{\Lambda^*}}\right) \sim F(2(a-1), 2(N-a-1))$
p ≧ 1	a = 2	$\left(\frac{N-p-1}{p}\right)\left(\frac{1-\Lambda^*}{\Lambda^*}\right) \sim F(p, N-p-1)$
p ≧ 1	a = 3	$\left(\frac{N-p-2}{p}\right)\left(\frac{1-\sqrt{\Lambda^*}}{\sqrt{\Lambda^*}}\right) \sim F(2p, 2(N-p-2))$

한편 <표 3. 5>의 특별한 경우에 속하지 않는 경우에는 N이 충분히 크다는 일반적 조건에서 귀무가설이 참일 때 Λ^*함수에 대한 근사분포를 구하여야 한다. Bartlett(1954)은 Λ^*의 자연대수함수를 검정통계량으로 사용할 수 있음을 제안하였고, 검정통계량의 근사분포는 자유도가 p(a−1)인 χ^2분포에 따르게 된다.

$$-\left(N-1-\frac{(p+a)}{2}\right)\ln \Lambda^* \sim \chi^2(p(a-1)) \qquad (3-13)$$

③ 기각치 설정 및 의사결정

종속변수의 수와 인자수준의 수가 특별한 경우에 <표 3.5>와 같은 F분포가 정해지면 주어진 유의수준 α에서 기각치를 구하고, 검정통계량값이 기각치보다 크다면 귀무가설을 기각하게 된다. 예를 들면 a = 2이고 p = 2인 특별한 경우에는

$$\left(\frac{N-p-1}{p}\right)\left(\frac{1-\Lambda^*}{\Lambda^*}\right) > F(\alpha;\ p, N-p-1)$$

일 때 귀무가설을 기각하게 된다. 그러나 특별한 경우가 아닐 때에는 N이 충분히 크다는 조건에서

$$-\left(N-1-\frac{(p+a)}{2}\right)\ln \Lambda^* > \chi^2(\alpha; p(a-1))$$

일 때 귀무가설을 기각하게 된다.

④ p-값 계산

p-값은 귀무가설이 참일 때 귀무분포에서 검정통계량의 값보다 클 확률을 의미한다. 예를 들면 a = 2이고, p = 2인 특별한 경우의 p-값은 다음과 같다.

$$\text{p-값} = P\left(F(p, N-p-1) > \left(\frac{N-p-1}{p}\right)\left(\frac{1-\Lambda^*}{\Lambda^*}\right)\right)$$

예제 3.2 교육훈련 방법에 따른 영업사원 평가평균점수 비교

어느 대기업 영업관리 책임자는 지난 6개월에 걸쳐 실시된 영업사원에 대한 두 가지 영업훈련 교육프로그램 방법에 대한 효과를 분석하고자 한다. 영업훈련 교육프로그램에 사용된 두 가지 방법은 (1) 영업활동의 역할중심 교육과 (2) 사례분석중심 교육이었다. 책임자는 두 가지 교육 프로그램 방법이 두 개 종속변수(X1 : 상품에 대한 전반적인 지식, X2 : 영업활동의 동기부여)에 대한 평가점수평균에 유의한 영향을 미치는지 분석하고자 한다. 분석을 위하여 48명의 영업사원을 두 가지 교육 프로그램에 24명씩 나누어 교육을 수행하였다. 교육을 마친 후 상품에 대한 전반적인 지식과 영업활동의 동기부여 정도에 대하여 평가를 실시하여 얻은 평가점수 자료는 아래와 같다. 평가척도는 1부터 15(매우낮다 - 매우높다)까지 소수점 한자리까지 부여하였다. 다음 절차에 따라 일원배치다변량분석을 하여라.

(1) 두 훈련방법에 대한 평가점수의 모평균벡터가 동일한지 여부를 검정하여라.
(2) 훈련방법간 두 가지 종속변수 평균에 대한 다중비교를 최소유의차방법(LSD)에 의하여 검정하여라.

사 원	역할중심 교육		사 원	사례중심 교육	
	X_1	X_2		X_1	X_2
1	8.0	7.5	25	8.6	10.4
2	10.7	10.7	26	10.2	9.8
3	8.9	8.8	27	9.1	11.2
4	7.1	7.3	28	9.8	9.9
5	9.7	10.4	29	11.6	13.5
6	8.6	6.7	30	10.5	11.8

7	7.7	6.4	31	7.5	10.0
8	8.8	8.5	32	12.9	11.9
9	5.9	7.8	33	9.4	9.9
10	8.1	8.2	34	11.9	12.0
11	8.0	6.8	35	10.8	11.7
12	6.9	8.1	36	7.7	11.0
13	6.4	7.8	37	6.1	8.0
14	7.5	7.4	38	8.3	10.0
15	10.0	9.9	39	11.3	12.1
16	10.3	11.0	40	8.1	8.9
17	5.6	6.6	41	10.9	9.6
18	9.1	10.2	42	11.9	12.1
19	8.8	9.7	43	10.6	7.5
20	8.2	8.2	44	7.7	7.3
21	7.6	8.8	45	12.1	10.2
22	7.5	8.9	46	10.9	11.8
23	9.5	8.5	47	9.4	10.5
24	10.6	10.0	48	6.4	8.5

프로그램 \CH3\EX2.SAS 

```
DATA ONE ;
① DO METHOD=1 TO 2 ;
   INPUT X1 X2 @@ ; OUTPUT ;
   END ;
   CARDS ;
      8.0    7.5    8.6   10.4   10.7   10.7   10.2    9.8
      8.9    8.8    9.1   11.2    7.1    7.3    9.8    9.9
      9.7   10.4   11.6   13.5    8.6    6.7   10.5   11.8
      7.7    6.4    7.5   10.0    8.8    8.5   12.9   11.9
      5.9    7.8    9.4    9.9    8.1    8.2   11.9   12.0
      8.0    6.8   10.8   11.7    6.9    8.1    7.7   11.0
      6.4    7.8    6.1    8.0    7.5    7.4    8.3   10.0
     10.0    9.9   11.3   12.1   10.3   11.0    8.1    8.9
```

```
5.6     6.6    10.9     9.6     9.1    10.2    11.9    12.1
8.8     9.7    10.6     7.5     8.2     8.2     7.7     7.3
7.6     8.8    12.1    10.2     7.5     8.9    10.9    11.8
9.5     8.5     9.4    10.5    10.6    10.0     6.4     8.5
;
PROC ANOVA ;
CLASS METHOD ;
② MODEL X1 X2=METHOD ;
③ MANOVA H=METHOD/PRINTH PRINTE ;
④ MEANS METHOD/ALPHA=0.05 LSD ;
   RUN ;
```

프로그램 해설

① 입력자료 (X1, X2)를 두 가지 교육훈련방법(METHOD)을 차례로 지정하기 위하여 DO-OUTPUT-END 문을 사용하였다.

② MODEL X1 X2=METHOD ; 종속변수가 X1, X2이고 독립변수를 METHOD로 하는 일원배치 다변량분산분석 모형이다.

③ MANOVA H=METHOD/PRINTH PRINTE ; 훈련방법간 모평균벡터의 동일성에 대한 검정을 한다. PRINTH는 인자수준 간 자승합과 교차곱행렬을, PRINTE 는 인자수준내 자승합과 교차곱행렬을 출력하라는 옵션이다.

④ MEANS METHOD/ALPHA=0.05 LSD ; 두 가지 훈련방법에 대한 개별 종속변수의 모평균에 대한 다중비교를 유의수준 $\alpha=0.05$에서 최소유의차(LSD)방법에 의하여 검정하라는 것이다.

결과 및 해석

```
Analysis of Variance Procedure
   Class Level Information
   Class      Levels      Values
METHOD          2          1  2
   Number of observations in data set=48
```

① E = Error SS&CP Matrix

	X1	X2
X1	125.9225	76.9075
X2	76.9075	101.01833333

② H = Anova SS&CP Matrix for METHOD

	X1	X2
X1	24.3675	32.3475
X2	32.3475	42.940833333

①은 인자수준(교육방법)내 자승합과 교차곱행렬인 W를, ②는 인자수준(교육방법)간 자승합과 교차곱행렬인 B를 의미한다.

Analysis of Variance Procedure

Multivariate Analysis of Variance

Manova Test Criteria and Exact F Statistics for

the Hypothesis of no Overall METHOD Effect

H = Anova SS&CP Matrix for METHOD   E = Error SS&CP Matrix

S = 1   M = 0   N = 21.5

Statistic	Value	F	Num DF	Den DF	Pr > F
③ Wilks' Lambda	0.70169501	9.5652	2	45	0.0003
Pillai's Trace	0.29830499	9.5652	2	45	0.0003
Hotelling-Lawley	0.42512058	9.5652	2	45	0.0003
Roy's Greatest Root	0.42512058	9.5652	2	45	0.0003

③ 윌크스 람다의 값은 $\Lambda^* = |W|/|B+W| = 0.701695$이며, $p = 2$와 $a = 2$인 경우 <표 3.5>에 의하여 정확한 검정을 하여보면

$$\left(\frac{N-p-1}{p}\right)\left(\frac{1-\Lambda^*}{\Lambda^*}\right) = \left(\frac{48-2-1}{2}\right)\left(\frac{1-0.701695}{0.701695}\right) = 9.5652$$

이며, 분자의 자유도가 $\nu_1 = p = 2$이고 분모의 자유도가 $\nu_2 = N-p-1 = (48-2-1) = 45$인 F 분포에 따른다. 검정통계량의 p-값이 0.0003로 유의수준 0.05보다 매우 작으므로 귀무가설

$H_0 : \alpha_1 = \alpha_2$를 기각하게 된다. 따라서 유의수준 0.05에서 교육훈련 방법 사이에 종합적인 평가점수는 유의적인 차이가 있다고 결론을 내릴 수 있다.
두 가지 훈련방법에 대한 개별 종속변수의 모평균에 대한 다중비교를 유의수준 $\alpha = 0.05$에서 최소유의차 방법(LSD)방법에 의하여 검정하면 다음과 같다.

Analysis of Variance Procedure
T tests (LSD) for variable : X1
Critical Value of T = 2.01
④ Least Significant Difference = 0.9614
Means with the same letter are not significantly different.

T Grouping	Mean	N	METHOD
A	9.738	24	2
B	8.313	24	1

Analysis of Variance Procedure
T tests (LSD) for variable : X2
Alpha = 0.05 df = 46 MSE = 2.196051
Critical Value of T = 2.01
⑤ Least Significant Difference = 0.8611
Means with the same letter are not significantly different.

T Grouping	Mean	N	METHOD
A	10.400	24	2
B	8.508	24	1

두 가지 영업훈련방법에 따라 각 종속변수의 평균적인 차이가 LSD = 0.8611보다 크므로 유의수준 0.05에서 통계적으로 유의적인 차이가 있음을 알 수 있다. 따라서 두 가지 교육훈련 방법 중 사례중심 교육이 역할중심 교육보다 두개의 종속변수인 평가점수들을 더 높일 수 있다는 결론을 내릴 수 있다.

만약 모평균 벡터의 동일성검정에서 귀무가설 $H_o: \mu_1 = \mu_2 = \cdots = \mu_a$이 기각되면 적어도 하나의 일변량 $i = 1, 2, ..., p$에 대해서 인자수준 간 모평균들이 동일하지 않다는 의미이다. 그러나 어떤 i에 대해서 $H_o: \mu_{i1} = \mu_{i2} = \cdots = \mu_{ia}$이 기각될 것인지는 보장할 수는 없다. 그러나 만약 변수들의 선형결합인 $Y = c'X = c_1X_1 + c_2X_2 + ... + c_pX_p$를 고려하면 대응되는 귀무가설 $H_o: c'\mu_1 = c'\mu_2 = \cdots = c'\mu_a$를 기각할 수 있는 적어도 하나의 선형결합 계수벡터 c가 존재하게 된다. 귀무가설을 기각할 수 있는 계수벡터 c는 $W^{-1}B$의 가장 큰 고유값 λ_1에 대응되는 고유벡터 c가 된다. 고유벡터 c는 인자수준들의 평균 차이를 최대한 유의하게 구별할 수 있는 선

형결합계수이기 때문에 $Y = c'X$를 최대유의선형결합(MSLC: maximum significant linear combination)이라고 부른다. 이때 선형결합계수 c_i의 크기는 평균들을 최대한 구분할 수 있는 변수 X_i의 상대적인 기여도를 의미한다.

Characteristic Roots and Vectors of: E Inverse * H, where
H = Anova SS&CP Matrix for METHOD E = Error SS&CP Matrix

Characteristic Root	Percent	Characteristic Vector V'EV=1 X1	X2
0.42512058	100.00	-0.00119615	0.10040055
0.00000000	0.00	-0.12182662	0.09177248

SAS 출력에서는 행렬 W는 E로 행렬 B는 H로 표시되었다. $W^{-1}B$의 고유값은 SAS에서 characteristic root로 표시되었다. $\lambda_1 = 0.42512$에 대응되는 고유벡터를 선형결합계수로 사용한 최대유의선형결합은 아래와 같다.

$$Y = -0.00119615\,X_1 + 0.10040055\,X_2$$

따라서 역할중심교육 훈련과 사례중심교육 훈련집단의 평가시험 평균점수를 최대한 구분할 수 있는 최대유의선형결합은 위와 같고, 두 집단을 구분하는데 중요한 변수는 영업활동의 동기부여 점수 (X_2)로 나타났다.

3.4 이원배치 일변량 분산분석

이원배치법에서는 두 개 인자가 하나의 종속변수에 미치는 영향을 분석하기 위하여 사용되어진다. 본 절에서는 두 개 인자를 가진 이원배치법에 대하여 다루어 보기로 하겠다. 두 개 인자를 A, B라 표시하고, 인자의 수준이 각각 a, b개이면 처리 수는 두 인자수준의 조합인 $a \times b$개가 된다. 이원배치 방법은 두 가지로 구분할 수 있는데 첫 번째는 각 처리마다 반복적인 실험이 없는 이원배치법이고, 두 번째는 각 처리마다 반복적인 실험이 있는 이원배치법이다. 반복적인 실험이 없는 경우에는 두 인자 A, B에 대한 주효과만을 검정하지만, 반면에 반복적인 실험이 있는 경우에는 두 인자에 대한 주효과와 더불어 두 인자의 결합으로 인하여 생길지도 모르는 교호작용효과도 검정하여야 한다. 교호작용효과가 존재한다는 것은 인자 A수준 평균은 인자 B 수준에 의하여 영향을 받는다는 것을 의미한다.

(1) 자료구조

인자 A의 수준이 i이고 인자 B의 수준이 j인 처리에서 추출된 k번째 관찰자료가 X_{ijk}이고, 각 처리마다 n개의 반복적 실험을 하여 얻은 이원배치법 자료의 구조는 <표 3.6>과 같다.

〈표 3.6〉 반복이 있는 일변량 이원배치 자료구조

		A인자 수준				표본평균
		1	2	…	a	
B인자 수준	1	$X_{111} \cdots X_{11n}$	$X_{211} \cdots X_{21n}$	…	$X_{a11} \cdots X_{a1n}$	$\bar{X}_{.1.}$
	2	$X_{121} \cdots X_{12n}$	$X_{221} \cdots X_{22n}$	…	$X_{a21} \cdots X_{a2n}$	$\bar{X}_{.2.}$
	⋮	⋮	⋮	⋮	⋮	⋮
	b	$X_{1b1} \cdots X_{1bn}$	$X_{2b1} \cdots X_{2bn}$	…	$X_{ab1} \cdots X_{abn}$	$\bar{X}_{.b.}$
표본평균		$\bar{X}_{1..}$	$\bar{X}_{2..}$	…	$\bar{X}_{a..}$	$\bar{X}$

<표 3. 6>에서 각 표본평균은

$$\overline{X}_{i..} = \frac{\sum_{j=1}^{b}\sum_{k=1}^{n} X_{ijk}}{bn}, \quad \overline{X}_{.j.} = \frac{\sum_{i=1}^{a}\sum_{k=1}^{n} X_{ijk}}{an}, \quad \overline{X} = \frac{\sum_{i=1}^{a}\sum_{j=1}^{b}\sum_{k=1}^{n} X_{ijk}}{abn}$$

을 의미한다. 또한 A_i, B_j 인자수준에서 n개 자료의 표본평균은 다음과 같이 표시된다.

$$\overline{X}_{ij.} = \sum_{k=1}^{n} X_{ijk} / n$$

(2) 모형의 설정과 분산분석표

<표 3.6>과 같은 반복이 있는 일변량 이원배치법에서는 두 개 인자가 하나의 종속변수에 미치는 영향을 분석하기 위하여 사용되어진다. 특히 이원배치법에서는 인자 A효과가 인자 B수준의 변화에 따라 영향을 받는 경우에는 두 인자 사이에 교호작용이 존재한다고 말한다. 교호작용이 있다는 것은 인자효과가 가산적이 아니라는 것을 의미한다. 교호작용을 포함한 이원배치법에 대한 분산분석 모형은 다음과 같이 표시된다.

$$X_{ijk} = \mu + \alpha_i + \beta_j + (\alpha\beta)_{ij} + \epsilon_{ijk} \tag{3-14}$$

$$i = 1, 2, \cdots, a$$

$$j = 1, 2, \cdots, b$$

$$k = 1, 2, \cdots, n$$

여기서 μ : 전체 모평균, α_i : 인자 A의 i번째 수준 효과

β_j : 인자 B의 j번째 수준 효과

$(\alpha\beta)_{ij}$: 인자 A의 i번째 수준과 인자 B의 j번째 수준의 교호작용 효과

ϵ_{ijk} : 오차항으로서 서로 독립인 확률변수

또한 오차항이 서로 독립인 $N(0, \sigma^2)$에 따르는 확률변수라고 가정하면, 식 (3−14)의 주효과와 교호작용효과에 대하여 다음과 같은 조건식이 성립된다.

$$\sum_{i=1}^{a} \alpha_i = \sum_{j=1}^{b} \beta_j = \sum_{i}^{a} (\alpha\beta)_{ij} = \sum_{j}^{b} (\alpha\beta)_{ij} = 0.$$

식 (3−4)와 같이 각 자료 X_{ijk}는 다음과 같이 네 부분으로 분해될 수 있다.

$$(X_{ijk} - \overline{X}) = (\overline{X}_{i..} - \overline{X}) + (\overline{X}_{.j.} - \overline{X}) \qquad (3-15)$$

$$+ (\overline{X}_{ij.} - \overline{X}_{i..} - \overline{X}_{.j.} + \overline{X}) + (X_{ijk} - \overline{X}_{ij.})$$

양변을 자승한 후에 모두 i, j, k에 대하여 합하면

$$\sum_{i=1}^{a}\sum_{j=1}^{b}\sum_{k=1}^{n} (X_{ijk} - \overline{X})^2 \qquad (3-16)$$

$$= \sum_{i=1}^{a} bn(\overline{X}_{i..} - \overline{X})^2 + \sum_{j=1}^{b} an(\overline{X}_{.j.} - \overline{X})^2$$

$$+ \sum_{i=1}^{a}\sum_{j=1}^{b} n(\overline{X}_{ij.} - \overline{X}_{i..} - \overline{X}_{.j.} + \overline{X})^2$$

$$+ \sum_{i=1}^{a}\sum_{j=1}^{b}\sum_{k=1}^{n} (X_{ijk} - \overline{X}_{ij.})^2$$

와 같이 된다. 위 식에서 좌변은 전체변동을 나타내는 전체자승합 SST를 의미한다. 우변항들은 차례로 인자 A에 대한 변동을 나타내는 자승합 SSA, 인자 B에 의한 변동을 나타내는 자승합 SSB, 두 인자간의 교호작용 변동을 나타내는 교호작용자승합 SSINT, 오차 변동을 나타내는 잔차자승합 SSE를 의미한다. 이원배치법에서 변동의 분해가 일원배치법과 다른 점은 인자간 변동을 나타내는 인자간자승합이 다시 세 부분 (1)인자 A자승합 (2)인자 B자승합 (3)교호작용 자승합으로 분해된다는 것이다. 이원배치법에서 자승합에 대한 자유도를 정리하면 각각 다음과 같다.

$$SST = \sum_{i=1}^{a}\sum_{j=1}^{b}\sum_{k=1}^{n}(X_{ijk} - \overline{X})^2 \qquad \text{자유도} = abn - 1$$

$$SSA = bn\sum_{i=1}^{a}(\overline{X}_{i..} - \overline{X})^2 \qquad \text{자유도} = a - 1$$

$$SSB = an\sum_{j=1}^{b}(\overline{X}_{.j.} - \overline{X})^2 \qquad \text{자유도} = b - 1$$

$$SSINT = n\sum_{i=1}^{a}\sum_{j=1}^{b}(\overline{X}_{ij.} - \overline{X}_{i..} - \overline{X}_{.j.} + \overline{X})^2 \qquad \text{자유도} = (a-1)(b-1)$$

$$SSE = \sum_{i=1}^{a}\sum_{j=1}^{b}\sum_{k=1}^{n}(X_{ijk} - \overline{X}_{ij.})^2 \qquad \text{자유도} = ab(n-1)$$

여기서 유의할 것은 교호작용 자유도는 각 인자 자유도의 곱으로 표시된다는 것이다. 또한 인자 A의 자승평균 MSA, 인자 B의 자승평균 MSB, 교호작용자승평균 MSINT, 잔차자승평균 MSE들은 자승합을 연관된 자유도로 나누어 다음과 같이 구해진다.

$$MSA = \frac{SSA}{a-1}, \qquad MSB = \frac{SSB}{b-1},$$

$$MSINT = \frac{SSINT}{(a-1)(b-1)}, \qquad MSE = \frac{SSE}{ab(n-1)}$$

이제까지 결과를 정리하여 이원배치 일변량분산분석표를 작성하여 보면 <표 3.7> 과 같다.

<표 3.7> 이원배치법 분산분석표

요 인		자유도	자승합	자승평균	F값
MODEL	인 자 A	a−1	SSA	MSA	MSA/MSE
	인 자 B	b−1	SSB	MSB	MSB/MSE
	교호작용	(a−1)(b−1)	SSINT	MSINT	MSINT/MSE
ERROR	잔차	ab(n−1)	SSE	MSE	
합계(Total)		abn−1	SST		

(3) 검정 절차

반복적인 이원배치법에서 가설검정은 먼저 두 인자간의 교호작용이 있는지를 검정하여야 한다. 만약 교호작용이 존재하지 않는다고 판명되면 인자 A의 효과와 인자B의 효과만을 고려한 모형을 고려하여 다시 분석하여야 하기 때문이다.

① 교호작용 효과에 대한 검정

H_o : 인자 A와 인자 B사이에 교호작용이 없다. (모든 $(\alpha\beta)_{ij} = 0$)

H_1 : 교호작용이 존재한다. ($(\alpha\beta)_{ij}$ 중 적어도 하나는 0이 아니다.)

검정통계량은 $F^*_{A\times B} = MSINT/MSE$이고, H_o가 참일 때 분자의 자유도가 $(a-1)(b-1)$이고 분모의 자유도가 $ab(n-1)$ 인 F분포에 따른다. 따라서 유의수준 α에서 의사결정은 다음과 같다. 만약

$F^*_{A\times B} > F(\alpha\ ;(a-1)(b-1), ab(n-1))$이면 H_o를 기각한다.

$F^*_{A\times B} \le F(\alpha\ ;(a-1)(b-1), ab(n-1))$이면 H_o를 채택한다.

② 인자 A효과에 대한 검정

H_o : $\alpha_1 = \alpha_2 = \cdots = \alpha_a = 0$

H_1 : α_i 중 적어도 하나는 0 이 아니다.

검정통계량은 $F^*_A = MSA/MSE$이며 H_o가 참일 때 분자의 자유도가 $a-1$이고 분모의 자유도가 $ab(n-1)$인 F분포에 따른다. 따라서 유의수준 α에서 의사결정은 다음과 같다. 만약

$F^*_A > F(\alpha\ ;(a-1), ab(n-1))$ 이면 H_o를 기각한다.

$F^*_A \le F(\alpha\ ;(a-1), ab(n-1))$ 이면 H_o를 채택한다.

③ 인자 B 효과에 대한 검정

H_o : $\beta_1 = \beta_2 = \cdots = \beta_b = 0$

H_1 : β_j 중 적어도 하나는 0이 아니다.

검정통계량은 $F_B^* = MSB/MSE$이며 H_o가 참일 때 분자의 자유도가 $b-1$이고 분모의 자유도가 $ab(n-1)$인 F분포에 따른다. 따라서 유의수준 α에서 의사결정은 다음과 같다. 만약

$F_B^* > F(\alpha ; (b-1), ab(n-1))$이면 H_o를 기각한다.

$F_B^* \leq F(\alpha ; (b-1), ab(n-1))$이면 H_o를 채택한다.

예제 3.3 영업경력수준과 건강상태수준에 따른 영업실적 분석

어느 대기업 영업관리 책임자는 영업사원들의 영업경력과 건강상태에 따라 새로운 고객을 확보하기 위한 공격적인 영업활동이 적극적인지를 분석하고자 한다. 따라서 새로운 고객의 확보실적을 비교하기 위하여 영업경력과 건강상태에 따라 영업사원 6명씩 54명을 무작위로 추출하여 처리집단으로 분류하여 아래와 같은 자료를 얻었다. 영업경력은 세 집단으로 영업경력이 6년 미만(A1), 영업경력이 6년 이상 10년 미만(A2), 영업경력이 10년 이상(A3)으로 구분하였고, 건강상태는 건강상태가 좋음(B1), 건강상태가 보통(B2), 건강상태가 나쁨(B3)으로 구분하였다. 영업관리 책임자는 지난 6개월간 9개 처리집단의 영업사원들의 새로운 고객 확보실적을 비교하여 차이가 있는지를 분석하고자 한다. 유의수준 $\alpha = 0.05$에서 다음 절차에 의하여 분석하여라.

(1) 두 인자(영업경력, 건강상태)에 대하여 교호작용이 있는지 검정하여라.
(2) 인자 A(영업경력)와 B(건강상태)에 대한 효과를 검정하여라.
(3) 인자 A(영업경력)수준간 새로운 고객 확보실적 모평균이 동일한지 검정하여라.
(4) 인자 B(건강상태)수준간 새로운 고객 확보실적 모평균이 동일한지 검정하여라.

영업경력과 건강상태 수준에 의한 새로운 고객확보 실적

구 분		영업경력 수준		
		1	2	3
건강상태 수준	1	50 42 35 45 40 46	42 41 30 37 38 40	51 48 44 50 46 49
	2	40 38 34 37 34 39	39 36 38 36 41 38	36 39 34 39 36 32
	3	34 29 31 30 29 33	39 31 30 26 37 29	45 39 37 39 38 36

프로그램 \CH3\EX3.SAS 

```
DATA ONE ;
① DO A=1 TO 3 ;   DO B=1 TO 3 ;  DO N=1 TO 6 ;
   INPUT X @@ ;  OUTPUT ;
   END ;  END ;  END ;
   CARDS ;
   50  42  35  45  40  46  40  38  34  37  34  39
   34  29  31  30  29  33  42  41  30  37  38  40
   39  36  38  36  41  38  39  31  30  26  37  29
   51  48  44  50  46  49  36  39  34  39  36  32
   45  39  37  39  38  36
   ;
   PROC ANOVA ;
② CLASS A B ;
③ MODEL X=A B A*B ;
④ MEANS A B/LSD ;
   RUN ;
⑤ PROC TABULATE ;
   CLASS A B ;
   VAR X ;
   TABLE B,A*X*MEAN ;
   RUN ;
```

프로그램 해설

① 입력된 자료에 대하여 9가지 처리집단을 차례로 지정하기 위하여 DO-OUTPUT-END 문을 사용하였다.

② CLASS A B ; 두 개 인자수준을 나타내는 독립변수는 A(영업경력), B(건강상태)이다.

③ MODEL X=A B A*B ; 새로운 고객확보(X)를 종속변수로 하고 영업경력(A), 건강상태(B), 교호작용인(A*B)의 효과를 고려한 이원배치 일변량분산분석모형이다.

④ MEANS A B/ALPHA=0.05 LSD ; 인자 A, B 수준의 모평균에 대한 다중비교를 유의수준 0.05에서 최소유의차방법(LSD)으로 검정하라는 것이다.

⑤ PROC TABULATE ; CLASS A B ; VAR X ; TABLE B, A*X*MEAN ; 각 처리집단에 대하여 종속변수 X에 대한 표본평균(MEAN)을 분할표로 작성하라는 명령문이다.

```
        Analysis of Variance Procedure
           Class Level Information
   Class          Levels          Values
    A               3             1  2  3
    B               3             1  2  3
    Number of observations in data set=54

        Analysis of Variance Procedure
Dependent Variable: X
                           Sum of Mean
Source             DF        Squares       Square      F Value     Pr > F
Model               9        1296.00       162.00       13.30      0.0001
Error              45         548.00        12.17778
Corrected Total    53        1844.00

R-Square      C.V.       Root MSE      X Mean
0.702820    9.183335     3.489667    38.0000000
```

Analysis of Variance Procedure

Dependent Variable: X

Source	DF	Sum of Mean Anova SS	Mean Square	F Value	Pr > F
A	2	252.00	126.00	① 10.35	0.0002
B	2	756.00	378.00	② 31.04	0.0001
A*B	4	288.00	72.00	③ 5.91	0.0007

분산분석표에서 영업경력 효과에 대한 검정통계량 값은 ① $F_A^* = 10.35$이고, p-값이 0.0002로 유의수준 0.05보다 상당히 작기 때문에 귀무가설 $H_0 : \alpha_1 = \alpha_2 = \alpha_3 = 0$을 기각하게 된다. 즉, 세 가지 영업경력 수준에 대하여 새로운 고객 확보실적 모평균이 모두 같지는 않다는 결론을 내릴 수 있고, 영업경력 수준이 새로운 고객 확보실적에 유의한 영향을 미친다고 판단할 수 있다.

건강상태 효과에 대한 검정통계량 값은 ② $F_{B*} = 31.04$이고, p-값이 0.0001로 유의수준 0.05보다 상당히 작기 때문에 귀무가설 $H_0 : \beta_1 = \beta_2 = \beta_3 = 0$은 기각된다. 즉, 세 가지 건강상태 수준에 대하여 새로운 고객 확보실적 모평균이 모두 같지는 않다는 결론을 내릴 수 있고, 건강상태 수준이 새로운 고객 확보실적에 유의한 영향을 미친다고 판단할 수 있다.

또한 영업경력과 건강상태 두 인자의 교호작용효과를 검정하기 위한 검정통계량 값은 ③$F_{A \times B}^* = 5.91$이고, p-값이 0.0007로 유의수준 0.05보다 상당히 작기 때문에 교호작용이 없다는 귀무가설 $H_0 : (\alpha\beta)_{ij} = 0$은 기각된다. 따라서 영업경력 수준과 건강상태 수준과의 교호작용효과가 새로운 고객확보에 유의한 영향을 미치는 것으로 판단된다. 따라서 교호작용효과가 존재하기 때문에 주인자효과에 대한 분석이 분명하지 않게 된다. 교호작용이 존재하면 두 인자의 효과가 가산적이라고 할 수 없게 된다. 유의수준 0.05에서 각 인자수준에 대한 모평균 차이를 검정한 결과는 아래와 같다.

Analysis of Variance Procedure

T tests (LSD) for variable: X

NOTE : This test controls the type I comparisonwise error rate not the experimentwise error rate.

Alpha = 0.05 df = 45 MSE = 12.17778

Critical Value of T = 2.01

④ Least Significant Difference = 2.3429

Means with the same letter are not significantly different.

T Grouping	Mean	N	A
A	41.000	18	3
B	37.000	18	1
B	36.000	18	2

영업경력 수준(인자 A)간의 모평균을 다중비교를 하기 위하여 ④ 최소유의차 방법(LSD)결과에 의하면 LSD = 2.3429이다. 새로운 고객확보 평균의 크기순으로 영업경력 수준 3−1−2 순이다. 다중비교 검정에 의하면 (A3, A1), (A3, A2) 사이에만 유의적인 모평균의 차이가 있고, (A1, A2) 사이에는 모평균의 차이가 유의하지 않음을 알 수 있다.

Analysis of Variance Procedure

T tests (LSD) for variable : X

Alpha = 0.05 df = 45 MSE = 12.17778

Critical Value of T = 2.01

⑤ Least Significant Difference = 2.3429

Means with the same letter are not significantly different.

T Grouping	Mean	N	A
A	43.000	18	1
B	37.000	18	2
C	34.000	18	3

건강상태 수준(인자 B)간의 모평균을 다중비교를 하기 위하여 ⑤ 최소유의차 방법(LSD)결과에 의하면 새로운 고객확보 평균의 크기순으로 건강상태 수준 1−2−3 순이다. 다중비교 검정에 의하면 모든 수준에서 모평균의 차이가 유의함을 알 수 있다. 따라서 영업사원 건강상태 수준이 새로운 고객확보에 유의한 영향을 미친다고 결론 내릴 수 있다고 판단된다.

⑥ 각 처리집단별 표본평균

	A		
	1	2	3
	X	X	X
	MEAN	MEAN	MEAN
B 1	43.00	38.00	48.00
2	37.00	38.00	36.00
3	31.00	32.00	39.00

3×3처리집단별 표본평균을 구해보면 ⑥과 같다. 위 결과를 종합하면 영업경력이 10년 이상인 영업사원은 10년 미만인 영업사원보다 새로운 고객확보에 유의한 차이가 있는 것으로 나타났으며, 또한 건강상태가 좋은 영업사원이 보통이하의 영업사원보다 새로운 고객확보에 유의한 차이가 있는 것으로 나타났다.

3.5 이원배치 다변량분산분석

이원배치 일변량분산분석에서는 두 개 인자가 하나의 종속변수에 미치는 효과를 분석하였다. 이원배치 다변량분산분석에서는 두 개 인자가 두 개 이상 종속변수에 미치는 효과를 분석하게 된다.

(1) 자료구조

이원배치 다변량분산분석은 두 개 독립변수인 인자 A와 B의 수준이 각각 a와 b이고, 각 인자수준 조합에서 종속변수 p에 대하여 반복관측수가 n개인 자료구조를 가진다. 인자 A의 i번째, 인자 B의 j번째 수준조합에서 k번째 자료에 대한 p차원 자료벡터를 X_{ijk}로 표시하면 이원배치 다변량분산분석 자료구조는 <표 3.8>과 같다.

<표 3.8> 이원배치 다변량 자료구조

		A 인자 수준			
		1	2	…	a
B인자 수준	1	X'_{111} ⋮ X'_{11n}	X'_{211} ⋮ X'_{21n}	…	X'_{a11} ⋮ X'_{a1n}
	⋮	⋮	⋮	⋮	⋮
	b	X'_{1b1} ⋮ X'_{1bn}	X'_{2b1} ⋮ X'_{2bn}	…	X'_{ab1} ⋮ X'_{abn}

여기서 p차원 자료 벡터 $X'_{ijk} = [X_{ijk1}, X_{ijk2}, \cdots, X_{ijkp}]$이다.

(2) 모형설정과 가정

두 개 독립변수인 인자 A와 B수준이 각각 a와 b이고 각 수준조합에서 반복수가 n인 p개 종속변수가 있는 자료구조를 가진다. 인자 A의 i번째, 인자 B의 j번째 인자수준조합에서 k번째 자료에 대한 p차원 자료벡터를 X_{ijk}라 하면 이원배치 다변량 분산분석모형은 다음과 같다.

$$X_{ijk} = \mu + \alpha_i + \beta_j + (\alpha\beta)_{ij} + \epsilon_{ijk} \qquad (3-17)$$

$$i = 1, 2, \cdots, a$$

$$j = 1, 2, \cdots, b$$

$$k = 1, 2, \cdots, n$$

여기서 μ : 전체 모평균벡터, α_i : 인자 A의 i번째 수준 효과벡터

β_j : 인자 B의 j번째 수준 효과벡터

$(\alpha\beta)_{ij}$: 인자 A의 i번째 수준과 인자 B의 j번째 수준의 교호작용 효과

ϵ_{ijk} : 오차항으로서 서로 독립인 확률벡터

또한 오차항은 서로 독립인 p차원정규분포 $N_p(0, \Sigma)$에 따르는 확률벡터라고 가정한다. 식 (3−17)에서 주효과벡터와 교호작용효과벡터에 대하여 다음과 같은 조건식이 성립한다.

$$\sum_{i=1}^{a} \alpha_i = \sum_{j=1}^{b} \beta_j = \sum_{i}^{a} (\alpha\beta)_{ij} = \sum_{j}^{b} (\alpha\beta)_{ij} = 0$$

식 (3−15)와 같이 자료벡터 X_{ijk}는 다음과 같이 네 부분으로 분해될 수 있다.

$$(X_{ijk} - \overline{X}) = (\overline{X}_{i..} - \overline{X}) + (\overline{X}_{.j.} - \overline{X}) \quad (3-18)$$
$$+ (\overline{X}_{ij.} - \overline{X}_{i..} - \overline{X}_{.j.} + \overline{X}) + (X_{ijk} - \overline{X}_{ij.})$$

여기서 $\overline{X}$: 모든 자료벡터들의 전체평균,

$\overline{X}_{i..}$: 인자 A_i 수준의 자료벡터 평균,

$\overline{X}_{.j.}$: 인자 B_j 수준의 자료벡터 평균,

$\overline{X}_{ij.}$: 인자 A_i 수준과 인자 B_j 수준의 자료벡터 평균

식 (3−16)의 일변량을 다변량으로 확장하면 스칼라값이 행렬로 대치된다. 식 (3−18)의 양변을 자승한 후에 모두 i, j, k에 대하여 합하면

$$\sum_{i=1}^{a}\sum_{j=1}^{b}\sum_{k=1}^{n} (X_{ijk} - \overline{X})(X_{ijk} - \overline{X})' \quad (3-19)$$
$$= \sum_{i=1}^{a} bn(\overline{X}_{i..} - \overline{X})(\overline{X}_{i..} - \overline{X})' + \sum_{j=1}^{b} an(\overline{X}_{.j.} - \overline{X})(\overline{X}_{.j.} - \overline{X})'$$
$$+ \sum_{i=1}^{a}\sum_{j=1}^{b} n(\overline{X}_{ij.} - \overline{X}_{i..} - \overline{X}_{.j.} + \overline{X})(\overline{X}_{ij.} - \overline{X}_{i..} - \overline{X}_{.j.} + \overline{X})'$$
$$+ \sum_{i=1}^{a}\sum_{j=1}^{b}\sum_{k=1}^{n} (X_{ijk} - \overline{X}_{ij.})(X_{ijk} - \overline{X}_{ij.})'$$

와 같이 된다. 식 (3−19)에서 좌변은 전체변동을 나타내는 자승합과 교차곱행렬 SSPT을 의미한다. 우변항들은 차례로 인자 A의 변동을 나타내는 자승합과 교차곱행렬인SSPA, 인자 B의 변동을 나타내는 자승합과 교차곱행렬인 SSPB, 두 인자의 교호작용을 나타내는 자승합과 교차곱 행렬인 SSPINT, 오차의 변동을 나타내는 자승합과 교차곱행렬인 SSPE를 의미한다. 다변량 이원배치법과 관련된 자승합과 교차곱행렬에 대한 자유도를 정리하면 각각 다음과 같다.

$$\text{SSPT} = \text{SSPA} + \text{SSPB} + \text{SSPINT} + \text{SSPE} \qquad (3-20)$$

$$\text{자유도 } abn-1 = (a-1)+(b-1)+(a-1)(b-1)+ab(n-1)$$

이상의 결과를 정리하여 이원배치 다변량 분산분석표를 작성하여 보면 <표 3.9>와 같다.

〈표 3.9〉 이원배치법 다변량 분산분석표

변동의 요인	자승합과 교차곱행렬	자유도
인자 A	SSPA	$a-1$
인자 B	SSPB	$b-1$
교호작용	SSPINT	$(a-1)(b-1)$
잔차	SSPE	$ab(n-1)$
전체	SSPT	$abn-1$

(3) 검정 절차

① 교호작용 효과에 대한 검정

H_0 : 인자 A와 인자 B사이에 교호작용이 없다.

모든 $(\alpha\beta)_{ij} = 0$

H_1 : 교호작용이 존재한다.

$(\alpha\beta)_{ij}$중 적어도 하나는 0이 아니다.

교호작용에 대한 검정통계량은 다음과 같은 일반화된 분산의 비율에 근거한

$$\Lambda^*_{A\times B} = \frac{|SSPE|}{|SSPINT+SSPE|}$$

이며 $\Lambda^*_{A\times B}$ 값이 작을 때 귀무가설을 기각하게 된다. 표본 크기 n가 클 경우에는 Bartlett's 승수를 이용한 $\Lambda^*_{A\times B}$의 대수함수는 χ^2분포에 근사하기 때문에 다음과 같은 조건일 때 귀무가설을 기각하게 된다.

$$-\left[ab(n-1)-\frac{p+1-(a-1)(b-1)}{2}\right]\ln\Lambda^*_{A\times B} > \chi^2(\alpha;(a-1)(b-1)p)$$

② 인자 A효과에 대한 동일성 검정

H_o : $\alpha_1 = \alpha_2 = \cdots = \alpha_a = 0$

H_1 : α_i 중 적어도 하나는 0 이 아니다.

인자 A효과의 동일성여부에 대한 검정통계량은

$$\Lambda^*_A = \frac{|SSPE|}{|SSPA+SSPE|}$$

로 주어지며, Λ^*_A 값이 작을 때 귀무가설을 기각하게 된다. 표본의 크기 n가 클 경우에는 Bartlett's 승수를 이용한 Λ^*_A 10의 대수함수는 χ^2 분포에 근사하기 때문에 다음과 같은 조건일 때 귀무가설을 기각하게 된다.

$$-\left[ab(n-1)-\frac{p+1-(a-1)}{2}\right]\ln\Lambda^*_A > \chi^2(\alpha;(a-1)p)$$

③ 인자 B효과에 대한 검정

H_o : $\beta_1 = \beta_2 = \cdots = \beta_b = 0$

H_1 : β_j 중 적어도 하나는 0이 아니다.

인자 B효과의 동일성여부에 대한 검정을 하기 위한 검정통계량은

$$\Lambda_B^* = \frac{|SSPE|}{|SSPB + SSPE|}$$

로 주어지며, Λ_B^* 값이 작을 때 귀무가설을 기각하게 된다. 표본의 크기 n가 클 경우에는 Bartlett's 승수를 이용한 Λ_B^*의 대수함수는 χ^2분포에 근사하기 때문에 다음과 같은 조건일 때 귀무가설을 기각하게 된다.

$$-\left[ab(n-1) - \frac{p+1-(b-1)}{2}\right] \ln \Lambda_B^* \; > \; \chi^2(\alpha; (b-1)p)$$

위 세 가지 검정에서 자유도 값이 특별한 경우에는 <표 3.5>에서와 같이 귀무가설이 참일 때 윌크스 람다 Λ^*함수에 대한 분포는 정확히 F분포에 따르는 경우가 있다. 이 때에는 위에서 설명한 카이자승 χ^2근사검정 대신에 F검정을 사용함으로써 정확한 유의수준을 지킬 수 있다. 예를 들면 $(a-1)(b-1)=1$인 특별한 경우에는 다음과 같은 Λ^*의 변환된 검정통계량 F^*는 분자의 자유도가 ν_1이고 분모의 자유도가 ν_2인 F분포에 따르게 된다.

$$F^* = \left(\frac{1-\Lambda^*}{\Lambda^*}\right) \frac{(ab(n-1)-p+1)/2}{(|(a-1)(b-1)-p|+1)/2} \; \sim \; F(\nu_1, \nu_2)$$

여기서 $\nu_1 = |(a-1)(b-1)-p|+1$

$\nu_2 = ab(n-1)-p+1$.

예제 3.4 영업사원의 새로운 고객 확보실적 다변량 분산분석

어느 대기업 영업관리 책임자는 지난 6개월에 걸쳐 실시된 영업사원교육에 대하여 영업훈련 교육프로그램방법과 교육훈련 시간대에 대한 효과를 분석하고자 한다. 영업훈련 프로그램에 사용된 두 가지 방법론은 (1) 역할중심 교육과 (2) 사례분석중심 교육이고, 교육훈련 시간대는 (1) 오전 교육과 (2) 오후 교육이었다. 영업관리 책임자는 교육훈련방법이 두 개 종속변수(X1 : 상품에 대한 전반적인 지식, X2 : 영업활동의 동기부여 정도)의 평가점수에 미치는 영향뿐만 아니라, 교육시간대가 평가점수에 영향을 미치는지의 여부를 분석하고자 한다. 따라서 4개의 처리집단에 12명씩 나누어 교육을 수행하였다. 교육을 마친 후 X1과 X2에 대하여 평가를 실시하여 얻은 자료는 아래와 같다. 평가척도는 1부터 15(매우낮다−매우높다)로부터 소수점 한자리까지 부여하였다. 다음 절차에 따라 유의수준 $\alpha = 0.05$에서 이원배치 다변량분석을 하여라.

(1) 두 인자(훈련방법, 훈련시간대)에 대한 교호작용이 있는지 검정하여라.
(2) 인자 A(훈련방법)와 인자 B(훈련시간대)의 효과에 대하여 검정하여라.
(3) 이원배치 일변량분산분석을 실시하여 결과를 비교하여라.

교육방법과 교육시간대에 따른 평가점수 자료

구 분		교육훈련 방법 A											
		역할중심교육 중심						사례분석교육 중심					
		지식 X_1			동기 X_2			지식 X_1			동기 X_2		
훈련시간대 B	오전	8.0	10.7	8.9	7.5	10.7	8.8	8.6	10.2	9.1	10.4	9.8	11.2
		7.1	9.7	8.6	7.3	10.4	6.7	9.8	11.6	10.5	9.9	13.5	11.8
		7.7	8.8	5.9	6.4	8.5	7.8	7.5	12.9	9.4	10.0	11.9	9.9
		8.1	8.0	6.9	8.2	6.8	8.1	11.9	10.8	7.7	12.0	11.7	11.0
	오후	6.4	7.5	10.0	7.8	7.4	9.9	6.1	8.3	11.3	8.0	10.0	12.1
		10.3	5.6	9.1	11.0	6.6	10.2	8.1	10.9	11.9	8.9	9.6	12.1
		8.8	8.2	7.6	9.7	8.2	8.8	10.6	7.7	12.1	7.5	7.3	10.2
		7.5	9.5	10.6	8.9	8.5	10.0	10.9	9.4	6.4	11.8	10.5	8.5

프로그램 \CH3\EX4.SAS

```
DATA ONE ;
① DO METHOD=1 TO 2 ;  DO TIME=1 TO 2 ;  DO N=1 TO 12 ;
   INPUT X1 X2 @@; OUTPUT ;
  END ;  END ;  END ;
CARDS ;
    8.0    7.5   10.7   10.7    8.9    8.8    7.1    7.3
    9.7   10.4    8.6    6.7    7.7    6.4    8.8    8.5
    5.9    7.8    8.1    8.2    8.0    6.8    6.9    8.1
                        자료 생략
    6.1    8.0    8.3   10.0   11.3   12.1    8.1    8.9
   10.9    9.6   11.9   12.1   10.6    7.5    7.7    7.3
   12.1   10.2   10.9   11.8    9.4   10.5    6.4    8.5
      ;
   PROC ANOVA ;
   CLASS METHOD TIME ;
② MODEL X1 X2=METHOD TIME METHOD*TIME ;
   MANOVA H=METHOD TIME METHOD*TIME/PRINTH PRINTE ;
   MEANS METHOD TIME/ALPHA=0.05 LSD ;
   RUN ;
③ PROC ANOVA ;
   CLASS METHOD TIME ;
   MODEL X1=METHOD TIME METHOD*TIME ;
   RUN ;
④ PROC ANOVA ;
   CLASS METHOD TIME ;
   MODEL X2=METHOD TIME METHOD*TIME ;
   RUN ;
```

프로그램 해설

① 입력된 자료에 대하여 각 처리집단을 차례로 지정하기 위하여 DO-OUTPUT-END문을 사용하였다.

② MODEL X1 X2=METHOD TIME METHOD*TIME; 지식(X1)과 동기(X2)를 종속변수로 하고 교육훈련방법(METHOD), 시간대(TIME), 교호작용(METHOD*TIME)효과를 고려한 이원배치 다변량 분산분석모형이다.

③, ④ PROC ANOVA; 이원배치 일변량분산분석모형을 분석하라는 명령문이다.

① Manova Test Criteria and Exact F Statistics for
the Hypothesis of no Overall METHOD Effect
H=Anova SS&CP Matrix for METHOD E=Error SS&CP Matrix
S=1 M=0 N=20.5

Statistic	Value	F	Num DF	Den DF	Pr > F
Wilks' Lambda	0.66378246	10.8901	2	43	0.0001
Pillai's Trace	0.33621754	10.8901	2	43	0.0001
Hotelling-Lawley Trace	0.50651766	10.8901	2	43	0.0001
Roy's Greatest Root	0.50651766	10.8901	2	43	0.0001

① 교육방법(요인 A) 효과를 검정하기 위하여 윌크스 람다 값을 구하면 $\Lambda_A^*=0.63378$이고, 변환된 검정통계량의 값은 $(a-1)(b-1)=1$에 대하여

$$F_A^* = \left(\frac{1-0.66378}{0.66378}\right)\frac{(2(2)(12-1)-2+1)/2}{(|(2-1)-2|+1)/2} = 10.8901$$

$$v_1 = |(2-1)-2|+1 = 2,\quad v_2 = 2(2)(12-1)-2+1 = 43$$

이다. 검정통계량의 p-값이 0.0001로 유의수준 0.05에서 보다 매우 작으므로 교육방법에 따라 평가시험점수들 사이에 통계적으로 유의한 차이가 있음을 알 수 있다. 따라서 유의수준 0.05에서 귀무가설 $H_0 : \alpha_1=\alpha_2=0$를 기각하게 된다.

② Manova Test Criteria and Exact F Statistics for
the Hypothesis of no Overall TIME Effect
H = Anova SS&CP Matrix for TIME   E = Error SS&CP Matrix
S = 1   M = 0   N = 20.5

Statistic	Value	F	Num DF	Den DF	Pr > F
Wilks' Lambda	0.98749378	0.2723	2	43	0.7629
Pillai's Trace	0.01250622	0.2723	2	43	0.7629
Hotelling-Lawley Trace	0.01266461	0.2723	2	43	0.7629
Roy's Greatest Root	0.01266461	0.2723	2	43	0.7629

② 교육시간대(요인 B) 효과를 검정하기 위하여 Λ_B^*값을 계산하면 0.98749이다. 변환된 검정통계량의 값은

$$F_B^* = \left(\frac{1-0.98749}{0.98749}\right)\frac{(2(2)(12-1)-2+1)/2}{(|(2-1)-2|+1)/2} = 0.2723$$

$$\nu_1 = |(2-1)-2|+1 = 2,\ \nu_2 = 2(2)(12-1)-2+1 = 43$$

이고, 검정통계량의 p-값이 0.7629로 유의수준 0.05보다 매우 크므로 교육시간대에 따라 평가시험점수들 사이에 통계적으로 유의한 차이가 있지 않음을 알 수 있다. 따라서 유의수준 0.05에서 귀무가설 $H_0 : \beta_1 = \beta_2 = 0$를 기각할 수 없게 된다.

③ Manova Test Criteria and Exact F Statistics for
the Hypothesis of no Overall METHOD*TIME Effect
H = Anova SS&CP Matrix for METHOD*TIME   E = Error SS&CP Matrix
S = 1   M = 0   N = 20.5

Statistic	Value	F	Num DF	Den DF	Pr > F
Wilks' Lambda	0.81635118	4.8367	2	43	0.0127
Pillai's Trace	0.18364882	4.8367	2	43	0.0127
Hotelling-Lawley Trace	0.22496301	4.8367	2	43	0.0127
Roy's Greatest Root	0.22496301	4.8367	2	43	0.0127

③ 교육훈련방법과 교육시간대 사이의 교호작용에 대한 검정을 하기 위하여 윌크스 람다를 계산하면 $\Lambda^*_{A\times B} = 0.81635$ 이고 변환된 검정통계량의 값은

$$F^*_{A\times B} = \left(\frac{1-0.81635}{0.81635}\right)\frac{(2(2)(12-1)-2+1)/2}{(|(2-1)(2-1)-2|+1)/2} = 4.8367$$

$$\nu_1 = |(2-1)(2-1)-2|+1 = 2$$

$$\nu_2 = 2(2)(12-1)-2+1 = 43$$

이고, 검정통계량의 p-값이 0.0127로 유의수준 0.05보다 매우 작으므로 교육훈련방법과 교육시간대 사이의 교호작용이 평가시험점수들에 통계적으로 유의한 영향을 미치고 있음을 알 수 있다. 따라서 귀무가설

$$H_0 : (\alpha\beta)_{11} = (\alpha\beta)_{12} = (\alpha\beta)_{21} = (\alpha\beta)_{22} = 0$$

을 기각하게 된다. 따라서 교호작용이 존재하기 때문에 인자 주효과는 분명하지 않게 된다. 따라서 각 변수에 대하여 일변량 이원배치 분산분석을 실시하여 어떤 변수가 교호작용을 나타내는 변수인지를 살펴보아야 한다.

Analysis of Variance Procedure

④ T tests (LSD) for variable : X1

NOTE : This test controls the type I comparisonwise error rate not the experimentwise error rate.

Means with the same letter are not significantly different.

Alpha = 0.05 df = 44 MSE = 2.817386

Critical Value of T = 2.02

Least Significant Difference = 0.9765

T Grouping	Mean	N	METHOD
A	9.738	24	1
B	8.313	24	2

⑤ T tests (LSD) for variable : X2

Alpha = 0.05 df = 44 MSE = 1.943977

Critical Value of T = 2.02

Least Significant Difference = 0.8112

Means with the same letter are not significantly different.

T Grouping	Mean	N	METHOD
A	10.400	24	2
B	8.508	24	1

두 가지 교육훈련 방법에 따라 지식평가점수 X1과 동기부여 평가점수 X2의 모평균을 비교하기 위하여 최소유의차 방법을 사용하면, ④ X1에 대한 LSD = 0.9765이기 때문에 두 가지 훈련방법에 따라 지식평가 점수는 통계적으로 유의한 차이가 있음을 알 수 있다. 또한 ⑤ X2에 대한 LSD = 0.8112이기 때문에 두 가지 훈련방법에 따라 동기부여평가 점수도 통계적으로 유의한 차이가 있음을 알 수 있다.

⑥ T tests (LSD) for variable : X1

NOTE : This test controls the type I comparisonwise error rate not the experimentwise error rate.

Alpha = 0.05 df = 44 MSE = 2.817386

Critical Value of T = 2.02

Least Significant Difference = 0.9765

Means with the same letter are not significantly different.

T Grouping	Mean	N	TIME
A	9.100	24	1
A	8.950	24	2

⑦ T tests (LSD) for variable : X2

NOTE : This test controls the type I comparisonwise error rate not the experimentwise error rate.

Alpha = 0.05 df = 44 MSE = 1.943977

Critical Value of T = 2.02

Least Significant Difference = 0.8112

Means with the same letter are not significantly different.

T Grouping	Mean	N	TIME
A	9.596	24	1
A	9.313	24	2

지식평가점수 X1과 동기평가점수 X2가 교육시간대에 따라 모평균의 차이가 있는 지를 검정하기 위하여 최소유의차방법을 사용하면, ⑥ X1의 LSD = 0.9765이기 때문에 교육훈련 시간대에 따라 지식평가점수는 통계적으로 유의한 차이가 없음을 알 수 있다. 또한 ⑦ X2에 대한 LSD = 0.8112이기 때문에 교육훈련시간대에 따라 동기평가점수는 통계적으로 유의한 차이가 없음을 알 수 있다. 따라서 평가점수들은 교육시간대에 따라 유의한 영향을 받는다고는 판단할 수 없겠다.

Analysis of Variance Procedure

⑧ Dependent Variable: X1

Source	DF	Anova SS	Mean Square	F Value	Pr > F
METHOD	1	24.36750	24.36750	8.65	0.0052
TIME	1	0.27000	0.27000	0.10	0.7583
METHOD*TIME	1	1.68750	1.68750	0.60	0.4431

⑧ 종속변수가 지식평가점수(X_1)인 이원배치 일변량 분산분석에서 교육방법(METHOD)은 p-값이 0.0052로 유의수준 0.05보다 매우 작으므로 지식평가점수는 교육방법에 따라 유의한 차이가 있음을 알 수 있다. 반면에 지식평가점수는 교육시간대(TIME)와 교육방법과 교육시간대의 교호작용(METHOD*TIME)의 p-값이 각각 0.7583, 0.4431로 유의수준 0.05보다 매우 크므로 유의한 영향을 받지 않음을 알 수 있다.

Analysis of Variance Procedure

⑨ Dependent Variable: X2

Source	DF	Anova SS	Mean Square	F Value	Pr > F
METHOD	1	42.94083333	42.94083333	22.09	0.0001
TIME	1	0.96333333	0.96333333	0.50	0.4852
METHOD*TIME	1	14.52000000	14.52000000	7.47	0.0090

⑨ 종속변수가 동기평가점수(X_2)인 이원배치 일변량분산분석에서 교육방법(METHOD)은 p-값이 0.0001로 유의수준 0.05보다 매우 작으므로 동기평가점수는 교육방법에 따라 유의한 차이가 있음을 알 수 있다. 반면에 동기평가점수는 교육시간대(TIME)는 p-값이 0.4852로 유의수준 0.05보다 매우 크므로 동기평가점수는 교육시간대에 따라 유의한 차이가 없음을 알 수 있다. 반면에 교육방법과 교육시간대의 교호작용(METHOD*TIME)의 p-값이 0.009로 유의수준 0.055보다 매우 작으므로 교육방법과 교육시간대의 결합이 동기평가점수에 유의한 영향을 미치고 있음을 알 수 있다. 따라서 동기평가점수가 두 인자(훈련방법, 훈련시간대)에 교호작용에 영향을 미치는 변수로 판정할 수 있다.

만약 인자 A에 대한 동일성검정에서 귀무가설 $H_0 : \alpha_1 = \cdots = \alpha_a = 0$이 기각되면 적어도 하나의 일변량 $i = 1, 2, ..., p$에 대해서 인자 A 수준간 모평균들이 동일하지 않다는 의미이다. 인자 A에 대한 귀무가설을 기각하는데 개별 변수의 상대적인 기여도를 결정하기 위해서는 $SSPE^{-1}SSPA$의 첫 번째 고유값에 대응되는 고유벡터 c_A를 구하여야 한다.

Characteristic Roots and Vectors of: E Inverse * H, where

H = Anova SS&CP Matrix for METHOD E = Error SS&CP Matrix

Characteristic Root	Percent	Characteristic Vector V'EV=1 X1	X2
0.50651766	100.00	−0.01174436	0.11745514
0.00000000	0.00	0.12416861	−0.09353671

첫 번째 고유값 $\lambda_1 = 0.5065$에 대응되는 고유벡터 c_A를 선형결합계수로 사용한 인자 A에 대한 최대유의선형결합은 아래와 같다.

$$Y = -0.01174436\,X_1 + 0.111745514\,X_2$$

따라서 교육 훈련집단의 평가시험 평균점수를 최대한 구분할 수 있는 최대유의선형결합은 위와 같고, 두 집단을 구분하는데 상대적으로 중요한 변수는 영업활동의 동기부여 점수(X_2)로 나타났다.

또한 인자 B에 대한 동일성검정에서 귀무가설 $H_0 : \beta_1 = \cdots = \beta_b = 0$이 기각되면 적어도 하나의 일변량 $i = 1, 2, ..., p$에 대해서 인자 B 수준간 모평균들이 동일하지 않다는 의미이다. 인자 B에 대한 귀무가설을 기각하는데 개별 변수의 상대적인 기여도를 결정하기 위해서는 $SSPE^{-1}SSPB$의 첫 번째 고유값에 대응되는 고유벡터 c_B를 구하여야 한다. 위 예제에서는 교육시간대에 따라 평가시험 점수들 사이에 통계적으로 유의한 차이가 없다고 판정되었기 때문에 최대유의선형결합을 구할 필요는 없다. 참고로 SAS 출력은 아래와 같다. 첫 번째 고유값이 0에 가까운 매우 작기 때문에 교육시간대에 따라 평가시험 점수들의 평균차를 구분할 수 있는 최대유의선형결합은 존재하지 않게 된다.

Characteristic Roots and Vectors of: E Inverse * H, where

H = Anova SS&CP Matrix for TIME E = Error SS&CP Matrix

Characteristic Root	Percent	Characteristic Vector V'EV=1 X1	X2
0.01266461	100.00	-0.04150006	0.13662946
0.00000000	0.00	0.11761598	-0.06226729

연/습/문/제

3.1 결혼생활과 애정정도를 연구하기 위하여 결혼한 부부 30쌍에게 다음의 4가지 질문에 대하여 5점 척도로 대답하도록 하였다.

X1 당신은 배우자에게 느끼는 정열적인 사랑은 어느 수준입니까?
X2 배우자가 당신에게 느끼는 정열적인 사랑은 어느 수준이라고 생각합니까?
X3 당신은 배우자에게 느끼는 동료적인 사랑은 어느 수준입니까?
X4 배우자가 당신에게 느끼는 동료적인 사랑은 어느 수준이라고 생각합니까?

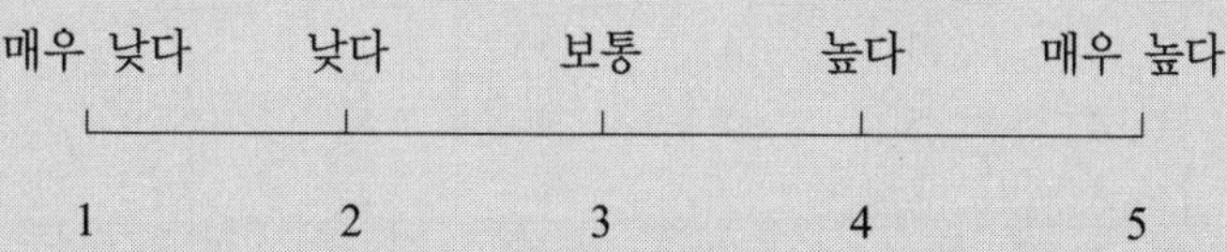

(1) 일원배치 다변량 분산분석모형을 설정하여라.

(2) 각 인자수준의 평균벡터와 전체평균벡터를 구하여라.

(3) 다변량분산분석표를 작성하여라.

(4) 남편과 부인 사이에 평균벡터의 동일성에 대하여 유의수준 0.05에서 검정을 하여라.

(5) 남편과 부인 사이의 애정정도 평가 평균점수를 최대한 구분할 수 있는 최대유의선형결합을 구하여라.

부부 자료

남편이 부인 평가				부인이 남편 평가			
X1	X2	X3	X4	X1	X2	X3	X4
2	3	5	5	4	4	5	5
5	5	4	4	4	5	5	5
4	5	5	5	4	4	5	5
4	3	4	4	4	5	5	5
3	3	5	5	4	4	5	5
3	3	4	5	3	3	4	4
3	4	4	4	4	3	5	4
4	4	5	5	3	4	5	5
4	5	5	5	4	4	5	4
4	4	3	3	3	4	4	4
4	4	5	5	4	5	5	5
5	5	4	4	5	5	5	5
4	4	4	4	4	4	5	5
4	3	5	5	4	4	4	4
4	4	5	5	4	4	5	5
3	3	4	5	3	4	4	4
4	5	4	4	5	5	5	5
5	5	5	5	4	5	4	4
5	5	4	4	3	4	4	4
4	4	4	4	5	3	4	4
4	4	4	4	5	3	4	4
4	4	4	4	4	5	4	4
3	4	5	5	2	5	5	5
5	3	5	5	3	4	5	5
5	5	3	3	4	3	5	5
3	3	4	4	4	4	4	4
4	4	4	4	4	4	5	5
3	3	5	5	3	4	4	4
4	4	3	3	4	4	5	4
4	4	5	5	4	4	5	5

```
<SAS Program: \CH3\P1.SAS>
 DATA ONE;
  INFILE 'C:\DATA\LOVE..DAT';
   DO HW=1 TO 2;
    INPUT X1 X2 X3 X4 @@;
     OUTPUT; END;
 RUN;
 PROC ANOVA;
  CLASS HW;
   MODEL X1-X4=HW;
   MANOVA H=HW;
   MEANS HW/ALPHA=0.05 LSD;
 RUN;
```

3.2 다음 자료는 채색 거북이 암수 각각 24마리에 대한 등껍질의 크기와 모양에 관계를 조사하기 위하여 수집된 자료이다. 크기와 모양에 대한 측정변수는 다음과 같다.

X1 : 길이　　X2 : 넓이　　X3 : 높이

(1) 두 암수 모집단의 모평균벡터가 동일한지 여부를 검정하여라.

(2) 암수 간 세 종속변수 평균에 대한 다중비교를 최소유의차방법에 의하여 검정하여라.

채색 거북이 등껍질 자료

암 놈			수 놈		
X1	X2	X3	X1	X2	X3
98	81	38	93	74	37
103	84	38	94	78	35
103	86	42	96	80	35
105	86	42	101	84	39
109	88	44	102	85	38

123	92	50	103	81	37
123	95	46	104	83	39
133	99	51	106	83	39
133	102	51	107	82	38
133	102	51	112	89	40
134	100	48	113	88	40
136	102	49	114	86	40
138	98	51	116	90	43
138	99	51	117	90	41
141	105	53	117	91	41
147	108	57	119	93	41
149	107	55	120	89	40
153	107	56	120	93	44
155	115	63	121	95	42
155	117	60	125	93	45
158	115	62	127	96	45
159	118	63	128	95	45
162	124	61	131	95	46
177	132	67	135	106	47

어느 의과대학 실험실에서 종양의 성장이 성별과 온도와 관계가 있는지를 조사하기 위하여 실험실에서 암수 흰쥐에 종양을 배양하여 다음과 같은 자료를 얻었다. 인자 A는 암수의 구분이고, 인자 B는 세 가지 온도 수준이다. 종속변수는 실험전 체중(X1), 실험후 체중(X2)과 종양의 무게(X3)이다.

(1) 두 인자(성별, 온도수준)에 대한 교호작용 효과를 검정하여라.

(2) 인자 A(성별)와 인자 B(온도수준)의 효과에 대하여 검정하여라.

(3) 이원배치 일변량 분산분석을 실시하여 결과를 비교하여라.

종양에 대한 실험자료

온 도	수 놈			암 놈		
	X1	X2	X3	X1	X2	X3
4	18.15	16.51	0.24	19.15	19.49	0.16
	18.68	19.50	0.32	18.35	19.81	0.17
	19.54	19.84	0.20	20.68	19.44	0.22
20	21.27	23.30	0.33	18.87	22.00	0.25
	19.57	22.30	0.45	20.66	21.08	0.20
	20.15	18.95	0.35	21.56	20.34	0.20
34	20.74	16.69	0.31	20.22	19.00	0.18
	20.02	19.26	0.41	18.38	17.92	0.30
	17.20	15.90	0.28	20.85	19.90	0.17

3.4 플라스틱 필름을 성형화 하는 새로운 기술에 대하여 실험하고자 한다. 이 실험에서 세 가지 종속변수인 인장력(X1), 광택(X2), 불투명성(X3)을 두 개의 인자(A: 첨가제의 양, B: 성형율의 변화)에 대하여 측정하여 아래와 같은 자료를 얻었다.

(1) 두 인자(첨가제의 양, 성형율의 변화)에 대한 교호작용을 검정하여라.

(2) 인자 A(첨가제의 양)와 인자 B(성형율의 변화)의 효과에 대하여 검정하여라.

(3) 이원배치 일변량 분산분석을 실시하여 결과를 비교하여라.

플라스틱 필름자료

		첨가제의 양					
		낮다(1.0 %)			높다(1.5 %)		
		X1	X2	X3	X1	X2	X3
성형률의 변화	낮다 (−10)	6.5	9.5	4.4	6.9	9.1	5.7
		6.2	9.9	6.4	7.2	10.0	2.0
		5.8	9.6	3.0	6.9	9.9	3.9
		6.5	9.2	0.8	6.3	9.4	5.7
		6.5	9.6	4.1	6.1	9.5	1.9

		첨가제의 양					
		낮다(1.0 %)			높다(1.5 %)		
		X1	X2	X3	X1	X2	X3
성형률의 변화	높다 (10)	6.7	9.1	2.8	7.1	9.2	8.4
		6.6	9.3	4.1	7.0	8.8	5.2
		7.2	8.3	3.8	7.2	9.7	6.9
		7.1	8.4	1.6	7.5	10.1	2.7
		6.8	8.5	3.4	7.6	9.2	1.9

3.5 미국의 경영대학원에서는 M.B.A 과정에 지원하는 학생들에 대한 주요 평가자료로서 학부 전학년 평균평점(X1:GPA)과 경영대학원 수능시험(X2:GMAT)을 사용하고 있다. 학과에서는 두 가지 평가요소에 근거하여 합격(1), 불합격(2), 보류(3) 등의 의사결정을 하게 된다. 아래 자료는 85명의 지원자와 학교당국의 의사결정 자료이다. 자료는 [\DATA\MBA.DAT]에 저장되어 있다.

(1) 일원배치 다변량분산분석 모형을 설정하여라.

(2) 합격(1), 불합격(2), 보류(3) 등의 의사결정사이에 평균벡터의 동일성에 대하여 유의수준 0.05에서 검정을 하여라.

(3) 의사결정 범주의 평균벡터를 최대한 구별할 수 있는 최대유의선형결합(MSL)을 구하여 해석하여라.

<SAS Program: \CH3\P5.SAS>

```
DATA ONE;
 INFILE 'C:\DATA\MBA.DAT';
 INPUT X1 X2 DECISION@@;
RUN;
PROC ANOVA;
 CLASS DECISION;
 MODEL X1 X2=DECISION;
 MANOVA H=DECISION;
RUN;
```

3.6 6개 햄버거 전문점(Brand1-Brand6)에 대하여 1,536명의 소비자에게 7개 변수 X1=음식맛 평가(1 : 매우 좋다-6 : 매우 나쁘다), X2=청결성평가(1 : 매우 청결하다-6 : 매우 청결하지 않다), X3=편의성 평가(1 : 매우 가까운 위치에 있다-6 : 매우 먼 위치에 있다), X4=가격 평가(1 : 가격이 싸다-6 : 가격이 비싸다), X5=서비스 속도 평가(1 : 매우 빠른 서비스-6 : 매우 느린 서비스), X6=어린이 인기 평가(1 : 매우 좋아하고 있다-6 : 매우 싫어하고 있다), X7=메뉴의 다양성 평가(1 : 메뉴가 매우 다양하다-6 : 메뉴가 매우 적다)에 대하여 6점 척도로 평가하였다. 그리고 설문응답자에 대한 세 가지 속성은 X8=이용회수(1 : 일주일 두 번 이상, 2 : 일주일에 한번, 3 : 한 달에 2-3번, 4 : 한 달에 한 번, 5 : 거의 이용하지 않음), X9=성별(1 : 남성, 2 : 여성), X10=나이(1:15~19, 2:20~24, 3:25~29, 4:30~34, 5:35-39, 6:40-49, 7:50-59, 8:60-69, 9:70이상)이다. 자료 \DATA\FAST.DAT에 대하여 다변량분산분석을 수행하여라.

(1) 6개 브랜드에 따라 7개 평가 변수의 평균벡터가 동일한 여부를 유의수준 0.05에서 검정하여라. 그리고 범주의 평균벡터를 최대한 구별할 수 있는 최대유의 선형결합을 구하여라.

(2) 성별에 따라 7개 평가 변수의 평균벡터가 동일한 여부를 유의수준 0.05에서 검정하고, 범주의 평균벡터를 최대한 구별할 수 있는 최대유의선형결합을 구하여라.

(3) X8 = 이용회수에서 거의 이용하지 않음(5)을 제외하고 4가지 이용범주에 따라 7개 평가 변수의 평균벡터가 동일한 여부를 유의수준 0.05에서 검정하고, 범주의 평균벡터를 최대한 구별할 수 있는 최대유의선형결합을 구하고 가중값을 비교하여라.

(4) X10 = 나이를 구분하여 새로운 변수 Y(1: 15-19, 2: 20—29, 3: 30-49, 4: 50세 이상)를 설정하고, 4가지 이용범주에 따라 7개 평가 변수의 평균벡터가 동일한 여부를 유의수준 0.05에서 검정하고, 범주의 평균벡터를 최대한 구별할 수 있는 최대유의선형결합을 구하고 가중값을 비교하여라.

(5) 두 개 인자(성별, 이용회수)에 대한 이원배치 다변량분산분석을 수행한 결과를 해석하여라.

(6) 두 개 인자(성별, 나이)에 대한 이원배치 분산분석을 수행한 결과를 해석하여라.

<SAS Program: \CH3\P6.SAS>

```
DATA ONE;
INFILE 'C:\DATA\FAST.DAT';
INPUT BRAND X1-X10;
  LABEL X1='TASTE' X2='CLEAN' X3='CONVENIENCE' X4='PRICE'
        X5='SERVICE' X6='CHILD-LIKE' X7='MENU'
        X8='VISIT-FEEQUENCY' X9='GENDER' X10='AGE';
RUN;
PROC MEANS MEAN STD;
  VAR X1-X7;
  BY BRAND;
RUN;
PROC GLM;
  CLASS BRAND;
  MODEL X1-X7=BRAND/NOUNI;
  MANOVA H=BRAND;
RUN;
PROC GLM;
  CLASS X9;
  MODEL X1-X7=X9/NOUNI;
  MANOVA H=X9;
RUN;
DATA TWO;
  SET ONE;
  IF X8=5 THEN DELETE;
  IF X10=1 THEN Y=1; ELSE IF X10<=3 THEN Y=2;
  ELSE IF X10<=6 THEN Y=3; ELSE Y=4;
RUN;
PROC GLM;
  CLASS X8;
  MODEL X1-X7=X8/NOUNI;
  MANOVA H=X8;
RUN;
```

```
PROC GLM;
  CLASS Y;
 MODEL X1-X7=Y/NOUNI;
 MANOVA H=Y;
RUN;
PROC GLM;
  CLASS X9 X8;
  MODEL X1-X7=X9 X8 X9*X8/NOUNI;
  MANOVA H=X9 X8 X9*X8;
RUN;
PROC GLM;
  CLASS X9 Y;
  MODEL X1-X7=X9 Y X9*Y/NOUNI;
  MANOVA H=X9 Y X9*Y;
RUN;
```

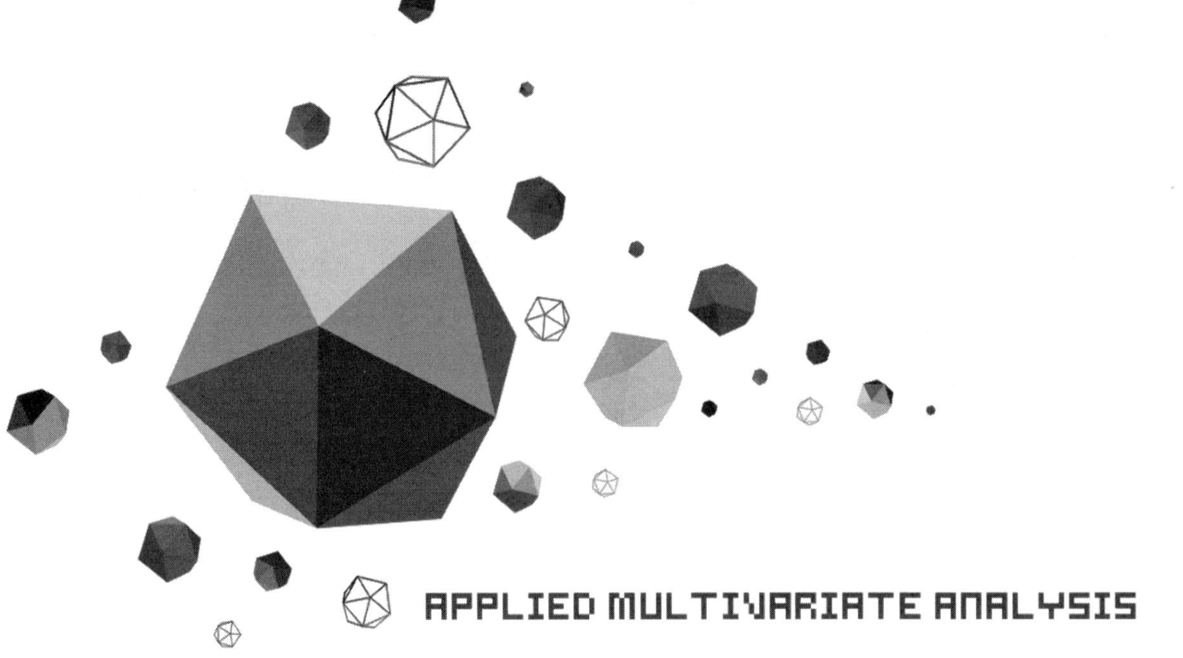
APPLIED MULTIVARIATE ANALYSIS

주성분분석

CHAPTER 04

주성분분석

APPLIED MULTIVARIATE ANALYSIS

4.1 서 론

분석대상에 포함된 많은 변수들이 서로 상관이 있는 경우에는 실질적인 분석에서 해석상의 복잡한 구조적 문제가 발생되게 된다. 주성분분석이란 서로 상관관계가 있는 변수들 사이의 복잡한 구조를 좀 더 간편하고, 이해하기 쉽게 설명하기 위하여 사용되어지는 분석기법이다.

일반적으로 변수가 p개 있는 경우 분산은 p개 존재하고, 두 변수 사이의 공분산 혹은 상관계수는 $p(p-1)/2$개 존재하게 된다. 상관계수의 수는 변수가 증가할수록 가속화하게 된다. 예를 들면 변수가 10개 있는 경우에는 변수 사이에 45개의 상관관계를 고려하여야 하지만, 변수가 20개이면 190개의 상관관계를 고려하여야 한다. 따라서 분석대상 변수들이 많은 경우에는 변수들 사이의 상관구조가 복잡해지기 때문에 상관구조를 체계적으로 요약할 수 있는 자료요약기법이 필요하게 된다.

주성분방법은 변수들의 선형결합을 통하여 변수들이 가지고 있는 전체정보를 최대한 설명할 수 있는 서로 독립적인 새로운 인공변수(artificial variable)들을 유도하여 해석하는 다변량분석방법이다. 이러한 인공변수는 변수들의 선형결합으로 표시되며 이를 주성분(principal component)이라고 부른다. 만약 p개 변수들 사이에 상당한 상관관계가 존재한다고 가정하자. 이때 p개 변수가 포함하고 있는 전체정보의 대부분이 소수 $k(k << p)$개 주성분에 의하여 설명될 수 있다면, p차원 자료보다는 k차원으로 자료를 축소하여 단순한 구조로 분석하는 것이 이해하기 쉬울 것이기 때문이다.

이와 같이 다변량자료를 단순한 구조로 요약하는 주성분방법은 다른 분석방법에서 유용하게 사용되어진다. 예를 들면 제5장 인자분석에서 인자공간의 차원을 결정하는 데 사용되고, 회귀분석에서 독립변수들 사이에 존재할 수 있는 심각한 다중공선성문제를 해결하는 방법으로 사용된다. 또한 주성분방법은 다변량자료를 그래프로 표시하

여 이상치를 탐색하는데도 사용할 수 있다. 따라서 주성분분석은 다변량자료의 단순한 요약과 더불어 추가적인 통계분석을 위한 중간단계 의미를 갖는다고 할 수 있다. 주성분분석에서 다룰 내용은 다음과 같다.

- ☑ 모집단 주성분분석
- ☑ 주성분의 성질과 선택
- ☑ 주성분의 기하학적 성질
- ☑ 표본주성분의 성질
- ☑ 주성분 회귀분석
- ☑ SAS를 이용한 주성분분석

4.2 모집단 주성분분석

서로 상관관계가 있는 p개의 확률변수 $X_1, X_2, \cdots, X_p$에 대한 주성분은 대수학적인 의미에서 확률변수의 특정한 선형결합으로 표시된다. 이러한 선형결합들은 기하학적인 면에서 살펴보면 원래 좌표축들을 회전시켜서 얻어진 새로운 좌표축의 선택을 의미한다. 새로운 좌표축은 변수들의 변동이 가장 큰 방향과 일치되므로, 복잡한 상관구조를 단순하게 이해할 수 있도록 나타낼 수 있다.

앞으로 설명하겠지만 주성분은 확률변수들의 공분산행렬 Σ 혹은 상관행렬 ρ로부터 유도되기 때문에 확률변수들이 다변량정규분포에 따른다는 가정이 반드시 필요한 것은 아니다. 반면에 다변량정규모집단에서 유도된 주성분은 동일밀도 타원형(constant density ellipsoids) 의미에서 유용한 해석이 가능하다. 따라서 추정된 표본주성분에 대한 통계적 추론을 할 때에는 모집단이 다변량정규분포에 따른다는 가정이 필요하게 된다.

주성분분석의 목적은 변수들의 전체분산 대부분을 소수의 주성분을 통하여 설명하는 것이다. 따라서 첫 번째 주성분은 변수들의 전체분산 중 가장 큰 부분을 설명할 수 있도록 유도되고, 두 번째 주성분은 첫 번째 주성분과 독립이면서 첫 번째 주성분에 의하여 설명되지 않은 잔여분산을 최대한 설명할 수 있도록 유도된다. 일반적으로 주성분의 수는 변수의 수만큼 유도될 수 있으나 주성분분석에서는 전체분산 대부분을 설명할 수 있는 소수의 주성분만을 고려하게 된다.

주성분을 구하는 절차를 설명하기 위하여 변수들의 가능한 선형결합을 다음과 같이 표시하여보자.

$$
\begin{aligned}
C_1 &= \mathbf{a}'_1 X = a_{11}X_1 + a_{21}X_2 + \cdots + a_{p1}X_p \\
C_2 &= \mathbf{a}'_2 X = a_{12}X_1 + a_{22}X_2 + \cdots + a_{p2}X_p \\
&\vdots \qquad\qquad\qquad\qquad \vdots \\
C_p &= \mathbf{a}'_p X = a_{1p}X_1 + a_{2p}X_2 + \cdots + a_{pp}X_p
\end{aligned} \tag{4-1}
$$

식 (1−22)을 이용하여 개별 선형결합 C_i의 분산과 임의의 두 개 선형결합 C_i와 C_k사이의 공분산을 구하면

$$
\begin{aligned}
Var(C_i) &= Var(\mathbf{a}'_i X) = \mathbf{a}'_i \Sigma \mathbf{a}_i \qquad i = 1, 2, \cdots, p \\
Cov(C_i, C_k) &= Cov(\mathbf{a}'_i X, \mathbf{a}'_k X) = \mathbf{a}'_i \Sigma \mathbf{a}_k \qquad i, k = 1, 2, \cdots, p
\end{aligned} \tag{4-2}
$$

이 된다. 여기서 i번째 주성분은 주어진 제약조건하에서 분산 $Var(C_i)$를 최대화하는 선형결합으로 표시된다. 이때 분산은 선형결합계수로 사용되어지는 계수벡터 a_i값에 따라 증가될 수 있기 때문에 선형계수벡터의 내적은 단위길이 $a'_i a_i = 1$이 되도록 제약한다. 또한 주성분분석에서 두 개 선형결합의 관계는 서로 독립이라고 가정하기 때문에 두 주성분의 공분산은 $Cov(C_i, C_k) = 0$이 된다. 따라서 주성분은 다음과 같은 절차에 따라 구해진다. 첫 번째 주성분은 $a'_1 a_1 = 1$이라는 조건하에서 분산 $Var(a'_1 X)$을 최대화하는 선형결합을 의미하고, 두 번째 주성분은 $a'_2 a_2 = 1$과 첫 번째 주성분과 독립이라는 조건에서$Var(a'_2 X)$을 최대화하는 선형결합을 의미한다. 일반적으로 i번째 주성분은 $a'_i a_i = 1$과 이미 구한 주성분들과 서로 독립이라는 조건에서 $Var(a_i X)$을 최대화하는 선형결합을 의미한다. 따라서 주성분분석은 위에서 설명한 두 가지 제약조건에서 변수들 전체변동 대부분을 설명할 수 있는 선형결합 계수벡터들을 찾는 것이다.

정리 4-1

확률벡터 $X' = [X_1, X_2, \cdots, X_p]$의 공분산행렬 Σ에서 구한 p개 고유값과 이에 대응되는 고유벡터 짝을 고유값 크기순으로 배열하면 다음과 같다.

$$(\lambda_1, e_1), (\lambda_2, e_2), \cdots, (\lambda_p, e_p)$$
$$\lambda_1 \geqq \lambda_2 \geqq \cdots \geqq \lambda_p \geqq 0$$

이때 i번째 주성분 C_i의 선형결합계수 a_i는 공분산행렬 Σ에서 구한 i번째 고유값 λ_i에 대응되는 고유벡터 e_i이다.

$$C_i = e'_i X = e_{1i} X_1 + e_{2i} X_2 + \cdots + e_{pi} X_p \qquad (4-3)$$

그리고 i 번째 주성분 C_i의 분산과 k번째 주성분 C_k 사이의 공분산을 구하면 다음과 같다.

$$Var(C_i) = Var(e'_i X) = e'_i \Sigma e_i = \lambda_i$$
$$Cov(C_i, C_k) = Cov(e'_i X, e'_k X) = e'_i \Sigma e_k = 0 \qquad i \neq k \qquad (4-4)$$
$$i, k = 1, 2, \cdots, p$$

왜냐하면 $\Sigma e_i = \lambda_i e_i$이 성립되고, 또한 $e'_i e_i = 1$이고 $e'_i e_k = 0$이 되기 때문이다.

증명

우선 변수들의 변동을 최대로 설명할 수 있는 첫 번째 주성분의 계수벡터를 구하기 위해서 다음과 같은 이차형식 행렬에 대한 최대값을 구하여보자. 우선 결론부터 표시하면

$$\underset{a \neq 0}{Max} \ \frac{a' \Sigma a}{a' a} = \lambda_1$$

이고, 최대값은 $a = e_1$일 때 성립된다. 따라서 첫 번째 주성분은 $C_1 = e'_1 X$가 된다. 이를 증명하기 위하여 식 (1-9)와 같이 공분산행렬 Σ를 스펙트럼분해하면 $\Sigma = P \Lambda P'$이고 $PP' = I$이다. 여기서 P는 정규화된 고유벡터들의 열로 구성된 직교행렬이고, Λ는 각 고유값을 대각원소로 하는 대각행렬로서 다음과 같이 표시할 수 있다.

$$\Sigma_{p \times p} = \begin{bmatrix} \sigma_1^2 & \sigma_{12} & \cdots & \sigma_{1p} \\ \sigma_{21} & \sigma_2^2 & \cdots & \sigma_{2p} \\ \vdots & \vdots & & \vdots \\ \sigma_{p1} & \sigma_{p2} & \cdots & \sigma_p^2 \end{bmatrix}, \qquad \Lambda_{p \times p} = \begin{bmatrix} \lambda_1 & 0 & \cdots & 0 \\ 0 & \lambda_2 & \cdots & 0 \\ \vdots & \vdots & \ddots & 0 \\ 0 & 0 & \cdots & \lambda_p \end{bmatrix}$$

$$P_{p\times p} = [e_1, e_2, \cdots, e_p] = \begin{bmatrix} e_{11} & e_{12} & \cdots & e_{1p} \\ e_{21} & e_{22} & \cdots & e_{2p} \\ \vdots & \vdots & \vdots & \vdots \\ e_{p1} & e_{p2} & \cdots & e_{pp} \end{bmatrix}$$

이제 이차형식 행렬의 최대값은 스펙트럼분해를 통하여 다음과 같이 구해진다.

$$\frac{a'\Sigma a}{a'a} = \frac{a'P\Lambda P'a}{a'PP'a} = \frac{y'\Lambda y}{y'y} = \frac{\sum_{i=1}^{p} \lambda_i y_i^2}{\sum_{i=1}^{p} y_i^2} \leq \lambda_1$$

여기서 y는 p차원 벡터 $y = P'a$이고, $a \neq 0$이기 때문에 $y \neq 0$이다. 위 식에서 최대값은 첫 번째 고유값인 λ_1이 되고, 최대값은 계수벡터 a가 첫 번째 고유값 λ_1에 대응되는 첫 번째 고유벡터 e_1과 같을 때 성립된다. 위 식에 $a = e_1$을 대입하면

$$\frac{e'_1\Sigma e_1}{e'_1 e_1} = \frac{\lambda_1 e'_1 e_1}{e'_1 e_1} = \lambda_1$$

이 된다. 왜냐하면 특성방정식 성질에 의하여 $\Sigma e_1 = \lambda_1 e_1$이 되기 때문이다.

마찬가지로 주성분 C_i는 이미 구한 주성분들과 직교하면서 분산을 최대화시키는 것이므로 다음과 같은 이차형식 행렬에서 최대값을 구하여 보면

$$\underset{a \perp e_1 \cdots e_{i-1}}{\text{Max}} \frac{a'\Sigma a}{a'a} = \lambda_i$$

이 되고, 최대값은 $a = e_i$일 때 성립된다. 따라서 i번째 주성분은 $C_i = e'_i X$가 된다. 또한 주성분 C_i의 분산과 주성분 C_k 사이의 공분산은 특성화방정식 성질을 이용하면 쉽게 구할 수 있다.

$$\text{Var}(C_i) = \text{Var}(e'_i X) = e'_i \Sigma e_i = \lambda_i e'_i e_i = \lambda_i$$
$$\text{Cov}(C_i, C_k) = \text{Cov}(e'_i X, e'_k X) = e'_i \Sigma e_k = \lambda_k e'_i e_k = 0$$

왜냐하면 $e'_i e_i = 1$이고, $e'_i e_k = 0 \ (i \neq k)$이기 때문이다. 즉, 주성분 C_i의 분산은 공분산행렬 Σ에서 구한 i번째 고유값 λ_i가 되고, 서로 다른 주성분들 사이의 공분산은 0이기 때문에 주성분들은 서로 독립이다.

앞의 정리를 다시 요약하면 변수들이 p개 있을 때 가능한 주성분의 수도 p개이고, 첫 번째 주성분은 변수들의 전체변동을 최대로 설명할 수 있는 변수들의 선형결합으로 표시된다. 만약 첫 번째 주성분의 분산인 λ_1이 충분히 크다면 첫 번째 주성분에 의하여 변수들이 가지고 있는 전체변동 대부분이 설명되어진다는 것이다. 두 번째 주성분은 첫 번째 주성분과 독립이면서 첫 번째 주성분에 의하여 설명되지 못한 변수들의 변동을 최대로 설명할 수 있도록 정해진다. 따라서 주성분의 중요도는 변수들 전체 변동에 대한 설명력으로 정해지고, 주성분의 선택은 변수들 전체변동을 얼마나 설명할 수 있는가 여부에 달려있다. 이를 정리하면 다음과 같다.

(1) $Var(C_1) \geqq Var(C_2) \geqq \cdots \geqq Var(C_p)$

(2) 주성분 C_i의 분산은 공분산행렬 Σ에서 구한 고유값 λ_i이다.

(3) 서로 다른 주성분의 공분산은 0이다. 즉, 서로 다른 주성분은 서로 독립이다.

(4) 주성분 $C_i = e'_i X$에서 선형결합계수들의 자승합은 1이다. 즉, $\sum_{j=1}^{p} e_{ji}^2 = 1$.

4.3 주성분의 성질과 선택

4.3.1 공분산 행렬을 이용한 주성분분석

주성분 $C_i = e_{1i}X_1 + \cdots + e_{ki}X_k + \cdots + e_{pi}X_p$ 는 공분산행렬 Σ에서 구한 고유값 λ_i에 대응되는 고유벡터 e_i의 원소를 가중치로 하는 선형결합식이다. 따라서 선형결합계수인 e_{ki}를 해석하기 위해서는 주성분 C_i와 k번째 변수인 X_k가 어떤 관계에 있는지를 살펴보아야 한다.

정리 4-2

주성분 $C_i = e_{1i}X_1 + \cdots + e_{ki}X_k + \cdots + e_{pi}X_p$ 에서 주성분 C_i 와 변수 X_k 사이의 상관계수는 다음과 같다.

$$\rho(C_i, X_k) = \frac{e_{ki}\sqrt{\lambda_i}}{\sqrt{\sigma_k^2}} \qquad i, k = 1, 2, \cdots, p \tag{4-5}$$

증명

두 확률변수의 상관계수는 두 변수 사이의 공분산과 각 변수들의 표준편차에 대한 곱의 비율인

$$\rho(C_i, X_k) = \frac{Cov(C_i, X_k)}{\sqrt{Var(C_i)}\ \sqrt{Var(X_k)}}$$

이다. k번째 원소가 1인 벡터가 $b = [0, \cdots, 1, \cdots, 0]$ 일 때 k번째 변수는 $X_k = b'X$ 로 표시된다. 따라서 X_k와 C_i의 공분산은 다음과 같다.

$$\begin{aligned} Cov(X_k, C_i) &= Cov(b'_k X, e'_i X) = b'_k \Sigma e_i \\ &= b'_k \lambda_i e_i = \lambda_i e_{ki} \end{aligned}$$

또한 C_i의 분산은 λ_i이고, X_k의 분산은 σ_k^2이므로 상관계수는 다음과 같이 구해진다.

$$\rho(C_i, X_k) = \frac{Cov(C_i, X_k)}{\sqrt{Var(C_i)}\ \sqrt{Var(X_k)}} = \frac{\lambda_i e_{ki}}{\sqrt{\lambda_i}\ \sqrt{\sigma_k^2}} = \frac{\sqrt{\lambda_i}\ e_{ki}}{\sqrt{\sigma_k^2}}$$

따라서 e_{ki}는 주성분 C_i에 대한 변수 X_k의 중요도를 의미한다. 왜냐하면 선형계수 e_{ki}는 주성분 C_i와 변수 X_k의 상관계수에 비례하기 때문이다.

주성분의 중요도는 변수들 전체분산을 얼마나 잘 설명할 수 있는가에 의하여 정해진다. 따라서 변수의 전체분산과 주성분의 전체분산 사이에 어떤 관계가 있는지를 살펴보면 개별 주성분의 설명력을 평가할 수 있다.

정리 4-3

변수들의 분산합은 주성분들의 분산합과 같다. 즉, 다음과 같은 관계가 성립된다.

$$\sigma_1^2+\sigma_2^2+\cdots+\sigma_p^2=\sum_{i=1}^{p}\mathrm{Var}(X_i)=\lambda_1+\lambda_2+\cdots+\lambda_p=\sum_{i=1}^{p}\mathrm{Var}(C_i)$$

증명

변수들의 분산합은 공분산행렬 $\boldsymbol{\Sigma}$에서 대각원소들의 합이므로

$$\sum_{i=1}^{p}\mathrm{Var}(X_i)=\mathrm{tr}(\boldsymbol{\Sigma})$$

로 표시될 수 있다. 여기서 공분산행렬을 스펙트럼분해하면

$$\boldsymbol{\Sigma}=\mathrm{P}\Lambda\mathrm{P}' \text{ 이고, } \mathrm{P}'\mathrm{P}=\mathrm{I}$$

이므로, $\mathrm{tr}(\boldsymbol{\Sigma})$은 다음과 같이 표시된다.

$$\mathrm{tr}(\boldsymbol{\Sigma})=\mathrm{tr}(\mathrm{P}\Lambda\mathrm{P}')=\mathrm{tr}(\mathrm{P}'\mathrm{P}\Lambda)=\mathrm{tr}(\Lambda)=\sum_{i=1}^{p}\lambda_i=\sum_{i=1}^{p}\mathrm{Var}(C_i)$$

따라서 변수들의 분산합은 주성분들의 분산합과 같다.

앞에서도 설명하였지만 주성분분석의 주요 목적 중 하나는 차원의 축소를 통한 다변량 자료의 요약이다. 주성분들은 분산이 큰 것부터 차례로 배열되기 때문에 변수들 전체분산의 대부분을 설명할 수 있는 소수의 주성분들을 분석에서 선택하게 된다. 주성분에 대한 선택기준은 각 주성분에 의하여 설명되어지는 전체분산에 대한 비율과 주성분들에 의하여 설명되어지는 전체분산에 대한 누적비율로 결정하게 된다. [정리 4.3]의 결과를 이용하여 개별 주성분의 전체분산에 대한 설명비율과 주성분들의 누적 설명비율을 요약하면 다음과 같다.

(1) 전체분산 중 주성분 C_i 이 설명할 수 있는 비율은 $\lambda_i/\sum_{i=1}^{p}\lambda_i$이다.

(2) 처음 k개 주성분들이 설명할 수 있는 누적비율은 $\sum_{i=1}^{k}\lambda_i/\sum_{i=1}^{p}\lambda_i$이다.

예를 들면 k개 주성분들에 의하여 변수들의 전체분산 대부분이 설명될 수 있다면 정보의 큰 손실 없이 이를 통해 차원의 축소를 할 수 있게 될 것이다.

예제 4.1

확률변수 X_1, X_2, X_3에 대한 모집단공분산행렬 Σ가 다음과 같이 주어졌을 때 고유치와 고유벡터를 계산하여 주성분을 구하여라. 또한 변수 전체분산에 대한 각 주성분의 설명비율을 구하고, 각 주성분과 변수들 사이의 상관계수를 구하여라.

$$\Sigma = \begin{bmatrix} 1 & -2 & 0 \\ -2 & 5 & 0 \\ 0 & 0 & 2 \end{bmatrix}$$

프로그램 \CH4\EX1.SAS 

```
PROC IML ;
RESET NOPRINT NOLOG ;
     COV={1 -2 0, -2 5 0, 0 0 2} ;
     EIGVAL=EIGVAL(COV) ;
     EIGVEC=EIGVEC(COV) ;
PRINT EIGVAL, EIGVEC ;
```

결과 및 해석

EIGVAL	EIGVEC		
5.8284271	−0.382683	0	0.9238795
2	0.9238795	0	0.3826834
0.1715729	0	1	0

공분산행렬 Σ에서 구한 고유값과 고유벡터는

$$\lambda_1 = 5.83 \qquad e'_1 = [-0.383, 0.924, 0]$$

$$\lambda_2 = 2 \qquad e'_2 = [0, 0, 1]$$

$$\lambda_3 = 0.17 \qquad e'_3 = [0.924, 0.383, 0]$$

이므로, 각 주성분은 다음과 같이 표시된다.

$$C_1 = e'_1 X = -0.383\, X_1 + 0.924\, X_2$$
$$C_2 = e'_2 X = X_3$$
$$C_3 = e'_3 X = 0.924\, X_1 + 0.383\, X_2$$

두 번째 주성분 C_2는 X_3의 함수이고, 나머지 주성분들은 X_1과 X_2의 함수이다. 따라서 두 번째 주성분은 첫 번째 주성분과 세 번째 주성분과는 상관관계가 없다. 우선 첫 번째 주성분의 분산이 첫 번째 고유값과 같은지를 살펴보고, 첫 번째 주성분과 두 번째 주성분의 공분산을 구해보면 다음과 같다.

$$\begin{aligned} Var(C_1) &= Var(-0.383X_1 + 0.924X_2) \\ &= (-0.383)^2 Var(X_1) + (0.924)^2 Var(X_2) \\ &\quad + 2(-0.308)(0.924) Cov(X_1, X_2) \\ &= 0.147(1) + 0.854(5) - 0.708(-2) \\ &= 5.83 \\ &= \lambda_1 \end{aligned}$$

$$\begin{aligned} Cov(C_1, C_2) &= Cov(-0.383X_1 + 0.924X_2,\ X_3) \\ &= -0.383\, Cov(X_1, X_3) + 0.924\, Cov(X_2, X_3) \\ &= -0.383(0) + 0.924(0) \\ &= 0 \end{aligned}$$

따라서 첫 번째 주성분의 분산은 첫 번째 고유값과 같고, 첫 번째 주성분과 두 번째 주성분 사이의 공분산은 0이기 때문에 상관관계가 없다. 또한 세 변수들의 분산합이 고유값들의 합과 같은지를 살펴보면

$$\sigma_1^2 + \sigma_2^2 + \sigma_3^2 = \lambda_1 + \lambda_2 + \lambda_3 = 8$$

이 된다. 따라서 변수들의 분산합은 주성분들의 분산합과 같다. 변수들에 대한 전체 분산 중 각 주성분에 의하여 설명되어지는 비율은

$$\frac{\lambda_1}{\lambda_1 + \lambda_2 + \lambda_3} = \frac{5.83}{8} = 0.73$$

$$\frac{\lambda_2}{\lambda_1 + \lambda_2 + \lambda_3} = \frac{2}{8} = 0.25$$

$$\frac{\lambda_3}{\lambda_1 + \lambda_2 + \lambda_3} = \frac{0.17}{8} = 0.02$$

이 된다. 첫 번째 주성분에 의하여 전체분산의 73%가 설명되고, 두 번째 주성분에 의하여 25 % 가 설명되며, 세 번째 주성분의 설명력은 2%로 매우 미약하다. 따라서 처음 두 개 주성분에 의하여 설명되어지는 누적비율은 98%가 되기 때문에, 이 경우에는 두 개 주성분에 의하여 세 변수의 정보가 거의 손실 없이 설명되어진다고 할 수 있다. 마지막으로 식 (4−5)를 이용하여 주성분과 변수들 간의 상관계수를 계산하면 다음과 같다.

$$\rho(C_1, X_1) = \frac{e_{11}\sqrt{\lambda_1}}{\sqrt{\sigma_1^2}} = \frac{-0.383\sqrt{5.83}}{\sqrt{1}} = -0.925$$

$$\rho(C_1, X_2) = \frac{e_{21}\sqrt{\lambda_1}}{\sqrt{\sigma_2^2}} = \frac{0.924\sqrt{5.83}}{\sqrt{5}} = 0.998$$

$$\rho(C_1, X_3) = \frac{e_{31}\sqrt{\lambda_1}}{\sqrt{\sigma_3^2}} = \frac{(0)\sqrt{5.83}}{\sqrt{2}} = 0$$

두 변수 X_1과 X_2는 첫 번째 주성분과 거의 비슷한 크기의 높은 상관관계를 가지고 있기 때문에 두 변수는 첫 번째 주성분에 거의 동일한 영향을 미치는 중요한 변수라고 결론 내릴 수 있다. 그러나 상관계수의 부호가 서로 다르기 때문에 X_1은 매우 강한 음의 상관을 가지고, X_2는 매우 강한 양의 상관관계에 있음을 알 수 있다. 또한X_3와는 상관관계가 없음을 알 수 있다. 두 번째 주성분과 변수들 사이의 상관계

수를 계산하면

$$\rho(C_2, X_1) = \rho(C_2, X_2) = 0 \text{이고,}$$

$$\rho(C_2, X_3) = \frac{e_{32}\sqrt{\lambda_2}}{\sqrt{\sigma_3^2}} = \frac{(1)\sqrt{2}}{\sqrt{2}} = 1$$

이 된다. 즉, 세 번째 변수 X_3는 두 번째 주성분과 완전한 양의 상관관계에 있고, 나머지 두 변수와는 상관관계가 없음을 알 수 있다.

4.3.2 상관행렬을 이용한 주성분분석

이제까지는 변수들의 공분산행렬 Σ에서 고유값과 고유벡터를 구하여 주성분을 얻을 수 있었다. 그러나 여기서 문제점은 변수들의 분산은 측정단위에 따라서 크게 달라질 수 있다는 것이다. 예를 들면 소득변수의 측정단위가 만원인 경우와 십만원인 경우에 후자의 분산이 전자의 분산보다 100배가 증가됨을 알 수 있다. 따라서 변수들의 공분산 행렬에서 얻어진 주성분은 변수들의 측정단위에 의하여 매우 민감한 결과를 보이게 된다. 만약 변수들 중 어느 특정한 변수가 측정단위 때문에 매우 큰 분산을 가지고 있다면, 첫 번째 주성분에서 변수들 간에 존재하는 상관구조에 관계없이 가장 큰 분산을 갖는 변수가 가장 중요한 변수로 해석될 수 있는 경우가 발생되게 된다. 그러므로 주성분분석에 사용된 변수들의 측정단위가 서로 다를 경우에는 주성분의 선형결합계수의 크기에 심각한 영향을 미치게 된다.

일반적으로 변수들의 측정단위는 서로 다르기 때문에 주성분분석을 실제로 적용하는 경우에는 변수들의 측정단위를 어떻게 정하는 것이 적절한지 판단하기가 어렵게 된다. 이러한 경우에는 미리 모든 변수를 평균 0, 분산 1로 표준화시킨 다음에 분석을 하는 것이 바람직할 것이다. 또한 변수들의 측정단위가 같다고 하더라도 분산이 상대적으로 작은 변수의 중요도가 작아지는 것이 적절하지 않다고 판단되면 변수들을 표준화하여 주성분분석을 실시하는 것이 바람직하다고 판단된다. 표준화 변수의 공분산행렬로부터 주성분을 유도하는 경우를 상관행렬을 이용한 주성분 분석이라고 한다.

왜냐하면 표준화변수의 공분산행렬은 원래변수들의 상관행렬이 되기 때문이다.

확률변수 X_i의 모평균이 μ_i이고, 모분산이 σ_i^2인 경우 표준화변수는 다음과 같이 정의된다.

$$Z_1 = \frac{(X_1 - \mu_1)}{\sqrt{\sigma_1^2}},\ Z_2 = \frac{(X_2 - \mu_2)}{\sqrt{\sigma_2^2}},\ \cdots\ ,\ Z_p = \frac{(X_p - \mu_p)}{\sqrt{\sigma_p^2}} \tag{4-6}$$

식 (1−17)의 표준편차대각행렬인 $D^{1/2}$를 이용하여 식 (4−6)을 행렬로 표시하면

$$Z = (D^{1/2})^{-1}(X - \mu) \tag{4-7}$$

가 된다. 표준화변수벡터 Z의 기대벡터는 $E(Z) = 0$이고, 공분산행렬은 식 (1−19)에 의하면

$$Cov(Z) = (D^{1/2})^{-1}\,\boldsymbol{\Sigma}\,(D^{1/2})^{-1} = \rho \tag{4-8}$$

원래변수들의 상관행렬인 ρ가 된다. 따라서 표준화변수벡터 Z의 주성분은 X의 상관행렬로부터 구할 수 있다. 상관행렬에서 주성분을 구할 때 주성분의 표시 C_i와 고유값과 고유벡터의 표시는 공분산행렬에서 구한 것과 구별하지 않고(λ_i, e_i)를 그대로 사용하기로 하겠다. 그러나 공분산행렬 $\boldsymbol{\Sigma}$에서 구한 고유값과 고유벡터는 일반적으로 상관행렬 ρ에서 구한 것과는 같지 않다는 것을 유의하기 바란다.

정리 4-4

표준화변수 벡터 $Z' = [Z_1, Z_2, \cdots, Z_p]$의 분산공분산행렬 ρ에서 구한 i번째 주성분 C_i는 다음과 같다.

$$C_i = e'_i Z = e_{1i} Z_1 + e_{2i} Z_2 + \cdots + e_{pi} Z_p,\ \ i = 1, 2, \cdots, p \tag{4-9}$$

표준화변수들의 분산합은 주성분들의 분산합과 같고 그 값은 변수의 수인 p가 된다.

$$\sum_{i=1}^{p} Var(Z_i) = \sum_{i=1}^{p} Var(C_i) = p \tag{4-10}$$

또한 주성분 C_i와 k번째 표준화변수 Z_k사이의 상관계수는 아래와 같이 구해진다.

$$\rho(C_i, Z_k) = e_{ki}\sqrt{\lambda_i}, \qquad i = 1, 2, \cdots, p \qquad (4-11)$$

증명

각 표준화변수의 분산은 1이므로 표준화변수들의 분산합은 p가 된다. 주성분들의 분산합은 고유값들의 합으로 표시되므로 상관행렬에서 대각원소의 합이 고유값들의 합과 같은지를 알아보자. 상관행렬을 스펙트럼분해한 $\rho = P\Lambda P'$를 이용하면

$$tr(\rho) = tr(P\Lambda P') = tr(P'P\Lambda) = tr(\Lambda) = p$$

이므로, 고유값들의 합은 p가 된다. 또한 주성분 C_i와 표준화변수 Z_k사이의 상관계수는 식 (4-5)에서 σ_k^2은 1이므로

$$\rho(C_i, Z_k) = \frac{e_{ki}\sqrt{\lambda_i}}{\sqrt{1}} = e_{ki}\sqrt{\lambda_i}$$

이 된다.

[정리 4-4]의 결과를 이용하여 표준화변수를 사용하였을 때 전체분산에 대한 각 주성분의 설명비율과 주성분들의 누적설명비율은 다음과 같이 요약할 수 있다.

(1) 전체분산 중 주성분 C_i가 설명할 수 있는 비율은 λ_i / p이다.

(2) 처음 k개 주성분들이 설명할 수 있는 누적비율은 $\sum_{i=1}^{k} \lambda_i / p$이다.

주성분분석의 주요 목적이 차원의 축소를 통한 다변량자료의 요약이므로 주성분분석에서는 변수들 전체분산 대부분을 설명할 수 있는 소수의 주성분을 선택하게 된다. 주성분선택에 대한 명확하고 객관적인 기준은 없으나 일반적으로 다음 기준에 의하여 결정할 수 있다.

(1) 처음 k개 주성분들이 설명할 수 있는 누적비율이 일정 비율 이상일 것

(2) 상관행렬에서 구한 주성분의 경우 고유값이 1보다 큰 경우의 고유값일 것

기준 (1)의 일정비율 이상이란 대략적으로 70~80% 이상을 의미하며, 기준 (2)에 의하면 너무 적은 개수의 주성분을 보유하게 되는 경향이 있기 때문에 고유값이 1보다 약간 작더라도 포함시키는 것이 적절할 경우가 있음을 유의하기 바란다.

예제 4.2

두 확률변수에 대한 주성분이 공분산행렬 Σ과 상관행렬 ρ로부터 각각 구해졌을 때 어떤 차이점이 있는지 살펴보아라.

$$\Sigma = \begin{bmatrix} 1 & 4 \\ 4 & 100 \end{bmatrix}, \qquad \rho = \begin{bmatrix} 1 & 0.4 \\ 0.4 & 1 \end{bmatrix}$$

프로그램 \CH4\EX2.SAS

```
PROC IML ;
RESET NOPRINT NOLOG ;
COV={1 4, 4 100} ;
CORR={1 0.4, 0.4 1} ;
EIGVAL1=EIGVAL(COV) ;  EIGVEC1=EIGVEC(COV) ;
EIGVAL2=EIGVAL(CORR) ;  EIGVEC2=EIGVEC(CORR) ;
PRINT EIGVAL1, EIGVEC1, EIGVAL2, EIGVEC2 ;
```

결과 및 해석

EIGVAL1	EIGVEC1	
100.16135	0.0403055	0.9991874
0.8386468	0.9991874	−0.040306

공분산행렬 Σ로부터 구한 고유값과 고유벡터는 다음과 같다.

$$\lambda_1 = 100.16, \quad \mathbf{e}'_1 = [0.040,\ 0.999]$$

$$\lambda_2 = 0.84, \quad \mathbf{e}'_2 = [0.999,\ -0.040]$$

따라서 두 개의 주성분은 다음과 같이 구해진다.

$$C_1 = 0.040\,X_1 + 0.999\,X_2,\ \ C_2 = 0.999\,X_1 - 0.040\,X_2$$

두 번째 변수 X_2의 분산이 첫 번째 변수 X_1의 분산에 비하여 매우 크기 때문에, 첫 번째 주성분은 두 번째 변수에 의하여 좌우되고 첫 번째 변수의 영향은 매우 미약함을 알 수 있다. 또한 첫 번째 주성분에 의하여 전체분산의 약 99.2%가 설명되어짐을 알 수 있다.

$$\frac{\lambda_1}{\lambda_1 + \lambda_2} = \frac{100.16}{101} = 0.992$$

EIGVAL2	EIGVEC2	
1.4	0.7071068	0.7071068
0.6	0.7071068	−0.707107

반면에 상관행렬 ρ에서 구한 고유값과 고유벡터는 다음과 같다.

$$\lambda_1 = 1.4, \quad e'_1 = [0.707,\ \ 0.707]$$
$$\lambda_2 = 0.6, \quad e'_2 = [0.707,\ \ -0.707]$$

따라서 상관행렬에서 얻어진 두 개의 주성분은 다음과 같다.

$$C_1 = 0.707\,Z_1 + 0.707\,Z_2\ ,\ \ C_2 = 0.707\,Z_1 - 0.707\,Z_2$$

두 변수가 표준화되었을 때 첫 번째 주성분에서 두 표준화변수의 가중치가 같기 때문에 첫 번째 주성분에서 두 변수의 상대적 중요도는 같다고 할 수 있다. 이러한 경우 첫 번째 주성분에 의하여 설명되어지는 비율은 70%이다.

$$\frac{\lambda_1}{p} = \frac{1.4}{2} = 0.7$$

위의 결과를 종합하면 주성분에서 변수들의 상대적 중요도를 나타내는 선형계수는 어떤 행렬에서 주성분을 유도하느냐에 따라 크게 영향을 받음을 알 수 있다. 그리고 전체분산에 대한 각 주성분의 설명력도 크게 영향을 받음을 알 수 있다.

 4.4 주성분의 기하학적 성질

주성분분석의 주요 목적 중의 하나는 정보의 손실을 최소화하면서 공분산구조를 단순하고 좀 더 이해하기 쉽게 설명하는 것이다. 즉, 주성분분석에서 설명력이 높은 소수 k개 주성분을 선택하게 되면 p차원의 자료는 k차원 자료로 축소되게 된다. 이러한 주성분의 선택은 변수들의 p차원 좌표체계를 직교회전 시켜서 얻어지는 새로운 k차원의 좌표체계를 나타낸다. 여기서 새로운 좌표체계의 좌표축 방향은 원래변수의 좌표체계에서 최대 변동을 나타내는 방향을 의미하게 된다.

주성분의 기하학적 의미를 살펴보기 위하여 확률벡터 X가 평균벡터가 $\mu=0$이고 공분산행렬이 Σ인 p차원정규분포 $N_p(0, \Sigma)$에 따른다고 가정하면 그 의미를 쉽게 이해할 수 있다. 이 경우 다변량 정규확률밀도함수는 식 (2－4)에 의하여 다음과 같이 정의된다.

$$f(x) = (2\pi)^{-p/2}\,|\Sigma|^{-1/2}\exp\left(-\frac{1}{2}X'\Sigma^{-1}X\right) \qquad (4-12)$$

$$\propto \exp\left(-\frac{1}{2}X'\Sigma^{-1}X\right)$$

만약 $X'\Sigma^{-1}X$가 일정한 상수 c^2를 가진다고 가정하면 이를 만족하는 모든 X값에서 확률밀도함수 값은 타원체 $X'\Sigma^{-1}X$ 위에서 동일한 밀도를 가지게 된다. [정리 2－1]에 의하면 i번째 주성분 축에서 원점으로부터 타원체표면 끝까지의 거리는 $\pm c\sqrt{\lambda_i}$가 된다. 첫 번째 주성분축의 방향은 확률적으로 가장 큰 변동의 방향을 나타내고, 두 번째 주성분축은 첫 번째 주성분 축과 직교하면서 두 번째로 큰 변동 방향을 나타낸다. 그리고 i번째 주성분축은 이미 구한 모든 주성분축과 직교하면서 i번째로 큰 변동의 방향을 나타내게 된다. 이를 수식으로 증명하기 위하여 Σ^{-1}을 식 (1－11)과 같이 스펙트럼분해하면

$$\Sigma^{-1} = \sum_{i=1}^{p} \frac{1}{\lambda_i} e_i e_i^{'} = \frac{1}{\lambda_1} e_1 e_1^{'} + \frac{1}{\lambda_2} e_2 e_2^{'} + \cdots + \frac{1}{\lambda_p} e_p e_p^{'} \qquad (4-13)$$

이 된다. 또한 $c^2 = X'\Sigma^{-1}X$는

$$\begin{aligned} c^2 &= X'\Sigma^{-1}X \qquad (4-14) \\ &= \frac{1}{\lambda_1}(e'_1 X)^2 + \frac{1}{\lambda_2}(e'_2 X)^2 + \cdots + \frac{1}{\lambda_p}(e'_p X)^2 \end{aligned}$$

이 된다. 여기서 $C_i = e'_i X$라 두면 위 식은 다시 다음과 같이 표현된다.

$$c^2 = \frac{1}{\lambda_1} C_1 + \frac{1}{\lambda_2} C_2 + \cdots + \frac{1}{\lambda_p} C_p \qquad (4-15)$$

위 식은 축 $C_1, C_2, \cdots, C_p$의 방향이 각각 $e_1, e_2, \cdots, e_p$인 타원체를 나타낸다. 만약 첫 번째 고유값 λ_1이 가장 큰 값이면 주축 C_1은 첫 번째 고유값에 대응되는 고유벡터 e_1방향에 놓이게 되고, 나머지 부축들은 $e_2, \cdots, e_p$방향에 각각 놓이게 된다. 예를 들면 $p = 2$일 때 주축은$C_1 = e'_1 X$이 되고 부축은 $C_2 = e'_2 X$이 되는데 주축과 부축은 서로 직교하게 된다. 또한 주축방향에서 원점으로부터 타원 표면 끝까지의 길이는 $\pm c\sqrt{\lambda_1}$ 이고, 부축방향에서 원점으로부터 타원 표면 끝까지의 길이는 $\pm c\sqrt{\lambda_2}$ 이기 때문에 λ_1이 λ_2보다 클수록 두변수간의 상관관계는 강해져서 타원체의 모양은 길쭉해지고, λ_1과 λ_2의 차이가 작아짐에 따라 타원체는 원에 가까운 형태를 갖게 된다. 평균이 $\mu = 0$이고 상관계수가 $\rho = 0.75$인 이변량정규확률벡터에 대한 동일확률밀도 타원체와 주성분의 표시는 <그림 4.1>과 같다.

그림 4.1 동일밀도 타원체와 주성분

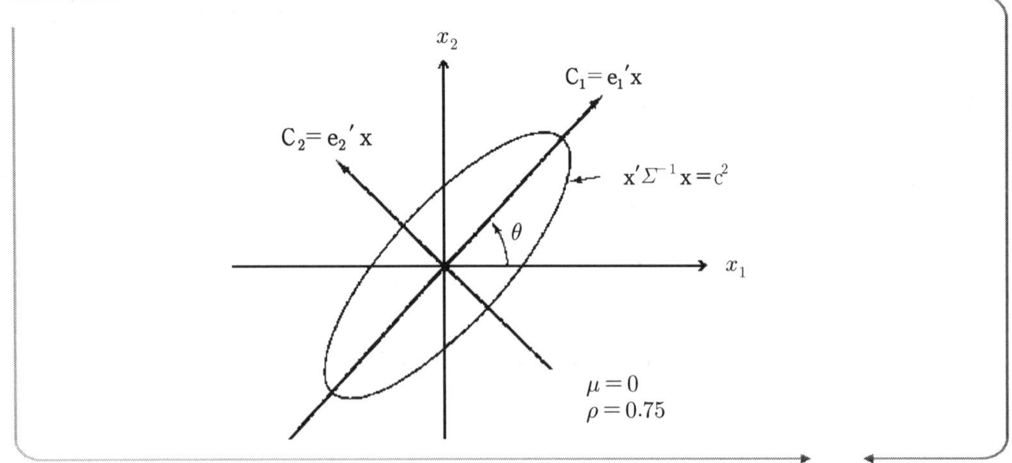

4.5 표본 주성분의 성질

이제까지는 모집단 다변량분포의 모수인 평균벡터 μ와 공분산행렬 Σ 혹은 상관행렬 ρ가 알려져 있을 때 주성분을 구하는 절차를 설명하였다. 만약 모수가 알려져 있지 않은 경우에는 모집단에서 추출된 다변량자료로부터 모수를 추정하여야 한다. 평균벡터가 μ이고 공분산행렬이 Σ인 모집단에서 얻은 다변량자료의 형태는 다음과 같다.

$$\begin{bmatrix} X_{11} & X_{12} & \cdots & X_{1n} \\ X_{21} & X_{22} & \cdots & X_{2n} \\ \vdots & \vdots & \cdots & \vdots \\ X_{p1} & X_{p2} & \cdots & X_{pn} \end{bmatrix} = [X_1, X_2, \cdots, X_n]$$

위 표본자료로부터 표본평균벡터 $\overline{X}$, 표본공분산행렬 S, 표본상관행렬 R은 식(1－24)와 식(1－28)과 같이 구할 수 있다. 그리고 표본공분산행렬 S 또는 표본상관행렬 R에서 고유값과 고유벡터를 구하여 표본주성분을 얻을 수 있다. 표본통계량에서

구한 고유값과 고유벡터는 모집단에서 구한 것과 구별하기 위하여 $\hat{\lambda}_i$와 $\hat{e}_i$로 표시하기로 하자. 이제 표본공분산행렬 S 또는 표본상관행렬 R에서 구한 주성분 결과를 모집단경우와 같이 요약하면 다음과 같다.

정리 4-5

표본공분산행렬 S에서 고유값과 고유벡터의 짝이 구해지면 다음과 같은 결과를 얻을 수 있다.

$$(\hat{\lambda}_1, \hat{e}_1), (\hat{\lambda}_2, \hat{e}_2), \cdots, (\hat{\lambda}_p, \hat{e}_p)$$

(1) i번째 표본주성분 $\hat{C}_i = \hat{e}'_i X = \hat{e}_{1i} X_1 + \hat{e}_{2i} X_2 + \cdots + \hat{e}_{pi} X_p$

(2) 표본분산$(\hat{C}_i) = \hat{\lambda}_i \qquad i = 1, 2, \cdots, p$

(3) 표본공분산$(\hat{C}_i, \hat{C}_k) = 0 \qquad i \neq k$

(4) 표본분산합 $= \sum_{i=1}^{p} s_i^2 = \hat{\lambda}_1 + \hat{\lambda}_2 + \cdots + \hat{\lambda}_p$

(5) 표본주성분 $\hat{C}_i$의 설명비율 $= \hat{\lambda}_i / \sum_{i=1}^{p} \hat{\lambda}_i$

(6) 표본주성분 $\hat{C}_i$와 X_k의 표본상관계수

$$r(\hat{C}_i, X_k) = \frac{\hat{e}_{ki}\sqrt{\hat{\lambda}_i}}{\sqrt{s_k^2}}$$

정리 4-6

표본상관행렬 R에서 고유벡터와 고유벡터의 짝이 구해지면 다음과 같은 결과를 얻을 수 있다.

$$(\hat{\lambda}_1, \hat{e}_1), (\hat{\lambda}_2, \hat{e}_2), \cdots, (\hat{\lambda}_p, \hat{e}_p)$$

(1) 표본주성분 $\hat{C}_i = \hat{e}'_i Z = \hat{e}_{1i} Z_1 + \hat{e}_{2i} Z_2 + \cdots + \hat{e}_{pi} Z_p$

여기서 $Z_i = (X_{ij} - \overline{X_i}) / s_i, \quad i = 1, 2, \cdots, p., \quad j = 1, 2, \cdots, n$

(2) 표본분산$(\hat{C}_i) = \hat{\lambda}_i \qquad i = 1, 2, \cdots, p$

(3) 표본공분산$(\hat{C}_i, \hat{C}_k) = 0 \quad i \neq k$

(4) 표본분산합 $= \mathrm{tr}(R) = \hat{\lambda}_1 + \hat{\lambda}_2 + \cdots + \hat{\lambda}_p = p$

(5) 표본주성분 $\hat{C}_i$의 설명비율 $= \hat{\lambda}_i / p$

(6) 표본주성분 $\hat{C}_i$와 X_k의 표본상관계수

$$r(\hat{C}_i, Z_k) = \hat{e}_{ki}\sqrt{\hat{\lambda}_i} \qquad i, k = 1, 2, \cdots, p$$

예제 4.3 산업별 주식 주간수익률 주성분분석

미국 New York 주식 시장에 상장된 세 개 화학산업 관련주(Allied Chemical, DuPont, Union Carbide)와 두개 석유산업 관련주 (Exxon, Texaco) 에 대하여 100주 간에 걸친 주식 주간수익률을 조사하였다. 자료에 의하면 주식은 전반적인 경제여건에 따라 동반 등락을 하는 경향이 있기 때문에 산업별 주식간 수익률에는 상관관계가 있는 것으로 나타났다. 다섯 개 기업의 주식에 대한 주간수익률을 X1(Allied Chemical), X2(DuPont), X3(Union Carbide), X4(Exxon), X5(Texaco)로 표시하자. 주간평균수익률과 표본상관행렬이 다음과 같이 주어졌을 때 주성분분석을 실시하여라.

$$\overline{X}' = [0.0054,\ 0.0048,\ 0.0057,\ 0.0063,\ 0.0037]$$

$$R = \begin{bmatrix} 1.000 & 0.577 & 0.509 & 0.387 & 0.462 \\ 0.577 & 1.000 & 0.599 & 0.389 & 0.322 \\ 0.509 & 0.599 & 1.000 & 0.436 & 0.426 \\ 0.387 & 0.389 & 0.436 & 1.000 & 0.523 \\ 0.462 & 0.322 & 0.426 & 0.523 & 1.000 \end{bmatrix}$$

(1) 표본상관행렬을 입력자료로 하여 주성분 분석을 하여라.

(2) 주성분 보유 개수를 결정하고 그 의미를 설명하여라.

프로그램 \CH4\EX3.SAS

```
    DATA ① ONE(TYPE=CORR) ;
② _TYPE_='CORR' ;
    INPUT ③ _NAME_ $ X1 X2 X3 X4 X5 ;
```

```
④ CARDS ;
   X1 1 . . . .
   X2 0.577 1 . . .
   X3 0.509 0.599 1 . .
   X4 0.387 0.389 0.436 1 .
   X5 0.462 0.322 0.426 0.523 1
          ;
   RUN ;
   PROC PRINCOMP;
   RUN ;
```

프로그램 해설

① DATA 문에 ONE(TYPE=CORR)는 상관행렬을 입력자료로 사용할 때 사용되어진다.

② _TYPE_='CORR'는 입력자료의 형태가 상관행렬인 'CORR'로 한다는 것이다.

③ _NAME_ $는 문자형 변수로 $ 기호를 붙인다.

④ 상관행렬은 대칭행렬이므로 상관행렬에서 삼각 행렬만 입력하고 나머지 원소는 . 로 입력한다.

결과 및 해석

Principal Component Analysis

① 10000 Observation 5 Variables

Eigenvalues of the Correlation Matrix

	② Eigenvalue	Difference	③ Proportion	④ Cumulative
PRIN1	2.85671	2.04755	0.571342	0.57134
PRIN2	0.80916	0.26949	0.161833	0.73317
PRIN3	0.53968	0.08818	0.107935	0.84111
PRIN4	0.45150	0.10855	0.090300	0.93141
PRIN5	0.34295	.	0.068590	1.00000

Principal Component Analysis
Eigenvectors

	⑤ PRIN1	⑥ PRIN2	PRIN3	PRIN4	PRIN5
X1	0.463605	−.240339	−.611705	0.386635	−.451262
X2	0.457108	−.509305	0.178189	0.206474	0.676223
X3	0.470176	−.260448	0.335056	−.662445	−.400007
X4	0.421459	0.525665	0.540763	0.472006	−.175599
X5	0.421224	0.581970	−.435176	−.382439	0.385024

상관행렬을 직접 이용하면 몇 개 자료에 의하여 상관행렬이 구해졌는지 모르기 때문에 SAS 에서는 5개 변수에 대하여 10000개 자료에 의해서 구한 행렬이라고 가정한다. 첫 번째 주성분의 표본분산은 $\hat{\lambda}_1 = 2.8567$로 설명할 수 있는 비율은 전체 표본분산의 ③ 57.13%(2.8567/5) 이고, 두 번째 주성분의 표본분산은 $\hat{\lambda}_2 = 0.8092$이기 때문에 설명할 수 있는 비율은 전체 표본분산의 16.18%이며, 나머지 주성분들의 설명력은 매우 미약하다. 따라서 처음 두 주성분에 의하여 설명되어지는 누적비율은

④ 73.32%$((\hat{\lambda}_1 + \hat{\lambda}_2)/5)$이다.

⑤ 첫 번째 고유벡터 $\hat{e}_1$를 살펴보면 첫 번째 주성분은 다섯개 표준화변수의 가중합 형태이고, 주성분의 계수는 모두 양(+)으로 0.45 전후의 값으로 되어 있다. 또한 어떤 변수가 증가하더라도 첫 번째 주성분의 값은 증가함을 알 수 있다. 따라서 첫 번째 주성분은 "일반적인 주식시장 성분"을 나타내는 종합적인 지표로 판단된다. ⑥ 두 번째 고유벡터 $\hat{e}_2$를 살펴보면 화학산업 주식(X1, X2, X3)은 음(−)의 값을 가지고, 석유산업 주식(X4, X5)은 양(+)의 값을 가지기 때문에 두 번째 주성분은 화학산업 주식과 석유산업 주식의 대비를 나타내고 있다. 따라서 두 번째 주성분은 "산업관련 성분"을 나타내는 종합적인 지표로 판단된다. 두 표본주성분은 다음과 같이 표시된다.

$$\hat{C}_1 = 0.4636\,Z_1 + 0.4571\,Z_2 + 0.4702\,Z_3 + 0.4215\,Z_4 + 0.4212\,Z_5$$

$$\hat{C}_2 = -0.2403\,Z_1 - 0.5093\,Z_2 - 0.2604\,Z_3 + 0.5257\,Z_4 + 0.5820\,Z_5$$

4.6 주성분 회귀분석

종속변수의 변동을 설명하기 위하여 많은 독립변수들을 회귀모형에 포함시킬 경우 독립변수들 사이에 강한 선형관계가 존재하는 경우가 흔히 발생된다. 독립변수들 사이에 강한 선형관계란 높은 상관관계를 의미하며 상관관계가 높은 변수들 사이에는 서로 공통적인 정보를 포함하고 있다는 의미가 된다. 이와 같이 독립변수들 사이에 강한 선형관계가 성립할 때 다중공선성이 존재한다고 표현한다.

다중회귀모형에서 강한 다중공선성이 존재하면 회귀분석의 추정과 검정에 있어서 몇 가지 심각한 문제가 발생된다. 첫째, 어느 특정한 독립변수를 추가하거나 제외하였을 때 다른 독립변수들의 회귀계수 추정치가 큰 차이로 변화한다. 둘째, 추정된 회귀계수의 분산이 팽창되어 추정치의 신뢰도가 떨어지게 된다. 셋째, 회귀모형에 대한 유의성 검정인 F-검정 결과는 통계적으로 분명한 관계에 있다고 하더라도, 중요한 독립변수들에 대한 개별 회귀계수 t-검정 결과는 통계적으로 유의하지 않는 경우가 발생된다. 넷째, 추정된 회귀계수의 부호가 이론적 혹은 경험적인 부호와 다르게 나타날 수 있다. 본 절에서는 다중회귀모형에서 심각한 다중공선성이 발생되었을 때 주성분을 이용하여 해결하는 주성분회귀분석에 대하여 설명하기로 하겠다.

종속변수 Y의 변동을 설명하기 위하여 p개의 독립변수를 고려한 다중선형회귀모형이

$$Y_i = \beta_0 + \beta_1 X_1 + \beta_2 X_2 + \cdots + \beta_p X_p + \epsilon_i, \quad i = 1, 2, \cdots, n.$$

일 때, 이를 행렬의 형태로 표시하면

$$\begin{bmatrix} Y_1 \\ Y_2 \\ \vdots \\ Y_n \end{bmatrix} = \begin{bmatrix} 1 & X_{11} & X_{21} & \cdots & X_{p1} \\ 1 & X_{12} & X_{22} & \cdots & X_{p2} \\ \vdots & \vdots & \vdots & \cdots & \vdots \\ 1 & X_{1n} & X_{2n} & \cdots & X_{pn} \end{bmatrix} \begin{bmatrix} \beta_o \\ \beta_1 \\ \vdots \\ \beta_p \end{bmatrix} + \begin{bmatrix} \epsilon_1 \\ \epsilon_2 \\ \vdots \\ \epsilon_n \end{bmatrix}$$

$$Y = X\beta + \epsilon \tag{4-16}$$

이 된다. 여기서 Y는 $n\times1$ 확률벡터, X는 $n\times(p+1)$ 자료행렬이다. ϵ는 평균벡터가 $E(\epsilon)=0$이고 공분산행렬이 $Cov(\epsilon)=\sigma^2 I$인 확률오차벡터이다. 변수들 사이에 강한 선형관계가 존재할 때에는 일반적으로 표준화변수를 사용하게 된다. 종속변수와 독립변수의 표준화변수를 각각 Y_i^*와 Z_{ji}로 표시하면 표준화 회귀모형은 다음과 같이 표시한다.

$$Y_i^* = \beta_1^* Z_{1i} + \cdots + \beta_j^* Z_{ji} + \cdots + \beta_p^* Z_{pi} + \epsilon_i, \quad i=1,2,\cdots,n.$$

여기서 $Y_i^* = (Y_i - \overline{Y})/s_y$, $Z_{ji} = (X_{ji} - \overline{X}_j)/s_j$

이다. 이를 다시 행렬로 표시하면 다음과 같다.

$$Y^* = Z\beta^* + \epsilon \tag{4-17}$$

여기서 $Z'Z$는 변수벡터 X들의 $p\times p$ 상관행렬인 R을 의미하므로 다음과 같이 스펙트럼분해하면

$$Z'Z = R = P\Lambda P' \tag{4-18}$$

이 된다. 표준화독립변수들에 대한 자료행렬을 Z라 했을 때 표본상관행렬인 $Z'Z$의 고유값을 살펴봄으로써 독립변수들 사이에 심각한 다중공선성이 존재하는지 여부를 판단할 수 있다. 만약 독립변수들이 서로 독립이면 p개의 모든 고유값은 1이 되고, 심각한 다중공선성 문제가 존재하면 하나 혹은 소수의 고유값이 매우 작거나 0에 가까운 값을 갖게 된다.

고유벡터행렬의 직교성 성질 $PP'=I$을 이용하여 식 (4－17)을 다시 표현하면

$$\begin{aligned} Y^* &= ZPP'\beta^* + \epsilon \\ &= C\alpha + \epsilon \end{aligned} \tag{4-19}$$

이 된다. 여기서 $C=ZP$는 p개 주성분으로 이루어진 주성분벡터이고, $\alpha = P'\beta^*$이므로 표준화변수의 회귀계수 벡터는 $\beta^* = P\alpha$로 표시할 수 있다. 즉, 식 (4－19)는

주성분 C_i들을 독립변수로 하고 표준화변수 Y^*를 종속변수로 하는 주성분회귀모형이다. 따라서 독립변수인 주성분은 표본상관행렬의 고유벡터를 원소로 하는 표준화변수의 선형결합으로 다음과 같이 표시된다.

$$C_i = e_{1i}Z_1 + e_{2i}Z_2 + \cdots + e_{pi}Z_p$$

$$i = 1, 2, \cdots, p$$

식 (4-19)의 주성분회귀모형에서 회귀계수벡터 α를 최소자승법에 의하여 추정하면

$$\hat{\alpha} = (C'C)^{-1}C'Y^* = (P'Z'ZP)^{-1}C'Y^* \qquad (4-20)$$

$$= (P'RP)^{-1}C'Y^* = (P'P\Lambda P'P)^{-1}C'Y^*$$

$$= \Lambda^{-1}C'Y^*$$

이 되고 추정된 주성분 회귀함수는 $\widehat{Y}^* = C\hat{\alpha}$가 된다. 일단 주성분회귀함수를 추정한 후 원래 독립변수들의 의미를 해석하기 위해서는 다음과 같은 변환절차를 거치게 된다.

(1) 추정된 주성분 회귀함수 $\widehat{Y}^* = C\hat{\alpha}$를 구한다.

(2) $\hat{\alpha}$로부터 표준화변수의 회귀계수 벡터는 $\hat{\beta}^* = P\hat{\alpha}$를 이용하여 구한다.

(3) $\hat{\beta}^*$로부터 원래변수의 계수벡터 $\hat{\beta}$는 다음과 같은 식에 의하여 구한다.

$$\hat{\beta}_j = \frac{s_y}{s_j}\hat{\beta}_j^*, \quad j = 1, 2, \cdots, p$$

$$\hat{\beta}_o = \overline{Y} - \hat{\beta}_1\overline{X}_1 - \hat{\beta}_2\overline{X}_2 - \cdots - \hat{\beta}_p\overline{X}_p$$

예제 4.4 **지역병원의 인력 수요 주성분 회귀모형**

의료협회에서는 지역 병원의 의료 인력수요(Y : 월 근무시간)를 예측하기 위하여 15개 병원에 대하여 의료 인력수요에 영향을 미칠 수 있는 4개 독립변수들에 대한 자료를 아래와 같이 얻었다. 여기서 독립변수들은 다음과 같이 정의되었다. X1 : 하루 평균 환자수, X2 : 월 평균 X－선 검사 수, X3 : 월 평균 입원환자 수, X4 : 지역인구(천명). 다중회귀모형과 주성분회귀모형을 아래 자료에 적합시키고 다음 절차에 따라 분석하여라. 검정절차는 유의수준 0.05에서 검정하여라.

(1) 독립변수들에 대한 상관행렬을 구하고 해석하여라.
(2) 다중회귀모형의 유의성 F-검정과 개별 회귀계수에 대한 t-검정을 하여라.
(3) 상관행렬로부터 고유값과 고유벡터를 구하고 해석하여라.
(4) 주성분회귀함수를 추정하고 추정된 다중회귀함수와 비교하여라.
(5) 추정된 주성분회귀함수를 원래변수로 변환하여라.

〈표 4.2〉 지역 병원 의료인력 수요 자료

병원	X1	X2	X3	X4	Y
1	44.02	2048	1339.75	9.5	696.82
2	20.42	3940	620.25	12.8	1033.15
3	18.74	6505	568.33	36.7	1603.62
4	49.20	5723	1497.60	35.7	1611.37
5	44.92	11520	1365.83	24.0	1613.27
6	55.48	5779	1687.00	43.3	1854.17
7	59.28	5969	1639.92	46.7	2160.55
8	94.39	8461	2872.33	78.7	2305.58
9	128.02	20106	3655.08	180.5	3503.93
10	96.00	13313	2912.00	60.9	3571.89
11	131.42	10771	3921.00	103.7	3741.40
12	127.21	15543	3865.67	126.8	4026.52
13	252.90	36194	7684.10	157.7	10343.81
14	409.20	34703	12446.33	169.4	11732.17
15	463.70	39204	14098.40	331.4	15414.94

프로그램 \CH4\EX4.SAS

```
   DATA ONE ;
     INPUT X1-X4 Y ;
   CARDS ;
     44.02 2048 1339.75 9.5 696.82
     20.42 3940 620.25 12.8 1033.15
                자료 생략
     409.2 34703 12446.33 169.4 11732.17
     463.70 39204 14098.40 331.4 15414.94
     ;
   RUN ;
①  PROC CORR ;
     VAR X1-X4 ;
   RUN ;
②  PROC MEANS MEAN STD MAXDEC=3 ;
     VAR Y ;
   RUN ;
③  PROC REG ;
     MODEL Y=X1-X4 ;
   RUN ;
④  DATA TWO ;
   SET ONE ;
     YBAR=4347.546 ;  SY=4445.973 ;
     YS=(Y-YBAR)/SY ;
   RUN ;
⑤  PROC PRINCOMP OUT=THREE ;
     VAR X1-X4 ;
   RUN ;
⑥  PROC REG DATA=THREE ;
     MODEL YS=PRIN1 ;
   RUN ;
```

프로그램 해설

① PROC CORR ; 네 개 독립변수 X1－X4에 대한 상관행렬을 구하라는 명령문이다.

② PROC MEANS MEAN STD MAXDEC＝3 ; 종속변수 Y의 표본평균(MEAN)과 표본표준편차(STD)를 구하라는 명령문이다. 출력은 소수점 3자리(MAXDEC＝3)까지로 한다.

③ PROC REG; MODEL Y＝X1－X4 ; 종속변수가 Y이고 독립변수가 X1－X4인 다중회귀모형을 추정하라는 명령문이다.

④ DATA TWO ; YS＝(Y－YBAR)/SY ; Y의 표준화 변수를 생성시킨다.

⑤ PROC PRINCOMP OUT＝THREE; 변수 X1－X4의 상관행렬에서 주성분을 구하라는 명령문이고, 주성분점수를 계산하여 자료 TRREE에 저장한다. 주성분점수는 주성분식에 표준화변수의 자료를 대입하여 얻은 값이다. 주성분점수는 PRINT1 PRIN2 PRIN3 PRIN4로 저장된다.

⑥ PROC REG DATA＝THREE; MODEL YS＝PRIN1 ; 첫 번째 주성분 PRIN1을 독립변수로 하고 Y의 표준화변수인 YS를 종속변수로 하는 주성분 회귀모형을 추정하라는 명령문이다.

① CORRELATION ANALYSIS
Pearson Correlation Coefficients /
Prob > |R| under Ho ; Rho = 0 / N = 15

	X1	X2	X3	X4
X1	1.00000	0.93281	0.99985	0.89680
	0.0	0.0001	0.0001	0.0001
X2	0.93281	1.00000	0.93154	0.88371
	0.0001	0.0	0.0001	0.0001
X3	0.99985	0.93154	1.0000	0.89248
	0.0001	0.0001	0.0	0.0001
X4	0.89680	0.88371	0.8924	1.00000
	0.0001	0.0001	0.0001	0.0

① 상관행렬에서 비대각원소들은 두 개 변수들 간의 표본상관계수를 의미하고 표본상관계수 아래의 값은 검정통계량의 p-값을 의미한다. 모든 상관계수의 값들이 0.9 전후로 매우 높은 양의 상관관계를 이루고 있기 때문에 네 개 독립변수들은 의료수요를 설명하는데 상당히 중

복된 정보를 갖고 있음을 알 수 있다. 예를 들면 일평균 환자수(X1)와 월 평균 입원 환자수(X3)의 상관계수는 0.99985 로 두 변수는 거의 완전에 가까운 양의 상관관계에 있다고 볼 수 있다. 따라서 변수들 사이에 다중공선성의 문제가 심각할 것으로 예상된다.

N Obs	Variable	Mean	Std Dev
15	Y	4347.546	4445.973
	X1	132.993	137.013
	X2	14651.933	12358.534
	X3	4011.573	4173.763
	X4	94.520	87.097

위 결과는 종속변수와 독립변수들의 표본평균과 표본표준편차이다. 두 번째(X2)와 세 번째(X3)독립변수의 표준편차가 나머지 독립변수들과 비교하여 큰 차이가 있음을 알 수 있다.

Analysis of Variance

Source	DF	Sum of Square	Mean Square	② F Value	Prob > F
Model	4	271841351.35	67960337.838	138.919	0.0001
Error	10	4892088.9712	489208.89712		
C Total	14	276733440.32			

Root MSE	699.43470	④ R-square	0.9823
Dep Mean	4347.54600	Adj R-sq	0.9753
C.V.	16.08803		

분산분석표를 이용하여 다중회귀모형에 대한 유의성을 검정하기 위하여 F-검정을 하면 ② 검정통계량의 값은 $F^* = MSR/MSE = 138.919$이고, 검정통계량의 ③ p-값이 0.0001로 유의수준 0.05보다 상당히 작으므로, 네 개 독립변수를 포함한 다중회귀모형이 병원인력 수요를 설명하는데 매우 유의함을 알 수 있다. 즉, 다중회귀모형에 병원인력 수요를 설명하는데 중요한 변수가 포함되어 있다는 의미이다. 또한 ④ 결정계수가 $R^2 = 0.9823$이므로 다중회귀모형에 의하여 병원 인력수요의 변동이 약 98% 정도가 설명될 수 있다는 의미이다.

⑤ Parameter Estimates

Variable	DF	Parameter Estimate	Standard Error	T for H0: Parameter=0	Prob > |T|
INTERCEP	1	−214.082220	304.36648116	−0.703	0.4979
X1	1	−128.630261	96.86659596	−1.328	0.2137
X2	1	0.125009	0.04395341	2.844	0.0174
X3	1	4.840188	3.11525876	1.554	0.1513
X4	1	4.445722	5.97844420	0.744	0.4742

⑤ 개별 회귀계수에 대한 t-검정 결과는 월 평균 X-선 검사 수(X2)에 대한 p-값이 0.0174로 유의수준 0.05보다 작아 유의한 독립변수이고, 나머지 일 평균 환자수(X1), 월 평균 입원환자수(X3), 지역인구(X4)의 p-값이 모두 0.05보다 상당히 크므로 유의수준 0.05에서 유의하지 않은 변수로 나타났다. 또한 일평균 환자수(X1)의 추정된 계수를 살펴보면 일평균 환자수가 증가할수록 병원 인력수요가 증가되는 것이 일반적인 경향임에도 불구하고 음의 부호를 갖는 $\hat{\beta}_1 = -128.63$로 추정되었다. 이러한 결과는 독립변수들 사이에 심각한 다중공선성이 존재할 때 전형적으로 나타나는 결과임을 알 수 있다.

Principal Component Analysis

⑥ Eigenvalues of the Correlation Matrix

	Eigenvalue	Difference	Proportion	Cumulative
PRIN1	3.76971	3.62846	0.942428	0.94243
PRIN2	0.14125	0.05231	0.035313	0.97774
PRIN3	0.08894	0.08883	0.022234	0.99997
PRIN4	0.00010	.	0.000025	1.00000

⑥ 표본상관행렬로부터 구한 고유값을 살펴보면 첫 번째 주성분의 분산은 $\hat{\lambda}_1 = 3.76971$로 전체 표본분산에 대한 설명비율은 94.2%이고, 두 번째 주성분의 분산은 $\hat{\lambda}_2 = 0.14125$로 전체 표본분산에 대한 설명력은 3.5%로 미약하다. 따라서 전체자료의 대부분의 변동은 첫 번째 주성분에 의하여 설명되고 있음을 알 수 있다. 즉 4차원상의 자료는 일차원의 주성분을 통해 차원의 축소가 가능해진다.

⑦ Eigenvectors

	PRIN1	PRIN2	PRIN3	PRIN4
X1	0.508255	−.325804	−.354074	−.714255
X2	0.497171	−.154787	0.853733	0.001170
X3	0.507530	−.350863	−.360132	0.699724
X4	0.486735	0.864169	−.126791	0.015022

⑦ 고유벡터를 선형계수로 하는 주성분을 살펴보면 첫 번째 주성분은 네 변수에 대하여 거의 동일한 가중치를 갖는 선형결합 형태임을 알 수 있다. 즉, 첫 번째 주성분은 "병원 인력수요에 영향을 미치는 종합적인 지표"라고 할 수 있다. 추정된 표본주성분은 다음과 같다.

$$\widehat{C}_1 = 0.5083 Z_1 + 0.4972 Z_2 + 0.5075 Z_3 + 0.4867 Z_4$$

위에서 추정된 표본주성분에 표준화변수의 자료값을 대입하면 주성분점수를 얻게 된다. 이 주성분점수 자료와 표준화 종속변수와의 단순회귀모형을 추정한 결과는 다음과 같다.

Model : MODEL1 Dependent Variable : YS

Analysis of Variance

Source	DF	Sum of Squares	Mean Square	F Value	Prob > F
Model	1	13.54133	13.54133	383.799	0.0001
Error	13	0.45867	0.03528		
C Total	14	14.00000			

Root MSE	0.18784	⑧ R-square	0.9672
Dep Mean	−0.00000	Adj R-sq	0.9647
C.V.	−1.586134E17		

Parameter Estimates

Variable	DF	Parameter Estimate	Standard Error	T for H0: Parameter=0	Prob > |T|
⑨ PRIN1	1	0.506538	0.02491543	20.330	0.0001

주성분회귀모형 $Y^* = C\alpha + \epsilon$의 ⑧ 설명력은 약 96.7%로 다중회귀모형의 98.2%보다 약간 낮으나 여전히 높은 설명력을 나타낸다. ⑨ 첫 번째 주성분 개별계수에 대한 t-검정 결과는

p-값이 0.0001로 유의수준 0.05보다 작아 매우 유의함을 알 수 있다. 추정된 주성분회귀함수의 절편은 0이므로 $\hat{Y}^* = 0.50538\,C_1$이 된다.

나머지 세 주성분 계수는 0이므로 $\hat{\alpha}_2 = \hat{\alpha}_3 = \hat{\alpha}_4 = 0$이다. 이제 $\hat{\alpha}$를 표준화변수에서 추정된 회귀계수벡터 $\hat{\beta}^*$로 변환하면

$$\hat{\beta}^* = \begin{bmatrix} \hat{\beta}_1^* \\ \hat{\beta}_2^* \\ \hat{\beta}_3^* \\ \hat{\beta}_4^* \end{bmatrix} = P\,\hat{\alpha} = [\hat{e}_1, \hat{e}_2, \hat{e}_3, \hat{e}_4] \begin{bmatrix} \hat{\alpha}_1 \\ \hat{\alpha}_2 \\ \hat{\alpha}_3 \\ \hat{\alpha}_4 \end{bmatrix}$$

이고, 또한 $\hat{\alpha}_2 = \hat{\alpha}_3 = \hat{\alpha}_4 = 0$이므로 $\hat{\beta}^* = \hat{e}_1\hat{\alpha}_1$이 된다. 따라서 $\hat{\beta}^*$은

$$\hat{\beta}^* = \begin{bmatrix} 0.508255 \\ 0.497171 \\ 0.507530 \\ 0.486735 \end{bmatrix} (0.506538) = \begin{bmatrix} 0.2574505 \\ 0.251836 \\ 0.2570832 \\ 0.2465498 \end{bmatrix}$$

이 된다. 또한 추정된 표준화회귀계수 $\hat{\beta}_j^*$를 원래 변수에 대하여 추정된 회귀계수 $\hat{\beta}_j$로 바꾸면 다음과 같다.

$$\hat{\beta}_1 = \frac{4445.973}{137.013} \times 0.2574505 = 8.354$$

$$\hat{\beta}_2 = \frac{4445.973}{12358.534} \times 0.251836 = 0.09060$$

$$\hat{\beta}_3 = \frac{4445.973}{4173.763} \times 0.2570832 = 0.27385$$

$$\hat{\beta}_4 = \frac{4445.973}{87.097} \times 0.2465498 = 12.5854$$

$$\hat{\beta}_o = 4347.546 - 8.34408 \times 132.993 - 0.090598 \times 14651.933$$
$$- 0.27385 \times 4011.573 - 12.5854 \times 94.520 = -379.068$$

따라서 주성분회귀모형을 이용하여 추정된 다중선형회귀함수는 다음과 같다.

$$\hat{Y} = -379.068 + 8.354\,X_1 + 0.0906\,X_2 + 0.27385\,X_3 + 12.5854\,X_4$$

본 절에서는 다중회귀분석에서 독립변수들 사이에 다중공선성이 심각할 때 사용할 수 있는 주성분회귀분석 절차에 대하여 자세히 설명하였다. 이제 위와 같은 다소 복잡한 계산과정을 통해서 얻을 수 있는 추정된 다중선형회귀함수는 SAS 프로그램을 통해서 쉽게 구할 수 있는 방법을 소개하도록 하겠다.

프로그램 \CH4\EX4-1.SAS

```
DATA ONE ;
  INPUT X1－X4 Y @@ ;
CARDS ;
    44.02 2048 1339.75 9.5 696.82
    20.42 3940 620.25 12.8 1033.15
                자료 생략
    409.2 34703 12446.33 169.4 11732.17
    463.70 39204 14098.40 331.4 15414.94
      ;
    RUN ;
      PROC REG OUTEST＝TWO ①PCOMIT=1,2,3 ;
      MODEL Y＝X1-X4 ;
  RUN;
②PROC PRINT DATA=TWO NOOBS;
  RUN ;
```

프로그램 해설

① PCOMIT=1, 2, 3 ; PROC REG에서 PCOMIT 옵션은 주성분회귀모형의 추정을 위한 것으로 모형에서 제외될 주성분의 수를 의미한다. 이 때 제외되는 주성분의 수는 가장 작은 고유값을 갖는 주성분부터 차례로 지정된 수만큼의 주성분이 제외된다. 만약 PCOMIT＝3이라면 주성분 4개 중에서 가장 작은 값을 갖는 3개의 주성분을 제외하라는 명령문이다.

② PROC PRINT DATA=TWO NOOBS ; 추정된 회귀계수가 자동적으로 출력되지 않으므로 OUTEST＝TWO에 저장된 결과를 출력하기 위해서 사용된 명령문이다.

결과 및 해석

DEP RID PCOM

MODEL	TYPE	VAR	GE	IT	RMSE	INTERCEP	X1	X2	X3	X4	Y
MODEL1	PARMS	Y	.	.	699.435	−214.082	−128.630	0.12501	4.84019	4.4457	−1
MODEL1	IPC	Y	.	1	732.677	−296.341	10.721	0.12248	0.35872	-0.1646	−1
MODEL1	IPC	Y	.	2	705.549	−252.970	11.328	0.10626	0.37898	0.1771	−1
MODEL1	IPC	Y	.	3	835.114	−379.068	8.354	0.09060	0.27385	12.5854	−1

주성분 회귀분석에서 모형에서 몇 개의 주성분을 제외시켜야 할지에 대한 명확한 규칙은 없다. 만약 [예제 4.4]와 같이 하나의 주성분만 모형에 포함하고 고유값이 작은 세 개 주성분을 모형에서 제외시킨 후 추정된 회귀모형은 다음과 같다.

$$\hat{Y} = -379.068 + 8.354\, X_1 + 0.0906\, X_2 + 0.27385\, X_3 + 12.5854\, X_4$$

만약 잔차제곱평균의 제곱근(RMSE)이 가장 작은 모형이 적절하다면 고유값이 작은 두 개 주성분을 제외하고 고유값이 상대적으로 큰 두 개 주성분을 포함하여 추정된 모형은 다음과 같다.

$$\hat{Y} = -252.97 + 11.328\, X_1 + 0.10626\, X_2 + 0.37898\, X_3 + 0.1771\, X_4$$

연/습/문/제

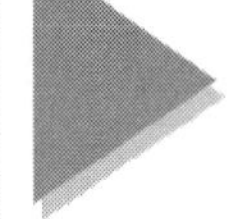

4.1 두 변수 X_1과 X_2의 공분산행렬이 다음과 같이 주어졌을 때 모집단주성분을 구하여라. 첫 번째 주성분에 의하여 설명되어지는 전체분산의 비율을 구하여라. 또한 첫 번째 주성분과 변수 X_1 사이의 상관계수를 구하여라.

$$\boldsymbol{\Sigma} = \begin{bmatrix} 5 & 2 \\ 2 & 2 \end{bmatrix}$$

4.2 위 문제에서 상관행렬 ρ를 구한 후 모집단주성분을 구하여라. 첫 번째 주성분에 의하여 설명되어지는 전체분산의 비율을 구하여라. 또한 공분산행렬에서 구한 값들과 비교하여라.

4.3 아래 표는 1990년 미국 fortune 지에 실린 10대 기업에 관한 자료이다.

미국 10대 기업 자료

(단위 : 백만달러)

회 사	X1＝총매출액	X2＝순이익	X3＝자산
General Motors	126,974	4,224	173,297
Ford	96,933	3,835	160,893
Exxon	86,656	3,510	83,219
IBM	63,438	3,758	77,734
General Electric	55,264	3,939	128,344

회 사	X1 = 총매출액	X2 = 순이익	X3 = 자산
Mobil	50,976	1,809	39,080
Philip Morris	39,069	2,946	38,528
Chrysler	36,156	359	51,038
Du Pont	35,209	2,408	34,715
Texaco	32,416	2,413	25,636

4.4 다음 표는 미국 Wisconsin 주 14개 지역에 대한 5개 사회경제적 변수에 대한 자료이다.

X1 = 총인구수(천명)　　X2 = 교육년수 중위값(년)
X3 = 총고용자수(천명)　　X4 = 의료기관 고용자수(천명)
X5 = 주택가격 중위값(만불)

14개 지역에 대한 사회경제적 자료

지역	X1	X2	X3	X4	X5
1	5.935	14.2	2.265	2.27	2.91
2	1.523	13.1	0.597	0.75	2.62
3	2.599	12.7	1.237	1.11	1.72
4	4.009	15.2	1.649	0.81	3.02
5	4.687	14.7	2.312	2.50	2.22
6	8.044	15.6	3.641	4.51	2.36
7	2.766	13.3	1.244	1.03	1.97
8	6.538	17.0	2.618	2.39	1.85
9	6.451	12.9	3.147	5.52	2.01
10	3.314	12.2	1.606	2.18	1.82
11	3.777	13.0	2.119	2.83	1.80
12	1.530	13.8	0.798	0.84	4.25
13	2.768	13.6	1.336	1.75	2.64
14	6.585	14.9	2.763	1.91	3.17

(1) 표본상관행렬 R에서 표본주성분을 구하여라.

(2) 각 표본주성분에 의하여 설명되어지는 전체표본분산에 대한 비율을 구하고, 몇 개 주성분으로 자료가 요약될 수 있는지 판단하여라.

(3) 선택된 주성분의 의미를 해석하여라.

4.5 다음 표는 1984년 LA 올림픽에서 국가별 육상경기의 기록이다. 아래 자료는 첨부된 디스켓에 [\DATA\TRACK.DAT]에 저장되어 있다.

X1 = 100m(초)　X2 = 200m(초)　X3 = 400m(초)　X4 = 800m(분)
X5 = 1,500m(초)　X6 = 5,000m(분)　X7 = 10,000m(분)　X8 = 마라톤(분)

국가별 육상경기 자료

NATION	X1	X2	X3	X4	X5	X6	X7	X8
ARGENTINA	10.39	20.81	46.84	1.81	3.70	14.04	29.36	137.72
AUSTRALIA	10.31	20.06	44.84	1.74	3.57	13.28	27.66	128.30
AUSTRIA	10.44	20.81	46.82	1.79	3.60	13.26	27.72	135.90
BELGIUM	10.34	20.68	45.04	1.73	3.60	13.22	27.45	129.95
BERMUDA	10.28	20.58	45.91	1.80	3.75	14.68	30.55	146.62
BRAZIL	10.22	20.43	45.21	1.73	3.66	13.62	28.62	133.12
BURMA	10.64	21.52	48.30	1.80	3.85	14.45	30.28	139.95
CANADA	10.17	20.22	45.68	1.76	3.63	13.55	28.09	130.15
CHILE	10.34	20.80	46.20	1.79	3.71	13.61	29.30	134.03
CHINA	10.51	21.04	47.30	1.81	3.73	13.90	29.13	133.53
COLOMBIA	10.43	21.05	46.10	1.82	3.74	13.49	27.88	131.35
COOKISLAND	12.18	23.20	52.94	2.02	4.24	16.70	35.38	164.7
COSTARICA	10.94	21.90	48.66	1.87	3.84	14.03	28.81	136.5
CZECHO	10.35	20.65	45.64	1.76	3.58	13.42	28.19	134.3
DENMARK	10.56	20.52	45.89	1.78	3.61	13.50	28.11	130.78
DOMINICA	10.14	20.65	46.80	1.82	3.82	14.91	31.45	154.12
FILAND	10.43	20.69	45.49	1.74	3.61	13.27	27.52	130.87
FRANCE	10.11	20.38	45.28	1.73	3.57	13.34	27.97	132.30

E.GERMAN	10.12	20.33	44.87	1.73	3.56	13.17	27.42	129.92
W.GERMAN	10.16	20.37	44.50	1.73	3.53	13.21	27.61	132.23
ENGLAND	10.11	20.21	44.93	1.70	3.51	13.01	27.51	129.13
GREECE	10.22	20.71	46.56	1.78	3.64	14.59	28.45	134.60
GUATEMAL	10.98	21.82	48.40	1.89	3.80	14.16	30.11	139.33
HUNGARY	10.26	20.62	46.02	1.77	3.62	13.49	28.44	132.58
INDIA	10.60	21.42	45.73	1.76	3.73	13.77	28.81	131.98
INDONESIA	10.59	21.49	47.80	1.84	3.92	14.73	30.79	148.83
IRELAND	10.61	20.96	46.30	1.79	3.56	13.32	27.81	132.35
ISRAEL	10.71	21.00	47.80	1.77	3.72	13.66	28.93	137.55
ITALY	10.01	19.72	45.26	1.73	3.60	13.23	27.52	131.08
JAPAN	10.34	20.81	45.86	1.79	3.64	13.41	27.72	128.63
KENYA	10.46	20.66	44.92	1.73	3.55	13.10	27.38	129.75
KOREA	10.34	20.89	46.90	1.79	3.77	13.96	29.23	136.25
N.KOREA	10.91	21.94	47.30	1.85	3.77	14.13	29.67	130.87
LUXEMBURG	10.35	20.77	47.40	1.82	3.67	13.64	29.08	141.27
MALAYSIA	10.40	20.92	46.30	1.82	3.80	14.64	31.01	154.10
MAURITIUS	11.19	22.45	47.70	1.88	3.83	15.06	31.77	152.23
MEXICO	10.42	21.30	46.10	1.80	3.65	13.46	27.95	129.20
NETHERLA	10.52	20.95	45.10	1.74	3.62	13.36	27.61	129.02
NEWZEALAND	10.51	20.88	46.10	1.74	3.54	13.21	27.70	128.98
NORWAY	10.55	21.16	46.71	1.76	3.62	13.34	27.69	131.48
NEWGUINE	10.96	21.78	47.90	1.90	4.01	14.72	31.36	148.22
PHILLIPP	10.78	21.64	46.24	1.81	3.83	14.74	30.64	145.27
POLAND	10.16	20.24	45.36	1.76	3.60	13.29	27.89	131.58
PORTUGAL	10.53	21.17	46.70	1.79	3.62	13.13	27.38	128.65
RUMANIA	10.41	20.98	45.87	1.76	3.64	13.25	27.67	132.50
SINGAPOR	10.38	21.28	47.40	1.88	3.89	15.11	31.32	157.77
SPAIN	10.42	20.77	45.98	1.76	3.55	13.31	27.73	131.57
SWEDEN	10.25	20.61	45.63	1.77	3.61	13.29	27.94	130.63
SWITZERL	10.37	20.46	45.78	1.78	3.55	13.22	27.91	131.20
TAIPEI	10.59	21.29	46.80	1.79	3.77	14.07	30.07	139.27
THAILAND	10.39	21.09	47.91	1.83	3.84	15.23	32.56	149.90
TURKEY	10.71	21.43	47.60	1.79	3.67	13.56	28.58	131.50
USA	9.93	19.75	43.86	1.73	3.53	13.20	27.43	128.22
USSR	10.07	20.00	44.60	1.75	3.59	13.20	27.53	130.55
SAMOA	10.82	21.86	49.00	2.02	4.24	16.28	34.71	161.83

(1) 표본상관행렬 R에서 표본주성분을 구하여라.

(2) 각 표본주성분에 의하여 설명되어지는 전체표본분산의 비율을 구하여라.

(3) 처음 두 개의 표본주성분의 의미를 해석하여라. (힌트 : 첫 번째 표본주성분은 각 국가의 종합적인 육상수준을 나타내고, 두 번째 표본주성분은 각 국가의 여러 육상종목에 대한 상대적 수준을 나타낸다고 할 수 있다.)

(4) 각 국가에 대한 첫 번째 표본주성분점수를 오름차순으로 순위를 부여하여라. 또한 순위가 같은 경우에는 낮은 순위로 표시하여라. 순위로 평가된 결과가 기대했던 순위와 일치되는지 살펴보아라.

<SAS Program: \CH4\P5.SAS>

```
DATA ONE;
 INFILE ‘C : \DATA\TRACK.DAT’
 INPUT NATION $ X1－X8 ;
  LABEL X1＝‘100M’ X2＝‘200M’ X3＝‘400M’ X4＝‘800M’
  X5＝‘1500M’  X6＝‘5000M’  X7＝‘10000M’ X8＝‘MARATHON’ ;
 RUN ;
PROC PRINCOMP OUT＝TWO ;
 VAR X1－X8 ;
RUN ;
PROC SORT ;
 BY PRIN1 ;
RUN ;
PROC RANK TIES＝LOW DATA＝TWO ;
 VAR PRIN1 ; RANKS RPRIN1 ;
RUN ;
PROC PRINT ;
 VAR NATION X1－X8 PRIN1 RPRIN1 ;
RUN ;
```

4.6 다음 자료는 미국 23개 대도시의 5개 식품에 대한 파운드당 평균가격에 대한 자료(\DATA\FOOD.DAT)이다. 아래 절차에 따라 주성분분석을 실시하여라.

(1) 표본상관행렬 R에서 표본주성분을 구하여라.

(2) 각 표본주성분에 의해서 설명되어지는 전체표본분산(혹은 상관)의 비율을 구하여라.

(3) 처음 두 표본주성분의 의미를 해석하여라. (힌트 : 첫 번째 표본주성분은 비과일(Bread, Burger, Milk, Tomato)에 대한 종합적인 가격지표, 두 번째 표본주성분은 과일(Orange)에 대한 가격지표)

(4) 첫 번째 주성분점수를 내림차순으로 순위를 부여하여(종합적인 가격지표가 높은 순으로) 가장 높은 도시와 낮은 도시를 찾아라.

(5) 첫 번째 주성분점수를 수평축, 두 번째 주성분점수를 수직축으로 산점도를 작성하여 가격지수를 이용하여 그룹으로 표시하여라.

도 시		Bread	Burger	Milk	Orange	Tomato
Atlamta	C1	24.5	94.5	73.9	80.1	41.6
Baltimore	C2	26.5	91.0	67.5	74.6	53.3
Boston	C3	29.7	100.8	61.4	104.0	59.6
Buffalo	C4	22.8	86.6	65.3	118.4	51.2
Chicago	C5	26.7	86.7	62.7	105.9	51.2
Cincinnati	C6	25.3	102.5	63.3	99.3	45.6
Cleveland	C7	22.8	88.8	52.4	110.9	46.8
Dallas	C8	23.3	85.5	62.5	117.9	41.8
Detroit	C9	24.1	93.7	51.5	109.7	52.4
Honolulu	C10	29.3	105.9	80.2	133.2	61.7
Houston	C11	22.3	83.6	67.8	108.6	42.4
Kansas City	C12	26.1	88.9	65.4	100.9	43.2
Los Angeles	C13	26.9	89.3	56.2	82.7	38.4
Milwaukee	C14	20.3	89.6	53.8	111.8	53.9
Minneapolis	C15	24.6	92.2	51.9	106.0	50.7
New York	C16	30.8	110.7	66.0	107.3	62.6
Philadelphia	C17	24.5	92.3	66.7	98.0	61.7

Pittsburgh	C18	26.2	95.4	60.2	117.1	49.3
St. Louis	C19	26.5	92.4	60.8	115.1	46.2
San Diego	C20	25.5	83.7	57.0	92.8	35.4
San Francisco	C21	26.3	87.1	58.3	101.8	41.5
Seattle	C22	22.5	77.7	62.0	91.1	44.9
Washington DC	C23	24.2	93.8	66.0	81.6	46.2

<SAS Program: \CH4\P6.SAS>

```
DATA ONE;
 INFILE 'C:\DATA\FOOD.DAT';
INPUT CITY$ BREAD BURGER MILK ORANGE TOMATO;
RUN;
PROC PRINCOMP OUT=TWO;
 VAR BREAD BURGER MILK ORANGE TOMATO;
RUN;
PROC SORT;
 BY PRIN1;
PROC RANK TIES=LOW DESCENDING DATA=TWO;
 VAR PRIN1; RANKS RPRIN1;
RUN;
PROC PRINT;
 VAR CITY BREAD BURGER MILK ORANGE PRIN1 RPRIN1;
RUN;
PROC PLOT DATA=TWO HPERCENT=70 VPERCENT=70;
 PLOT PRIN2*PRIN1='*' $CITY/HREF=0 VREF=0;
RUN;
```

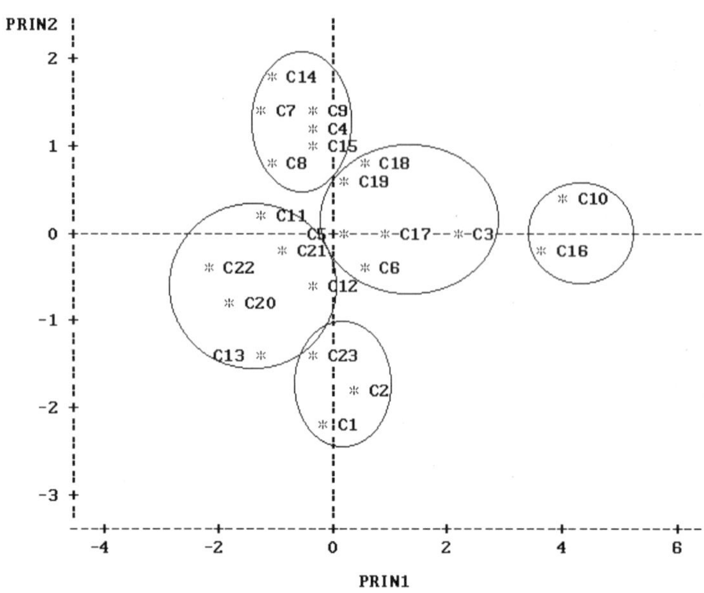

4.7 연습문제 [2.6]에서 37개 기업의 12개 변수에 대한 자료(\DATA\FIN.DAT)에 대하여 아래 절차에 따라 주성분분석을 수행하여라. 분석 프로그램으로 \CH4\P7.SAS을 활용하여라.

(1) 12개 변수의 표본상관행렬 R로부터 표본주성분을 구하여라.

(2) 개별 표본주성분에 의하여 설명되어지는 전체표본분산의 비율을 구하여라.

(3) 첫 번째 주성분 점수를 수평축(수익성 및 유동성 지표)으로 두 번째 주성분 점수를 수직축(성장성지표)으로 산점도를 작성하고, 기업들의 경영성과 수준을 비교하여라. 산점도를 4등분하고 각 등분의 의미를 부여하여라.

(4) 수익성지표(X4-X6)와 유동성지표(X7-X9)에 대하여 주성분을 도출하고, 주성분 점수에 의하여 순위를 부여하여라.

성장성 지 표	X1: 매출액 증가율	(당기매출액 / 전기매출액) × 100 －100
		기업의 외형 신장세를 판단
	X2: 총자산 증가율	(당기말 총자산 / 전기말 총자산) × 100 － 100
		기업의 전체적인 성장성을 측정
	X3: 자기자본 증가율	(당기말 자기자본 / 전기말 자기자본) × 100 － 100
		내부유보 또는 유상증자를 통한 자기자본증가
수익성 지 표	X4: 매출액 영업이익률	(영업이익 / 매출액) × 100
		영업이익만을 매출액과 대비한 영업효율성
	X5: 총자산 순이익률	(당기순이익 / 총자산) × 100
		ROA(Return on assets)로 기업경영활동 평가
	X6: 자본금 순이익률	(당기순이익 / 총자본) × 100
		기업의 배당능력 판단을 위한 기초자료
유동성 지 표	X7: 자기자본비율	(자기자본 / 총자본) × 100
		비율이 높을수록 기업의 안정성이 높음
	X8: 유동비율	(유동자산 / 유동부채) × 100
		비율이 높을수록 단기지급능력이 양호함
	X9: 부채비율	((유동부채 + 비유동부채) / 자기자본) × 100
		비율이 높을수록 이자비용로 수익성 악화됨
활동성 지 표	X10: 총자산 회전율	매출액 / 총자산
		기업에 투하한 총자산의 운용효율
	X11: 자본금 회전율	매출액 / 총자본
		자본금 이용의 효율성 수준
	X12: 매출채권 회전율	매출액 / 매출채권
		비율이 높을수록 매출채권의 현금화 속도가 높음

<SAS Program: \CH4\P7.SAS>

```
DATA ONE;
  INFILE 'C:\DATA\FIN.DAT';
  INPUT X1-X12;
RUN;
PROC PRINCOMP OUT=TWO;
  VAR X1-X12;
```

```
RUN;
PROC PLOT HPERCENT=50 VPERCENT=50;
 PLOT PRIN2*PRIN1='*'/VREF=0 HREF=0;
 PLOT PRIN3*PRIN1='*'/VREF=0 HREF=0;
RUN;
PROC PRINCOMP OUT=THREE;
 VAR X4-X9;
RUN;
PROC RANK TIES=LOW DESCENDING DATA=THREE;
 VAR PRIN1; RANKS RPRIN1;
RUN;
PROC PRINT;
 VAR X4-X9 PRIN1 RPRIN1;
RUN;
```

4.8 연습문제 [3.6] 햄버거 전문점(Brand1-Brand6)에 대하여 1,536명 소비자는 7개 변수 X1 = 음식맛 평가(1 : 매우 좋다 - 6 : 매우 나쁘다), X2 = 청결성평가(1 : 매우 청결하다 - 6 : 매우 청결하지 않다), X3 = 편의성 평가(1 : 매우 가까운 위치에 있다 - 6 : 매우 먼 위치에 있다), X4 = 가격 평가(1 : 가격이 싸다 - 6 : 가격이 비싸다), X5 = 서비스 속도 평가(1 : 매우 빠른 서비스 - 6 : 매우 느린 서비스), X6 = 어린이 인기 평가(1 : 매우 좋아하고 있다 - 6 : 매우 싫어하고 있다), X7 = 메뉴의 다양성 평가(1 : 메뉴가 매우 다양하다 - 6 : 메뉴가 매우 적다)에 대하여 6점 척도로 평가하였다. 그리고 설문응답자에 대한 세 가지 속성은 X8=이용회수(1 : 일주일 두 번 이상, 2 : 일주일에 한번, 3 : 한 달에 2-3번, 4 : 한 달에 한번, 5 : 거의 이용하지 않음), X9 = 성별(1 : 남성, 2 : 여성), X10 = 나이(1 : 15 - 19, 2 : 20-24, 3 : 25-29, 4 : 30-34, 5 : 35-39, 6 : 40-49, 7 : 50-59, 8 : 60-69, 9 : 70 이상)이다. 자료는 \DATA\FAST.DAT에 저장되어있다.

(1) 7개 변수의 표본상관행렬 R로부터 표본주성분을 구하여라.

(2) 개별 표본주성분에 의하여 설명되어지는 전체표본분산의 비율을 구하여라.

(3) 두 개 주성분에 대하여 전체 산점도를 작성하여라. 두 개 주성분에 대하여 불만족 하고 있는 소비자의 영역과 비율을 구하여라.

(4) 상기 주성분 산점도가 브랜드에 따라 서로 다른 패턴인지 여부를 판단하여라.

<SAS Program: \CH4\P8.SAS>

```
DATA ONE;
INFILE 'C:\DATA\FAST.DAT';
INPUT BRAND X1-X10;
 LABEL X1='TASTE' X2='CLEAN' X3='CONVENIENCE' X4='PRICE'
       X5='SERVICE' X6='CHILD-LIKE' X7='MENU'
       X8='VISIT-FEEQUENCY' X9='GENDER' X10='AGE';
RUN;
PROC PRINCOMP OUT=TWO;
 VAR X1-X7;
RUN;
PROC PLOT HPERCENT=50 VPERCENT=50;
 PLOT PRIN2*PRIN1='*'/VREF=0 HREF=0;
RUN;
PROC SORT; BY BRAND; RUN;
PROC PLOT HPERCENT=50 VPERCENT=50;
 PLOT PRIN2*PRIN1='*'/VREF=0 HREF=0;
 BY BRAND;
RUN;
```

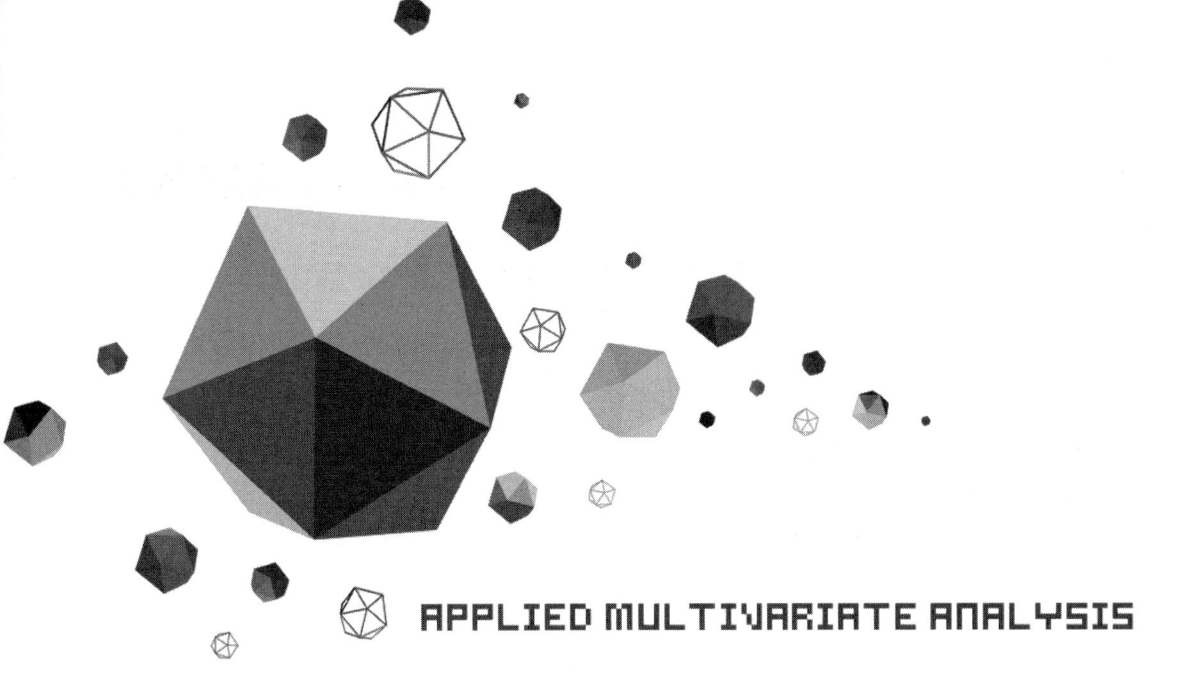
APPLIED MULTIVARIATE ANALYSIS

인자분석

CHAPTER 05

인자분석

5.1 서 론

인자분석(factor analysis)이란 서로 상관되어 있는 변수들 사이의 복잡한 구조를 잠재적인 공통인자를 이용하여 설명하는 다변량기법이다. 인자분석은 여러 변수들 사이의 상호관계를 설명한다는 의미에서는 주성분분석과 유사하나, 두 분석방법의 주요 목적과 설정된 모형은 서로 다르다. 주성분 분석에서는 통계적 모형을 설정하지 않고 전체분산의 대부분을 설명할 수 있는 주성분을 선택하여 변수들의 관계를 설명한다. 반면에 인자분석에서는 변수와 잠재적인 공통인자 사이의 관계를 나타내는 통계적 모형을 설정하여 변수들간의 상호관계를 설명할 수 있는 관측되지 않은 잠재적인 공통인자를 찾아내어 해석하는 방법이다. 즉, 인자분석에서는 적절한 통계적 모형을 설정하여 변수들의 분산을 설명하기보다는 변수들의 상관구조를 설명하는데 더욱 중점을 두게 된다. 다변량자료를 주성분을 통하여 요약하고자 한다면 주성분분석을 이용하게 되고, 잠재적인 인자에 의하여 상관구조를 설명할 때에는 인자모형을 이용하게 된다. 또한 인자분석에서는 회귀분석과 같이 어떤 값이 주어지면 모형에 의하여 예측을 할 수 있지만, 주성분분석에서는 설정된 모형이 없기 때문에 예측을 할 수 없다는 차이점이 있다.

인자모형은 일반적으로 변수들이 상관구조에 의하여 몇 개 그룹으로 분류될 수 있을 때 사용되어진다. 예를 들면 어떤 특정한 그룹에 속한 모든 변수들은 서로 상관관계가 매우 높으나, 다른 그룹에 속한 변수들과는 상대적으로 작은 상관을 가진다고 가정하면, 이때 각 변수들의 집단은 관측된 상관관계를 설명할 수 있는 하나의 잠재적인 인자로 대표될 수 있을 것이다. 인자분석은 심리학, 사회과학분야 등에서 주로 응용되었으나 최근에는 마케팅이나 인사관리 등 경영관련 분야에서도 활발히 응용되고 있다. 인자분석에서 다루게 될 내용은 다음과 같다.

☑ 직교인자모형
☑ 인자적재행렬의 추정방법
☑ 인자의 회전
☑ 인자점수의 계산
☑ SAS를 이용한 인자분석

5.2 직교인자모형

p차원 확률벡터 X의 평균벡터가 μ이고 공분산행렬이 Σ라고 하면, 인자모형에서 개별변수 X_i는 모든 변수에 공통적으로 영향을 미치는 잠재적인 공통인자(common factor) F_j들과 개별 변수에만 영향을 미치는 특정인자(specific factor) ϵ_i와의 선형결합으로 표시될 수 있다. 예를 들면 모든 변수에 공통적으로 영향을 미치는 공통인자의 수가 m개 있을 때 변수와 공통인자 사이의 관계를 나타내는 선형인자모형 구조는 다음과 같이 표시된다.

$$
\begin{aligned}
X_1-\mu_1 &= l_{11}F_1+l_{12}F_2+\cdots+l_{1m}F_m+\epsilon_1\\
X_2-\mu_2 &= l_{21}F_1+l_{22}F_2+\cdots+l_{2m}F_m+\epsilon_2\\
\vdots \qquad & \qquad\qquad \vdots\\
X_p-\mu_p &= l_{p1}F_1+l_{p2}F_2+\cdots+l_{pm}F_m+\epsilon_p
\end{aligned}
\tag{5-1}
$$

식 (5－1)의 관계를 행렬을 이용하여 표시하면

$$
\begin{bmatrix} X_1-\mu_1\\ X_2-\mu_2\\ \vdots\\ X_p-\mu_p \end{bmatrix}
=
\begin{bmatrix} l_{11} & l_{12} & \cdots & l_{1m}\\ l_{21} & l_{22} & \cdots & l_{2m}\\ \vdots & \vdots & \ddots & \vdots\\ l_{p1} & l_{p2} & \cdots & l_{pm} \end{bmatrix}
\begin{bmatrix} F_1\\ F_2\\ \vdots\\ F_m \end{bmatrix}
+
\begin{bmatrix} \epsilon_1\\ \epsilon_2\\ \vdots\\ \epsilon_p \end{bmatrix}
$$

$$X - \mu = L F + \epsilon \tag{5-2}$$

와 같다. 식 (5−2)에서 행렬 $L_{p\times m}$은 인자적재행렬(matrix of factor loadings)이라 부르고, 원소인 인자적재 l_{ij}는 변수 X_i에 대한 j번째 공통인자 F_j의 중요성을 나타내는 가중치이다. 한편 확률벡터 $F_{m\times 1}$는 모든 변수에 공통적으로 영향을 미치는 공통인자들을 원소로 하는 공통인자벡터이고, 원소 F_j는 j번째 공통인자를 의미한다. 공통인자는 관측할 수 없는 확률변수이다.

확률벡터 $\epsilon_{p\times 1}$는 공통인자들에 의하여 설명될 수 없는 고유변동을 나타내는 특정인자벡터이고, 원소 ϵ_i는 i번째 특정인자를 의미한다. 직교인자모형(orthogonal factor model)을 설정하기 위해서는 공통인자와 특정인자에 대하여 몇 가지 가정을 하여야 한다.

가정 1

각 공통인자는 평균은 0이고 분산이 1인 확률변수이고, 서로 다른 공통인자들 사이의 관계는 서로 독립이다.

$$E(F_j) = 0, Var(F_j) = 1,$$
$$Cov(F_j, F_k) = 0 \ (j \neq k) \quad j, k = 1, 2, \cdots, m$$

위 결과를 공통인자벡터 F에 적용하면

$$E(F) = 0_{m\times 1}, \qquad Cov(F) = E(FF') = I_{m\times m} \tag{5-3}$$

이 성립된다. 일반적으로 공통인자들은 상관되어 있기 때문에 공통인자벡터의 공분산행렬은 반드시 대각행렬은 아니다. 그러나 모형의 간편성과 계산의 효율성 때문에 일반적으로 서로 독립이고 단위분산을 갖는다고 가정한다.

가정 2

특정인자 ϵ_i는 평균은 0이고 분산이 서로 다른 확률변수이고, 서로 다른 특정인자들의 관계는 서로 독립이다.

$$E(\epsilon_i) = 0, \quad Var(\epsilon_i) = \psi_i,$$
$$Cov(\epsilon_i, \epsilon_j) = 0 \ (i \neq j) \quad i, j = 1, 2, \cdots, p$$

위 결과를 특정인자벡터 ϵ에 적용하면

$$E(\epsilon) = 0_{p \times 1}, \quad Cov(\epsilon) = \psi_{p \times p} = \begin{bmatrix} \psi_1 & 0 & \cdots & 0 \\ 0 & \psi_2 & \cdots & 0 \\ \vdots & \vdots & \ddots & \vdots \\ 0 & 0 & 0 & \psi_p \end{bmatrix} \tag{5-4}$$

이 된다.

가정 3

공통인자와 특정인자 사이의 관계는 서로 독립이다.

$$Cov(\epsilon, F) = E(\epsilon F') = 0_{p \times m} \tag{5-5}$$

위 세 가지 가정을 이용하면 확률벡터 X의 공분산행렬 Σ는 다음과 같이 L과 ψ의 함수로 표시할 수 있다.

$$\begin{aligned} \Sigma &= E(X - \mu)(X - \mu)' \\ &= E(LF + \epsilon)(LF + \epsilon)' \\ &= E(LFF'L' + LF\epsilon' + \epsilon F'L' + \epsilon\epsilon') \\ &= LE(FF')L' + LE(F\epsilon') + E(\epsilon F')L' + E(\epsilon\epsilon') \\ &= LL' + \psi \end{aligned} \tag{5-6}$$

또한 확률벡터 X와 공통인자벡터 F사이의 공분산행렬은

$$\begin{aligned} Cov(X,F) &= E[(X-\mu)F'] = E[(LF+\epsilon)F'] \\ &= L\,E(FF') + E(\epsilon F') = L \end{aligned} \tag{5-7}$$

이 된다. 즉, 인자적재행렬 L은 확률벡터 X와 공통인자벡터 F의 공분산행렬이 된다. 식 (5 – 6)의 행렬을 다시 정리하면 다음과 같다.

$$\Sigma = LL' + \psi$$

$$\begin{bmatrix} \sigma_1^2 & \sigma_{12} & \cdots & \sigma_{1p} \\ \sigma_1^2 & \sigma_2^2 & \cdots & \sigma_{2p} \\ \vdots & \vdots & \ddots & \vdots \\ \sigma_{1p} & \sigma_{2p} & \cdots & \sigma_p^2 \end{bmatrix} = \begin{bmatrix} \sum_{j=1}^{m} l_{1j}^2 + \psi_1 & \sum_{j=1}^{m} l_{1j} l_{2j} & \cdots & \sum_{j=1}^{m} l_{1j} l_{pj} \\ \sum_{j=1}^{m} l_2 l_{1j} & \sum_{j=1}^{m} l_{2j}^2 + \psi_2 & \cdots & \sum_{j=1}^{m} l_{2j} l_{pj} \\ \vdots & \vdots & \ddots & \vdots \\ \sum_{j=1}^{m} l_{pj} l_{1j} & \sum_{j=1}^{m} l_{pj} l_{2j} & \cdots & \sum_{j=1}^{m} l_{pj}^2 + \psi_p \end{bmatrix}$$

인자모형에서 p개 분산과 $p(p-1)/2$개로 구성된 공분산구조는 pm개의 인자적재 l_{ij}와 p개의 특정분산 ψ_i에 의하여 다시 생성될 수 있음을 알 수 있다. 만약 공통인자 수가 변수 수와 같다면 특정인자의 영향은 $\psi = 0$가 되며, 공분산행렬 Σ는 인자적재행렬의 곱인 LL'에 의하여 정확하게 생성될 수 있을 것이다.

정리 5-1

(1) $Cov(X) = \Sigma = LL' + \psi$에서 다음과 같은 성질이 성립된다.

$$V(X_i) = \sigma_i^2 = l_{i1}^2 + l_{i2}^2 + \cdots + l_{im}^2 + \psi_i = \sum_{j=1}^{m} l_{ij}^2 + \psi_i \tag{5-8}$$

$$Cov(X_i, X_k) = \sigma_{ik} = l_{i1} l_{k1} + l_{i2} l_{k2} + \cdots + l_{im} l_{km} = \sum_{j=1}^{m} l_{ij} l_{kj}$$

(2) $Cov(X,F) = L$에서 X_i와 F_j의 공분산은 다음과 같다.

$$Cov(X_i, F_j) = l_{ij} \tag{5-9}$$

식 (5−8)에서 변수 X_i의 분산 σ_i^2는 m개 공통인자들에 의하여 설명되는 부분과 특정인자에 의하여 설명되는 부분의 합으로 표시되었다. 변수 X_i의 분산 중 m개 공통인자에 의하여 설명되어지는 부분을 공통성(communality)이라 부르고 h_i^2로 표시한다. 또한 공통인자에 의하여 설명될 수 없고 특정인자에 의하여 설명되어지는 부분을 특정분산(specific variance)이라 부르고 ψ_i로 표시하며, 변수 X_i의 분산 σ_i^2는 다음과 같이 구해진다.

$$\begin{aligned} Var(X_i) &= \sigma_i^2 = l_{i1}^2 + l_{i2}^2 + \cdots + l_{im}^2 + \psi_i \\ &= h_i^2 + \psi_i \end{aligned} \tag{5-10}$$

즉, i번째 공통성 h_i^2는 변수 X_i에 영향을 미치는 m개 공통인자들에 대한 인자적재 자승합으로 표시된다. 또한 식 (5−10)과 식 (5−9)의 결과를 이용하면 전체분산 중 m개 공통인자에 의하여 설명되어지는 비율과 j번째 공통인자에 의하여 설명되어지는 비율을 쉽게 계산할 수 있다.

정리 5-2

(1) m개 공통인자에 의하여 설명되어지는 전체 분산의 비율

$$\frac{h_1^2 + h_2^2 + \cdots + h_p^2}{\sigma_1^2 + \sigma_2^2 + \cdots + \sigma_p^2} = \frac{\sum_{i=1}^{p} h_i^2}{\sum_{i=1}^{p} \sigma_i^2} \tag{5-11}$$

(2) j번째 공통인자 F_j에 의하여 설명되어지는 전체분산의 비율

$$\frac{l_{1j}^2 + l_{2j}^2 + \cdots + l_{pj}^2}{\sigma_1^2 + \sigma_2^2 + \cdots + \sigma_p^2} = \frac{\sum_{i=1}^{p} l_{ij}^2}{\sum_{i=1}^{p} \sigma_i^2} \tag{5-12}$$

인자분석에서는 변수 X_i를 사용하기보다는 표준화변수 $Z_i = (X_i - \mu_i)/\sigma_i$를 사용하는 것이 일반적이다. 표준화변수를 사용하게 되면 표준화변수의 분산은 1이 되고,

표준화변수 사이의 공분산은 원래변수 사이의 상관계수가 된다. 따라서 p개 표준화 변수와 m개 공통인자들 사이의 관계를 나타내는 선형인자모형 구조는

$$Z = L F + \epsilon \tag{5-13}$$

이 된다. 식 (5-13)의 인자적재행렬 L은 식 (5-2)에서 사용한 L과 다른 값을 갖지만 인자적재행렬이라는 점에서 같은 행렬기호로 사용하기로 하겠으니 혼동하지 않도록 유의하기 바란다. 표준화변수벡터 Z의 공분산행렬은 변수벡터 X의 상관행렬이 되며 다음과 같이 표시된다.

$$\mathrm{Cov}(Z) = \mathrm{Corr}(X) = \rho = L L' + \psi \tag{5-14}$$

표준화변수를 사용하였을 때 [정리 5-1]과 [정리 5-2]의 결과를 다시 요약하면 [정리 5-3]과 같다.

정리 5-3

(1) $\mathrm{Cov}(Z) = \mathrm{Corr}(X) = \rho = L L' + \psi$에서 다음과 같은 성질이 성립된다.

$$\mathrm{Var}(Z_i) = l_{i1}^2 + l_{i2}^2 + \cdots + l_{im}^2 + \psi_i = \sum_{j=1}^{m} l_{ij}^2 + \psi_i = 1$$

$$\sum_i \mathrm{Var}(Z_i) = p$$

$$\mathrm{Cov}(Z_i, Z_k) = l_{i1}l_{k1} + l_{i2}l_{k2} + \cdots + l_{im}l_{km} = \sum_{j=1}^{m} l_{ij}l_{kj} \tag{5-15}$$

(2) $\mathrm{Cov}(Z, F) = \mathrm{Corr}(X, F) = L$이 성립되므로 Z_i와 F_j의 공분산은 X_i와 F_j의 상관관계를 나타내는 상관계수가 된다.

$$\mathrm{Cov}(Z_i, F_j) = \mathrm{Corr}(X_i, F_j) = l_{ij} \tag{5-16}$$

(3) m개 공통인자에 의하여 설명되어지는 표준화변수 전체분산의 비율

$$\frac{h_1^2 + h_2^2 + \cdots + h_p^2}{p} = \frac{\sum_{i=1}^{p} h_i^2}{p} \tag{5-17}$$

(4) j 번째 공통인자 F_j에 의하여 설명되어지는 표준화변수 전체분산의 비율

$$\frac{l_{1j}^2 + l_{2j}^2 + \cdots + l_{pj}^2}{p} = \frac{\sum_{i=1}^{p} l_{ij}^2}{p} \tag{5-18}$$

5.3 인자적재행렬의 추정방법

인자모형에서 모수인 인자적재행렬 L과 특정분산행렬 ψ은 거의 알려져 있지 않기 때문에 표본자료로부터 추정되어야 한다. L과 ψ가 미지인 경우는 두 행렬 L과 ψ로 표시되는 공분산행렬 Σ이나 상관행렬 ρ이 알려져 있지 않다는 의미가 된다. 따라서 L과 ψ를 추정하기 위하여 우선 공분산행렬 Σ의 추정량인 표본공분산행렬 S이나 상관행렬 ρ의 추정량인 표본상관행렬 R을 표본자료로부터 구하여야 한다. L과 ψ를 추정할 때 표본공분산행렬 S을 사용할 수 있으나 일반적으로 표본상관행렬 R을 사용하게 된다.

인자적재행렬의 추정은 인자분석의 첫 번째 단계로 표본공분산행렬이나 표본상관행렬로부터 최초의 인자를 추출하고, 여기서 추정된 인자적재행렬은 인자모형에서 보유할 적절한 인자의 수를 결정하는 근거가 된다. 인자적재행렬을 추정하기 위해서는 여러 가지 방법을 고려할 수 있으나 본 절에서는 가장 널리 사용되어지는 방법인 (1) 주성분방법, (2) 주축인자법, (3) 최대우도법 등 세 가지 방법에 대하여 설명하기로 하겠다.

5.3.1 주성분방법(Principal Component Method)

상관행렬을 인자적재행렬과 특정분산행렬로 표시하면 $\rho = LL' + \psi$이 된다. 여기서 특정인자의 분산이 무시할 정도로 작다면, 즉 $\psi \doteq 0$에 근사하면 상관행렬은 $\rho \doteq LL'$로 근사하게 된다. 우선 상관행렬 ρ에서 구한 고유값, 고유벡터와 인자적재행렬과의 관계를 살펴보기 위하여 상관행렬 ρ를 스펙트럼분해하면 다음과 같이 표시된다.

$$\rho = \lambda_1 e_1 e'_1 + \cdots + \lambda_m e_m e'_m + \cdots + \lambda_p e_p e'_p \tag{5-19}$$

만약 주성분분석에서 m개 주성분에 의하여 변수들의 상관구조가 대부분 설명될 수 있다고 가정하면, 나머지 p－m개 고유값 $\lambda_{m+1}, \lambda_{m+2}, \cdots, \lambda_p$은 매우 작기 때문에 식 (5－19)에서 제외될 수 있으며 상관행렬 ρ는 다음과 같이 근사하게 된다.

$$\begin{aligned} \rho &\doteq \lambda_1 e_1 e'_1 + \lambda_2 e_2 e'_2 + \cdots + \lambda_m e_m e'_m \\ &= \left[\sqrt{\lambda_1} e_1, \sqrt{\lambda_2} e_2, \cdots, \sqrt{\lambda_m} e_m \right] \begin{bmatrix} \sqrt{\lambda_1} e'_1 \\ \sqrt{\lambda_2} e'_2 \\ \vdots \\ \sqrt{\lambda_m} e'_m \end{bmatrix} = L L' \end{aligned} \tag{5-20}$$

따라서 인자적재행렬 L을 고유값과 고유벡터로 표시하면 다음과 같다.

$$L = \left[\sqrt{\lambda_1} e_1, \sqrt{\lambda_2} e_2, \cdots, \sqrt{\lambda_m} e_m \right] \tag{5-21}$$

식 (5－21)로부터 각 표준화변수 Z_i의 분산 중 j번째 공통인자 F_j에 의해서 설명되어지는 부분은 l_{ij}^2이기 때문에 p개 표준화변수의 전체분산 중 j번째 공통인자 F_j에 의해서 설명되어지는 부분은

$$l_{1j}^2 + l_{2j}^2 + \cdots + l_{pj}^2 = (\sqrt{\lambda_j} e_j)' (\sqrt{\lambda_j} e_j) = \lambda_j \tag{5-22}$$

가 된다. 즉, 표준화변수의 전체분산 중 j번째 공통인자 F_j에 의해서 설명되는 부분은 상관행렬에서 구한 j번째 고유값 λ_j가 되고, 표준화변수의 전체분산 중 j번째 공통인자 F_j에 의해서 설명되는 비율은 λ_j / p가 된다. 따라서 전체분산에 대한 공통인자의 설명비율은 적절한 공통인자의 수를 결정하는데 일반적으로 이용되는 척도이다. 일반적으로 공통인자에 의하여 설명되는 누적비율이 일정비율 이상이 될 때까지 인자모형에 공통인자를 추가하게 된다.

정리 5-4

표본상관행렬 R에서 구해진 고유값과 고유벡터의 짝을 $(\hat{\lambda}_i, \hat{e}_i)$로 표시하고, 고유값을 크기 순으로 배열하면 $\hat{\lambda}_1 \geq \hat{\lambda}_2 \geq \cdots \geq \hat{\lambda}_p$이다. 공통인자의 수가 $m < p$일 때 인자적재행렬과 공통성의 추정은 다음과 같다.

(1) 추정된 인자적재행렬 : $\hat{L} = \left[\sqrt{\hat{\lambda}_1}\,\hat{e}_1, \sqrt{\hat{\lambda}_2}\,\hat{e}_2, \cdots, \sqrt{\hat{\lambda}_m}\,\hat{e}_m \right]$

(2) i 번째 공통성의 추정 : $\hat{h}_i^2 = \hat{l}_{i1}^2 + \hat{l}_{i2}^2 + \cdots + \hat{l}_{im}^2$

(3) X_i와 공통인자 F_j의 표본상관계수 : $\hat{l}_{ij}$

(4) 표준화변수의 전체 표본분산에 대한 공통인자 F_j의 설명부분은 $\hat{\lambda}_j$이다.

(5) 표준화변수의 전체 표본분산에 대한 공통인자 F_j의 설명비율은 $\hat{\lambda}_j / p$이다.

(6) m개 공통인자에 의하여 설명되는 누적 설명비율은 $\sum_{j=1}^{m} \hat{\lambda}_j / p$이다.

공통성 $\hat{h}_i^2$는 0과 1 사이의 값을 가진다. 만약 $\hat{h}_i^2 = 1$이면 표준화변수 Z_i의 표본분산은 공통인자들에 의하여 완전하게 설명된다는 의미이고, $\hat{h}_i^2 = 0$이면 변수의 변동은 공통인자들에 의하여 전혀 설명될 수 없고, 다른 변수들과 상관관계가 전혀 없다는 의미로 해석된다.

주성분방법에서 적절한 공통인자의 수를 결정하는 기준은 표본상관행렬 R의 고유값 중에서 1보다 큰 고유값의 수를 인자모형에서 보유할 공통인자의 수로 정하게 된다. 그러나 이 기준은 실제로 자료를 분석할 경우 일반적으로 보유할 인자의 수보다 적은 수를 보유하는 경향이 있다. 따라서 고유값을 크기순으로 나열하여 몇 개의 고유값이 1.0보다 작은 값을 연속적으로 가지게 되면 엄밀히 1.0 이상으로 정하는 것보다는 1.0보다 약간 낮더라도 그 전후로 편차가 큰 곳에서 공통인자의 수를 결정하는 것이 바람직하다고 판단된다.

5.3.2 주축인자법(Principal Factor Method)

인자분석의 목적이 변수의 수만큼 공통인자를 고려하는 것이 아니라 변수들의 공분산구조를 대부분 설명할 수 있는 소수의 공통인자로 표현하는 것이기 때문에, 각 변수의 분산 전체를 대상으로 하기보다는 공통성을 대상으로 인자적재행렬을 추정하는 것이 선호된다. 따라서 주축인자법에서는 상관행렬의 주대각선 값 1.0 대신에 공통성으로 대치시킨 축소된 상관행렬(Reduced Correlation Matrix)에서 최초인자를 추출하게 된다. 이 방법은 공통인자로 설명될 수 있는 변수의 분산만을 대상으로 하기 때문에, 추출된 최초인자들은 공통성을 최대한 설명하는 인자가 된다. 이 방법을 사용할 때 문제점은 공통성이 분석 전에 일반적으로 알려져 있지 않기 때문에 공통성의 초기값을 미리 정한 다음에 공통성을 반복하여 추정하게 된다. 주축인자법에서 공통성은 다음과 같은 절차에 의하여 반복 추정하게 된다.

절차 1

공통성에 대한 초기값 $h_i^{2(0)}$을 정한다. 공통성에 대한 초기값을 정하는 가장 보편적인 방법은 표본상관행렬의 역행렬을 이용하는 방법으로 표본상관행렬의 역행렬 R^{-1}의 i번째 대각원소를 위첨자를 붙여서 r^{ii}라고 하면

$$h_i^{2(0)} = 1 - \frac{1}{r^{ii}}$$

을 공통성의 초기값으로 일반적으로 사용한다. $h_i^{2(0)}$는 변수 X_i와 나머지 $p-1$개 변수들 사이의 다중상관계수의 자승 SMC_i(Squared Multiple Correlation coefficient)를 의미하며 공통성 h_i^2의 하한값을 나타낸다. 표본상관행렬 R에서 대각원소 1을 $h_i^{2(0)}$로 대치시킨 축소된표본상관행렬 $R^{(0)}$은 다음과 같이 표시된다.

$$R^{(0)} = \begin{bmatrix} h_1^{2(0)} & r_{12} & \cdots & r_{1p} \\ r_{12} & h_2^{2(0)} & \cdots & r_{2p} \\ \vdots & \vdots & \ddots & \vdots \\ r_{1p} & r_{2p} & \cdots & h_p^{2(0)} \end{bmatrix}$$

축소된 표본상관행렬에서 구한 인자적재행렬을 $L^{(0)}$라 하면, $R^{(0)}$은

$$R^{(0)} \doteq L^{(0)}L'^{(0)}$$

로 근사하게 된다. $L^{(0)}$에서 공통성을 다시 계산하고 $h_i^{2(1)}$로 표시한다.

절차 2

절차 1에서 구한 공통성 $h_i^{2(1)}$를 표본상관행렬의 대각원소로 다시 대치시킨 축소된 상관행렬을 $R^{(1)}$로 표시한다. 여기서 인자적재행렬 $L^{(1)}$을 구하고 공통성을 다시 계산하여 $h_i^{2(2)}$로 표시한다.

절차 n

이러한 절차를 n번 계속 반복하여 구한 공통성 $h_i^{2(n)}$와 바로 전 단계에서 구한 공통성 $h_i^{2(n-1)}$의 차이가 미미하다면 반복 절차를 중단하고, 그렇지 않다면 그 차이가 미미해질 때까지 공통성에 대하여 반복적으로 추정을 계속하게 된다.

주축인자법에서 보유할 인자의 수를 결정하는 기준은 축소된 표본상관행렬에서 구한 고유값 중 양의 고유값의 개수가 보유할 인자의 수가 된다. 그러나 이 기준을 적용하면 주성분방법에서 구한 인자의 수보다 일반적으로 더 많은 인자의 수를 얻게 되는 경향이 있다는 것을 유의하기 바란다. 따라서 인자분석에서는 인자모형에 보유할 인자의 수는 일반적으로 주성분방법에 의하여 결정하고, 정해진 인자의 수를 가지고 주축인자법에 의하여 인자적재행렬을 추정하게 된다.

5.3.3 최대우도법(Maximum Likelihood Method)

앞에서 설명한 주성분방법이나 주축인자법에서 인자적재행렬을 추정할 때 공통인자벡터 F와 특정인자벡터 ϵ의 분포에 대한 가정을 하지 않았다. 반면에 최대우도법은 p차원 확률벡터 X는 평균벡터가 μ이고 공분산행렬이 Σ인 다변량정규분포에 따른다고 가정할 때 사용될 수 있는 방법이다. 만약 변수들이 정규분포에 따르지 않는다면 변수변환 등을 사용하여 정규분포로 근사시켜야 한다. 우선 p차원정규분포

$N_p(\mu, \Sigma)$에서 얻어진 확률표본을 $X_j\ (j=1,\cdots,n)$라고 하면 $X_j = L F_j + \epsilon_j$는 p차원정규분포에 따르게 된다. 각 확률표본 $X_j \sim N_p(\mu, \Sigma)$는 서로 독립이므로 n개 확률표본의 결합밀도함수는 개별 p차원정규확률밀도함수의 곱으로 표시된다.

$$f(x_1, x_2, \cdots, x_n) = f(x_1) f(x_2) \cdots f(x_n) \tag{5-23}$$

$$= (2\pi)^{-\frac{np}{2}} |\Sigma|^{-\frac{n}{2}} \exp\left\{-\frac{1}{2}\sum_{j=1}^{n}(x_j-\mu)'\Sigma^{-1}(x_j-\mu)\right\}$$

결합밀도함수는 모수 μ와 Σ의 함수이기 때문에 우도함수 $L(\mu, \Sigma)$로 표시된다. 여기서 식 (5−23)의 지수부분은 스칼라이기 때문에 trace를 사용하여 표현하면

$$(x_j-\mu)'\Sigma^{-1}(x_j-\mu) = tr\left[(x_j-\mu)'\Sigma^{-1}(x_j-\mu)\right]$$
$$= tr\left[\Sigma^{-1}(x_j-\mu)(x_j-\mu)'\right]$$

이 된다. 위 식을 j에 대하여 합하면

$$\sum_{j=1}^{n}(x_j-\mu)'\Sigma^{-1}(x_j-\mu) = \sum_{j=1}^{n} tr\left[\Sigma^{-1}(x_j-\mu)(x_j-\mu)'\right]$$
$$= tr\left[\Sigma^{-1}\left(\sum_{j=1}^{n}(x_j-\mu)(x_j-\mu)'\right)\right]$$

이 된다. 또한 위 식에서 표본평균벡터 $\bar{x} = (1/n)\sum_{j=1}^{n} x_j$를 더하고 다시 빼주면

$$\sum_{j=1}^{n}(x_j-\bar{x}+\bar{x}-\mu)(x_j-\bar{x}+\bar{x}-\mu)'=\sum_{j=1}^{n}(x_j-\bar{x})(x_j-\bar{x})'+\sum_{j=1}^{n}(\bar{x}-\mu)(\bar{x}-\mu)'$$
$$=\sum_{j=1}^{n}(x_j-\bar{x})(x_j-\bar{x})'+n(\bar{x}-\mu)(\bar{x}-\mu)'$$

가 된다. 왜냐하면 두 교차합 $\sum_{j=1}^{n}(x_j-\bar{x})(\bar{x}-\mu)'$ 와 $\sum_{j=1}^{n}(\bar{x}-\mu)(x_j-\bar{x})'$ 은 0 행렬이 되기 때문이다. 따라서 위 결과를 이용하여 식 (5 - 23)을 다시 표현하면

$$L(\mu,\Sigma)=(2\pi)^{-\frac{np}{2}}|\Sigma|^{-\frac{n}{2}}\times \tag{5-24}$$
$$\exp\left\{-\frac{1}{2}\,tr\left[\Sigma^{-1}\left(\sum_{j=1}^{n}(x_j-\bar{x})(x_j-\bar{x})'+n(\bar{x}-\mu)(\bar{x}-\mu)'\right)\right]\right\}$$

이 된다. 식 (5 - 24)에서

$$\sum_{j=1}^{n}(x_j-\bar{x})(x_j-\bar{x})'=n\,S_n$$

이다. 여기서 S_n는 공분산행렬 Σ의 최대우도추정량이다. 우도함수에 자연대수를 취하고 상수항을 제외한 자연대수우도함수 $\ln L$는 다음과 같이 표시된다.

$$\ln L=-\frac{1}{2}n\left[\ln|\Sigma|+tr(\Sigma^{-1}S_n)\right] \tag{5-25}$$
$$=-\frac{1}{2}n\left[\ln(|LL'|+\psi)+tr\{(LL'+\psi)^{-1}S_n\}\right]$$

즉, 식 (5 - 25) 자연대수우도함수는 L과 ψ의 함수가 된다. 이때 L과 ψ의 최대우도추정량은 자연대수 우도함수 $\ln L$를 최대로 하는 값이다. 최대우도추정량 $\hat{L}$과 $\hat{\psi}$는 자연대수 우도함수를 L과 ψ로 편미분하여 그것을 0로 놓고 구한 값이 된다.

그러나 이 모형에서 L은 직교변환에 의하여 여러 가지 값을 가질 수 있기 때문에 계산상의 편리함과 유일한 해를 구하기 위하여 제약조건

$$L'\psi^{-1}L=\Delta \quad (\text{대각행렬}) \tag{5-26}$$

을 만족시키면서 식 (5−25)를 최대화하는 최대우도추정치 $\hat{L}$와 $\hat{\psi}$을 수치해석방법에 의하여 구하게 된다. 최대우도추정량의 계산절차는 주축인자법과 같이 우선 공통성에 대한 초기값으로 다중상관계수의 제곱(SMC)을 표본상관행렬의 대각원소에 대입한 축소된 표본상관행렬로부터 새로운 공통성을 계산하고, 매 반복단계마다 표본상관행렬이 재조정되면서 공통성이 다시 계산된다. 이와 같은 반복적인 계산절차는 추정된 공통성이 어떤 일정한 수렴기준을 만족할 때까지 반복하는 형식을 갖는다.

최대우도방법의 특징은 특정인자분산을 잔차의 일종으로 처리하기 때문에 공통성이 큰 변수에는 큰 가중치를 주고 공통성이 작은 변수에는 더 작은 가중치를 부여하면서 반복 처리하게 된다. 따라서 최대우도방법에서 공통성을 반복적으로 계산할 때, 공통성이 큰 변수에 더 큰 가중치를 부여하면서 반복적으로 추정하는 과정에서 공통성 추정치가 $\hat{h}_i^2 > 1$ 혹은 특정분산 추정치가 음수 $\hat{\psi}_i < 0$인 Heywood 상황이 발생될 수도 있다. 이러한 경우가 발생되면 대부분의 컴퓨터 패키지에서는 $\hat{\psi}_i$의 값이 음수이면 아주 작은 양의 값으로 대체하고 다음 단계를 수행하게 된다. 추정시 Heywood 상황이 발생되는 주요 원인 몇 가지를 살펴보면 (1) 공통성의 초기값이 부적합한 경우, (2) 고려된 인자의 수가 너무 많거나 너무 적을 경우, (3) 신뢰성 있는 추정치를 구하기에는 너무 부족한 자료인 경우, (4) 자료가 인자모형에 적합시키기에는 부적합한 경우 등을 들 수 있겠다.

정리 5-5

상관행렬 $\rho = LL' + \psi$에서 구한 최대우도추정치 $\hat{L}$과 $\hat{\psi}$는 $\hat{L}'\hat{\psi}^{-1}\hat{L}$이 대각행렬이라는 조건하에서 자연대수우도함수를 최대화시키는 L과 ψ의 추정치이다.

(1) i번째 공통성의 최대우도추정치는 $\hat{h}_i^2 = \widehat{l_{i1}^2} + \widehat{l_{i2}^2} + \cdots + \widehat{l_{im}^2}$이다.

(2) 공통인자 F_j에 의하여 설명되어지는 전체 표준화된 표본분산의 비율

$$\frac{\widehat{l_{1j}^2} + \widehat{l_{2j}^2} + \cdots + \widehat{l_{pj}^2}}{p} = \frac{\sum_{i=1}^{p} \widehat{l_{ij}^2}}{p}$$

다변량정규모집단을 가정한 최대우도법을 이용하면 인자모형의 적합성에 대한 검정을 할 수 있다. 즉, 관찰된 표본공분산이나 표본상관행렬의 대부분을 설명하는데 필요한 인자의 수를 통계적으로 결정할 수 있다는 것이다. 이 검정은 표본의 수가 대표본일 때 만족스런 결과를 제공하며 검정절차를 요약하면 다음과 같다.

(1) 가설설정

$$H_0 : \rho = LL' + \psi, \qquad H_1 : \rho \neq LL' + \psi$$

귀무가설 H_0는 인자모형에 포함될 인자의 수는 m개이면 충분하다는 가설이고, 대립가설 H_1은 m개보다 더 많은 인자가 필요하다는 가설이다.

(2) 검정통계량

표본상관행렬 $R = \hat{L}\hat{L}' + \hat{\psi}$이 $\rho = LL' + \psi$의 최대우도추정치라면 Bartlett 수정항을 이용한 우도비 검정통계량 T^*는

$$T^* = (n - 1 - (2p + 4m + 5)/6)\ln\frac{|\hat{L}\hat{L}' + \hat{\psi}|}{|R|} \tag{5-27}$$

이 되고, n과 n−p가 크다면 검정통계량은 자유도가 $\nu = ((p-m)^2 - p - m)/2$인 χ^2 분포에 근사하게 된다. 여기서 자유도는 양수이기 때문에 인자의 수 m과 변수의 수 p는 다음과 같은 관계를 만족시켜야만 한다.

$$m < \frac{1}{2}(2p + 1 - \sqrt{8p+1}) \tag{5-28}$$

(3) 의사결정과 p-값

유의수준 α에서 기각치 $\chi^2(\alpha;\nu)$와 검정통계량의 값 T^*를 비교하여 귀무가설의 채택여부를 결정하게 된다. 만약 $T^* > \chi^2(\alpha;\nu)$이면 유의수준 α에서 귀무가설 H_0를 기각하고, 만약 $T^* \leq \chi^2(\alpha;\nu)$이면 귀무가설 H_0를 기각할 수 없게 된다.

또한 검정통계량의p-값은 다음과 같이 구해진다. p-값 $= P(\chi^2(\nu) > T^*)$. 만약 p-값이 매우 작다면 자료와 귀무가설에서 설정된 인자모형과의 일치정도가 매우 낮다는 의미가 되어 귀무가설을 기각할 충분한 근거를 제공한다고 판단할 수 있다.

지금까지는 인자모형에서 최초인자를 추출하는 방법에 대하여 설명하였다. 인자분석의 결과를 해석하기 위하여 주성분분석에서 이미 다룬 [예제 4.3]을 다시 이용하여 보자. 우선 인자적재행렬에 대한 추정과 해석에 대하여 설명하고, 인자를 좀 더 단순하게 해석하기 위한 인자의 회전에 대하여는 다음절에서 다루기로 하겠다.

예제 5.1 **산업별 주식 수익률 인자분석**

미국 New York 주식 시장에 상장된 3개의 화학산업 관련 주식(Allied Chemical, DuPont, Union Carbide)과 2개의 석유산업 관련 주식(Exxon, Texaco)에 대하여 100 주간에 걸친 주식 수익률을 조사하였다. 자료에 의하면 주식은 전반적인 경제 여건에 따라 동반 등락을 하는 경향이 있기 때문에 산업별 주식간 수익률에는 상관관계가 있는 것으로 나타났다. 5개 기업 주식에 대한 주간수익률을 X1(Allied Chemical), X2(du Pont), X3(Union Carbide), X4(Exxon), X5(Texaco)로 표시하자. 표본평균수익률과 표본상관행렬이 다음과 같이 주어졌을 때 인자분석을 실시하여라.

(1) 표본상관행렬을 입력자료로 하여 주성분방법에 의하여 고유값을 추정하여 적절한 인자의 수를 결정하고 추정된 인자적재행렬을 해석하여라.

(2) 인자의 수가 두 개일 때 주축인자법과 최대우도법에 의하여 인자적재행렬을 추정하고 해석하여라.

(3) 요인을 회전시켜 그 결과를 해석하여라.

$$\overline{X}' = [0.0054, 0.0048, 0.0057, 0.0063, 0.0037]$$

$$R = \begin{bmatrix} 1.000 & 0.577 & 0.509 & 0.387 & 0.462 \\ 0.577 & 1.000 & 0.599 & 0.389 & 0.322 \\ 0.509 & 0.599 & 1.000 & 0.436 & 0.426 \\ 0.387 & 0.389 & 0.436 & 1.000 & 0.523 \\ 0.462 & 0.322 & 0.426 & 0.523 & 1.000 \end{bmatrix}$$

프로그램 \CH5\EX1.SAS

```
DATA ONE(TYPE=CORR) ;
 _TYPE_='CORR' ;
INPUT _NAME_ $ X1 X2 X3 X4 X5 ;
 LABEL X1='ALLIED CHEMICAL' X2='DU PONT'
    X3='UNION CARBIDE'  X4='EXXON' X5='TEXACO' ;
CARDS ;
 X1  1 . . . .
 X2  0.577 1 . . .
 X3  0.509 0.599 1 . .
 X4  0.387 0.389 0.436 1 .
 X5  0.462 0.322 0.426 0.523 1
 ;
RUN ;
① PROC FACTOR SCREE NFACT=2 ;
   VAR X1-X5 ;
   RUN ;
② PROC FACTOR NFACT=2 PRIORS=SMC
   METHOD=PRINIT ROTATE=VARIMAX  HEYWOOD ;
   VAR X1-X5 ;
   RUN ;
③ PROC FACTOR NFACT=2 PRIORS=SMC METHOD=ML
   ROTATE=VARIMAX  HEYWOOD PREPLOT PLOT;
   RUN ;
```

프로그램 해설

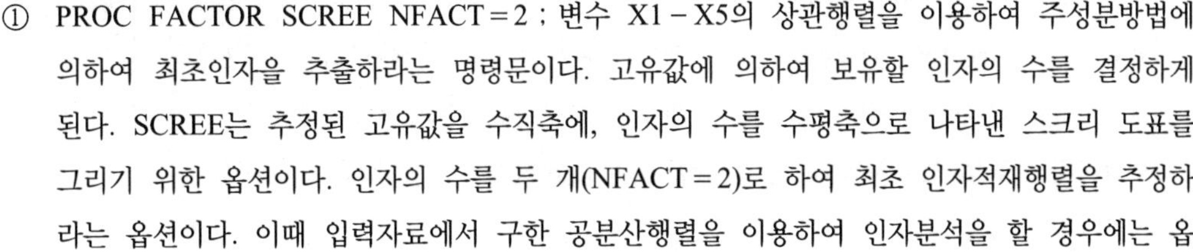

① PROC FACTOR SCREE NFACT=2 ; 변수 X1-X5의 상관행렬을 이용하여 주성분방법에 의하여 최초인자을 추출하라는 명령문이다. 고유값에 의하여 보유할 인자의 수를 결정하게 된다. SCREE는 추정된 고유값을 수직축에, 인자의 수를 수평축으로 나타낸 스크리 도표를 그리기 위한 옵션이다. 인자의 수를 두 개(NFACT=2)로 하여 최초 인자적재행렬을 추정하라는 옵션이다. 이때 입력자료에서 구한 공분산행렬을 이용하여 인자분석을 할 경우에는 옵

션으로 COV를 사용하며, 상관행렬을 이용할 경우에는 이 옵션은 생략된다.

② PROC FACTOR NFACT=2 PRIORS=SMC METHOD=PRINIT ROTATE=VARIMA HEYWOOD ; 변수 X1－X5의 상관행렬을 이용하여 인자 2개를 주축인자법(METHOD=PRINIT)에 의하여 최초 인자를 추출하라는 명령문이다. 이때 공통성의 초기값(PRIORS=SMC)은 다중상관계수의 자승을 사용한다. 인자를 VARIMAX 방법에 의하여 직교회전 시키기 위하여 ROTATE=VARIMAX 를 사용하였다. 또한 HEYWOOD 현상이 발생될 때 수정하기 위한 명령문이다.

③ PROC FACTOR NFACT=2 PRIORS=SMC METHOD=ML ROTATE=VARIMAX HEYWOOD PREPLOT PLOT ; 두 개의 인자를 최대우도법(METHOD=ML)에 의하여 구하라는 명령문이다. 다른 옵션은 ②에서 설명한 것과 같다.

① Initial Factor Method : Principal Components
Prior Communality Estimates : ONE
Eigenvalues of the Correlation Matrix : Total=5 Average=1

	1	2	3	4	5
② Eigenvalue	2.856711	0.809164	0.539675	0.451500	0.342950
Difference	2.047547	0.269488	0.088175	0.108550	0.0686
③ Proportion	0.5713	0.1618	0.1079	0.0903	
④ Cumulative	0.5713	0.7332	0.8411	0.9314	1.0000

① 주성분방법에 의하여 표본상관행렬에서 다섯개 고유값이 추정되었고 그 합은 5가 된다. 첫 번째 추정된 고유값은 ② $\hat{\lambda}_1 = 2.856711$이므로 변수들의 총분산 중 첫 번째 인자 F_1에 의하여 설명되어지는 비율은 ③ 약 57%이다. 또한 두 번째 추정된 고유값은 $\hat{\lambda}_2 = 0.809164$이므로 총분산 중 두 번째 인자 F_2에 의하여 설명되어지는 비율은 약 16%이다. 따라서 총분산 중 두 개 공통인자에 의하여 설명되어지는 ④ 누적 설명비율은 약 73%가 된다.

위 결과로부터 고유값이 1 이상은 하나이므로 최소 고유값 기준에서는 보유해야 할 인자의 수는 하나가 되고 설명되어지는 비율은 약 57%이다. 인자가 하나인 경우에는 설명력이 충분하지 못하기 때문에, 고유값이 1보다 약간 작더라도 두 번째 인자를 선택하는 것이 적절한 것으로 판단된다. 이러한 판단은 5개 변수는 화학관련산업과 석유관련산업의 두 그룹으로 나누어지기 때문에 논리적으로 두 개 공통인자의 선택은 타당하다고 생각된다.

⑤ Scree Plot of Eigenvalues

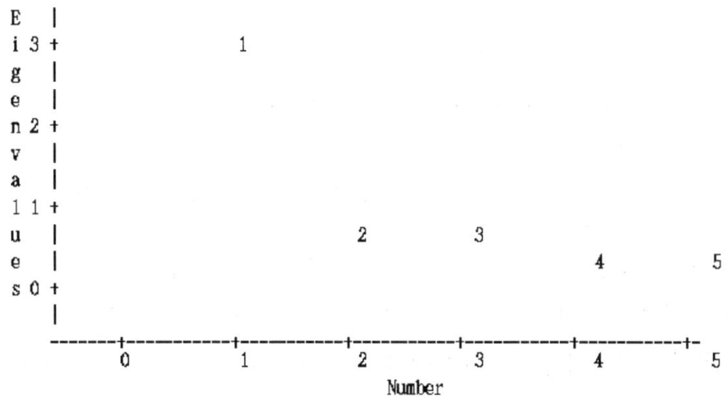

⑤ 고유값에 대한 스크리도표는 표본상관행렬에서 추정된 고유값 $\hat{\lambda}_i$ 을 수직축에, 인자의 수를 수평축으로 나타낸 도표에 근거하여 적합한 인자의 수를 결정하는 방법이다. 스크리도표에 의하면 인자의 수가 증가할수록 대응되는 고유값은 감소하는 경향을 나타내는데 초기에는 급격히 감소하다가 점점 감소폭이 작아지면서 일정한 인자의 수 이상에서는 거의 수평축과 평행에 가까운 모양을 하게 된다. 스크리도표 검정에 의하면 인자의 수를 결정하는 기준은 곡선의 기울기가 급격히 변하는 지점에 대응되는 인자 수를 분석에 필요한 인자의 수로 결정하는 것이다. 스크리도표를 살펴보면 인자의 수가 두 개인 지점에서 기울기의 급격한 변화가 있음을 알 수 있다. 인자의 수가 두 개인 지점 왼쪽에서는 급격한 고유값의 감소가 이루어지고, 오른쪽에서는 고유값의 변화는 점차적으로 조금씩 감소하고 있음을 알 수 있다. 따라서 스크리도표 검정 기준에서는 보유할 인자의 수는 두 개가 된다고 판단된다.

⑥ Factor Pattern

	FACTOR1	FACTOR2	
X1	0.78358	−0.21619	ALLIED CHEMICAL
X2	0.77259	−0.45814	DU PONT
X3	0.79468	−0.23428	UNION CARBIDE
X4	0.71234	0.47285	EXXON
X5	0.71195	0.52350	TEXACO

Variance explained by each factor

FACTOR1	FACTOR2
2.856711	0.809164

⑦ Final Communality Estimates: Total = 3.665875

X1	X2	X3	X4	X5
0.660732	0.806793	0.686407	0.731021	0.780921

⑥ Factor Pattern는 보유할 인자의 수를 두 개로 하였을 때 주성분방법에 의하여 추정된 인자적재행렬이며, 추정된 인자적재는 변수와 공통인자의 상관계수를 의미한다. 첫 번째 인자의 추정된 인자적재를 살펴보면 모두 양(+)으로 0.75 전후의 값을 가지며, F_1과 다섯 개 변수 사이의 상관계수가 거의 동일하다. 따라서 첫 번째 인자는 다섯 개 변수에 거의 동일하게 영향을 미치는 "전반적인 주식시장 경기"를 나타내는 종합적인 경제지표로 판단된다.
두 번째 인자의 추정된 인자적재를 살펴보면 화학산업 주식(X1, X2, X3)은 모두 음(−)의 값을 가지고, 석유산업 주식(X4, X5)은 모두 양(+)의 값을 가지기 때문에 두 번째 인자는 화학산업 주식과 석유산업 주식의 대비를 나타내고 있다. 따라서 두 번째 인자는 "산업 관련 성분"을 나타내는 경기지표로 판단될 수 있다.
또한 ⑦ Final Communality Estimates는 각 변수의 분산에 대하여 공통성의 추정치를 나타내고 있다. 첫 번째 공통성 추정치는 $\hat{h}_1^2 = 0.660732$이다. 일반적으로 최초인자 추출후 각 변수들의 공통성 추정치는 적어도 0.4 이상이 되어야 인자를 사용하는데 적합한 것으로 알려져 있다. 위 결과에 의하면 각 변수의 공통성이 0.4보다 매우 크기 때문에 두 개 공통인자를 포함한 인자모형이 적합한 것으로 판단된다.

이제는 인자의 수가 두 개인 경우 반복적인 주축인자방법에 의하여 인자분석을 해보자. 반복적인 주축인자방법에 의하여 구해진 결과는 다음과 같다.

Initial Factor Method : ⑧ Iterated Principal Factor Analysis
Eigenvalues of the Reduced Correlation Matrix:
Total = 2.94272155 Average = 0.58854431

	1	2	3	4	5
⑨ Eigenvalue	2.453278	0.490685	0.037459	0.001571	−0.040271
Difference	1.962593	0.453226	0.035889	0.041842	
⑩ Proportion	0.8337	0.1667	0.0127	0.0005	−0.0137
⑪ Cumulative	0.8337	1.0004	1.0132	1.0137	1.0000

⑧ 반복 주축인자방법에 의한 인자분석 결과는 주성분방법과 차이가 난다. 이 방법에서 축소된 표본상관행렬에서 구한 고유값의 합은 2.94이다. ① 주성분방법에서는 추정된 고유값의 합이 5이었으나 반복 주축인자방법에서 2.94인 이유는 주성분방법에서는 전체분산에 대하여 인자분석을 수행하지만, 반복 주축인자방법에서는 공통인자에 의하여 설명되어지는 분산만을 분석 대상으로 하였기 때문이다. ⑩과 ⑪에 의하면 모든 표준화변수들의 공통분산은 두 개 인자에 의하여 설명된다는 의미이다.

⑫ Factor Pattern

	FACTOR1	FACTOR2	
X1	0.69754	−0.07207	ALLIED CHEMICAL
X2	0.77494	−0.42997	DU PONT
X3	0.71656	−0.11488	UNION CARBIDE
X4	0.61053	0.19724	EXXON
X5	0.69280	0.49851	TEXACO

Variance explained by each factor

FACTOR1	FACTOR2
2.453278	0.490685

⑬ Final Communality Estimates : Total = 2.943963

X1	X2	X3	X4	X5
0.491753	0.785409	0.526652	0.411656	0.728493

⑫ 반복적인 주축인자방법에 의하여 추정된 인자적재 값은 ⑥ 주성분방법에 의하여 추정된 것과는 약간 다른 것을 알 수 있다. 첫 번째 인자의 추정된 인자적재를 살펴보면 모두 양(+)으로 5개 변수의 종합적인 지표를 나타내고 있다고 판단된다. 따라서 첫 번째 인자는 "전반적인 주식시장 경기"을 나타내는 종합적인 경제지표로 판단된다.

두 번째 인자의 추정된 인자적재를 살펴보면 화학산업 주식(X1, X2, X3)은 음(−)의 값을 가지고, 석유산업 주식(X4, X5)은 양(+)의 값으로 나타났다. 즉, 화학 산업체인 DU PONT(X2)과 석유 산업체인 TEXACO(X5) 대비를 나타내고 있다.

상관행렬에서 최대우도법에 의하여 추정된 최초인자적재행렬은 다음과 같다.

Initial Factor Method : ⑭ Maximum Likelihood

Factor Pattern

	FACTOR1	FACTOR2	
X1	0.68743	−0.17561	ALLIED CHEMICAL
X2	0.70400	−0.50506	DU PONT
X3	0.68636	−0.23430	UNION CARBIDE
X4	0.61962	0.08610	EXXON
X5	0.78163	0.45262	TEXACO

⑭ 최대우도법에 의하여 추정된 인자적재행렬은 ⑫ 주축인자법에 의하여 추정된 인자적재행렬과 비교하면 약간 다른 것을 알 수 있다. 주축인자법에서는 첫 번째 인자는 두 번째 변수에 가장 큰 적재를 가지고 있으나, 최대우도법에서 구한 첫 번째 인자는 다섯 번째 변수에 가장 큰 적재를 가지고 있음을 알 수 있다.

⑮ Significance tests based on 10000 observations:

Test of H_0 : No common factors.

vs H_A : At least one common factor.

Chi-square = 16436.458 df = 10 Prob > chi**2 = 0.0000

Test of H_0 : 2 Factors are sufficient.

vs H_A : More factors are needed.

Chi-square = 59.167 df = 1 Prob > chi**2 = 0.0000

최대우도법에 의하여 적절한 공통인자의 수를 위한 ⑮ 검정을 하여보면 자유도가 양수가 되기 위한 공통인자의 수는 $m < 0.5(2\times5+1-\sqrt{8\times5+1}) = 2.298$ 이므로 두 개 이하의 검정만 가능하다. 따라서 검정통계량의 p-값이 매우 작으므로 2개 공통인자가 필요함을 알 수 있다.

5.4 인자의 회전

인자분석은 자료로부터 개념상 의미있고 해석하기 쉬운 독립적인 공통인자를 유도하는 것을 주목적으로 한다. 그러나 최초로 구해진 인자는 때때로 해석하기가 어려운 경우가 발생된다. 이미 분석한 예제에서 두 인자에 대하여 다음과 같은 해석을 하였다.

✔ 첫 번째 인자 : 전반적인 주식시장 경기를 나타내는 종합적인 경제지표
✔ 두 번째 인자 : 화학 관련 산업체와 석유관련 산업체의 대비

인자에 대해 개념상의 의미를 부여할 때 위와 같은 해석은 적절한 해석이 될 수 없다. 왜냐하면 첫째, [예제 5.1]의 결과 ⑫와 ⑭를 살펴보면 두 변수(X2, X5) 각각이 두 개 인자에 큰 인자적재를 갖고 있기 때문에 두 인자가 두 변수와 큰 관련을 갖게 된다. 이러한 경우에는 어떤 인자가 어떤 변수에 어떻게 영향을 미치고 있는지를 판단하기 어렵게 된다. 즉 "인자의 복잡성 문제"가 발생하게 된다. 또한 첫 번째 인자를 제외하면 나머지 인자들은 어떤 변수들에는 양(+)의 부호를 갖고, 나머지 변수들에는 음(−)의 부호를 갖는 대비현상을 보이기 때문에 의미있는 해석이 어려워진다. 즉, 어떤 인자에 대하여 "변수들의 부호 대비 현상 문제"가 발생하게 된다.

이러한 인자 해석의 문제점을 해결하기 위하여 인자의 축을 회전시키면 단순한 구조로 변경이 가능하게 된다. 인자의 단순구조란 각 인자에 대하여 몇 개의 변수는 매우 높은 인자적재를 갖고 나머지 변수는 매우 낮은 인자적재를 갖는 구조를 의미하며, 또한 각 변수에 대하여 하나의 인자에는 높은 인자적재를 갖고 나머지 인자들에는 매우 낮은 인자적재를 갖는 경우를 의미한다.

인자의 회전방법에는 직교회전(Orthogonal Rotation)과 사각회전(Oblique Rotation)이 있다. 직교회전은 인자들이 서로 독립적일 때 회전 후 인자가 역시 직각이 되도록 인자를 회전시키는 방법으로 베리멕스 회전(Varimax Rotation)이 주로 사용된다. 또한 사각회전은 인자들이 서로 상관이 있다는 가정 하에 회전 후의 인자가 비직각이 되도록 인

자를 회전하는 방법으로 Promax, Harris-Kaiser 방법 등이 있으나 이 회전방법은 인자 회전 후 인자의 상관관계를 다시 해석하여야 하는 문제가 발생된다. 여기서 주의할 점은 인자의 회전이 인자의 복잡한 구조를 반드시 단순화시키는 것은 아니며 일반적으로 단순한 구조로 변환될 수도 있다는 의미이다. 여기서는 인자를 단순구조로 변경하기 위하여 가장 많이 사용되는 베리멕스 회전에 대하여 설명하고자 한다.

$\hat{L}_{p\times m}$이 어떤 방법(주성분법, 주축인자법, 최대우도법 등)에 의하여 추정된 인자적재행렬이라고 하자. $\hat{L}$이 복잡한 구조를 가지면 인자를 직교회전시키기 위하여 직교변환행렬인 T를 이용한다. 이때 $TT' = T'T = I'$를 만족하는 직교변환행렬 $T_{m\times m}$를 곱하여 얻어진 회전된 인자적재행렬은 $\hat{L}^* = \hat{L}T$가 된다. 또한 회전된 인자는 $F^* = T'F$로 표시되고 인자들의 선형결합으로 구해진다. 그리고 직교변환행렬 T는 $\hat{L}^*$이 단순한 구조를 갖도록 선택되어진다. 여기서 유의할 점은 두 가지 추정된 인자적재행렬 $\hat{L}$과 $\hat{L}^*$은 동일한 표본공분산행렬이나 표본상관행렬을 생성시킨다는 것이다. 이를 수식으로 간단히 표현하면

$$R = \hat{L}\hat{L}' + \hat{\psi} = \hat{L}TT'\hat{L}' = \hat{L}^*\hat{L}^{*'} + \hat{\psi} \tag{5-29}$$

이 되기 때문이다. 만약 공통인자가 두개이면 직교인자회전의 정도는 인자공간의 도표를 살펴봄으로써 쉽게 알 수 있다. 직교인자회전은 공통인자 축 (F_1, F_2)을 일정한 각도 ϕ만큼 회전시켜 얻은 새로운 공통인자 축(F_1^*, F_2^*)을 구하는 것이다. 다시 설명하면 F_1을 ϕ만큼 회전시켜 F_1^*을 얻었다면, F_2와 F_2^*의 사이각도 ϕ가 되도록 회전시켜면 새로운 공통인자 축은 서로 직교하게 된다. Horst(1965)가 제안한 회전각도 ϕ와 회전방향에 따라 사용될 수 있는 직교변환행렬 T는 다음과 같다.

$$T = \begin{bmatrix} \cos\phi & \sin\phi \\ -\sin\phi & \cos\phi \end{bmatrix} \quad \text{시계바늘 방향의 회전}$$

$$T = \begin{bmatrix} \cos\phi & -\sin\phi \\ \sin\phi & \cos\phi \end{bmatrix} \quad \text{시계바늘 반대방향의 회전}$$

따라서 i번째 변수의 추정된 인자적재 $(\widehat{l_{i1}}, \widehat{l_{i2}})$를 시계바늘 방향으로 ϕ만큼 회전시켜서 얻은 인자적재 $(\hat{l}^*_{i1}, \hat{l}^*_{i2})$는 다음과 같이 표시된다.

$$
\begin{aligned}
(\hat{l}^*_{i1}, \hat{l}^*_{i2}) &= (\widehat{l_{i1}}, \widehat{l_{i2}})\mathrm{T} \qquad (5-30) \\
&= \widehat{l_{i1}}\cos\phi + \widehat{l_{i2}}\sin\phi - \widehat{l_{i1}}\sin\phi + \widehat{l_{i2}}\cos\phi
\end{aligned}
$$

Kaiser(1958)는 직교변환행렬을 구하는 방법으로 Varimax(혹은 normal Varimax)기준을 제시하였다. 베리멕스기준은 인자적재행렬에서 각 열의 인자적재를 자승한 값의 분산을 가능한 크게 하여 각 인자의 해석을 단순화하기 위한 방법으로 가장 널리 사용되는 직교변환 기준이다. j번째 인자의 인자적재자승의 분산 V_j^*와 m개 인자적재자승의 분산합 V^*은

$$
V_j^* = \frac{1}{p}\sum_{i=1}^{p}\left(\widehat{l_{ij}^{*2}}\right)^2 - \frac{1}{p^2}\left(\sum_{i=1}^{p}\widehat{l_{ij}^{*2}}\right)^2
$$

$$
V^* = \sum_{j=1}^{m} V_j^* \qquad (5-31)
$$

이 된다. 베리멕스 기준은 분산합 V^*을 최대화시키는 직교변환행렬 T를 구하는 것이다. 만약 인자적재자승의 분산이 작다는 의미는 인자적재들은 거의 비슷한 값을 갖고 있다는 의미이고, 반면에 인자적재자승의 분산이 크다는 의미는 인자적재값이 큰 값부터 작은 값까지 넓게 퍼져있다는 의미이다. 따라서 식 (5-31)을 가능한 크게 한다는 것은 회전된 인자적재행렬 $\hat{L}^*$의 각 열의 인자적재값을 큰 값과 아주 작은 값으로 구분하기 때문에 각 인자적재값이 높은 변수의 수를 최소화시키는 효과가 있다.

앞의 예제에서 반복적인 주축인자법에 의하여 구한 인자적재행렬을 베리멕스방법에 의하여 인자를 회전시킨 결과는 다음과 같다.

결과 및 해석

Rotat on Method: Varimax

① Orthogonal Transformation Matrix

	1	2
1	0.76096	0.64880
2	−0.64880	0.76096

①은 베리멕스 회전에 사용된 직교변환행렬 T를 표시하고 있다.

② Rotated Factor Pattern

	FACTOR1	FACTOR2	
X1	0.57756	0.39772	ALLIED CHEMICAL
X2	0.86866	0.17560	DU PONT
X3	0.61980	0.37748	UNION CARBIDE
X4	0.33662	0.54621	EXXON
X5	0.20376	0.82884	TEXACO

② 회전된 인자적재행렬을 살펴보면 화학관련 주들이 첫 번째 인자에 대하여 높은 적재를 갖고, 석유관련 주들이 두 번째 인자에 높은 적재를 갖고 있음을 알 수 있다. 인자 축을 회전하기 전에는 인자들은 종합적인 경기지표와 산업관련지표로 나누어졌었으나, 인자 축의 회전 후에는 산업을 구분하는 두 개의 인자를 나타내고 있다. 그러나 인자를 회전시킨 후에는 적절한 인자의 의미를 부여하는 것이 쉽지는 않다. 여기서 회전된 인자의 의미를 다시 부여하자면 첫 번째 인자는 화학관련주들의 수익률을 함께 움직일 수 있는 경제환경을 나타내고, 두 번째 인자는 석유관련주들의 수익률을 함께 움직일 수 있는 경제환경을 나타내는 것으로 해석될 수 있다.

Variance explained by each factor

FACTOR1	FACTOR2
1.627129	1.316833

③ Final Communality Estimates : Total = 2.943963

X1	X2	X3	X4	X5
0.491753	0.785409	0.526652	0.411656	0.728493

회전한 후 인자적재에서 구한 공통성은 회전하기 전 인자적재에서 얻은 공통성과 같음을 알 수 있다. 따라서 인자를 회전할 때 공통성은 변하지 않으며, 인자의 설명력도 변하지 않음을 알 수 있다.

5.5 인자점수의 계산

인자분석의 주요 관심사는 인자모형의 모수인 인자적재행렬을 추정하는 것이다. 그리고 인자점수(factor score)라고 부르는 공통인자의 추정치를 구할 필요가 있다. 인자점수의 계산은 다음과 같은 두 가지 이유에서 필요하다. 첫째는 인자공간에서 개별 관측치의 위치를 검토할 필요가 있으며, 둘째는 개별 관측치의 인자점수는 후속 통계분석(회귀분석, 판별분석, 군집분석 등)에서 새로운 변수값으로 이용될 수 있기 때문이다. 앞장의 주성분회귀분석에서 구한 주성분점수는 표준화변수의 주성분에서 직접 구할 수 있었으나, 불행히도 인자모형에서는 직접 구할 수 없고 추정하여야만 한다. 일반적인 의미에서 인자점수는 미지의 모수에 대한 추정치가 아니라 확률벡터인 잠재적인 인자들의 값에 대한 추정치이기 때문에 인자점수를 구할 때 두 가지 공통적인 사항은 다음과 같다.

(1) 추정된 인자적재 $\hat{l}_{ij}$와 특정분산 $\hat{\psi}_i$를 참값으로 간주한다.

(2) 인자점수는 일반적으로 표준화변수에 대하여 회전된 인자적재의 추정치와 특정분산의 추정치를 이용하여 계산한다.

인자점수를 추정하는 방법에는 Bartlett에 의해 제안된 가중회귀적 방법과 Thomson에 의하여 제안된 회귀적 방법 등이 있으나 여기서는 회귀적 방법에 대하여 설명하기로 하겠다. 표준화변수를 사용한 인자모형 $Z = LF + \epsilon$에서 인자적재행렬 L과 특정분산행렬 ψ가 알려져 있다고 간주한다. 이때 공통인자벡터 F와 특정인자벡터 ϵ가 결합정규분포에 따른다면 Z와 F의 결합분포는 $N_{p+m}(0, \Sigma^*)$인 다변량정규분포에 따른다. Z와 F의 공분산행렬인 Σ^*은 다음과 같이 표시된다.

$$\Sigma^* = \begin{bmatrix} V(Z) & Cov(Z,F) \\ Cov(F,Z) & V(F) \end{bmatrix} = \begin{bmatrix} \rho_{p\times p} = LL' + \psi & L_{p\times m} \\ L'_{m\times p} & I_{m\times m} \end{bmatrix} \quad (5-32)$$

[정리 2-4]를 이용하면 $F|Z=z$의 조건부분포는 다음과 같은 평균벡터와 공분산행렬을 갖는 다변량정규분포에 따른다.

$$E(F|z) = L'\rho^{-1}z = L'(LL'+\psi)^{-1}z \quad (5-33)$$

$$Cov(F|z) = I - L'\rho^{-1}L = I - L'(LL'+\psi)^{-1}L \quad (5-34)$$

식 (5 – 33)의 $L'(LL'+\psi)^{-1}$은 종속변수를 F로 하고 z를 독립변수로 하는 다변량회귀모형의 회귀계수벡터이며 이를 표준화 인자점수계수라고 한다. 결론적으로 관찰치벡터가 z_j일 때 최우추정치 $\hat{L}$과 $\hat{\psi}$가 참값이라고 하면 j번째 인자점수는 다음과 같이 구해진다.

$$\hat{f}_j = \hat{L}'R^{-1}z_j = \hat{L}'(\hat{L}\hat{L}' + \hat{\psi})^{-1}z_j, \quad j = 1, 2, \cdots, n \quad (5-35)$$

만약 인자가 직교변환행렬 T에 의하여 회전되었을 때 추정된 인자적재행렬이 $\hat{L}^* = \hat{L}T$이면 식 (5 – 35)의 인자점수는

$$\hat{f}^*_j = T'\hat{f}_j, \quad j = 1, 2, \cdots, n \quad (5-36)$$

이 된다. 따라서 인자점수는 우선 각 변수들을 표준화시킨 다음 회귀적 방법에 의하여 추정된 표준화 인자점수계수를 가중치로 사용하여 각 관찰치의 인자점수를 계산하게 된다. SAS에서는 표준화 인자점수계수와 인자점수를 출력하기 위하여 PROC FACOR 명령문에 SCORE OUT 옵션을 사용한다.

```
PROC FACTOR NFACT=2 METHOD=PRINIT ROTATE=VARIMAX
SCORE OUT=TWO ;
```

위 명령문은 인자분석절차에서 인자점수(SCORE)를 계산한 후 그 값들을 데이터

TWO에 저장하라는 것이다. 데이터 TWO에 저장된 두 개 인자점수는 FACTOR1 FACTOR2로 표시된다.

예제 5.2 영업사원의 능력평가 인자모형

어느 회사의 영업 부서에서는 영업사원의 영업실적과 잠재적인 능력 사이에 높은 상관관계가 있다는 판단아래 영업사원들의 잠재적인 능력을 평가하기 위하여 네 가지 평가시험을 실시하였다. 이를 위하여 영업사원 50명을 무작위로 추출하여 창의력 평가시험(X1), 단순추론능력 평가시험(X2), 복합추론능력 평가시험(X3)과 계량능력 평가시험(X4) 등을 실시하였다. 또한 평가대상 영업사원의 최근 6개월간에 걸친 영업수익성을 100을 기준으로 평가한 영업수익성 평가지수(X5) 자료도 조사하였다. 즉, X5 값이 100 이상이면 영업수익성이 평균이상이고, 100 미만이면 평균미만을 표시한다. 다섯개 변수에서 얻어진 자료는 첨부된 디스켓 (\DATA\FACT.DAT)에 저장되어있다.

(1) 평가시험(X1−X4)자료에서 구한 표본상관행렬에서 주성분방법에 의하여 보유할 인자의 수를 결정하여라.

(2) 반복적인 주축인자법에 의하여 최초 인자적재행렬을 추정하고, 또한 베리멕스 방법에 의하여 인자를 회전하여라.

(3) 두 개의 인자공간상에 영업수익성 평가기준(평균이상과 평균미만)에 따라 두 집단으로 분류하고 각 집단별로 영업사원의 인자점수를 도표로 표시하여라.

(4) 신입 영업사원의 네 가지 평가시험 자료가 (15, 18, 12, 35)일 때 인자점수를 계산하고 잠재적인 능력을 평가하여라.

영업사원의 평가시험과 영업실적자료

X1	X2	X3	X4	X5	X1	X2	X3	X4	X5	X1	X2	X3	X4	X5
9	12	9	20	96	7	10	10	15	91.8	8	12	9	26	100.3
13	14	12	29	103.8	10	15	12	32	107.8	10	14	11	21	97.5
9	12	9	25	99.5	18	20	15	51	122	10	17	13	31	108.3
14	18	11	39	120.5	12	17	12	32	109.8	10	18	8	31	111.8
16	17	11	34	112.5	8	10	11	34	105.5	13	10	8	34	107
7	9	5	16	93.5	11	12	11	32	105.3	11	14	11	35	110.8
5	14	13	30	104.3	17	17	11	27	105.3	10	12	7	15	95.3
5	11	11	42	115	9	9	7	16	92.5	12	15	12	37	114

16	19	12	39	121	10	15	7	23	102	14	16	12	39	118
10	16	11	49	120	8	10	13	17	90.8	9	17	11	44	121
18	15	10	43	119.5	13	11	8	10	92.8	7	15	11	27	103.3
10	12	11	19	94.5	18	17	10	42	121.5	8	13	14	47	115.5
18	16	8	18	99.5	13	12	14	28	99.8	15	19	12	41	122.3
14	20	12	37	119	9	17	13	32	109.3	13	15	6	23	102.5
17	20	10	32	113.8	1	5	9	15	87.3	7	16	11	24	101.8
18	13	12	37	112	7	15	11	14	96	8	8	8	9	89.8
14	12	12	36	109.5	12	16	11	39	118.5					

프로그램 \CH5\EX2.SAS

```
   DATA ONE;
①  INFILE 'C : \DATA\FACT.DAT' ;
   INPUT X1−X5 @@ ;
   LABEL X1='CREATIVITY' X2='MECHANICAL'
           X3='ABSTRACT' X4='MATH' X5='PROFIT' ;
②  IF X5>= 100 THEN EV='ABOVE AVERAGE' ;
   ELSE EV='BELOW AVERAGE' ;
   RUN ;
③  PROC SORT;
     BY EV ;
   RUN ;
④  PROC FACTOR SIMPLE CORR ;
     VAR X1−X4 ;
   RUN ;
⑤  PROC FACTOR METHOD=PRINIT PRIORS=SMC NFACT=2
           R=V SCORE HEYWOOD OUT=TWO ;
     VAR X1−X4 ;
   RUN ;
⑥  PROC PLOT DATA=TWO;
     PLOT FACTOR2*FACTOR1='*'/VREF=0 HREF=0 ;
     BY EV ;
   RUN ;
```

프로그램 해설

① 입력자료로 C : \DATA\FACT.DAT에 있는 자료를 이용하라는 명령문이다.

② 영업수익성 평가(X5) 점수에서 100점 이상이면 평균이상(ABOVE AVERAGE)으로, 100점 미만이면 평균미만(BELOW AVERAGE)으로 구분하는 명목변수 EV를 생성한다.

③ 자료를 명목변수 EV에 의하여 두 집단으로 분류한다.

④ 전체자료에 대하여 주성분방법에 의하여 인자모형을 추정한다. 또한 기술통계치(SIMPLE)와 상관행렬(CORR)을 출력한다.

⑤ 인자수가 두 개 일 때 반복적인 주축인자법에 의하여 인자모형을 추정한다. 인자회전은 베리멕스방법(R = V)을 사용하고, 인자점수(SCORE)를 계산하여 DATA = TWO에 저장한다.

⑥ 두 공통인자 공간에서 영업사원의 인자점수 위치를 명목변수 EV에 의하여 구분하여 표시한다.

결과 및 해석

① Means and Standard Deviations from 50 observations

	X1	X2	X3	X4
Mean	11.22	14.18	10.56	29.76
Std Dev	3.95014854	3.38477986	2.1396166	10.5377068

② Correlations

	X1	X2	X3	X4	
X1	1.00000	0.59074	0.14691	0.41264	CREATIVITY
X2	0.59074	1.00000	0.38595	0.57455	MECHANICAL
X3	0.14691	0.38595	1.00000	0.56637	ABSTRACT
X4	0.41264	0.57455	0.56637	1.00000	MATH

네 가지 평가시험에 대한 ① 표본평균과 표본표준편차가 출력되었다. 이 기술통계량값은 새로운 관측자료에 대하여 표준화를 시키는데 필요한 값이다. 네 변수에 대한 ② 표본상관행렬을 살펴보면 변수들 사이에 어느 정도의 양의 상관관계가 존재하고 있음을 알 수 있다. 상관계수 중 창의력 평가점수(X1)와 단순추론 평가점수(X2) 사이에 제일 높은 양의 상관관계(0.591)가 존재하고, 창의력 평가점수(X1)와 복합추론 평가점수(X3) 사이에는 제일 낮은 양의 상관관계(0.147)가 존재함을 알 수 있다.

Initial Factor Method : ③ Principal Components

Prior Communality Estimates: ONE

Eigenvalues of the Correlation Matrix: Total = 4 Average = 1

	1	2	3	4
Eigenvalue	2.361948	0.918479	0.364427	0.355146
Difference	1.443468	0.554053	0.009281	
Proportion	0.5905	0.2296	0.0911	0.0888
Cumulative	0.5905	0.8201	0.9112	1.0000

③ 주성분방법에 의하여 추정된 고유값을 살펴보면 두 번째 고유값은 1보다 약간 작으나 세 번째 고유값과 비교하여 큰 차이를 보이므로 두 개의 인자를 선택하는 것이 적절할 것으로 판단된다. 두 개 인자에 의하여 설명되어지는 전체 표본분산의 누적비율은 약 82%가 된다. 인자의 수를 두 개로 하고 반복적인 주축인자법에 의하여 추정된 ④ 인자적재행렬 $\hat{L}$과 ⑤ 회전된 인자적재행렬 $\hat{L}^*$을 동시에 표시하면 다음과 같다.

④ Factor Pattern ⑤ Rotated Factor Pattern

	④ FACTOR1	④ FACTOR2	⑤ FACTOR1	⑤ FACTOR2	
X1	0.64544	−0.48369	0.80111	0.09368	CREATIVITY
X2	0.78238	−0.17637	0.68880	0.41083	MECHANICAL
X3	0.60449	0.50040	0.09378	0.77911	ABSTRACT
X4	0.7793	0.18951	0.43469	0.67409	MATH

반복적인 주축인자법에 의하여 추정된 ④ 인자적재행렬을 살펴보면 첫 번째 인자는 네 가지 평가시험에 대한 종합능력점수를 의미하고, 두 번째 인자는 창의력(X1)과 복합추론 능력(X3) 사이의 대비 현상을 보이고 있다. 베리멕스기준에 의하여 인자를 회전시켜 얻은 ⑤ 인자적재행렬의 추정치에 대하여 인자를 해석하기로 하자. 첫 번째 인자는 창의력과 단순추론능력의 합성변수이고, 두 번째 인자는 복합추론능력과 계량적능력의 합성변량으로 해석될 수 있다.

⑥ Standardized Scoring Coefficients

	FACTOR1	FACTOR2	
X1	0.57241	−0.20453	CREATIVITY
X2	0.36987	0.09336	MECHANICAL
X3	−0.18421	0.55051	ABSTRACT
X4	0.09031	0.39305	MATH

회귀적방법에 의하여 추정된 ⑥ 표준화 인자점수계수를 표준화변수의 선형결합계수로 사용하면 각 관측치에 대하여 인자점수를 구할 수 있다. 회전된 인자적재행렬의 추정치로부터 구한 인자점수함수는 다음과 같다.

$$\widehat{f_1^*} = 0.57241\, z_1 + 0.36987\, z_2 - 0.18421\, z_3 + 0.09031\, z_4$$

$$\widehat{f_2^*} = -0.20453\, z_1 + 0.09336\, z_2 + 0.55051\, z_3 + 0.39305\, z_4$$

첫 번째 인자점수는 창의력(z_1)과 단순추론능력(z_2)이 높을수록 큰 값을 갖고, 두 번째 인자점수는 복합추론능력(z_3)과 계량적능력(z_4)이 높을수록 큰 값을 가지게 된다. 영업사원 50명에 대한 인자점수가 두 공통인자 공간의 어느 위치에 있는가를 시각적으로 알아보기 위하여 그림으로 표시하여야 한다. 또한 영업수익성 평가지수를 평균이상과 평균미만으로 구분하여 표시하여 공통인자 공간에서 인자점수의 분포가 차이가 있는지 살펴볼 필요가 있다.

------------------------------ ⑦ EV = ABOVE AVERAGE ----------------------------------

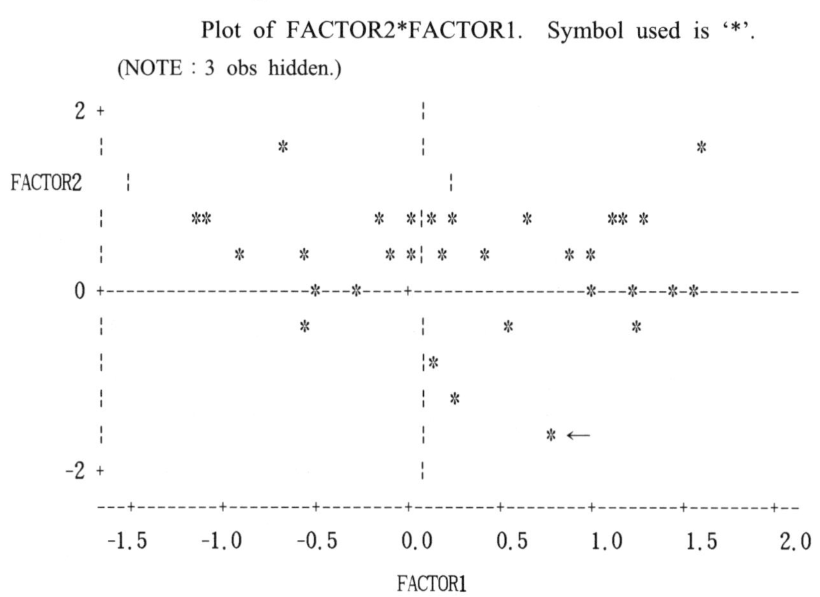

------------------------------ ⑧ EV=BELOW AVERAGE ---------------------------------------
Plot of FACTOR2*FACTOR1. Symbol used is '*'.

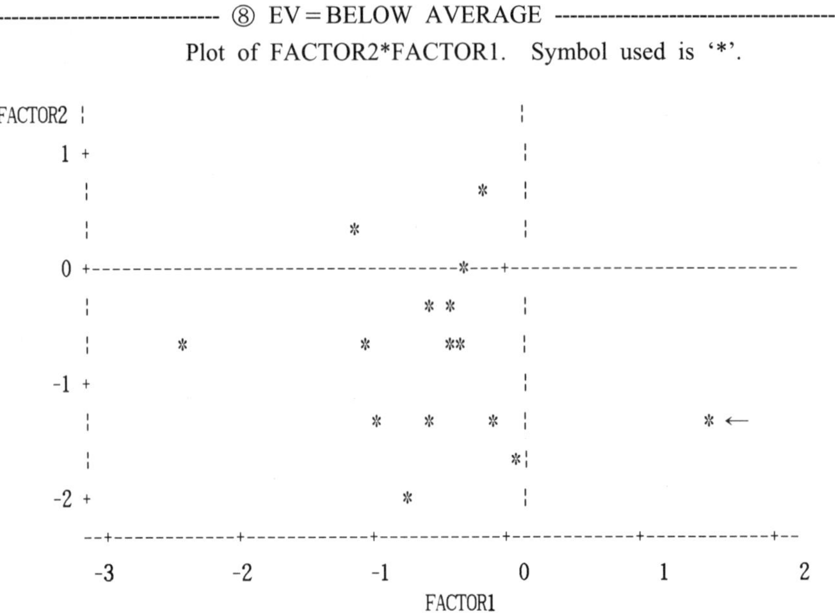

영업수익성 평가지수가 평균이상인 영업사원에 대한 ⑦ 인자점수 산포도를 살펴보면 두 번째 인자점수의 상당한 부분이 양수이고 첫 번째 인자점수는 음수와 양수에 걸쳐 넓게 퍼져 있기 때문에 두 번째 인자의 점수가 클수록 영업수익성이 커질 것으로 판단되며, 첫 번째 인자는 영업수익성에 중요한 영향을 미친다고는 판단할 수 없을 것이다. 또한 영업수익성 평가지수가 평균미만인 영업사원에 대한 ⑧ 인자점수 산포도를 살펴보면 첫 번째와 두 번째 인자점수의 대부분이 음수인 경우를 나타내고 있다. 따라서 두 개의 인자점수가 음수인 영업사원은 영업수익성 평가지수가 평균미만일 것이라고 미리 예측할 수 있을 것이다. 두 산점도를 결합하면 평가대상 영업사원 중 두 인자점수가 모두 양수인 경우인 우수한 자질을 갖춘 영업사원비율은 높지 않은 것으로 평가된다. 또한 두 집단의 인자점수의 산점도에서 대부분의 값과 상당히 다른 값으로 나타난 이상치는 (←)로 표시되었다.

새로운 신입사원의 네 가지 평가점수가 (15, 18, 12, 35)일 때 인자점수를 계산하기 위해서 우선 각 평가점수를 표준화시킨 다음 인자점수함수에 대입하여 구하게 된다. 예를 들면 i 변수의 j 번째 관측치는 $z_{ij} = (x_{ij} - \overline{x}_i)/s_i$ 에 의하여 표준화된다. ①에서 구한 표본평균과 표본표준편차를 이용하여 구한 표준화변수 값과 인자점수는 다음과 같이 계산된다.

$$z_1 = (15 - 11.22)/3.950 = 0.95696, \quad z_2 = (18 - 14.18)/3.38478 = 1.12858$$

$$z_3 = (12 - 10.56)/2.1396 = 0.67302, \quad z_4 = (35 - 29.76)/10.5377 = 0.49726$$

$$\hat{f}_1^* = 0.57241\, z_1 + 0.36987\, z_2 - 0.18421\, z_3 + 0.09031\, z_4 = 0.88613$$

$$\hat{f}_2^* = -0.20453\, z_1 + 0.09336\, z_2 + 0.55051\, z_3 + 0.39305\, z_4 = 0.47559$$

신입 영업사원의 능력평가시험의 첫 번째 인자점수는 0.88613이고, 두 번째 인자점수가 0.47559로 모두 양수이므로 매우 우수한 잠재적인 능력을 보유하고 있다고 판단된다. 또한 이 신입사원의 미래 영업활동에 대한 영업수익 평가지수는 평균이상이 될 가능성이 높다고 미리 예측할 수 있을 것이다.

5.6 인자분석 모형의 타당성

인자분석 결과는 1) 인자의 수를 결정하기 위한 기준, 2) 인자적재의 추정방법, 3) 인자회전 방법 등에 따라 달라질 수 있고 주관적 해석이 가능하기 때문에, 객관적인 해석에 논란의 여지가 있을 수 있다. 일반적으로 p-변수 공분산행렬에 대한 인자모형 $\Sigma = L'L + \Psi$ 혹은 상관행렬에 대한 인자모형 $\rho = L'L + \Psi$에서 $L'L$의 계수는 m이다. 여기서 인자모형에 설정된 인자의 수 m은 변수의 수 p보다 상당히 작은 값을 의미한다. 해당 자료가 인자모형에 잘 적합되지 않는 경우는 다음과 같은 두가지로 구분할 수 있다. 먼저, Σ 혹은 ρ에 근사하게 재생하려면 충분한 인자의 수가 필요한 경우이다. 이 경우 설명력이 높은 소수개 인자 m을 포함한 인자모형을 적용할 경우 자료의 적합도가 낮아질 수밖에 없다. 반면에 Σ 혹은 ρ이 소수개 인자 m에 대한 $L'L + \Psi$에 의하여 근사하게 재생될 수 있는 경우이다. 이 경우 모집단에서 얻은 다변량 표본에 따라 표본공분산행렬 S 혹은 표본상관행렬 R의 구조가 크게 달라질 수 있다. 따라서 특정 표본에 근거한 인자모형의 자료의 적합도는 서로 상당한 차이가 있을 수 있다. 본 절에서는 인자모형의 표본적합도를 평가할 수 있는 지표에 대하여 설명하겠다.

5.6.1. 표본적합도(MSA)

일반적으로 변수들 사이의 다중공선성 관계가 강해짐에 따라 인자모형의 적합도는 증가하게 된다. 다변량 표본이 설정된 인자모형에 얼마나 잘 적합 하는지 평가하기 위해서 표본적합도(MSA: Measure of Sampling Adequacy)를 사용한다. 자료에 인자모형이 잘 적합되기 위해서는 표본상관행렬의 역행렬 R^{-1}이 대각행렬(diagonal matrix)에 근사되어야 한다. R^{-1}이 얼마나 대각행렬에 근사하는지 평가하기 위한 전체 자료에 대한 전체 표본적합도(overall MSA)는 식(5-33)과 같이 표시된다.

$$MSA = \frac{\sum_{i=1}^{p}\sum_{k \neq i}^{p} r_{ik}^2}{\sum_{i=1}^{p}\sum_{k \neq i}^{p} r_{ik}^2 + \sum_{i=1}^{p}\sum_{k \neq i}^{p} q_{ik}^2} \qquad (5-37)$$

식 (5-37)에서 r_{ik}^2은 $R=\{r_{ik}\}$ 원소의 제곱이고 q_{ik}^2는 $Q = DR^{-1}D = \{q_{ik}\}$의 원소의 제곱을 의미하고, $D = [(\text{대각}R^{-1})^{1/2}]^{-1}$이다. 또한 전체 자료가 아니라 개별 변수 자료에 대한 개별변수 표본적합도(individual MSA)는 유사하게 식 (5-38)와 같이 표시된다.

$$MSA_i = \frac{\sum_{k \neq i}^{p} r_{ik}^2}{\sum_{k \neq i}^{p} r_{ik}^2 + \sum_{k \neq i}^{p} q_{ik}^2}, \quad i = 1, 2, \cdots, p. \qquad (5-38)$$

MSA의 범위는 0과 1사이의 값으로 표시된다. 범위 내에서 수준은 변수들의 동질성(중복성)에 대한 척도를 의미한다. 만약 개별변수가 다른 변수들에 의하여 오류 없이 완전하게 설명될 수 있다면, 표본상관행렬의 역행렬 R^{-1}이 대각행렬에 접근하게 되고 MSA는 1로 접근한다. Kaiser 와 Rice는 인자분석을 통하여 만족할만한 결과를 기대하기 위해서는 전체 MSA가 0.8보다 큰 값이 되어야 한다고 제시하였다. 그리고 $0.7 < MSA < 0.8$인 경우 보통이상(middling), $0.6 < MSA < 0.7$인 경우 보통(mediocre), $0.5 < MSA < 0.6$인 경우 미흡(miserable), $MSA \leq 0.5$ 채택불가(unacceptable) 기준을 제

시하였다. 일반적으로 인자분석에서 허용될 수 있는 MSA 하한값은 0.6이다. 전체 MSA는 1) 표본크기가 증가하고, 2) 상관계수의 평균이 증가하고, 3) 변수의 수가 증가하고, 4) 인자의 수가 감소함에 따라 증가하게 된다.

전체 MSA는 설정된 인자모형의 표본적합도를 평가하는데 적용될 수 있고, 개별 MSA는 인자모형에 포함될 변수를 선택하기 위한 지표로 사용될 수 있다. MSA_i가 작은 값으로 나타나면 X_i는 다른 변수들과 상관관계가 작다는 의미이다. 개별변수가 인자모형에 포함되기 위해서는 개별 MSA가 적어도 0.6 이상이어야 한다. 분석자는 우선 개별 MSA를 평가한 후 0.6 이하로 나타난 변수를 제거한 후, 나머지 변수에 대한 전체 MSA를 다시 평가할 수 있을 것이다.

[예제 5.2]에서 인자모형의 표본적합도를 구하기 위해서 PROC FACOR에 옵션 MSA를 포함하여 실행하면 다음과 같은 출력을 얻게 된다.

Kaiser's Measure of Sampling Adequacy : Overall MSA = 0.67164297

X1	X2	X3	X4
0.63893804	0.69405360	0.63304844	0.69790448

전체 MSA가 0.67로 인자모형의 표본적합도는 보통정도라고 판단할 수 있다. 모형에 포함된 네 개 변수들은 모두 보통정도에 포함되었고, 0.6 이하가 없기 때문에 특정변수의 제외는 고려하지 않았다.

연 / 습 / 문 / 제

5.1 세 개 변수 X_1, X_2과 X_3에 대한 상관행렬 ρ이 다음과 같이 주어졌을 때

$$\rho = \begin{bmatrix} 1.0 & 0.63 & 0.45 \\ 0.63 & 1.0 & 0.35 \\ 0.45 & 0.35 & 1.0 \end{bmatrix}$$

표준화변수 Z_1, Z_2과 Z_3에 대하여 공통인자가 하나인 직교인자모형은 다음과 같다.

$$Z_1 = 0.9F_1 + \epsilon_1$$
$$Z_2 = 0.7F_1 + \epsilon_2$$
$$Z_3 = 0.5F_1 + \epsilon_3$$

여기서 $Var(F_1) = 1$이고, $Cov(\epsilon, F_1) = 0$이다. 특정인자에 대한 분산이

$$\psi = Cov(\epsilon) = \begin{bmatrix} 0.19 & 0 & 0 \\ 0 & 0.51 & 0 \\ 0 & 0 & 0.75 \end{bmatrix}$$

일 때 상관행렬 ρ가 $\rho = LL' + \psi$과 같은 형태로 표시될 수 있음을 확인하여라.

문제 5.1에서 상관행렬 ρ의 고유값과 고유벡터가 다음과 같이 구해졌을 때 다음 물음에 답하여라.

$$\lambda_1 = 1.96,\quad e'_1 = [0.625, 0.593, 0.507]$$
$$\lambda_2 = 0.68,\quad e'_2 = [-0.219, -0.491, 0.843]$$
$$\lambda_3 = 0.36,\quad e'_3 = [0.749, -0.638, -0.177]$$

(1) 공통인자가 하나인 경우 주성분방법에 의하여 인자적재행렬 L과 특정인자 공분산행렬 ψ를 계산하고 문제 5.1과 비교하여라.

(2) 첫 번째 공통인자에 의하여 설명되어지는 전체 분산에 대한 비율을 구하여라.

다음 자료는 252명의 성인 남자에서 조사된 7가지 인구통계변수에 대한 표본상관행렬 R이다. 인구통계변수는 X1(Age 나이), X2(Family size 가족수), X3(Education 교육년수), X4(Marital status 결혼여부), X5(White collar 사무직), X6(Blue collar 비사무직), X7(Annual income 연봉)이다. 상관행렬을 입력자료로 하여 SAS를 이용하여 인자분석을 하여라.

$$R = \begin{bmatrix} 1.00 & & & & & & \\ -0.14 & 1.00 & & & & & \\ 0.15 & -0.03 & 1.00 & & & & \\ 0.61 & 0.03 & 0.17 & 1.00 & & & \\ 0.29 & -0.12 & 0.47 & 0.25 & 1.00 & & \\ -0.15 & 0.05 & -0.46 & -0.04 & -0.71 & 1.00 & \\ 0.13 & 0.29 & 0.21 & 0.16 & 0.21 & -0.19 & 1.00 \end{bmatrix}$$

(1) 주성분방법에 의하여 고유값을 구하고 적절한 공통인자의 수를 결정하여라.

(2) 공통인자의 수가 세 개일 때 주축인자법과 최대우도법에 의하여 인자적재행렬을 추정하고 해석하여라.

(3) 인자를 베리멕스 회전시켜 그 결과를 해석하여라.

5.4 다음 표는 미국 Wisconsin 주 14개 지역에 대한 5개 사회경제적 변수에 대한 자료이다.

X1 = 총인구수(천명)　　X2 = 교육년수 중위값(년)
X3 = 총고용자수(천명)　　X4 = 의료기관 고용자수(천명)
X5 = 주택가격 중위값(만불)

14개 지역에 대한 사회경제적 자료

지역	X1	X2	X3	X4	X5
1	5.935	14.2	2.265	2.27	2.91
2	1.523	13.1	0.597	0.75	2.62
3	2.599	12.7	1.237	1.11	1.72
4	4.009	15.2	1.649	0.81	3.02
5	4.687	14.7	2.312	2.50	2.22
6	8.044	15.6	3.641	4.51	2.36
7	2.766	13.3	1.244	1.03	1.97
8	6.538	17.0	2.618	2.39	1.85
9	6.451	12.9	3.147	5.52	2.01
10	3.314	12.2	1.606	2.18	1.82
11	3.777	13.0	2.119	2.83	1.80
12	1.530	13.8	0.798	0.84	4.25
13	2.768	13.6	1.336	1.75	2.64
14	6.585	14.9	2.763	1.91	3.17

(1) 표본상관행렬 R에서 주성분방법에 의하여 고유값을 추정하고, 몇 개 인자에 의하여 자료가 요약될 수 있는지 결정하여라.

(2) 공통인자의 수가 두 개 일 때 최대우도법에 의하여 인자적재행렬을 추정하고 해석하여라.

(3) 인자를 베리멕스 방법에 의하여 회전시켜 그 결과를 구하여라.

(4) 인자점수를 구하고 두 공통인자를 축으로 산점도를 그려라.

5.5 다음 자료는 어느 고등학교 여학생들로부터 측정된 여섯 가지 체격변수에 대한 표본상관이다. 여섯 가지 체격변수들은 X1(신장), X2(팔길이), X3(다리길이), X4(몸무게), X5(가슴둘레), X6(가슴넓이)이다.

$$R = \begin{bmatrix} 1.0 & & & & & \\ 0.846 & 1.0 & & & & \\ 0.859 & 0.826 & 1.0 & & & \\ 0.473 & 0.376 & 0.436 & 1.0 & & \\ 0.301 & 0.277 & 0.327 & 0.730 & 1.0 & \\ 0.382 & 0.415 & 0.365 & 0.629 & 0.539 & 1.0 \end{bmatrix}$$

(1) 표본상관행렬 R에서 주성분방법에 의하여 고유값을 추정하고, 몇 개의 인자에 의하여 자료가 요약될 수 있는지 결정하여라.

(2) 공통인자의 수가 두 개 일 때 최대우도법에 의하여 인자적재행렬을 추정하고 해석하여라.

(3) 인자를 베리멕스방법에 의하여 회전시켜 그 결과를 구하여라.

5.6 어느 기업의 직원 784명으로부터 직무와 관련된 12개 변수에 대한 자료를 수집하여 다음과 같은 상관행렬을 얻었다. 12개 변수의 내용은 아래와 같다. 상관행렬을 입력자료로 하여 인자분석을 실시하여라(상관행렬은 아래 프로그램에 포함되어 있다).

(1) 주성분방법에 의하여 고유값을 구하고 적절한 공통인자의 수를 결정하여라.

(2) 공통인자의 수가 두 개일 때 주축인자법과 최대우도법에 의하여 인자적재행렬을 구하고 해석하여라.

(3) 주축인자법에 의해서 구한 인자를 베리맥스 회전시켜 그 결과를 해석하여라.
(힌트) 첫 번째 인자 : 전반적인 직무속성, 두 번째 인자 : 전반적인 직무만족

X1 = 직무의 피드백(feedback)
X2 = 직무의 중요성(task significance)
X3 = 직무의 다양성(task variety)
X4 = 직무의 정체성(task identity)
X5 = 자율성(autonomy)
X6 = 상사에 대한 만족(supervisor satisfaction)
X7 = 승진(promotion)
X8 = 재정(financial) 만족도
X9 = 작업량(workload) 만족
X10 = 회사 정체성(company identification)
X11 = 작업관련(kind-of-work) 만족
X12 = 전반적(general)만족

<SAS Program: \CH5\P6.SAS>

```
DATA CORR(TYPE=CORR);
  INPUT _TYPE_ $ _NAME_ $ X1-X12;
CARDS;
   N   .   784 784 784 784 784 784 784 784 784 784 784 784
CORR X1    1.0  .   .   .   .   .   .   .   .   .   .   .
CORR X2    .49 1.0  .   .   .   .   .   .   .   .   .   .
CORR X3    .53 .57 1.0  .   .   .   .   .   .   .   .   .
CORR X4    .49 .46 .48 1.0  .   .   .   .   .   .   .   .
CORR X5    .51 .53 .57 .57 1.0  .   .   .   .   .   .   .
CORR X6    .33 .30 .31 .24 .38 1.0  .   .   .   .   .   .
CORR X7    .32 .21 .23 .22 .32 .43 1.0  .   .   .   .   .
CORR X8    .20 .16 .14 .12 .17 .27 .33 1.0  .   .   .   .
CORR X9    .19 .08 .07 .19 .23 .24 .26 .25 1.0  .   .   .
CORR X10   .30 .27 .24 .21 .32 .34 .54 .46 .28 1.0  .   .
CORR X11   .37 .35 .37 .29 .36 .37 .32 .29 .30 .35 1.0  .
CORR X12   .21 .20 .18 .16 .27 .40 .58 .45 .27 .59 .31 1.0
```

```
;
RUN;
PROC FACTOR SCREE;
  VAR X1-X12;
RUN;
PROC FACTOR NFACT=2 PRIORS=SMC
 METHOD=PRINIT ROTATE=VARIMAX HEYWOOD;
RUN;
PROC FACTOR NFACT=2 PRIORS=SMC
 METHOD=ML ROTATE=VARIMAX HEYWOOD PREPLOT PLOT;
RUN;
```

6개 햄버거 전문점(Brand1-Brand6)에 대하여 1536명 소비자에게 7개 변수 X1=음식맛 평가(1 : 매우 좋다, 6 : 매우 나쁘다), X2=청결성평가(1 : 매우 청결하다, 6: 매우 청결하지 않다), X3=편의성 평가(1:매우 가까운 위치에 있다, 6 : 매우 먼 위치에 있다), X4=가격 평가(1 : 가격이 싸다, 6 : 가격이 비싸다), X5=서비스 속도 평가(1 : 매우 빠른 서비스, 6 : 매우 느린 서비스), X6=어린이 인기 평가(1:매우 좋아하고 있다, 6 : 매우 싫어하고 있다), X7=메뉴의 다양성 평가(1 : 메뉴가 매우 다양하다, 6 : 메뉴가 매우 적다)에 대하여 6점 척도로 평가하였다. 그리고 설문응답자에 대한 세 가지 0속성은 X8=이용회수(1 : 일주일 두 번 이상, 2 : 일주일에 한 번, 3 : 한 달에 2-3번, 4 : 한 달에 한번, 5: 거의 이용하지 않음), X9=성별(1 : 남성, 2 : 여성), X10=나이(1 : 15-19, 2 : 20-24, 3 : 25-29, 4 : 30-34, 5 : 35-39, 6 : 40-49, 7 : 50-59, 8 : 60-69, 9 : 70 이상)이다. 설문자료(\DATA\FAST.DAT)로부터 다음 절차에 따라 인자분석하여라.

(1) 표본상관행렬에서 주성분방법에 의하여 인자적재를 추정하고, 스크리플롯에 의하여 보유할 인자의 수를 결정하여라.

(2) 인자의 수를 3개로 하고 반복적인 주축인자방법에 의하여 인자적재행렬을 추정하고, 베리멕스방법으로 요인을 회전시켜 그 결과를 해석하여라.

(힌트 : 첫 번째 인자는 가격과 편의성을 제외한 나머지 5개 평가요소에 대한 종합적 선호도를 의미한다. 두 번째 인자는 편의성 지표로 세 번째 인자는 가격지표로 판단할 수 있다.)

(4) 표본적합도(MSA)를 구하여 적합도 수준을 검토하여라.

(5) 6개 햄버거 전문점에 대하여 인자점수의 평균과 표준편차를 구하여라.

(6) 인자점수의 평균을 이용하여 햄버거 시장에서 6개 브랜드의 상대적인 위치를 2차원 인자공간에 표시하여라.

(7) 인자점수를 나이가 20대 이하 30대 이상으로 구분한 후, 나이구분에 따른 인자점수의 산점도(FACTOR2*FACTOR1)를 출력하여 차이를 확인하여라.

<SAS Program: \CH5\P7.SAS>

```
DATA ONE;
 INFILE 'C:\DATA\FAST.DAT';
 INPUT BRAND X1-X7 X8-X10;
 LABEL X1='TASTE' X2='CLEAN' X3='CONVENIENCE' X4='PRICE'
       X5='SERVICE' X6='CHILD-LIKE' X7='MENU'
       X8='VISIT-FEEQUENCY' X9=''GENDER' X10='AGE';
RUN;
PROC FACTOR SCREE;
 VAR X1-X7;
RUN;
PROC FACTOR NFACT=3 PRIORS=SMC METHOD=PRINIT ROTATE=VARIMAX
   HEYWOOD OUT=TWO MSA;
 VAR X1-X7;
RUN;
PROC MEANS DATA=TWO MEAN STD;
 VAR FACTOR1 FACTOR2 FACTOR3;
 OUTPUT ①OUT=THREE MEAN=MFACTOR1 MFACTOR2 MFACTOR3;
 ②BY BRAND;
RUN;
```

```
PROC PLOT DATA=THREE HPERCENT=50 VPERCENT=50;
 ③PLOT MFACTOR2*MFACTOR1=BRAND/VREF=0 HREF=0;
 PLOT MFACTOR3*MFACTOR1=BRAND/VREF=0 HREF=0;
RUN;
DATA FOUR;
 SET TWO;
 IF X10<=3 THEN AG=1; ELSE AG=2;
RUN;
PROC SORT; BY AG; RUN;
PROC PLOT DATA=FOUR HPERCENT=50 VPERCENT=50;
 PLOT FACTOR2*FACTOR1='*'/VREF=0 HREF=0;
 PLOT FACTOR3*FACTOR1='*'/VREF=0 HREF=0;
 BY AG;
RUN;
```

프로그램 참조

① DATA TWO의 인자점수 FACTOR1-FACTOR3의 평균(MEAN)을 MFACTOR1-MFACTOR3으로 설정하여 자료 THREE에 보내는(OUT) 명령문이다.

② 브랜드(BRAND)에 따라 인자점수와 평균을 분류한다.

③ 인자점수의 축에서 인자점수의 평균을 브랜드로 출력한다.

연습문제 [2.6]에서 37개 기업의 12개 변수에 대한 자료(\DATA\FIN.DAT)에 대하여 아래 절차에 따라 주성분분석을 수행하여라. 분석 프로그램으로 \CH5\P8.SAS을 활용하여라.

(1) 표본상관행렬에서 주성분방법에 의하여 인자적재를 추정하고, 스크리플롯에 의하여 보유할 인자의 수를 결정하여라.

(2) 인자의 수를 3개로 하고 반복적인 주축인자방법에 의하여 인자적재행렬을 추정하고, 베리멕스방법으로 요인을 회전시켜 그 결과를 해석하여라.

(3) 표본적합도(MSA)를 구하여 적합도 수준을 검토하여라.

(4) 첫 번째 인자점수를 수평축(수익성 및 유동성 지표)으로 두 번째 인자점수를 수직축(성장성지표)으로 산점도를 작성하고, 기업들의 경영성과 수준을 비교하여라. 산점도를 4등분하고 각 등분의 의미를 부여하여라.

구분	변수	내용
성장성 지표	X1 : 매출액 증가율	(당기매출액/전기매출액) × 100 − 100
		기업의 외형 신장세를 판단
	X2 : 총자산 증가율	(당기말 총자산/전기말 총자산) × 100 − 100
		기업의 전체적인 성장성을 측정
	X3 : 자기자본 증가율	(당기말 자기자본/전기말 자기자본) × 100 − 100
		내부유보 또는 유상증자를 통한 자기자본증가
수익성 지표	X4 : 매출액 영업이익률	(영업이익 / 매출액) × 100
		영업이익만을 매출액과 대비한 영업효율성
	X5 : 총자산 순이익률	(당기순이익 / 총자산) × 100
		ROA(Return on assets)로 기업경영활동 평가
	X6 : 자본금 순이익률	(당기순이익 / 총자본) × 100
		기업의 배당능력 판단을 위한 기초자료
유동성 지표	X7 : 자기자본비율	(자기자본 / 총자본) × 100
		비율이 높을수록 기업의 안정성이 높음
	X8 : 유동비율	(유동자산 / 유동부채) × 100
		비율이 높을수록 단기지급능력이 양호함
	X9 : 부채비율	((유동부채 + 비유동부채) / 자기자본) × 100
		비율이 높을수록 이자비용으로 수익성 악화됨
활동성 지표	X10 : 총자산 회전율	매출액 / 총자산
		기업에 투하한 총자산의 운용효율
	X11 : 자본금 회전율	매출액/총자본
		자본금 이용의 효율성 수준
	X12 : 매출채권 회전율	매출액 / 매출채권
		비율이 높을수록 매출채권의 현금화 속도가 높음

<SAS Program: \CH5\P8.SAS>

```
DATA ONE;
 INFILE 'C:\DATA\FIN.DAT';
 INPUT X1-X12;
RUN;
PROC FACTOR SCREE MSA;
 VAR X1-X12;
RUN;
PROC FACTOR NFACT=3 PRIORS=SMC METHOD=PRINIT ROTATE=VARIMAX
 HWYWOOD MSA OUT=TWO;
 VAR X1-X12;
RUN;
PROC PLOT DATA=TWO HPERCENT=50 VPERCENT=50;
 PLOT FACTOR2*FACTOR1='*'/VREF=0 HREF=0;
 PLOT FACTOR3*FACTOR1='*'/VREF=0 HREF=0;
RUN;
```

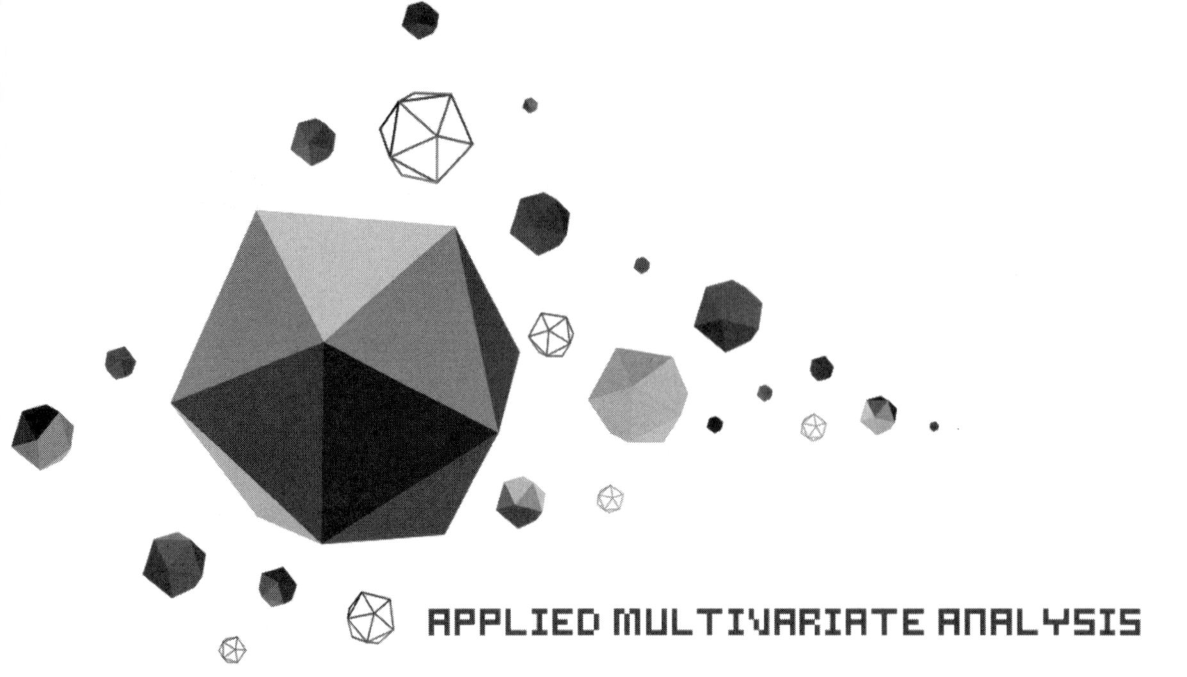
APPLIED MULTIVARIATE ANALYSIS

정준상관분석

CHAPTER 06

정준상관분석

APPLIED MULTIVARIATE ANALYSIS

6.1 서 론

정준상관분석은 다중회귀분석과 상관분석의 확장으로 생각하면 쉽게 이해할 수 있을 것이다. 다중선형회귀분석에서는 모형에 포함된 여러 독립변수들의 최적선형결합을 이용하여 하나의 종속변수의 변동을 설명한다. 추정된 다중회귀함수의 정도를 측정하는 방법으로 흔히 사용되는 다중결정계수는 종속변수의 관측치와 모형에 의하여 추정된 추정치 사이의 단순상관계수이다. 따라서 다중회귀분석에서의 관심사는 여러 개의 독립변수들과 하나의 종속변수 사이의 선형적인 함수관계를 살펴보는데 있다.

반면 정준상관분석에서는 여러 변수들을 두 변수집단인 종속변수집단(기준변수집단)과 독립변수집단(설명변수집단)으로 분류한 후, 두 변수집단 사이의 상관구조를 가장 잘 설명할 수 있는 변수들의 선형결합을 찾는 것이다. 특히 정준상관분석은 종속변수집단의 변수들이 서로 상관관계에 있을 때 매우 유용하게 사용될 수 있다. 정준상관분석을 사용하기 위한 자료의 수준은 모든 변수들을 등간척도나 비율척도로 측정해야만 된다. 또한 정준변수들 사이의 관계에 대한 유의성 검정을 하기 위해서는 변수들이 다변량정규분포를 가정을 하여야 한다. 본 장에서는 정준상관분석의 기본적 개념과 분석결과를 해석하는데 중점을 두기로 하겠다.

☑ 모집단 정준변수와 정준상관
☑ 모집단 정준구조행렬의 계산
☑ 표본정준상관분석
☑ 설명되는 비율과 중복계수
☑ 통계적 검정
☑ SAS를 이용한 정준상관분석

6.2 정준변수와 정준상관 : 모집단 모형

본 절에서는 모집단 정준상관모형에서 정준변수와 정준상관계수가 어떻게 유도되는지를 설명하기로 하겠다. p+q개 확률변수들을 두 개 집단으로 분류할 때 p개 확률변수로 구성된 종속변수집단을 확률벡터 Y로 표시하고, q개 확률변수로 구성된 독립변수집단을 X로 표시하기로 하자. 이론적 전개를 위하여 $p \leq q$라고 가정한다. 확률벡터 Y와 X의 평균벡터와 분산공분산행렬은 각각 다음과 같이 표시된다.

$$
\begin{aligned}
&Y = (Y_1, Y_2, \cdots, Y_p)', \ X = (X_1, X_2, \cdots, X_q)' \\
&E(Y) = \boldsymbol{\mu}_y = (\mu_{y1}, \mu_{y2}, \cdots, \mu_{yp})' \\
&E(X) = \boldsymbol{\mu}_x = (\mu_{x1}, \mu_{x2}, \cdots, \mu_{xq})' \\
&Cov(Y) = \boldsymbol{\Sigma}_{yy} = E\{(Y-\boldsymbol{\mu}_y)(Y-\boldsymbol{\mu}_y)'\} \\
&Cov(X) = \boldsymbol{\Sigma}_{xx} = E\{(X-\boldsymbol{\mu}_x)(X-\boldsymbol{\mu}_x)'\} \\
&Cov(Y, X) = \boldsymbol{\Sigma}_{yx} = \boldsymbol{\Sigma}_{xy}' = E\{(Y-\boldsymbol{\mu}_y)(X-\boldsymbol{\mu}_x)'\} \qquad (6-1)
\end{aligned}
$$

식 (6-1)에서 $\boldsymbol{\Sigma}_{yy}$와 $\boldsymbol{\Sigma}_{xx}$는 각 변수집단내 분산공분산행렬을 의미하고, $\boldsymbol{\Sigma}_{yx}$는 두 변수집단간 공분산행렬을 의미한다. 두 집단을 결합한 p+q차원 확률벡터 $U = (Y, X)'$를 고려하면 확률벡터 U의 평균벡터 $\boldsymbol{\mu}_u$와 분산공분산행렬 $\boldsymbol{\Sigma}_{uu}$은 다음과 같이 분할되어 표시된다.

$$
\boldsymbol{\mu}_u = E(U) = \begin{bmatrix} E(Y) \\ \cdots\cdots \\ E(X) \end{bmatrix} = \begin{bmatrix} \boldsymbol{\mu}_y \\ \cdots \\ \boldsymbol{\mu}_x \end{bmatrix} \qquad (6-2)
$$

$$
\begin{aligned}
\boldsymbol{\Sigma}_{uu} &= E\{(U-\boldsymbol{\mu}_u)(U-\boldsymbol{\mu}_u)'\} \\
&= \begin{bmatrix} Cov(Y) & \vdots & Cov(Y, X) \\ \cdots\cdots & \vdots & \cdots\cdots \\ Cov(X, Y) & \vdots & Cov(X) \end{bmatrix} = \begin{bmatrix} \boldsymbol{\Sigma}_{yy} & \vdots & \boldsymbol{\Sigma}_{yx} \\ \cdots\cdots & \vdots & \cdots\cdots \\ \boldsymbol{\Sigma}_{xy} & \vdots & \boldsymbol{\Sigma}_{xx} \end{bmatrix} \qquad (6-3)
\end{aligned}
$$

두 변수집단 사이의 연관관계는 두 집단간의 공분산행렬 Σ_{yx}의 $(p \times q)$개 원소를 살펴보면 대략적으로 파악할 수 있을 것이다. 그러나 각 집단 변수의 수가 크다면 Σ_{yx}의 원소들을 해석한다는 것은 거의 불가능하다. 이러한 경우 정준상관분석에서는 Σ_{yx}의$(p \times q)$개 공분산들보다는 소수개 공분산(혹은 상관)들을 이용하여 Y와 X의 연관성을 요약하게 된다.

Y와 X의 연관관계는 각 변수집단에서 선택되는 변수들의 선형결합으로 나타나게 된다. 각 변수집단에서 p차원 계수벡터 a와 q차원 계수벡터 b를 이용한 선형결합 W와 V를 다음과 같이 생각해 보자.

$$\begin{aligned} W &= a'Y = a_1 Y_1 + a_2 Y_2 + \cdots + a_p Y_p \\ V &= b'X = b_1 X_1 + b_2 X_2 + \cdots + b_q X_q \end{aligned} \tag{6-4}$$

여기서 선형결합에 사용된 계수 a_i, b_i는 선형결합W와V에서 사용된 각 변수들의 가중치를 의미한다. 선형결합 W,V의 분산과 공분산을 구하기 위하여 식 (1-22)를 이용하면

$$\begin{aligned} Var(W) &= a'Cov(Y)a = a'\Sigma_{yy}a \\ Var(V) &= b'Cov(X)b = b'\Sigma_{xx}b \\ Cov(W,V) &= a'Cov(Y,X)b = a'\Sigma_{yx}b \end{aligned} \tag{6-5}$$

이 된다. 또한 확률변수W와V의 단순상관계수 $\rho(W,V)$는

$$\begin{aligned} \rho(W,V) &= \frac{Cov(W,V)}{\{Var(W)Var(V)\}^{1/2}} \\ &= \frac{a'\Sigma_{yx}b}{\{(a'\Sigma_{yy}a)(b'\Sigma_{xx}b)\}^{1/2}} \end{aligned} \tag{6-6}$$

이 된다. 정준상관분석에서는 Y와 X에 대한 많은 선형결합 W와 V 중에서 식 (6-6)의 단순상관계수를 최대화시킬 수 있는 계수벡터 a와 b를 찾는 것이다. 상관계수 $\rho(W,V)$는 계수벡터 a와 b의 함수이며 척도의 불변성이 있기 때문에, W와 V의

분포를

$$E(W) = E(V) = 0$$
$$Var(W) = Var(V) = a'\Sigma_{yy}a = b'\Sigma_{xx}b = 1 \qquad (6-7)$$

평균이 0이고 분산이 1이 되도록 표준화시켜도 일반성을 잃지 않게 될 것이다.

식(6-6)의 단순상관계수를 최대화시키는 계수벡터 a, b를 정준계수벡터라고 하고, 구해진 정준계수를 선형결합계수로 사용한 W와 V를 정준변수라고 한다. 이제 정준계수벡터와 정준변수를 구하는 절차는 설명하여 보자. 첫 번째 정준변수짝 W_1, V_1은 식 (6-6)의 단순상관계수를 최대화하면서 단위분산을 갖는 선형결합이 된다. 여기서

$W_1 = a'_1Y$는 종속변수집단 Y의 첫 번째 정준변수, $V_1 = b'_1X$는 독립변수집단 X의 첫 번째 정준변수라고 한다. 이때 정준변수 W_1과 V_1의 단순상관계수를 첫 번째 정준상관계수라고 부르고 ρ_1^*로 표시한다. 두 번째 정준변수 짝인 W_2, V_2는 첫 번째 정준변수짝과 독립이며, 식 (6-6)의 단순상관계수를 최대화하면서 단위분산을 갖는 선형결합이 된다. 여기서 $W_2 = a'_2Y$는 종속변수집단 Y의 두 번째 정준변수, $V_2 = b'_2X$는 독립변수집단 X의 두 번째 정준변수라고 한다. 이때 정준변수 W_2와 V_2의 단순상관계수를 두 번째 정준상관계수라고 부르고 ρ_2^*로 표시한다.

이러한 과정을 반복하면 k번째 정준변수짝은 이미 구한 (k-1)정준변수짝과 독립이며, 식 (6-6)의 단순상관계수를 최대화하면서 단위분산을 갖는 선형결합W_k, V_k가 된다. 여기서 $W_k = a'_kY$는 종속변수집단 Y의 k번째 정준변수, $V_k = b'_kX$는 독립변수집단 X의 k번째 정준변수라고 한다. 이때 정준변수 W_k와 V_k의 단순상관계수를 k번째 정준상관계수라고 부르고 ρ_k^*로 표시한다. 또한 $p \leqq q$이기 때문에 이러한 과정에서 도출할 수 있는 최대 정준변수의 짝은 p개가 되고 정준상관계수의 수도 p개가 된다. 위 절차에 대한 수리적 결과를 증명 없이 요약 정리하면 다음과 같다.

정리 6-1

p차원 확률벡터 Y와 q차원 확률벡터 X의 분산-공분산행렬이 다음과 같을 때

$$Cov(Y) = \Sigma_{yy},\ Cov(X) = \Sigma_{xx},\ Cov(Y, X) = \Sigma_{yx}$$

계수벡터 a와 b에 의한 선형결합 $W = a'Y$와 $V = b'X$를 고려하자. 이때 W와 V사이의 상관계수를 최대화 시키는 계수벡터 a와 b의 값은

$$a' = e'_1 \Sigma_{yy}^{-1/2},\quad b' = f'_1 \Sigma_{xx}^{-1/2} \qquad (6-8)$$

이며, 첫 번째 정준변수짝 W_1과 V_1은

$$W_1 = e'_1 \Sigma_{yy}^{-1/2} Y,\quad V_1 = f'_1 \Sigma_{xx}^{-1/2} X \qquad (6-9)$$

이 된다. 그리고 k번째 정준변수짝 W_k와 V_k는

$$W_k = e'_k \Sigma_{yy}^{-1/2} Y,\quad V_k = f'_k \Sigma_{xx}^{-1/2} X \qquad (6-10)$$

이 된다. 여기서 $(p \times 1)$고유벡터 e_1는 다음과 같은 특성화등식이 성립되는 가장 큰 고유값 λ_1에 대응되는 고유벡터이다.

$$\left| \Sigma_{yy}^{-1/2} \Sigma_{yx} \Sigma_{xx}^{-1} \Sigma_{xy} \Sigma_{yy}^{-1/2} - \lambda I \right| = 0 \qquad (6-11)$$

또한 $(q \times 1)$고유벡터 f_1는 다음과 같은 특성화등식이 성립되는 가장 큰 고유값 λ_1에 대응되는 고유벡터이다.

$$\left| \Sigma_{xx}^{-1/2} \Sigma_{xy} \Sigma_{yy}^{-1} \Sigma_{yx} \Sigma_{xx}^{-1/2} - \lambda I \right| = 0 \qquad (6-12)$$

식 (6-11)과 식 (6-12)의 특성화 등식에서 구한 고유값은 같으며 k번째 고유값 λ_k는 k번째 정준상관계수의 자승 ρ_k^{*2}과 같다. 이와 같은 과정을 통하여 얻어진 정준변수들은 다음과 같은 성질들이 성립된다.

$$\begin{aligned} &Var(W_i) = Var(V_i) = 1, \\ &Corr(W_i, V_i) = \rho_i^* = \sqrt{\lambda_i} \\ &Cov(W_i, W_j) = Corr(W_i, W_j) = 0 \quad i \neq j \\ &Cov(V_i, V_j) = Corr(V_i, V_j) = 0 \quad i \neq j \\ &Cov(W_i, V_j) = Corr(W_i, V_j) = 0 \quad i \neq j \end{aligned} \qquad (6-13)$$

만약 변수들의 측정단위가 서로 다르거나, 혹은 같다고 할지라도 분산의 차이가 크다면 변수를 표준화하여 분석하는 것이 바람직하다. 따라서 변수집단 Y와 X를 표준화하여 Y^*와 X^*를 얻었다면, 변수집단 내 혹은 변수집단간 공분산행렬은 변수집단 내 혹은 변수집단간 상관행렬과 같아지게 된다. 두 표준화확률벡터 Y^*와 X^*를 결합한 $U^*=(Y^*, X^*)'$를 고려하면 U^*의 공분산행렬은 U의 상관행렬 ρ_{uu}이 되며 식 (6-3)에서처럼 다음과 같이 분할하여 표현할 수 있다.

$$\begin{aligned} Cov(Y^*, X^*) &= Corr(Y, X) \\ &= \rho_{uu} = \begin{bmatrix} \rho_{yy} & \vdots & \rho_{yx} \\ \cdots\cdots & \vdots & \cdots\cdots \\ \rho_{xy} & \vdots & \rho_{xx} \end{bmatrix} \end{aligned} \tag{6-14}$$

표준화변수를 사용하여 구한 정준변수는 식 (6-10)에서 공분산행렬 대신에 상관행렬을 대입하면 다음과 같이 구할 수 있다.

$$W_k = a'_k Y^* = e'_k \rho_{yy}^{-1/2} Y^*, \quad V_k = f'_k \rho_{xx}^{-1/2} X^* \tag{6-15}$$

여기서 e_k와 f_k는 각각 다음과 같은 행렬에서 구한 k번째 고유값 λ_k에 대응되는 고유벡터이다.

$$\rho_{yy}^{-1/2} \rho_{yx} \rho_{xx}^{-1} \rho_{xy} \rho_{yy}^{-1/2}, \quad \rho_{xx}^{-1/2} \rho_{xy} \rho_{yy}^{-1} \rho_{yx} \rho_{xx}^{-1/2} \tag{6-16}$$

또한 정준변수 W_k와 V_k사이의 정준상관계수는

$$Corr(W_k, V_k) = \rho_k^* = \sqrt{\lambda_k}, \quad k = 1, 2, \cdots, p \tag{6-17}$$

이 된다. 정준상관계수들 부호를 무시하고 제곱하여 크기순으로 나열하면 다음과 같은 부등관계 $\rho_1^* \geq \rho_2^* \geq \cdots \geq \rho_p^*$가 성립된다. 여기서 p개 정준상관계수 중 처음 소수 $m(m < p)$개 정준상관계수가 통계적으로 유의하고 나머지 $p-m$개가 통계적으로 유의하지 않다면 처음 m개의 정준변수짝만을 분석대상으로 삼게 된다. 따라서 정준분석에서는 어느 정도 이상의 상관관계를 가지는 몇 개 정준변수들의 짝을 가지고

변수집단 사이의 상관구조를 파악하게 된다.

6.3 모집단 정준구조행렬의 계산

정준변수는 변수들의 선형결합으로 이루어진 인공변수이기 때문에 특정한 의미를 부여하기가 쉽지 않다. 정준변수에서 정준계수의 해석은 정준계수의 크기와 부호에 따라 가중치의 의미를 부여하게 되며, 가중치의 크기는 각 변수가 정준변수에 미치는 공헌도를 의미하게 된다. 그러나 각 변수집단 내에서 변수들 사이에 높은 다중공선성이 존재한다면 정준계수의 크기와 부호의 의미를 신뢰성있게 해석할 수 없게 된다. 따라서 정준계수와 더불어 다음에 설명할 정준적재와 정준교차적재를 계산하여 해석하여야 한다.

정준적재(canonical loadings)는 각 변수집단의 정준변수와 해당 변수집단 내 변수 사이의 단순상관관계를 의미한다. 만약 정준적재가 크다면 그 변수가 정준변수에 미치는 영향이 크다고 볼 수 있겠다. 또한 어떤 변수집단의 변수들이 다른 변수집단의 정준변수와 어떤 관계가 있는지를 살펴보기 위해서는 정준교차적재(canonical cross-loadings)를 계산하여야 한다. 만약 정준교차적재가 크다면 어떤 변수집단의 변수가 다른 변수집단의 정준변수에 미치는 영향이 크다고 볼 수 있겠다. 이제 정준적재와 정준교차적재를 계산하는 방법에 대하여 설명하기로 하겠다.

6.3.1 정준적재행렬의 계산

p개 종속변수로 구성된 종속변수집단 Y에서 유도할 수 있는 가능한 선형결합함수인 p개 정준변수 W_i들은 다음과 같이 표시된다.

$$
\begin{aligned}
W_1 &= \mathbf{a'_1}\,Y = a_{11}Y_1 + a_{21}Y_2 + \cdots + a_{p1}Y_p \\
W_2 &= \mathbf{a'_2}\,Y = a_{12}Y_1 + a_{22}Y_2 + \cdots + a_{p2}Y_p \\
&\ \vdots \qquad\quad \vdots \qquad\qquad\quad \vdots \\
W_p &= \mathbf{a'_p}\,Y = a_{1p}Y_1 + a_{2p}Y_2 + \cdots + a_{pp}Y_p
\end{aligned}
$$

또한 q개 독립변수로 구성된 독립변수집단 X에서 유도할 수 있는 가능한 선형결합함수인 q개 정준변수 V_i들은 다음과 같다.

$$
\begin{aligned}
V_1 &= b'_1 X = b_{11}X_1 + b_{21}X_2 + \cdots + b_{q1}X_q \\
V_2 &= b'_2 X = b_{12}X_1 + b_{22}X_2 + \cdots + b_{q2}X_q \\
&\vdots \\
V_q &= b'_q X = b_{1q}X_1 + b_{2q}X_2 + \cdots + b_{qq}X_q
\end{aligned}
$$

종속변수집단과 독립변수집단의 선형결합들을 행렬로 표시하기 위하여 각 집단의 정준계수벡터로 구성된 정준계수행렬을 A와 B로 표시하면, 정준변수벡터 W와 V는 행렬로 다음과 같이 표시된다.

$$
\begin{aligned}
&A_{p\times p} = [a_1, a_2, \cdots, a_p]', \quad B_{q\times q} = [b_1, b_2, \cdots, b_q]' \\
&W_{p\times 1} = AY, \quad V_{q\times 1} = BX
\end{aligned} \tag{6-18}
$$

정준변수벡터 W와 종속변수집단 Y의 상관행렬인 정준적재행렬을 구하여보자. 우선 종속변수집단에서 구한 i번째 정준변수 W_i와 k번째 종속변수 Y_k의 단순상관계수인 정준적재는

$$
\rho(W_i, Y_k) = \frac{Cov(W_i, Y_k)}{\{Var(W_i)Var(Y_k)\}^{1/2}} = \frac{Cov(W_i, Y_k)}{\sigma_{yk}} \tag{6-19}
$$

이 된다. 왜냐하면 정준변수 W_i의 분산은 $Var(W_i)=1$이 되고, 종속변수 Y_k의 분산은 $Var(Y_k)=\sigma_{yk}^2$이기 때문이다. 정준적재의 값이 높을수록 종속변수 Y_k가 정준변수 W_i에 큰 영향을 미친다고 해석한다. 따라서 식 (6-19)로부터 W_i와 Y_k 단순상관계수와 공분산의 관계는 다음과 같아진다.

$$
\rho(W_i, Y_k) = Cov(W_i, \sigma_{yk}^{-1} Y_k) \tag{6-20}
$$

여기서 k번째 종속변수 Y_k에 대한 표준편차의 역수 σ_{yk}^{-1}를 k번째 대각원소로 하는

p차원 대각행렬 $D_y^{-1/2}$을

$$D_y^{-1/2} = \begin{bmatrix} \frac{1}{\sigma_{y1}} & 0 & \cdots & 0 \\ 0 & \frac{1}{\sigma_{y2}} & \cdots & 0 \\ \vdots & \vdots & \ddots & \vdots \\ 0 & 0 & \cdots & \frac{1}{\sigma_{yp}} \end{bmatrix}$$

로 정의하면, 정준변수벡터 W와 종속변수집단 Y의 상관행렬인 정준적재행렬은 다음과 같이 구할 수 있다.

$$\begin{aligned} \rho(W, Y)_{p\times p} &= Corr(W, Y) = Cov(W, D_y^{-1/2} Y) \\ &= Cov(AY, D_y^{-1/2} Y) = A\,\Sigma_{yy}\, D_y^{-1/2} \end{aligned} \tag{6-21}$$

마찬가지로 k번째 독립변수 X_k에 대한 표준편차의 역수 σ_{xk}^{-1}를 k번째 대각원소로 하는 q차원 대각행렬 $D_x^{-1/2}$을

$$D_x^{-1/2} = \begin{bmatrix} \frac{1}{\sigma_{x1}} & 0 & \cdots & 0 \\ 0 & \frac{1}{\sigma_{x2}} & \cdots & 0 \\ \vdots & \vdots & \ddots & \vdots \\ 0 & 0 & \cdots & \frac{1}{\sigma_{xq}} \end{bmatrix}$$

로 정의하면, 정준변수벡터 V와 독립변수집단 X의 상관행렬인 정준적재행렬은 다음과 같이 구해진다.

$$\begin{aligned} \rho(V, X)_{q\times q} &= Corr(V, X) = Cov(V, D_x^{-1/2} X) \\ &= Cov(BX, D_x^{-1/2} X) = B\,\Sigma_{xx}\, D_x^{-1/2} \end{aligned} \tag{6-22}$$

만약 두 집단의 모든 변수들이 Y^*와 X^*로 표준화되었다면 Σ_{yy}는 ρ_{yy}이고, Σ_{xx}는 ρ_{xx}이 된다. 그리고 각 변수들의 분산은 1이기 때문에 $D_y^{-1/2} = D_x^{-1/2} = I$가 된다. 표준화 변수에서 유도된 정준계수행렬을 A^*와 B^*로 표시하면 식 (6-21)과 식 (6-22)의 정준적재행렬은 다음과 같이 표시된다.

$$\rho(W, Y^*) = A^* \rho_{yy}, \quad \rho(V, X^*) = B^* \rho_{xx} \tag{6-23}$$

여기서 $A^* = A\,D_y^{1/2}$이고 $B^* = B\,D_x^{1/2}$이다.

정준계수와 정준적재는 어느 한 집단에서 유도된 정준변수와 변수들 사이의 연관성을 평가하는데 사용되어질 수 있다. 다시 설명하자면 정준계수는 다중회귀분석에서 회귀계수와 유사한 의미를 갖는다. 왜냐하면 각 변수들이 집단내 정준변수들의 변동을 설명할 수 있는 공헌도를 의미하기 때문이다. 그러나 정준계수들은 집단내 변수들 사이에 다중공선성이 존재할 때에는 매우 불안정하게 된다. 예를 들면 어느 변수가 다른 여러 변수와 다중공선성이 존재한다면, 그 변수는 다른 여러 변수들과 중복된 정보를 갖고 있기 때문에 정준계수는 매우 작은 값을 갖거나 혹은 기대되는 부호와 다른 부호를 갖게 되는 경우가 종종 발생하게 된다. 다중공선성 때문에 발생되는 정준계수의 불안정성 이외에도 정준계수를 해석할 때 특별한 의미를 부여하기가 쉽지 않다. 왜냐하면 다중회귀분석에서는 변수들의 관측이 가능하지만 정준변수는 집단내 변수들의 선형결합으로 이루어진 인공변수이기 때문이다.

따라서 정준상관구조를 분석하기 위해서는 정준계수보다 정준적재를 사용하는 것이 바람직하다. 왜냐하면 정준적재는 어느 한 집단내 정준변수들과 변수들 사이의 상관계수이기 때문에 정준변수에 사용된 개별변수들의 공헌도를 설명할 수 있기 때문이다. 그러나 정준적재는 정준계수에 비하여 다중공선성의 영향을 작게 받지만 다음과 같은 약점이 있는 것으로 알려져 있다.

첫째, 정준적재는 잠재적으로 정준계수와 마찬가지로 불안정한 결과를 보인다.

둘째, 정준적재가 안정적이라 하더라도 한 집단내 정준변수와 변수들 사이의 상대적인 상관정도를 비교할 수 있을 뿐이지 한 집단내 정준변수와 다른 집단의 변수들 사이의 상관구조를 알 수 없다는 약점을 가지고 있다.

따라서 이와 같은 단점을 극복하기 위하여 다음에 설명하는 정준교차적재를 함께 사용하여 정준상관구조를 해석하는 것이 바람직하다고 판단된다.

6.3.2 정준교차행렬의 계산

정준교차적재는 한 변수집단의 변수 Y_k(혹은 X_k)와 다른 변수집단의 정준변수 V_i(혹은 W_i) 사이의 단순상관관계로 정의된다. 이것은 한 변수집단에 속하는 각 변수들이 다른 변수집단의 정준변수들과 어떤 관계가 있는지를 살펴보는 척도가 된다. 정준변수벡터 W와 독립변수집단의 변수벡터 X 사이의 상관행렬인 정준교차적재행렬을 구하기 위하여 우선 종속변수집단에서 구한 i번째 정준변수 W_i와 독립변수집단의 k번째 독립변수 X_k의 단순상관계수인 정준교차적재를 살펴보면

$$\rho(W_i, X_k) = \frac{Cov(W_i, X_k)}{\{Var(W_i)Var(X_k)\}^{1/2}} = \frac{Cov(W_i, X_k)}{\sigma_{xk}} \qquad (6-24)$$

이 된다. 왜냐하면 정준변수 W_i의 분산은 1이고, 독립변수 X_k의 분산은 σ^2_{xk}이기 때문이다. 정준교차적재값이 높을수록 독립변수 X_k가 정준변수 W_i에 큰 영향을 미친다고 해석한다. 따라서 종속변수집단의 정준변수벡터 W와 독립변수집단의 변수벡터X 사이의 단순상관행렬인 정준교차적재행렬은 다음과 같이 구할 수 있다.

$$\begin{aligned} \rho(W, X)_{p\times q} &= Corr(W, X) = Cov(AY, D_x^{-1/2}X) \qquad (6-25) \\ &= A\,\Sigma_{yx} D_x^{-1/2} \end{aligned}$$

마찬가지로 독립변수집단의 정준변수벡터 V와 종속변수집단의 변수벡터 Y 사이의 단순상관행렬인 정준교차적재행렬은 다음과 같이 구해진다.

$$\begin{aligned} \rho(V, Y)_{q\times p} &= Corr(V, Y) = Cov(BX, D_y^{-1/2}Y) \qquad (6-26) \\ &= B\,\Sigma_{xy} D_y^{-1/2} \end{aligned}$$

만약 두 집단의 모든 변수들이 Y^*와 X^*로 표준화되었다면 정준교차적재행렬은 다음과 같이 나타낼 수 있다.

$$\rho(W, X^*) = A^* \rho_{yx}, \quad \rho(V, Y^*) = B^* \rho_{xy} \tag{6-27}$$

예제 6.1

표준화 종속변수벡터 $Y^* = [Y_1^*, Y_2^*]'$와 표준화 독립변수벡터 $X^* = [X_1^*, X_2^*]'$의 공분산행렬이 다음과 같이 주어졌을 때 정준상관분석을 실시하여라.

$$Cov(Y^*, X^*) = \rho(Y, X) = \begin{bmatrix} 1.0 & 0.4 & 0.5 & 0.6 \\ 0.4 & 1.0 & 0.3 & 0.4 \\ 0.5 & 0.3 & 1.0 & 0.2 \\ 0.6 & 0.4 & 0.2 & 1.0 \end{bmatrix}$$

프로그램 \CH6\EX1.SAS

```
DATA ONE(TYPE=CORR) ;
_TYPE_  ='CORR' ;
INPUT _NAME_$ Y1 Y2 X1 X2 ;
   CARDS ;
     Y1 1.0 . . .
     Y2 0.4 1 . .
     X1 0.5 0.3 1.0 .
     X2 0.6 0.4 0.2 1.0
     ;
   RUN;
① PROC CANCORR ;
② VAR X1 X2 ;
③ WITH Y1 Y2 ;
    RUN ;
```

① PROC CANCORR ; 정준상관분석을 수행하라는 명령문이다.

② VAR X1 X2 ; 독립변수집단의 두 개 변수를 표시한다.

③ WITH Y1 Y2 ; 종속변수집단의 두 개 변수를 표시한다.

결과 및 해석

① Standardized Canonical Coefficients
for the 'WITH' Variables

	W1	W2
Y1	0.8560	−0.6766
Y2	0.2777	1.0551

①은 표준화된 종속변수집단 Y^*의 정준계수행렬 A^*을 나타내며, 종속변수집단에서 구한 두 개 정준변수는 다음과 같이 표시된다.

$$W_1 = 0.8560\,Y_1^* + 0.2777\,Y_2^*\ ,\ W_2 = -0.6766\,Y_1^* + 1.0551\,Y_2^*$$

② Standardized Canonical Coefficients
for the 'VAR' Variables

	V1	V2
X1	0.5448	−0.8630
X2	0.7366	0.7064

②는 표준화된 독립변수집단 X^*의 정준계수행렬 B^*을 나타내며, 두 개 정준변수는 다음과 같다.

$$V_1 = 0.5448\,X_1^* + 0.7366\,X_2^*\ ,\ V_2 = -0.8630\,X_1^* + 0.7064\,X_2^*$$

Canonical Correlation Analysis

	③ Canonical Correlation	Adjusted Canonical Correlation	Approx Standard Error	Squared Canonical Correlation
1	0.738727	0.738683	0.004543	0.545718
2	0.030149	.	0.009991	0.000909

두 정준변수 사이의 단순상관계수인 ③ 정준상관계수 ρ_1^*과 ρ_2^*는 다음과 같다.

$$\rho(W_1, V_1) = \rho_1^* = 0.738727\ ,\ \rho(W_2, V_2) = \rho_2^* = 0.030149$$

첫 번째 정준변수짝의 정준상관계수는 상당히 크고, 두 번째 정준변수짝의 정준상관계수는 상당히 작다. 따라서 두 번째 정준상관변수들의 짝은 두 변수집단 사이의 연관성에 대한 정보는 극히 작기 때문에 첫 번째 정준변수짝만을 분석대상으로 삼게 된다.

④ Correlations Between the 'WITH' Variables and Their Canonical Variables

	W1	W2
Y1	0.9671	-0.2546
Y2	0.6201	0.7845

④는 종속변수집단의 정준변수벡터 W와 표준화 변수벡터 Y^*사이의 상관관계를 나타내는 정준적재행렬 $\rho(W, Y^*) = A^* \rho_{yy}$를 나타낸다. 따라서

$$\rho(W_1, Y_1^*) = 0.9671\ ,\quad \rho(W_1, Y_2^*) = 0.6201$$

$$\rho(W_2, Y_1^*) = -0.2546\ ,\ \rho(W_2, Y_2^*) = 0.7845$$

이 된다. 따라서 두 종속변수 중 Y_1^*은 첫 번째 정준변수 W_1과 가장 큰 상관관계가 있고, Y_2^*은 두 번째 정준변수 W_2와 가장 큰 상관관계가 있음을 알 수 있다.

⑤ Correlations Between the 'VAR' Variables and Their Canonical Variables

	V1	V2
X1	0.6921	-0.7218
X2	0.8456	0.5338

⑤는 독립변수집단의 정준변수벡터 V와 표준화 변수벡터 X^*사이의 상관관계를 나타내는 정준적재행렬인 $\rho(V, X^*) = B^* \rho_{xx}$를 나타낸다.

$$\rho(V_1, X_1^*) = 0.6921\ ,\quad \rho(V_1, X_2^*) = 0.8456$$

$$\rho(V_2, X_1^*) = -0.7218\ ,\ \rho(V_2, X_2^*) = 0.5338$$

두 독립변수 중 X_2^*는 첫 번째 정준변수 V_1과 가장 큰 상관관계에 있고, X_1^*은 두 번째 정준변수 V_2와 가장 큰 상관관계가 있음을 알 수 있다.

⑥ Correlations Between the 'VAR' Variables and the Canonical Variables of the 'WITH' Variables

	W1	W2
X1	0.5113	−0.0218
X2	0.6247	0.0161

⑥은 종속변수집단의 정준변수벡터 W와 표준화 독립변수벡터 X^*사이의 상관관계를 나타내는 정준교차적재행렬 $\rho(W, X^*) = A^* \rho_{yx}$를 나타낸다.

$$\rho(W_1, X_1^*) = 0.5113 \ , \quad \rho(W_1, X_2^*) = 0.6247$$

$$\rho(W_2, X_1^*) = -0.0218 \ , \ \rho(W_2, X_2^*) = 0.0161$$

정준변수 W_1은 두 변수 X_1^*, X_2^*과 보통 이상의 양의 상관관계에 있으며, 정준변수 W_2은 두 변수 X_1^*, X_2^*와 거의 상관관계가 없음을 알 수 있다.

⑦ Correlations Between the 'WITH' Variables and the Canonical Variables of the 'VAR' Variables

	V1	V2
Y1	0.7144	−0.0077
Y2	0.4581	0.0237

⑦은 독립변수집단의 정준변수벡터 V와 표준화 종속변수벡터 Y^*사이의 상관관계를 나타내는 정준교차적재행렬 $\rho(V, Y^*) = B^* \rho_{xy}$를 나타낸다.

$$\rho(V_1, Y_1^*) = 0.7114 \ , \quad \rho(V_1, Y_2^*) = 0.4581$$

$$\rho(V_2, Y_1^*) = -0.0077 \ , \ \rho(V_2, Y_2^*) = 0.0237$$

정준변수 V_1은 변수 Y_1^*과 큰 상관관계를 가지고, 변수 Y_2^*와는 상대적으로 작은 상관관계를 가지고 있다. 정준변수 V_2은 두 변수 Y_1^*, Y_2^*와 거의 상관관계가 없음을 알 수 있다.

6.4 표본 정준상관분석

모집단 정준상관분석에서는 두 변수집단의 분산공분산행렬 Σ_{yy}, Σ_{yx}, Σ_{xy}, Σ_{xx}들이 알려져 있다고 가정하였다. 그러나 대부분의 경우에는 이러한 분산공분산행렬들이 알려져 있지 않기 때문에 표본으로부터 추정되어야 한다. Y, X에서 n개 표본을 관측한 자료행렬 U는 다음과 같이 표시된다.

$$U_{(p+q)\times n} = \begin{bmatrix} y_{11} & y_{12} & \cdots & y_{1n} \\ y_{21} & y_{22} & \cdots & y_{2n} \\ \vdots & \vdots & \vdots & \vdots \\ y_{p1} & y_{p2} & \cdots & y_{pn} \\ \cdot\ \cdots & \cdot\ \cdots & \cdot\ \cdots & \cdot\ \cdots \\ x_{11} & x_{12} & \cdots & x_{1n} \\ x_{21} & x_{22} & \cdots & x_{2n} \\ \vdots & \vdots & \vdots & \vdots \\ x_{q1} & x_{q2} & \cdots & x_{qn} \end{bmatrix}$$

모집단 공분산행렬 Σ_{uu}이 알려져 있지 않은 경우에는 표본공분산행렬 S_{uu}로 추정되고 다음과 같은 분할행렬로 표시된다.

$$S_{uu} = \begin{bmatrix} S_{yy} & \vdots & S_{yx} \\ \cdots\cdots & \vdots & \cdots\cdots \\ S_{xy} & \vdots & S_{xx} \end{bmatrix} \tag{6-28}$$

여기서 S_{yy}는 종속변수집단 Y 집단내 표본공분산행렬, S_{xx}는 독립변수집단 X 집단내 표본공분산행렬, S_{yx}는 종속변수집단 Y과 독립변수집단 X사이의 집단간 표본공분산행렬을 의미한다. 각 변수집단에서 p차원 표본정준계수벡터 $\hat{a}$와 q차원 표본정준계수벡터 $\hat{b}$를 이용한 선형결합 $\widehat{W}$와 $\widehat{V}$는

$$\widehat{W} = \hat{a}' Y, \ \widehat{V} = \hat{b}' X \tag{6-29}$$

로 표시되고, $\widehat{W}$와 $\widehat{V}$ 사이의 표본상관계수 $r(\widehat{W}, \widehat{V})$은 다음과 같이 구해진다.

$$r(\widehat{W}, \widehat{V}) = \frac{\hat{a}' S_{yx} \hat{b}}{\{(\hat{a}' S_{yy} \hat{a})(\hat{b}' S_{xx} \hat{b})\}^{1/2}} \tag{6-30}$$

식 (6 – 30)의 표본상관계수를 최대화시키는 표본정준계수벡터 $\hat{a}$와 $\hat{b}$를 구하는 절차는 모집단경우와 마찬가지로 다음과 같이 구해진다. 첫 번째 표본정준변수짝 $\widehat{W}_1$, $\widehat{V}_1$는 식 (6 – 30)의 표본상관계수를 최대화하면서 단위표본분산을 갖는 선형결합이 된다. 여기서 $\widehat{W}_1 = \hat{a}'_1 Y$는 종속변수집단 Y의 첫 번째 표본정준변수, $\widehat{V}_1 = \hat{b}'_1 X$는 독립변수집단 X의 첫 번째 표본정준변수라고 한다. 이때 $\widehat{W}_1$과 $\widehat{V}_1$의 표본상관계수를 첫 번째 표본정준상관계수라고 부르고 $\hat{\rho}^*_1$로 표시한다.

일반적으로 k번째 표본정준변수짝 $\widehat{W}_k$, $\widehat{V}_k$는 이미 구한 표본정준변수짝과 독립이며, 식 (6 – 30)의 표본상관계수를 최대화하면서 단위표본분산을 갖는 선형결합이 된다. 여기서 $\widehat{W}_k = \hat{a}'_k Y$는 종속변수집단 Y의 k번째 표본정준변수, $\widehat{V}_k = \hat{b}'_k X$는 독립변수집단 X의 k번째 표본정준변수라고 한다. 이때 $\widehat{W}_k$와 $\widehat{V}_k$의 표본상관계수를 k번째 정준표본상관계수라고 부르고 $\hat{\rho}^*_k$로 표시한다. 표본정준변수를 구하는 수리적 절차는 [정리 6. 1]의 모집단경우에서 모집단공분산행렬을 표본공분산행렬로 대치시켜 구해진다.

정리 6-2

행렬 $S_{yy}^{-1/2} S_{yx} S_{xx}^{-1} S_{xy} S_{yy}^{-1/2}$의 p개 고유값 중 k번째 고유값 $\hat{\lambda}_k$에 대응되는 고유벡터가 $\hat{e}_k$이고, 행렬 $S_{xx}^{-1/2} S_{xy} S_{yy}^{-1} S_{yx} S_{xx}^{-1/2}$의 q개 고유값 중 k번째 고유값 $\hat{\lambda}_k$에 대응되는 고유벡터가 $\hat{f}_k$일 때 k번째 표본정준변수짝은 식 (6 – 10)과 마찬가지로 다음과 같이 유도된다.

$$\widehat{W}_k = \hat{a}'_k Y = \hat{e}'_k S_{yy}^{-1/2} Y,$$
$$\widehat{V}_k = \hat{b}'_k X = \hat{f}'_k S_{xx}^{-1/2} X \tag{6-31}$$

그리고 k번째 정준표본상관계수는 $r(\widehat{W}_k, \widehat{V}_k) = \hat{\rho}^*_k$이다. 또한 정준표본상관계수의 자승은 고유값이 된다. 즉 $\hat{\rho}^*_k = \sqrt{\hat{\lambda}_k}$ 관계가 성립된다. 또한 표본정준변수는 단위 표본분산을 갖고 두 표본정준변수사이는 서로 독립이므로 표본상관계수는 0이 된다. 이와 같은 성질을 요약하면 다음과 같다.

$$s^2(\widehat{W}_k) = s^2(\widehat{V}_k) = 1$$
$$r(\widehat{W}_k, \widehat{W}_i) = r(\widehat{V}_k, \widehat{V}_i) = 0 \quad (k \neq i)$$
$$r(\widehat{W}_k, \widehat{V}_i) = 0 \quad (k \neq i) \tag{6-32}$$

만약 변수가 표준화 되었다면 식 (6 – 28)의 표본공분산행렬 S_{uu} 대신에 표본상관행렬 R_{uu}을 사용하게 된다. 표본상관행렬 R_{uu}을 분할행렬로 표시하면

$$R_{uu} = \begin{bmatrix} R_{yy} & \vdots & R_{yx} \\ \cdots\cdots & \vdots & \cdots\cdots \\ R_{xy} & \vdots & R_{xx} \end{bmatrix} \tag{6-33}$$

이 되고, 행렬 $R_{yy}^{-1/2} R_{yx} R_{xx}^{-1} R_{xy} R_{yy}^{-1/2}$와 $R_{xx}^{-1/2} R_{xy} R_{yy}^{-1} R_{yx} R_{xx}^{-1/2}$에서 구한 고유값 $\widehat{\lambda}_k$에 대응되는 고유벡터 $\widehat{e}_k$와 $\widehat{f}_k$를 구하게 된다. 따라서 표준화 변수를 사용하였을 때 k번째 표본정준변수짝은 식 (6 – 15)와 마찬가지로 다음과 같이 유도된다.

$$\widehat{W}_k = \hat{a}'_k Y^* = \hat{e}'_k \rho_{yy}^{-1/2} Y^* ,$$
$$\widehat{V}_k = \hat{b}'_k X^* = \hat{f}'_k \rho_{xx}^{-1/2} X^* \tag{6-34}$$

표본정준변수 $\widehat{W}_k$와 $\widehat{V}_k$의 의미를 해석하기 위해서는 표본정준적재행렬과 표본적재교차행렬을 구하여야 한다. 우선 표본정준계수행렬을 다음과 같이 정의하면

$$\widehat{A}_{p\times p} = [\hat{a}_1, \hat{a}_2, \cdots, \hat{a}_p]', \ \widehat{B}_{q\times q} = [\hat{b}_1, \hat{b}_2, \cdots, \hat{b}_q]' \tag{6-35}$$

식 (6 – 18)과 마찬가지로 표본정준변수벡터가 다음과 같이 구해진다.

$$\widehat{W}_{p\times 1} = \widehat{A}\ Y, \quad \widehat{V}_{q\times 1} = \widehat{B}\ X \tag{6-36}$$

종속변수집단의 표본정준변수벡터 $\widehat{W}$와 변수집단 Y 사이의 표본상관행렬인 표본정준적재행렬과 독립변수집단의 표본정준변수벡터 $\widehat{V}$와 변수집단 X 사이의 표본상관행렬인 표본정준적재행렬은 각각 식 (6 – 21)과 식 (6 – 22)와 마찬가지로 다음과 같이 나타낼 수 있다.

$$R(\widehat{W}, Y) = \widehat{A}\, S_{yy}\, \widehat{D_y}^{-1/2}, \quad R(\widehat{V}, X) = \widehat{B}\, S_{xx}\, \widehat{D_x}^{-1/2} \tag{6-37}$$

여기서 $\widehat{D_y}^{-1/2}$는 k번째 종속변수 Y_k에 대한 표본표준편차의 역수 s_{yk}^{-1}를 k번째 대각원소로 하는 대각행렬을 의미한다. 그리고 변수들이 Y^*와 X^*로 표준화 되었다면 표본정준변수벡터는

$$\widehat{W} = \widehat{A^*}\, Y^*, \quad \widehat{V} = \widehat{B^*}\, X^* \tag{6-38}$$

이 되고, 표본정준적재행렬은 식 (6 – 23)과 마찬가지로 다음과 같이 구해진다.

$$R(\widehat{W}, Y^*) = \widehat{A^*}\, R_{yy}, \quad R(\widehat{V}, X^*) = \widehat{B^*}\, R_{xx} \tag{6-39}$$

또한 한 변수집단의 변수와 다른 변수집단의 정준변수와의 표본정준교차적재행렬은 식 (6 – 25)부터 식 (6 – 27)과 마찬가지로 다음과 같이 표현할 수 있다.

$$R(\widehat{W}, X) = \widehat{A}\, S_{yx}\, \widehat{D_x}^{-1/2}, \quad R(\widehat{V}, Y) = \widehat{B}\, S_{xy}\, \widehat{D_y}^{-1/2}$$
$$R(\widehat{W}, X^*) = \widehat{A^*}\, R_{yx}, \quad R(\widehat{V}, Y^*) = \widehat{B^*}\, R_{xy} \tag{6-40}$$

6.5 설명되는 비율과 중복계수

만약 정준변수들이 두 변수집단의 관계를 잘 요약할 수 있다면, 이러한 정준변수들이 변수집단의 분산을 얼마나 설명하고 있는가를 살펴보아야 한다. 정준변수의 설명력에 대한 척도는 변수집단의 전체분산 중 정준변수에 의하여 설명되어지는 비율로 나타낼 수 있다. 우선 각 변수집단의 모든 변수가 표준화되어 있다면 종속변수집단의 표본분산의 합은 p이고 독립변수집단의 표본분산의 합은 q가 될 것이다. 이때 종속변수집단 Y^*의 전체 표본분산p에 대한 그 집단의 i번째 표본정준변수 $\widehat{W}_i$에 의하여 설명되어지는 비율은

$$R_i^2(Y^* | \widehat{W}_i) = \frac{\sum_{k=1}^{p} r^2(\widehat{W}_i, Y_k^*)}{p} \qquad (6-41)$$

이 된다. 식 (6 – 41)의 분자는 표본정준변수 $\widehat{W}_i$와 그 집단의 표준화변수 Y_k^*들 사이의 표본상관계수의 자승합인 정준적재자승합을 의미한다. 따라서 종속변수집단의 전체분산 p 중 처음 m개의 표본정준변수에 의하여 설명되어지는 누적비율은 다음과 같다.

$$R^2(Y^* | \widehat{W}_1, \widehat{W}_2, \cdots, \widehat{W}_m) = \frac{\sum_{i=1}^{m}\sum_{k=1}^{p} r^2(\widehat{W}_i, Y_k^*)}{p} \qquad (6-42)$$

마찬가지로 독립변수집단 X^*의 전체 표본분산 q에 대한 i번째 표본정준변수 $\widehat{V}_i$에 의하여 설명되어지는 비율은

$$R_i^2(X^* | \widehat{V}_i) = \frac{\sum_{k=1}^{q} r^2(\widehat{V}_i, X_k^*)}{q} \qquad (6-43)$$

이고, 처음 m개 표본정준변수에 의하여 설명되어지는 누적비율은 다음과 같다.

$$R^2(X^* | \widehat{V}_1, \widehat{V}_2, \cdots, \widehat{V}_m) = \frac{\sum_{i=1}^{m}\sum_{k=1}^{q} r^2(\widehat{V}_i, X_k^*)}{q} \qquad (6-44)$$

이제까지는 어느 한 변수집단의 전체분산 중에서 그 집단의 정준변수에 의하여 설명되어지는 비율과 누적비율에 대하여 살펴보았다. 정준상관분석에서 또 다른 관심사는 어느 한 변수집단의 분산이 다른 변수집단에 의하여 얼마나 설명될 수 있는지를 측정하는 것이다. 우선적으로 두 변수집단에서 유도된 정준변수짝의 표본상관계수인 표본정준상관계수를 고려할 수 있다. 그러나 표본정준상관계수의 자승 $\widehat{\rho}_i^{*2}$은 종속변수집단에서 유도된 정준변수 $\widehat{W}_i$와 독립변수집단에서 유도된 정준변수 $\widehat{V}_i$사이의

공유된 분산 정도를 파악할 수 있으나 두 변수집단 사이에 공유된 분산의 정도를 파악할 수는 없다.

따라서 Stewart 와 Love(1968)는 회귀분석의 다중결정계수와 유사한 개념인 중복계수를 제안하였다. 정준중복계수는 두 변수집단 사이에 다중결정계수의 평균값으로 한 변수집단의 개별변수들이 다른 변수집단의 전체분산을 설명할 수 있는 평균적인 설명력을 의미한다. 즉, 정준중복계수는 한 변수집단의 전체분산이 다른 변수집단의 정준변수들에 의하여 설명되어지는 비율을 의미하기 때문에 정준상관계수의 자승보다는 작은 값을 가지게 되고, 이 값은 두 변수집단 사이의 공유된 분산의 실질적인 비율을 나타내게 된다.

중복계수를 계산하는 절차를 설명하면 다음과 같다. 우선 종속변수집단의 전체 분산이 독립변수집단의 i번째 정준변수 $\widehat{V}_i$에 의하여 설명되어지는 비율은 식 (6-41)에 표본정준상관계수의 자승 $\widehat{\rho}_i^{*2}$를 곱하여 다음과 같이 계산된다.

$$R_i^2(Y^*|\widehat{V}_i) = R_i^2(Y^*|\widehat{W}_i) \times \widehat{\rho}_i^{*2} \tag{6-45}$$

또한 종속변수집단의 전체 분산이 독립변수집단의 모든 정준변수들에 의하여 설명되어지는 누적비율은

$$R^2(Y^*|\widehat{V}_1, \widehat{V}_2, \cdots, \widehat{V}_p) = \sum_{i=1}^{p} R_i^2(Y^*|\widehat{W}_i) \times \widehat{\rho}_i^{*2} \tag{6-46}$$

이 된다. 중복계수를 해석할 때의 문제점은 어느 정도의 중복계수를 의미 있는 값으로 판단할 수 있는 객관적인 기준이 없기 때문에 분석대상 자료에 따라 주관적인 판단을 하여야 한다.

6.6 통계적 검정

종속변수집단에 p개 변수가 있고 독립변수집단에 q개 변수가 있을 때 두 개 변수집단 Y와 X사이에 상관관계가 없다면 두 집단간 공분산행렬은 $\Sigma_{yx}=0$가 되고, 각 변수집단에서 유도된 정준변수 $W=a'Y$와 $V=b'X$ 사이의 공분산은 $a'\Sigma_{yx}b=0$가 된다. 이러한 경우에 정준상관계수들은 모두 0이 되기 때문에 정준상관분석을 수행할 필요가 없게 된다. 따라서 정준분석을 할 때 두 변수집단 사이에 유의한 상관관계가 존재하는지 여부를 통계적으로 검정할 필요가 있다. 검정을 할 때 변수집단에 대하여 기본적으로 요구되는 가정은 변수들이 다변량정규분포를 따른다는 것이다. 여기서 설명할 검정절차는 표본의 크기가 충분히 큰 대표본인 경우에 적용할 수 있다는 것을 유의하기 바란다.

(1) 가설설정

$$H_o : \Sigma_{yx} = 0\ ,\quad H_1 : \Sigma_{yx} \neq 0$$

(2) 검정통계량

Wilks에 의하여 제안된 우도비인 Wilks Λ는

$$\Lambda = \prod_{i=1}^{p} (1 - \hat{\rho}_i^{*2}) \tag{6-47}$$

로 표시되고, 우도비 Λ의 함수인 F-검정통계량은 다음과 같다.

$$F^* = \frac{[(1 - \Lambda^{1/3})/pq]}{[\Lambda^{1/3}/\{ms - (pq/2) + 1\}]} \tag{6-48}$$

귀무가설이 참일 때 분자의 자유도가 pq이고, 분모의 자유도가 $ms-(pq/2)+1$인 F분포에 근사하게 된다. 여기서 m과 s는 다음과 같은 값을 갖는다.

$$m = n - 1.5 - (p+q)/2$$

$$s = \sqrt{p^2q^2 - 4} \;/\; \sqrt{p^2 + q^2 - 5}$$

(3) 의사결정 및 p-값

유의수준 α에서 구한 기각치는 $F(\alpha : pq, ms-(pq/2)+1)$이며 검정통계량의 값이 기각치 보다 클 경우에는 귀무가설을 기각하게 된다. 또한 p-값은 다음과 같이 구해진다.

$$p\text{-값} = P(F(pq, ms-(pq/2)+1) > F^*)$$

예제 6.2

아래 자료는 어느 헬스클럽에서 중년남자로부터 측정된 세 개의 생리적변수와 세 개의 운동변수에 대해 측정된 결과이다. 생리적 변수들의 집단을 독립변수집단, 운동변수들의 집단을 종속변수집단으로 구분하여 두 변수집단에 대하여 정준상관분석을 실시하고 그 결과를 해석하여라.

생리적변수 : X_1 : WEIGHT(몸무게), X_2 : WAIST(허리둘레),
X_3 : PULSE(맥박수)

운 동 변 수 : Y_1 : CHINS(턱걸이), Y_2 : SITUPS(윗몸 일으키기),
Y_3 : JUMPS(멀리뛰기)

생리적변수와 운동변수자료

번호	X_1	X_2	X_3	Y_1	Y_2	Y_3	번호	X_1	X_2	X_3	Y_1	Y_2	Y_3
1	191	36	50	5	62	60	11	169	34	50	17	120	38
2	189	37	52	2	110	37	12	166	33	52	13	210	115
3	193	38	58	12	101	101	13	154	34	64	14	215	105
4	162	35	62	12	105	37	14	247	46	50	1	50	50
5	189	35	46	13	155	58	15	193	36	46	6	70	31
6	182	36	56	4	101	42	16	202	37	62	12	210	120
7	211	38	56	8	101	38	17	176	37	54	4	60	25
8	167	34	60	6	125	40	18	157	32	52	11	230	80
9	176	31	74	15	200	40	19	156	33	54	15	225	73
10	154	33	56	17	251	250	20	138	33	68	2	110	43

```
DATA ONE ;
    INPUT WEIGHT WAIST PULSE CHINS SITUPS JUMPS @@ ;
CARDS ;
 191   36   50    5   162    60   189   37   52    2   110    60
 193   38   58   12   101   101   162   35   62   12   105    37
 189   35   46   13   155    58   182   36   56    4   101    42
 211   38   56    8   101    38   167   34   60    6   125    40
 176   31   74   15   200    40   154   33   56   17   251   250
 169   34   50   17   120    38   166   33   52   13   210   115
 154   34   64   14   215   105   247   46   50    1    50    50
 193   36   46    6    70    31   202   37   62   12   210   120
 176   37   54    4    60    25   157   32   52   11   230    80
 156   33   54   15   225    73   138   33   68    2   110    43
 ;
 RUN ;
 ① PROC CANCORR SIMPLE C RED ;
   ② VAR WEIGHT WAIST PULSE ;
     ③ WITH CHINS SITUPS JUMPS ;
       RUN ;
```

프로그램 해설

① PROC CANCORR SIMPLE C RED ; 정준상관분석을 실시하라는 명령문이다. SIMPLE은 변수들의 단순요약통계량, C는 변수들의 상관행렬, RED는 설명비율과 중복계수를 출력시키라는 옵션이다.

② VAR WEIGHT WAIST PULSE ; 독립변수집단의 변수들이다.

③ WITH CHINS SITUPS JUMPS ; 종속변수집단의 변수들이다.

결과 및 해석

① Means and Standard Deviations

3 'VAR' Variables 3 'WITH' Variable 20 Observation

Variable	Mean	Std Dev
WEIGH	178.600000	24.690505
WAIST	35.400000	3.201973
PULSE	56.100000	7.210373
CHINS	9.450000	5.286278
SITUPS	145.550000	62.566575
JUMPS	70.300000	51.277470

①은 6개 변수들의 평균과 표준편차의 단순요약통계값이다. 변수들의 측정단위가 서로 다르고 또한 변수들의 표준편차의 크기가 서로 큰 차이가 있기 때문에 정준상관분석을 실시할 때에는 원래 변수보다는 표준화변수를 이용하는 것이 바람직할 것으로 판단된다.

Correlations Among the Original Variables

② Correlations Among the 'VAR' Variables

	WEIGHT	WAIST	PULSE
WEIGHT	1.0000	0.8702	−0.3658
WAIST	0.8702	1.0000	−0.3529
PULSE	−0.3658	−0.3529	1.0000

③ Correlations Among the 'WITH' Variables

	CHINS	SITUPS	JUMPS
CHINS	1.0000	0.6957	0.4958
SITUPS	0.6957	1.0000	0.6692
JUMPS	0.4958	0.6692	1.0000

④ Correlations Between the 'VAR' Variables and the 'WITH' Variables

	CHINS	SITUPS	JUMPS
WEIGHT	−0.3897	−0.4931	−0.2263
WAIST	−0.5522	−0.6456	−0.1915
PULSE	0.1506	0.2250	0.0349

②는 생리적변수들의 집단인 독립변수집단내 표본상관행렬 R_{xx}, ③은 운동변수들의 집단인종속변수 집단내 표본상관행렬 R_{yy}, ④는 두 변수집단간 표본상관행렬 R_{yx}를 의미한다. 독립변수집단내 표본상관행렬에서 가장 큰 표본상관계수는 WEIGHT와 WAIST 사이의 0.8702이고, 종속변수집단내 표본상관행렬에서 비교적 큰 표본상관계수는 CHINS와 SITUPS 사이의 0.6987과 SITUPS와 JUMPS 사이의 0.6692이다. 또한 두 변수집단간 표본상관행렬에서 가장 큰 표본상관계수는 SITUPS와 WAIST 사이의 －0.6456이다.

Canonical Correlation Analysis

	⑤ Canonical Correlation	Adjusted Canonical Correlation	Approx Standard Error	⑥ Squared Canonical Correlation
1	0.795608	0.7540	0.084197	0.632992
2	0.200556	－0.7639	0.220188	0.040223
3	0.072570	.	0.228208	0.005266

⑤는 두 표준화변수집단에서 유도된 정준변수짝 사이의 상관계수인 표본정준상관계수를 의미한다.

$$Corr(\widehat{W}_1, \widehat{V}_1) = \widehat{\rho_1^*} = 0.7956,$$

$$Corr(\widehat{W}_2, \widehat{V}_2) = \widehat{\rho_2^*} = 0.2006,$$

$$Corr(\widehat{W}_3, \widehat{V}_3) = \widehat{\rho_3^*} = 0.0726.$$

첫 번째 표본정준상관계수는 0.7956로 높으나, 두 번째 표본정준상관계수는 0.2006로 작고 세 번째 표본상관계수는 0에 가까운 매우 작은 값을 갖는다. 따라서 첫 번째 정준변수짝이 두 변수집단의 연관관계를 설명하는데 크게 기여를 하고 나머지 두 정준변수 짝은 기여도가 작다고 판단할 수 있다. ⑥은 표본정준상관계수의 자승값 $\widehat{\rho_i^{*2}}$을 의미한다.

Canonical Correlation Analysis

⑦ Test of H0 : The canonical correlations in the current row and all that follow are zero

	Likelihood Ratio	Approx F	Num DF	Den DF	Pr > F
1	0.35039053	2.0482	9	34.22293	0.0635
2	0.95472266	0.1758	4	30	0.9491
3	0.99473355	0.0847	1	16	0.7748

⑦은 정준상관계수에 대한 유의성검정 결과이다. 위 결과에 대한 연속적인 세 가지 가설은 다음과 같이 표시된다.

$$H_0^{(1)} : \rho_1^* = \rho_2^* = \rho_3^* = 0, \quad H_1^{(1)} : \text{적어도 } \rho_1^* \neq 0$$

$$H_0^{(2)} : \rho_2^* = \rho_3^* = 0, \quad H_1^{(2)} : \rho_3^* \neq 0 \text{ 적어도 } \rho_2^* \neq 0$$

$$H_0^{(3)} : \rho_3^* = 0, \quad H_1^{(3)} : \rho_3^* \neq 0$$

우선 첫 번째 귀무가설 $H_0^{(1)}$에 대하여 검정결과를 살펴보면 Wilks Λ의 값은

$$\begin{aligned} \Lambda &= \prod_{i=1}^{3} (1 - \hat{\rho}_i^{*2}) \\ &= (1-0.632992)\times(1-0.040223)\times(1-0.005266) \\ &= 0.35039053 \end{aligned}$$

이 된다. 검정통계량의 값은 $F^* = 2.0482$이 되고 p-값이 0.0635이므로 귀무가설을 매우 강하게 기각할 수는 없다고 판단된다. 그러나 유의수준 $\alpha = 0.1$에서는 귀무가설을 채택할 수는 없다. 그리고 나머지 두 귀무가설에 대하여는 p-값이 0.9491과 0.7748로 매우 크므로 귀무가설을 기각할 수 없게 된다. 따라서 첫 번째 정준상관계수를 제외한 나머지 정준상관계수는 두 변수집단의 연관성을 파악하는데 유의하지 않다고 판단할 수 있다.

SAS에서는 원래변수와 표준화변수에 대한 정준상관분석 결과를 동시에 출력시키지만 여기서는 표준화 변수에 대한 결과에 대한 해석을 살펴보기로 하자.

Canonical Correlation Analysis

⑧ Standardized Canonical Coefficients for the 'VAR' Variables

	V_1	V_2	V_3
WEIGHT	−0.7754	−1.8844	−0.1910
WAIST	1.5793	1.1806	0.5060
PULSE	−0.0591	−0.2311	1.0508

⑧은 생리적변수(독립변수)집단에서 유도된 표본정준변수를 의미한다. 첫 번째 표본정준변수는 다음과 같이 표시된다.

$$\hat{V}_1 = -0.7754\,WEIGHT^* + 1.5793\,WAIST^* - 0.0591\,PULSE^*$$

첫 번째 표본정준변수 $\hat{V}_1$는 허리둘레(1.5793)와 몸무게(−0.7754)의 가중치의 차이를 나타내며, 허리둘레에 더 큰 가중치를 두고 있다. 또한 맥박수는 매우 작은 값을 가지고 있으므로 첫 번째

표본정준변수에 맥박수가 미치는 영향은 거의 없다고 할 수 있다.

⑨ Correlations Between the 'VAR' Variables
and Their Canonical Variables

	V_1	V_2	V_3
WEIGHT	0.6206	−0.7724	−0.1350
WAIST	0.9254	−0.3777	−0.0310
PULSE	−0.3328	0.0415	0.9421

⑨는 생리적변수집단에서 유도된 정준변수와 그 집단의 변수 사이의 상관관계를 나타내는 표본정준적재값을 의미한다. 첫 번째 표본정준변수 $\hat{V}_1$와 생리적변수들 사이의 표본정준적재는 다음과 같다.

$$r(\hat{V}_1, WEIGHT^*) = 0.6206\ ,\ r(\hat{V}_1, WAIST^*) = 0.9254$$
$$r(\hat{V}_1, PULSE^*) = -0.3328$$

첫 번째 표본정준변수 $\hat{V}_1$는 허리둘레변수와 매우 높은 양의 상관관계(0.9254)를 가지고 몸무게변수와는 보통이상의 양의 상관관계(0.6206)를 나타낸다. 그러나 몸무게변수에 대한 부호를 살펴보면 ⑨ 표본정준적재에서는 양의 부호로 ⑧ 표본정준계수에서는 음의 부호로 서로 상반되게 표시되었다. 이러한 결과는 몸무게와 허리둘레 사이의 표본상관계수가 0.8702로 매우 큰 양의 상관관계에 있기 때문에 표본정준변수에서 몸무게에 대한 정준계수가 예상되는 부호와 상반되게 나타났다고 판단된다.

위 두 결과를 종합하면 첫 번째 표본정준변수 $\hat{V}_1$의 값은 허리둘레가 클수록 큰 값을 갖게 된다. 따라서 헬스클럽에 다니는 중년남자의 신장들이 큰 차이가 없다고 가정한다면 $\hat{V}_1$의 값이 클수록 살이 찐 사람을 의미하고, 그 값이 작을수록 마른 사람을 의미할 것이다.

⑩ Standardized Canonical Coefficients
for the 'WITH' Variables

	W_1	W_2	W_3
CHINS	−0.3495	−0.3755	−1.2966
SITUPS	−1.0540	0.1235	1.2368
JUMPS	0.7164	1.0622	−0.4188

⑩은 운동변수(종속변수)집단에서 유도된 표본정준변수를 의미한다. 첫 번째 표본정준변수는 다음과 같이 표시된다.

$$\widehat{W}_1 = -0.3495XNS^* - 1.0540SITUPS^* + 0.7164JUMPS^*$$

첫 번째 표본정준변수 $\widehat{W}_1$은 멀리뛰기(0.7164)에서 턱걸이(−0.3495)와 윗몸일으키기(−1.0540)를 뺀 것으로 표시되고, 윗몸일으키기에 가장 큰 가중치를 두고 있다.

⑪ Correlations Between the 'WITH' Variables
and Their Canonical Variables

	W_1	W_2	W_3
CHINS	−0.7276	0.2370	−0.6438
SITUPS	−0.8177	0.5730	0.0544
JUMPS	−0.1622	0.9586	−0.2339

⑪은 운동변수집단에서 유도된 정준변수와 그 집단의 변수 사이의 상관관계를 나타내는 표본정준적재값을 의미한다. 첫 번째 표본정준변수 $\widehat{W}_1$와 운동변수들 사이의 표본정준적재는 다음과 같다.

$$r(\widehat{W}_1, XNS^*) = -0.7276\ ,\ r(\widehat{W}_1, SITUPS^*) = -0.8177$$

$$r(\widehat{W}_1, JUMPS^*) = -0.1622$$

첫 번째 표본정준변수 $\widehat{W}_1$는 윗몸일으키기 변수와 가장 큰 음의 상관관계(−0.8177)에 있음을 알 수 있다. 그리고 멀리뛰기변수의 부호를 살펴보면 ⑪ 표본정준적재의 부호와 ⑩ 표본정준계수의 부호가 서로 다르게 표시되었음을 알 수 있다.

위 두 결과를 종합하면 첫 번째 표본정준변수 $\widehat{W}_1$의 값은 윗몸일으키기를 많이 할수록 음의 큰 값을 갖게 된다. 따라서 $\widehat{W}_1$이 음의 큰 값을 가지게 되면 상체의 힘이 강하다는 의미이고, 양수값을 가지게 되면 상체보다는 하체가 발달했다는 의미로 해석할 수 있을 것이다.

⑫ Correlations Between the 'VAR' Variables and the
Canonical Variables of the 'WITH' Variables

	W_1	W_2	W_3
WEIGHT	0.4938	−0.1549	−0.0098
WAIST	0.7363	−0.0757	−0.0022
PULSE	−0.2648	0.0083	0.0684

⑫은 운동변수(종속변수)집단에서 유도된 표본정준변수와 생리적 변수(독립변수)집단의 변수들 사이의 상관관계인 표본정준교차적재값을 나타낸다. 첫 번째 표본정준변수 $\widehat{W}_1$과 생리적 변수들 사이의 표본정준교차적재는 다음과 같다.

$r(\widehat{W}_1, WEIGHT^*) = 0.4938$, $r(\widehat{W}_1, WAIST^*) = 0.7363$

$r(\widehat{W}_1, PULSE^*) = -0.2648$

운동변수집단에서 유도된 첫 번째 표본정준변수 $\widehat{W}_1$는 생리적 변수집단의 허리둘레변수와 가장 큰 상관관계(0.7363)에 있음을 알 수 있다.

⑬ Correlations Between the 'WITH' Variables and the Canonical Variables of the 'VAR' Variables

	V_1	V_2	V_3
CHINS	-0.5789	0.0475	-0.0467
SITUPS	-0.6506	0.1149	0.0040
JUMPS	-0.1290	0.1923	-0.0170

⑬은 생리적 변수(독립변수)집단에서 유도된 표본정준변수와 운동변수(종속변수)집단의 변수들 사이의 상관관계인 표본교차적재값을 나타낸다. 첫 번째 표본정준변수 $\widehat{V}_1$과 운동변수들 사이의 표본정준교차적재는 다음과 같다.

$r(\widehat{V}_1, XNS^*) = -0.5789$, $r(\widehat{V}_1, SITUPS^*) = -0.6506$

$r(\widehat{V}_1, JUMPS^*) = -0.1290$

생리적변수집단에서 유도된 첫 번째 표본정준변수 $\widehat{V}_1$은 운동변수집단의 윗몸일으키기 변수와 가장 큰 음의 상관관계(-0.6506)에 있음을 알 수 있다. 그리고 ⑨에서 구한 $\widehat{V}_1$의 값이 높아짐에 따라 살찌고 뚱뚱한 사람이므로 윗몸일으키기와 턱걸이 횟수는 더욱 줄어들 것이다.

Canonical Redundancy Analysis
Standardized Variance of the 'WITH' Variables
Explained by

	⑭ Their Own Canonical Variables			⑮ The Opposite Canonical Variables	
	Proportion	Cumulative Proportion	Canonical R-Squared	Proportion	Cumulative Proportion
1	0.4081	0.4081	0.6330	0.2584	0.2584
2	0.4345	0.8426	0.0402	0.0175	0.2758
3	0.1574	1.0000	0.0053	0.0008	0.2767

⑭는 운동변수(종속변수)집단의 전체분산 중 그 집단의 표본정준변수에 의하여 설명되어지는 비

율을 의미한다.

$$R_1^2(Y^*|\widehat{W}_1) = 0.4081 \ , \ R_2^2(Y^*|\widehat{W}_2) = 0.4345$$

$$R_3^2(Y^*|\widehat{W}_3) = 0.1574$$

운동변수집단 Y^*의 전체분산 중 첫 번째 표본정준변수 $\widehat{W}_1$에 의하여 설명되어지는 비율은 0.4081이고 두 번째 표본정준변수 $\widehat{W}_2$에 의하여 설명되어지는 비율은 0.4345이고, 두 개의 표본정준변수에 의하여 설명되어지는 누적비율은 0.8426이다.
또한 ⑮는 운동변수집단 Y^*의 전체분산 중 생리적 변수(독립변수)집단 X^*의 개별 표본정준변수에 의하여 설명되어지는 비율을 의미한다.

$$R_1^2(Y^*|\widehat{V}_1) = 0.2584 \ , \ R_2^2(Y^*|\widehat{V}_2) = 0.0175$$

$$R_3^2(Y^*|\widehat{V}_3) = 0.0008$$

운동변수집단 Y^*의 전체분산 중 생리적 변수집단의 첫 번째 표본정준변수 $\widehat{V}_1$에 의하여 설명되어지는 비율은 0.2584이고, 나머지 두 개의 표본정준변수 $\widehat{V}_2$와 $\widehat{V}_3$에 의하여 설명되어지는 비율은 거의 없다. 따라서 운동변수집단의 전체분산 중 생리적 변수집단에 의하여 설명되어지는 비율은 0.2767이다.

Canonical Redundancy Analysis
Standardized Variance of the 'VAR' Variables
Explained by

	Their Own Canonical Variables			The Opposite Canonical Variables	
	Proportion	Cumulative Proportion	Canonical R-Squared	Proportion	Cumulative Proportion
1	0.4508	0.4508	0.6330	0.2584	0.2854
2	0.2470	0.6978	0.0402	0.0099	0.2953
3	0.3022	1.0000	0.0053	0.0016	0.2969

위 결과는 생리적 변수집단 X^*의 전체분산 중 그 집단의 표본정준변수와 다른 집단의 표본정준변수에 의하여 설명되어지는 비율을 의미한다. 생리적 변수(독립변수)집단의 전체분산은 그 집단의 첫 번째 표본정준변수 $\widehat{V}_1$에 의하여 설명되어지는 비율은 0.4508이고, 운동변수집단의 첫 번째 표본정준변수 $\widehat{W}_1$에 의하여 설명되어지는 비율은 0.2854이다. 그리고 생리적 변수집단의 전체분산 중 운동변수집단에 의하여 설명되어지는 비율은 0.2969이다.

연/습/문/제

6.1 정준상관계수와 정준변수를 구할 때 대체 계산방법에 관한 문제이다. 만약 λ_i 가 다음과 같은 행렬 $\Sigma_{yy}^{-1/2}\Sigma_{yx}\Sigma_{xx}^{-1}\Sigma_{xy}\Sigma_{yy}^{-1/2}$에서 구한 고유값이고, 이에 대응되는 고유벡터를 e_i 라고 하자. 이 경우에 행렬 $\Sigma_{yy}^{-1}\Sigma_{yx}\Sigma_{xx}^{-1}\Sigma_{xy}$ 의 고유값도 λ_i 이고, 이에 대응되는 고유벡터는 $\Sigma_{yy}^{-1/2}e_i$ 임을 보여라.

(힌트) 특성화방정식 $|\Sigma_{yy}^{-1/2}\Sigma_{yx}\Sigma_{xx}^{-1}\Sigma_{xy}\Sigma_{yy}^{-1/2}-\lambda_i I|=0$의

좌변에 $|\Sigma_{yy}^{-1/2}|$와 $|\Sigma_{yy}^{1/2}|$를 곱하면

$$
\begin{aligned}
0 &= |\Sigma_{yy}^{-1/2}||\Sigma_{yy}^{-1/2}\Sigma_{yx}\Sigma_{xx}^{-1}\Sigma_{xy}\Sigma_{yy}^{-1/2}-\lambda_i I||\Sigma_{yy}^{1/2}| \\
&= |\Sigma_{yy}^{-1}\Sigma_{yx}\Sigma_{xx}^{-1}\Sigma_{xy}-\lambda_i I|
\end{aligned}
$$

이 된다.

6.2 두 변수집단 Y와 X의 정준상관계수는 선형변환된 두 변수집단 EY와 FX의 정준상관계수와 일치됨을 보여라.

(힌트) 선형결합행렬 E의 차수는 $q\times q$이고, 선형결합행렬 F의 차수는 $p\times p$일 때 두 변수집단의 공분산행렬은

$$
\mathrm{Cov}\left(\begin{bmatrix} EY \\ FX \end{bmatrix}\right)=\begin{bmatrix} E\Sigma_{yy}E' & E\Sigma_{yx}F' \\ F\Sigma_{xy}E' & F\Sigma_{xx}F' \end{bmatrix}
$$

이다. 임의의 선형결합 $a'_1(EY)=a'Y$과 $b'_1(FX)=b'X$ 사이의 상관관계를 최대로 하는 정준계수는 $a'_1=e'\Sigma_{yy}^{-1/2}E^{-1}$과 $b'_1=f'\Sigma_{xx}^{-1/2}F^{-1}$이 된다.

6.3 가계 소비변수집단들과 인구통계변수집단들 사이의 상관관계를 조사하기 위하여 70가구에서 얻은 자료에 대한 표본상관행렬 R은 다음과 같다. SAS를 이용하여 정준상관분석을 하여라.

Y1 = 음식점에서 저녁 식사한 연간 외식회수

Y2 = 영화관람 연간 회수

X1 = 가장의 나이 X2 = 연 가계소득 X3 = 가장의 교육수준

$$R = \begin{bmatrix} R_{yy} & R_{yx} \\ R_{xy} & R_{xx} \end{bmatrix} = \begin{bmatrix} 1.0 & & & & \\ 0.80 & 1.0 & & & \\ 0.26 & 0.33 & 1.0 & & \\ 0.67 & 0.59 & 0.37 & 1.0 & \\ 0.34 & 0.34 & 0.21 & 0.35 & 1.0 \end{bmatrix}$$

(1) 표본정준상관계수를 구하여라.

(2) 두 변수집단사이에 상관관계가 없다는 귀무가설 $H_0 : \Sigma_{yx} = 0$를 검정하여라.

(3) 표준화변수에 대한 표본정준변수를 구하고 해석하여라.

(4) 표본정준교차적재행렬을 구하고 해석하여라.

(5) 중복계수를 구하고 해석하여라.

6.4 다음 자료는 25 가계로부터 성인이 된 첫째 아들과 둘째 아들에서 얻어진 두부에 대한 자료이다. 관측된 4개 변수는 다음과 같다.

Y1 = 둘째 아들의 머리 길이 Y2 = 둘째 아들의 머리 폭

X1 = 첫째 아들의 머리 길이 X2 = 첫째 아들의 머리 폭

Y1	Y2	X1	X2	Y1	Y2	X1	X2
179	145	191	155	201	152	195	149
185	149	181	148	188	149	183	153
171	142	176	144	192	152	208	157

190	149	189	150	189	152	197	159
197	159	188	152	187	151	192	150
186	148	179	158	174	147	183	147
185	152	174	150	195	157	190	159
187	158	188	151	161	130	163	137
183	158	195	155	173	148	186	153
182	146	181	145	165	137	175	140
185	152	192	154	178	147	174	143
176	143	176	139	200	158	197	167
187	150	190	163				

(1) 표본정준상관계수를 구하여라.

(2) 두 변수 집단 사이에 상관관계가 없다는 귀무가설 $H_0 : \Sigma_{yx} = 0$를 검정하여라.

(3) 표준화변수에 대한 표본정준변수를 구하고 해석하여라. (힌트 : 첫 번째 정준변수 : 머리의 크기, 두 번째 정준변수 : 머리의 모양)

(4) 표본정준교차적재행렬을 구하고 해석하여라.

(5) 중복계수를 구하고 해석하여라.

6.5 다음 자료는 여러 나라의 국가예산 지출비율에 대한 변수집단(Y)와 사회경제적 변수집단(X)사이의 상관관계를 분석하기 위하여 얻어진 표본상관행렬이다. 변수에 대한 설명은 다음과 같다.

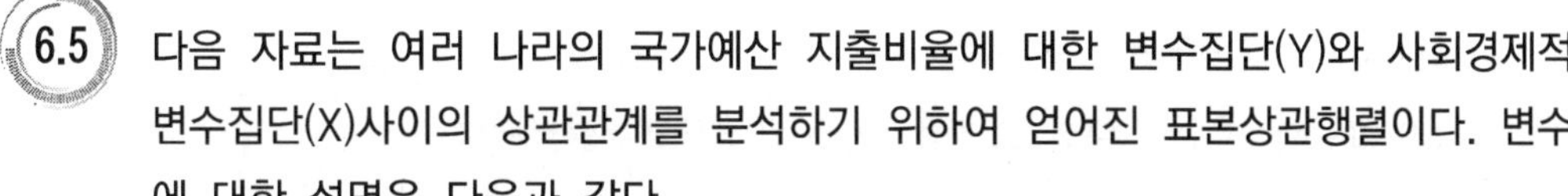

Y1 = GNP 대비 국방비 지출비율
Y2 = GNP 대비 교육비 지출비율
Y3 = GNP 대비 의료비 지출비율
X1 = 인구 크기 X2 = 인구밀도
X3 = 문자인식비율 X4 = 국민1인당 GNP

$$\begin{bmatrix} R_{yy} & R_{yx} \\ R_{xy} & R_{xx} \end{bmatrix} = \begin{bmatrix} 1.00 & & & & & & & 0.27 \\ 1.00 & & & & & & & -0.02 \\ 0.39 & 1.00 & & & & & & 0.38 \\ 0.30 & 0.13 & 1.00 & & & & & 0.03 \\ 0.23 & -0.17 & 0.05 & 1.00 & & & & 0.21 \\ 0.61 & 0.25 & 0.20 & 0.45 & 1.00 & & & 0.30 \\ 0.64 & 0.22 & 0.35 & 0.23 & 0.71 & 1.00 & & 0.33 \\ 0.64 & 0.15 & 0.33 & 0.19 & 0.74 & 0.93 & 1.00 & \end{bmatrix}$$

(1) 표본정준상관계수를 구하여라.

(2) 두 변수집단사이에 상관관계가 없다는 귀무가설 $H_0 : \Sigma_{yx} = 0$를 검정하여라.

(3) 표준화변수에 대한 표본정준변수를 구하고 해석하여라.

(4) 표본정준교차적재행렬을 구하고 해석하여라.

(5) 중복계수를 구하고 해석하여라.

6.6 어느 기업의 직원 784 명으로부터 직무와 관련된 12개 변수에 대한 자료를 수집하여 다음과 같은 상관행렬을 얻었다. 12개 변수의 내용은 아래와 같다. 상관행렬을 입력자료로 하여 정준상관분석을 실시하여라(상관행렬은 아래 프로그램에 포함되어 있다). 이때 종속변수 집단은 직무 만족도(job satisfaction)를 측정한 S1-S7이고, 독립변수 집단은 직무 속성(job characteristics)을 측정한 C1-C5이다.

(1) 표본정준계수를 구하여라.

(2) 표준화 변수에 대한 표본정준변수를 구하고 해석하여라.

(3) 표본정준교차적재행렬을 구하고 해석하여라.

(4) 중복계수를 구하고 해석하여라.

C1 = 직무의 피드백(feedback)

C2 = 직무의 중요성(task significance)

C3 = 직무의 다양성(task variety)

C4 = 직무의 정체성(task identity)

C5 = 직무의 자율성(autonomy)
S1 = 상사에 대한 만족(supervisor satisfaction)
S2 = 승진(promotion)
S3 = 재정(financial) 만족도
S4 = 작업량(workload)만족
S5 = 회사 정체성(company identification)
S6 = 작업관련(kind-of-work) 만족
S7 = 전반적(general)만족

<SAS Program: \CH6\P6.SAS >

```
DATA ONE(TYPE=CORR);
  INPUT _TYPE_ $ _NAME_ $ C1-C5 S1-S7;
cards;
   N  .   784 784 784 784 784 784 784 784 784 784 784 784
CORR C1   1.0 .   .   .   .   .   .   .   .   .   .   .
CORR C2   .49 1.0 .   .   .   .   .   .   .   .   .   .
CORR C3   .53 .57 1.0 .   .   .   .   .   .   .   .   .
CORR C4   .49 .46 .48 1.0 .   .   .   .   .   .   .   .
CORR C5   .51 .53 .57 .57 1.0 .   .   .   .   .   .   .
CORR S1   .33 .30 .31 .24 .38 1.0 .   .   .   .   .   .
CORR S2   .32 .21 .23 .22 .32 .43 1.0 .   .   .   .   .
CORR S3   .20 .16 .14 .12 .17 .27 .33 1.0 .   .   .   .
CORR S4   .19 .08 .07 .19 .23 .24 .26 .25 1.0 .   .   .
CORR S5   .30 .27 .24 .21 .32 .34 .54 .46 .28 1.0 .   .
CORR S6   .37 .35 .37 .29 .36 .37 .32 .29 .30 .35 1.0 .
CORR S7   .21 .20 .18 .16 .27 .40 .58 .45 .27 .59 .31 1.0
;
RUN;
PROC CANCORR VNAME='CHARACTERISTICS' VPREFIX=CHAR
 WNAME='SATISFACTION' WPREFIX=SAT;
  TITLE "CANONICAL CORRELATION ANALYSIS OF JOB SAT/CHAR";
   VAR C1-C5;
    WITH S1-S7;
RUN;
```

[연습문제 3.1]의 자료에 대하여 정준상관분석을 다음 절차에 따라 분석하여라. 이때 종속변수 집단은 부인(wife)이 남편을 평가한 4가지 변수에 대한 점수 W_1-W_4이고, 독립변수 집단은 남편(husband)이 부인을 평가한 4가지 변수에 대한 점수 H_1-H_4이다.

(1) 표본정준계수를 구하여라.

(2) 표준화 변수에 대한 표본정준변수를 구하고 해석하여라.

(3) 표본정준교차적재행렬을 구하고 해석하여라.

(4) 중복계수를 구하고 해석하여라.

```
<SAS Program: \CH6\P7.SAS >
DATA ONE;
 INFILE 'C:\DATA\LOVE.DAT';
 INPUT H1-H4 W1-W4;
RUN;
PROC CANCORR VNAME='HUSBANDS ANSWERS' VPREFIX=HUSB
 WNAME='WIFES ANSWERS' WPREFIX=WIFE;
 TITLE "CANONICAL CORRELATION ANALYSIS OF
          HUSBAND/WIFE DATA";
 VAR H1-H4;
  WITH W1-W4;
RUN;
```

분류와 판별분석

CHAPTER 07

분류와 판별분석

APPLIED MULTIVARIATE ANALYSIS

7.1 서 론

분류(classification)와 판별(discrimination)분석은 이미 알려진 상호배반적인 몇 개 집단에 속하는 다변량 관측치로부터 각 집단의 차이를 분류할 수 있는 함수를 추정하거나, 소속집단이 알려지지 않은 새로운 관측치를 추정된 함수를 이용하여 어떤 집단에 분류될 것인가를 결정하는 다변량분석기법이다. 분류분석의 주요목적은 새로운 관측치를 특정 집단으로 할당하기 위한 최적분류규칙인 분류함수를 유도하는 것이고, 판별분석의 주요목적은 여러 집단 사이의 중복을 최소화하면서 구분할 수 있는 판별함수를 유도하는 것이다. 분류 및 판별분석에서는 각 집단을 표시하는 명목변수인 종속변수와 각 집단을 구분하는데 영향을 미치는 독립변수들을 고려하기 때문에 회귀분석과 유사한 형태를 갖는다.

그러나 분류 및 판별분석과 회귀분석의 근본적인 차이점은 다음과 같다. 첫째는 회귀분석에서는 종속변수는 정규분포에 따르는 확률변수이고 독립변수들의 수준은 주어진 상수라고 가정하였다. 반면에 판별분석에서는 독립변수들은 다변량정규분포를 따르고 종속변수들은 사전에 알려진 명목변수라고 가정하기 때문에 회귀분석가정과 정 반대의 개념이다. 둘째는 회귀분석의 목적은 독립변수들의 정보를 이용하여 종속변수의 평균반응을 추정 혹은 예측하기 위한 것이다. 반면에 분류 및 판별분석의 목적은 소속 집단에 속하는 관측치들을 분류할 때 오분류확률을 최소화할 수 있는 독립변수들의 선형함수 혹은 이차함수을 찾는 것이다.

이러한 분석목적 때문에 분류함수와 판별함수를 흔히 중복하여 사용하는데 엄밀하게 구분하자면 집단의 수가 k개 있을 때 분류만을 목적으로 하는 분류함수는 집단의 수인 k개가 구해지고, k개 집단을 구분하는 판별함수의 수는 k−1과 독립변수의 수 p 중 작은 값만큼 구해진다. 분류 및 판별분석에서 다룰 내용은 다음과 같다.

☑ 공분산행렬이 동일성검정
☑ 세 집단이상의 분류
☑ 분류함수의 평가
☑ 단계적 분류분석
☑ 로짓판별분석
☑ SAS 를 이용한 분류 및 판별분석

7.2 두 집단의 분류

여러 개 독립변수들의 정보를 이용하여 관측치들을 두개의 집단으로 분류하는 경우와 분류함수를 이용하여 분류대상 관측치의 소속집단을 예측하는 경우를 생각하여 보자. 어떤 기준에 의하여 임의의 관측치들의 소속집단을 추정 혹은 예측을 할 때 좋은 분류기준이 되기 위해서는 가능한 잘못 분류될 가능성이나 확률이 될 수 있는 대로 작아야 한다. 앞으로 자세히 설명하겠지만 최적분류기준을 마련하기 위하여는 확률밀도함수와 더불어 두 가지 추가적인 특성을 고려하여야 한다. 첫 번째는 관측치가 사전에 두 집단에서 발생될 사전확률(prior probability)을 고려하여야 한다. 왜냐하면 어느 한 집단의 크기가 다른 집단의 크기와 비교해서 상대적으로 훨씬 큰 경우 임의의 관측치는 크기가 큰 집단에서 관측될 가능성이 사전적으로 크기 때문이다.

두 번째는 분류를 잘못 결정할 때 발생될 수 있는 오분류비용(cost of misclassification)을 고려하여야 한다. 예를 들면 집단 g_1 에 속한 관측치를 집단 g_2 로 잘못 분류하는 것이 반대로 집단 g_2 에 속한 관측치를 집단 g_1 로 잘못 분류하는 것보다 심각한 오분류비용이 발생된다고 가정하면, 전자의 오분류에서 발생되는 비용은 후자의 오분류에서 발생되는 비용보다 크게 될 것이다. 따라서 최적 분류기준을 설정할 때에는 가능하다면 관측치가 사전적으로 각 집단의 사전확률과 오분류와 연관된 비용을 고려하는 것이 바람직하다. 그러나 실제 분류분석에서는 사전확률과 오분류비용이 분석 전에 알려져 있지 않은 경우가 대부분이다.

이제부터 관측치가 주어졌을 때 두 집단 중 어느 한 집단으로 구분하기 위한 분류영역과 분류기준으로 사용할 수 있는 분류함수에 대하여 설명하기로 하겠다. 분석전 이미 나누어진 두개의 집단을 편의상 g_1, g_2로 표시하고, 분류함수를 구할 때 선형결합으로 사용되어지는p개 독립변수인 확률벡터를 $X' = [X_1, X_2, \cdots, X_p]$로 표시하자. 그리고 두 집단 g_1과 g_2의 확률밀도함수를 각각 $f_1(x)$과 $f_2(x)$이라고 하자. 모든 가능한 관측치 x들의 전체집합인 표본공간을 Ω로 표시하면, 표본공간의 부분집합 R_1은 집단 g_1에 속하는 관측치 x들의 영역을 표시하고, 부분집합 $R_2 = \Omega - R_1$는 집단 g_2에 속하는 관측치 x들의 영역을 표시한다. 또한 관측치는 두 집단 중 어느 한 집단에 반드시 속해야하기 때문에 두 영역 R_1과 R_2는 서로 배반적이고 배타적인 영역으로 나타나게 된다.

어느 관측치가 실제상 집단 g_1에 속함에도 불구하고 집단 g_2로 오분류 될 조건부 분류확률 $P(2|1)$는

$$P(2|1) = P(X \in R_2 | g_1) = \int_{R_2 = \Omega - R_1} f_1(x)\,dx \qquad (7-1)$$

로 표시된다. 여기서 적분기호는 p개 다중적분을 내포하고 있다. 마찬가지로 어느 관측치가 실제로 집단 g_2에 속하는데도 불구하고 집단 g_1으로 잘못 분류될 조건부분류확률 $P(1|2)$는 다음과 같다.

$$P(1|2) = P(X \in R_1 | g_2) = \int_{R_1} f_2(x)\,dx \qquad (7-2)$$

식 (7－1)의 조건부분류확률은 확률밀도함수 $f_1(x)$에서 R_2의 영역에 대한 다중적분값이고, 식 (7－2)의 조건부분류확률은 확률밀도함수 $f_2(x)$에서 R_1의 영역에 대한 다중적분값을 의미한다. 변수의 수가 하나인 $(p=1)$ 특수한 경우 조건부분류확률을 그림으로 살펴보면 <그림 7.1>과 같다.

그림 7.1 이일변량 경우 분류영역에 대한 오분류확률

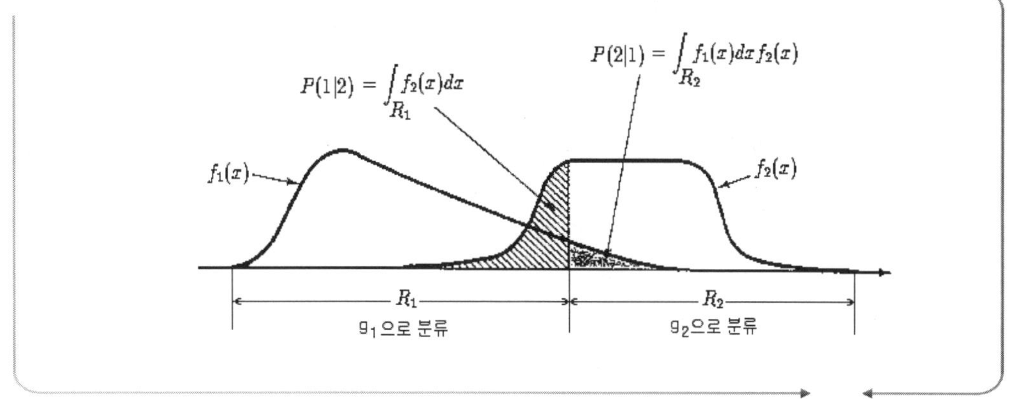

어느 관측치가 집단 g_1과 집단 g_2에 속하게 되는 사전확률을 각각 $P(g_1) = p_1$과 $P(g_2) = p_2$라고 하자. 물론 각 집단에 속할 사전확률의 합은 $p_1 + p_2 = 1$이 성립된다. 이때 각 소속집단에 옳게 분류될 전체정분류확률과 잘못 분류될 전체오분류확률은 해당되는 사전확률과 조건부분류확률과의 곱으로 다음과 같이 표시된다.

P(g_1에 속한다고 옳게 분류됨)
$= P$(관측치는 g_1에 속하고 g_1로 정분류 됨)
$= P(X \in R_1 | g_1) P(g_1) = P(1|1) p_1$

P(g_1에 속한다고 잘못 분류됨)
$= P$(관측치는 g_2에 속하고 g_1로 오분류 됨)
$= P(X \in R_1 | g_2) P(g_2) = P(1|2) p_2$

P(g_2에 속한다고 옳게 분류됨)
$= P$(관측치는 g_2에 속하고 g_2로 정분류 됨)
$= P(X \in R_2 | g_2) P(g_2) = P(2|2) p_2$

$P(g_2$에 속한다고 잘못 분류됨)

$= P($관측치는 g_1에 속하고 g_2로 오분류 됨)

$$= P(X \in R_2 | g_1) P(g_1) = P(2|1) p_1 \qquad (7-3)$$

따라서 두 집단에 대한 오분류될 확률을 합한 전체오분류확률(TPM : Total Probability of Misclassification)은 다음과 같이 구해진다.

$$TPM = P(2|1) p_1 + P(1|2) p_2 \qquad (7-4)$$

식 (7−4)의 전체오분류확률을 최소화하는 방법의 분류기준은 오분류비용을 무시한 기준이므로 분류를 결정할 때 문제가 발생될 수 있다. 예를 들면, 조건부분류확률 $P(2|1)$이 작다고 하더라도 해당되는 오분류비용이 매우 크다면, 비록 작은 확률을 갖는다 하더라도 그 상대적인 의미가 클 수 있다는 점을 유의하기 바란다. 따라서 최적분류기준은 오분류확률과 더불어 오분류비용을 고려하는 것이 바람직할 것이다. 어느 관측치가 실제로 집단 g_1에 속하는데도 불구하고 집단 g_2로 잘못 분류하는데 따르는 오분류비용을 $c(2|1)$로, 또한 실제로 집단 g_2에 속하는데도 불구하고 집단 g_1으로 잘못 분류될 때 따르는 오분류비용을 $c(1|2)$로 표시하면, 오분류비용의 기대값(ECM : Expected Cost of Misclassification)은 오분류비용에 오분류발생확률을 곱하여 다음과 같이 구할 수 있다.

$$ECM = c(2|1) P(2|1) p_1 + c(1|2) P(1|2) p_2 \qquad (7-5)$$

적절한 분류방법은 식 (7−5)의 오분류비용의 기대값을 최소화하는 분류기준을 마련하는 것이다. 다시 말하면 ECM을 최소화하는 관측치들의 영역 R_1과 R_2를 구하는 것이다.

정리 7-1

오분류비용의 기댓값 ECM을 최소화하는 두 집단에 속하는 관측치 **x**의 영역 R_1, R_2는 다음과 같은 부등식을 만족시키는 영역이다.

$$R_1 : \frac{f_1(\mathbf{x})}{f_2(\mathbf{x})} \geq \left(\frac{c(1|2)}{c(2|1)}\right)\left(\frac{p_2}{p_1}\right) \text{ 이면 } \mathbf{x} \text{를 집단 } g_1 \text{으로 분류}$$

$$R_2 : \frac{f_1(\mathbf{x})}{f_2(\mathbf{x})} < \left(\frac{c(1|2)}{c(2|1)}\right)\left(\frac{p_2}{p_1}\right) \text{ 이면 } \mathbf{x} \text{를 집단 } g_2 \text{으로 분류} \qquad (7-6)$$

증명

식 (7−1)과 식 (7−2)을 식 (7−5)에 대입하면

$$\begin{aligned} ECM &= c(2|1)P(2|1)p_1 + c(1|2)P(1|2)p_2 \\ &= c(2|1)p_1 \int_{R_2} f_1(\mathbf{x})d\mathbf{x} + c(1|2)p_2 \int_{R_1} f_2(\mathbf{x})d\mathbf{x} \end{aligned}$$

이 된다. 표본공간 Ω는 두 분류영역의 합집합 $\Omega = R_1 \cup R_2$이기 때문에 전체확률은

$$1 = \int_{\Omega} f_1(\mathbf{x})d\mathbf{x} = \int_{R_1} f_1(\mathbf{x})d\mathbf{x} + \int_{R_2} f_1(\mathbf{x})d\mathbf{x}$$

이 된다. 위 결과를 이용하면

$$\begin{aligned} ECM &= c(2|1)p_1 \left[1 - \int_{R_1} f_1(\mathbf{x})\,d\mathbf{x}\right] + c(1|2)\,p_2 \int_{R_1} f_2(\mathbf{x})\,d\mathbf{x} \\ &= \int_{R_1} [c(1|2)\,p_2\, f_2(\mathbf{x}) - c(2|1)\,p_1\, f_1(\mathbf{x})]\,d\mathbf{x} + c(2|1)p_1 \end{aligned}$$

이 된다. 여기서 사전확률과 오분류비용은 음수가 아니고, 또한 관측치에 의하여 결정되는 확률밀도함수의 값은 모든 관측치에 대하여 음수가 아니다. 따라서 ECM은 영역 R_1이

$$c(1|2)\,p_2\, f_2(\mathbf{x}) - c(2|1)p_1\, f_1(\mathbf{x}) \leq 0$$

에 속하는**x**값을 취할 때 최소화 됨을 알 수 있다. 따라서 오분류비용의 기대값을 최소화시키기 위한 R_1이 취할 범위는

$$c(1|2)\,p_2\, f_2(\mathbf{x}) \leq c(2|1)\,p_1\, f_1(\mathbf{x})$$

혹은

$$\frac{f_1(x)}{f_2(x)} \geq \left(\frac{c(1|2)}{c(2|1)}\right)\left(\frac{p_2}{p_1}\right)$$

이 성립되는 x값들의 집합이 된다.

따라서 ECM최소화기준을 적용하려면 세 가지 비율인 (1) 확률밀도함수 비율, (2) 오분류비용 비율, (3) 사전확률 비율에 대한 정보를 알고 있어야 한다. 그러나 사전확률이 알려져 있지 않다면 일반적으로 두 사전확률은 같다고 가정하고 확률밀도함수 비율과 오분류비용 비율을 비교하게 된다. 또한 오분류비용이 측정될 수 없다면 일반적으로 두 오분류비용은 같다고 가정하고 확률밀도함수 비율과 사전확률 비율을 비교하게 된다. 마지막으로 만약 사전확률과 오분류비용에 관한 정보가 없다면 단순히 두 확률밀도함수의 값을 비교함으로써 분류를 결정하게 되며 이 기준은 일반적으로 분류분석을 할 때 흔히 사용되는 가정이다.

정리 7-2

식 (7-6)의 오분류비용 최소화기준에 대한 특별한 경우를 정리하면 다음과 같다.

(1) $p_2/p_1 = 1$인 경우

$$R_1 : \frac{f_1(x)}{f_2(x)} \geq \left(\frac{c(1|2)}{c(2|1)}\right) \qquad R_2 : \frac{f_1(x)}{f_2(x)} < \left(\frac{c(1|2)}{c(2|1)}\right)$$

(2) $c(1|2)/c(2|1) = 1$경우

$$R_1 : \frac{f_1(x)}{f_2(x)} \geq \left(\frac{p_2}{p_1}\right), \qquad R_2 : \frac{f_1(x)}{f_2(x)} < \left(\frac{p_2}{p_1}\right)$$

(3) $p_2/p_1 = c(1|2)/c(2|1) = 1$ 인 경우

$$R_1 : \frac{f_1(x)}{f_2(x)} \geq 1, \qquad R_2 : \frac{f_1(x)}{f_2(x)} < 1 \qquad (7-7)$$

예제 7.1

두 집단 g_1과 g_2에 해당되는 확률밀도함수 $f_1(\mathbf{x})$와 $f_2(\mathbf{x})$를 추정하기 위하여 충분한 자료가 있다고 가정하자. 또한 전체 자료의 80%가 집단 g_1에 속하고, 전체 자료의 20%가 집단 g_2에 속한다고 하자. 또한 오분류비용에 관한 정보는 $c(2|1)=5$이고 $c(1|2)=10$이라고 가정하자.

(1) ECM을 최소화하는 분류영역을 구하여라.

(2) 새로운 관측치 $\mathbf{x}_0$에서 구한 확률밀도함수가 $f_1(\mathbf{x}_0)=0.3$과 $f_2(\mathbf{x}_0)=0.4$ 일 때 분류될 집단을 예측하여라.

풀이

먼저, 주어진 사전확률과 오분류비용에 대한 정보를 식 (7-6)에 대입하면 두 집단에 속하는 분류영역 R_1과 R_2는 다음과 같다.

$$R_1 : \frac{f_1(\mathbf{x})}{f_2(\mathbf{x})} \geq \left(\frac{10}{5}\right)\left(\frac{0.2}{0.8}\right) = 0.5$$

$$R_2 : \frac{f_1(\mathbf{x})}{f_2(\mathbf{x})} < \left(\frac{10}{5}\right)\left(\frac{0.2}{0.8}\right) = 0.5$$

그리고 새로운 관측치 $\mathbf{x}_0$에서 구한 두 밀도함수의 비율 $f_1(\mathbf{x}_0)/f_2(\mathbf{x}_0)=0.75$는 0.5보다 크므로 새로운 관측치는 $\mathbf{x}_0 \in R_1$에 속하므로 집단 g_1 으로 분류하게 된다.

최적분류절차에서 오분류비용을 제외한 기준을 사용할 수 있는데 이 기준은 전체 오분류확률을 최소화하는 분류영역 R_1과 R_2를 선택하는 것이 된다. 전체 오분류확률 TPM은

$$\begin{aligned} TPM &= P(2|1)p_1 + P(1|2)p_2 \qquad (7-8) \\ &= p_1 \int_{R_2} f_1(\mathbf{x})\,d\mathbf{x} + p_2 \int_{R_1} f_2(\mathbf{x})\,d\mathbf{x} \end{aligned}$$

으로 표현된다. 수학적으로 전체 오분류확률을 최소화하는 것은 식 (7-6)에서 오분류비용이 동일하다고 가정할 때 결과와 같기 때문에 분류영역은 [정리 7-2]의 (2)와

같이 나타낼 수 있다.

이제 분류기준으로 새로운 관측치 x_o가 주어졌을 때 각 집단에 속할 확률인 사후확률(posterior probability)를 이용하여 분류하는 방법에 대하여 알아보자. Bayes 정리를 이용한 각 집단에 속할 사후확률 $q_i(x_o) = P(g_i|x_o)$는

$$q_1(x_o) = P(g_1|x_o) = \frac{P(x_o|g_1)P(g_1)}{P(x_o|g_1)P(g_1) + P(x_o|g_2)P(g_2)}$$

$$= \frac{p_1\ f_1(x_o)}{p_1\ f_1(x_o) + p_2\ f_2(x_o)}$$

$$q_2(x_o) = P(g_2|x_o) = 1 - q_1(x_o) = \frac{p_2\ f_2(x_o)}{p_1\ f_1(x_o) + p_2\ f_2(x_o)} \qquad (7-9)$$

이 된다. 사후확률을 이용하여 분류하는 기준은 각 집단에 속하는 사후확률이 큰 쪽으로 관측치x_o를 분류하게 된다. 즉,$q_1(x_o) > q_2(x_o)$ 이면 관측치 x_o를 집단 g_1으로 분류하게 된다. 사후확률을 계산하여 분류하는 방법은 관측치의 분류와 더불어 각 집단에 속하는 가능성의 정도를 좀더 정확히 판단해 주는 장점을 가지고 있다.

 7.3 두 다변량정규모집단의 분류

분류분석을 할 때 일반적으로 널리 사용되는 모집단 분포의 형태는 정규분포이다. 첫번째 집단의 확률밀도함수$f_1(x)$는 평균벡터가 μ_1이고 공분산행렬이 Σ_1인 다변량정규밀도함수이고, 두 번째 집단의 확률밀도함수$f_2(x)$는 평균벡터가 μ_2이고 공분산행렬이 Σ_2인 다변량정규밀도함수라고 가정하자. 즉, 집단 g_i의 $X = [X_1, X_2, \cdots, X_p]'$에 대한 결합밀도함수는 다변량정규확률밀도함수 $f_i(x)$ $(i = 1, 2)$가

$$f_i(x) = \frac{1}{(2\pi)^{p/2}|\Sigma_i|^{1/2}} \exp\left[-\frac{1}{2}(x-\mu_i)'\Sigma_i^{-1}(x-\mu_i)\right] \qquad (7-10)$$

된다. 여기서 분류방법은 두 집단 공분산행렬의 동일성여부에 따라 다르게 된다는 점을 유의해야 한다. 결론적으로 표현하면 두 집단 공분산행렬이 같은 경우의 분류방법은 선형분류방법이 되고, 두 집단 공분산행렬이 다른 경우의 분류방법은 이차분류방법이 된다는 사실이다. 두 집단 사이의 공분산행렬에 대한 동일성검정은 분류함수를 유도한 후 다시 설명하기로 하겠다.

(1) 두 집단 공분산행렬이 같은 경우 : $\Sigma_1 = \Sigma_2 = \Sigma$

두 집단 공분산행렬이 같은 경우 두 확률밀도함수의 비율에 자연대수를 취하면

$$\begin{aligned} L(\mathbf{x}) &= \ln\left\{\frac{f_1(\mathbf{x})}{f_2(\mathbf{x})}\right\} = \ln f_1(\mathbf{x}) - \ln f_2(\mathbf{x}) \\ &= -\frac{1}{2}(\mathbf{x}-\mu_1)'\Sigma^{-1}(\mathbf{x}-\mu_1) + \frac{1}{2}(\mathbf{x}-\mu_2)'\Sigma^{-1}(\mathbf{x}-\mu_2) \\ &= (\mu_1-\mu_2)'\Sigma^{-1}\mathbf{x} - \frac{1}{2}(\mu_1-\mu_2)'\Sigma^{-1}(\mu_1+\mu_2) \end{aligned} \tag{7-11}$$

이 된다. 식 (7 - 11)은 관측치 x에 대하여 선형이므로 L(x)를 모집단선형분류함수라고 한다. 여기서 L(x)는 두 집단을 구분하는 변수들의 선형결합식이므로 모집단선형판별함수라고도 부른다.

분류분석을 실시할 때에는 모집단의 모수 μ_1, μ_2, Σ 들이 일반적으로 알려져 있지 않기 때문에 표본으로부터 추정해야 한다. 만약 집단 g_1과 g_2에서 표본크기가 n_1과 n_2로 추출된 다변량관측벡터를 각각 $\mathbf{x}_1$과 $\mathbf{x}_2$가

$$\underset{(p\times n_1)}{\mathbf{x}_1} = \left[\mathbf{x}_{11}, \mathbf{x}_{12}, \cdots, \mathbf{x}_{1n_1}\right], \quad \underset{(p\times n_2)}{\mathbf{x}_2} = \left[\mathbf{x}_{21}, \mathbf{x}_{22}, \cdots, \mathbf{x}_{2n_2}\right] \tag{7-12}$$

일 때, 식 (7 - 12)의 자료로부터 모수의 추정치인 표본평균벡터 $\overline{\mathbf{x}_i}$와 표본공분산행렬 S_i을 다음과 같이 계산할 수 있다.

$$\bar{x}_1 = \frac{1}{n_1}\sum_{j=1}^{n_1} x_{1j}\ ,\quad S_1 = \frac{1}{n_1 - 1}\sum_{j=1}^{n_1}(x_{1j} - \bar{x}_1)(x_{1j} - \bar{x}_1)'$$

$(p \times 1)$ $(p \times p)$

$$\bar{x}_2 = \frac{1}{n_2}\sum_{j=1}^{n_2} x_{2j}\ ,\quad S_2 = \frac{1}{n_2 - 1}\sum_{j=1}^{n_2}(x_{2j} - \bar{x}_2)(x_{2j} - \bar{x}_2)' \qquad (7-13)$$

$(p \times 1)$ $(p \times p)$

두 집단의 공분산행렬이 같다고 가정하였으므로 Σ의 불편추정치는 두 표본공분산행렬의 가중평균인 합동표본공분산행렬 S_p이다.

$$S_p = \frac{(n_1 - 1)S_1 + (n_2 - 1)S_2}{n_1 + n_2 - 2} \qquad (7-14)$$

식 (7 – 11)에서 모수인 μ_1, μ_2, Σ 대신 각각의 추정량 $\bar{x}_1, \bar{x}_2, S_p$로 대체한 $\hat{L}(x)$는

$$\hat{L}(x) = (\bar{x}_1 - \bar{x}_2)' S_p^{-1} x - \frac{1}{2}(\bar{x}_1 - \bar{x}_2)' S_p^{-1}(\bar{x}_1 + \bar{x}_2) \qquad (7-15)$$

관측치 x에 대한 선형식으로 표시되며, 이것을 표본선형분류함수 혹은 표본선형판별함수라고 부른다. 또한 식 (7 – 6)을 이용하면 다음과 같은 조건일 때 새로운 관측치 x_o는 집단 g_1에 분류하고, 그 이외 경우에는 집단 g_2로 분류하게 된다.

$$\hat{L}(x_o) \geqq \ln\left[\left(\frac{c(1|2)}{c(2|1)}\right)\left(\frac{p_2}{p_1}\right)\right] \qquad (7-16)$$

정리 7-3

두 집단의 분포가 동일한 공분산행렬을 갖는 다변량정규분포를 가질 때 새로운 관측치 x_0에 대한 모집단선형분류함수 $L(x)$와 표본선형분류함수 $\hat{L}(x)$를 이용한 분류기준을 요약하면 다음과 같다. 여기서 $\hat{R}_1$은 표본 선형분류모형에 의하여 얻어진 집단 g_1에 속하는 관측치들의 분류영역을 의미한다.

(1) ECM 최소화 기준

$$R_1 : L(\mathbf{x}_0) \geq \ln\left[\left(\frac{c(1|2)}{c(2|1)}\right)\left(\frac{p_2}{p_1}\right)\right], \qquad \hat{R}_1 : \hat{L}(\mathbf{x}_0) \geq \ln\left[\left(\frac{c(1|2)}{c(2|1)}\right)\left(\frac{p_2}{p_1}\right)\right]$$

(2) TPM 최소화 기준

$$R_1 : L(\mathbf{x}_0) \geq \ln\left(\frac{p_2}{p_1}\right), \quad \hat{R}_1 : \hat{L}(\mathbf{x}_0) \geq \ln\left(\frac{p_2}{p_1}\right) \tag{7-17}$$

(2) 두 집단 공분산행렬이 다른 경우 : $\Sigma_1 \neq \Sigma_2$

두 집단의 공분산행렬이 다른 경우 분류함수는 공분산행렬이 같은 경우보다 약간 복잡한 함수형태가 된다. 식(7-10)을 이용하여 $Q(\mathbf{x}) = \ln\{f_1(\mathbf{x})/f_2(\mathbf{x})\}$은 다음과 같이 구할 수 있다.

$$\begin{aligned} Q(\mathbf{x}) &= \ln\left\{\frac{f_1(\mathbf{x})}{f_2(\mathbf{x})}\right\} = \ln f_1(\mathbf{x}) - \ln f_2(\mathbf{x}) \\ &= -\frac{1}{2}\ln(|\Sigma_1|/|\Sigma_2|) - \frac{1}{2}(\mathbf{x}-\mu_1)'\Sigma_1^{-1}(\mathbf{x}-\mu_1) \\ &\quad + \frac{1}{2}(\mathbf{x}-\mu_2)'\Sigma_2^{-1}(\mathbf{x}-\mu_2) \\ &= -\frac{1}{2}\mathbf{x}'(\Sigma_1^{-1}-\Sigma_2^{-1})\mathbf{x} + (\mu'_1\Sigma_1^{-1} - \mu'_2\Sigma_2^{-1})\mathbf{x} - k \end{aligned} \tag{7-18}$$

여기서 $k = \frac{1}{2}\ln(|\Sigma_1|/|\Sigma_2|) + \frac{1}{2}(\mu'_1\Sigma_1^{-1}\mu_1 - \mu'_2\Sigma_2^{-1}\mu_2)$.

따라서 두 집단의 공분산행렬이 다르면 분류함수 식 (7－18)의 우변 첫째 항이 관측치 x의 이차형식으로 표시되므로 $Q(\mathbf{x})$를 모집단이차분류함수 혹은 모집단이차판별함수라고 부른다.

두 집단의 모수가 알려져 있지 않은 경우에는 모평균벡터 μ_i는 표본평균벡터 $\bar{\mathbf{x}}_i$로, 공분산행렬 Σ_i는 표본공분산행렬 S_i로 추정되며, 구한 추정치를 식 (7－18)에 대입하면 $Q(\mathbf{x})$의 추정치인 표본이차분류함수 $\hat{Q}(\mathbf{x})$를 구할 수 있다.

$$\hat{Q}(\mathbf{x}) = -\frac{1}{2}\mathbf{x}'(S_1^{-1} - S_2^{-1})\mathbf{x} + (\bar{\mathbf{x}}_1' S_1^{-1} - \bar{\mathbf{x}}_2' S_2^{-1})\mathbf{x} - k \tag{7－19}$$

여기서 $k = \frac{1}{2}\ln(|S_1|/|S_2|) + \frac{1}{2}(\bar{\mathbf{x}}_1' S_1^{-1}\bar{\mathbf{x}}_1 - \bar{\mathbf{x}}_2' S_2^{-1}\bar{\mathbf{x}}_2)$.

따라서 모집단이차분류함수 $Q(\mathbf{x})$는 모수가 알려져 있지 않은 경우에는 추정치인 표본이차분류함수 $\hat{Q}(\mathbf{x})$로 대체된다.

정리 7－3

두 집단의 분포가 서로 다른 공분산행렬을 가지는 다변량정규분포일 때 새로운 관측치 $\mathbf{x}_0$에 대한 모집단이차분류함수 $Q(\mathbf{x})$와 표본이차분류함수 $\hat{Q}(\mathbf{x})$를 이용한 분류기준은 다음과 같다. 여기서 $\widehat{R}_1$은 표본이차분류모형에 의하여 얻어진 집단 g_1에 속하는 관측치들의 영역을 의미한다.

(1) ECM 최소화 기준

$$R_1 : Q(\mathbf{x}_0) \geq \ln\left[\left(\frac{c(1|2)}{c(2|1)}\right)\left(\frac{p_2}{p_1}\right)\right], \quad \widehat{R_1} : \hat{Q}(\mathbf{x}_0) \geq \ln\left[\left(\frac{c(1|2)}{c(2|1)}\right)\left(\frac{p_2}{p_1}\right)\right]$$

(2) TPM 최소화 기준

$$R_1 : Q(\mathbf{x}_0) \geq \ln\left(\frac{p_2}{p_1}\right), \quad \widehat{R_1} : \hat{Q}(\mathbf{x}_0) \geq \ln\left(\frac{p_2}{p_1}\right) \tag{7－20}$$

앞에서 설명한 분류함수들은 각 집단 분포가 다변량정규분포에 따른다는 가정에서 유도되었으므로, 다변량정규분포에 대한 가정을 심하게 위반하면 두 분류함수의 신뢰

도는 높지 않을 것으로 판단된다. 특히 이차분류함수는 선형분류함수보다 자료가 비정규분포일 때 매우 민감한 결과를 보이는 것으로 알려져 있다. 따라서 자료의 분포가 비정규분포일 때에는 각 변수들을 정규분포에 근사하도록 변수변환하여 앞에서 유도된 두 가지 분류함수를 사용하면 된다. 변수변환을 할 때 일반적으로 사용되는 변환은 대수변환이나 제곱근변환 등이다. 그러나 두 가지 분류방법을 적용하기 위하여 요구되는 정규성의 문제는 자료가 대표본인 경우 크게 문제되지 않는 것으로 알려져 있다. 또한 두 집단 분포가 정규분포에 따른다고 가정할 때 선형 혹은 이차분류함수의 선택에 가장 중요한 요인은 공분산행렬의 차이보다는 각 집단의 표본크기인 것으로 알려져 있다. 선형 혹은 이차 분류함수를 선택을 할 때 고려할 수 있는 몇 가지 결과를 참고로 요약하면 다음과 같다.

① 공분산행렬의 차이가 작고 독립변수의 수($p < 6$)가 작으면 선형분류함수와 이차분류함수사이에 분류력의 차이는 거의 없다.

② 각 집단의 표본크기가($n_1, n_2 < 25$) 작은 경우 공분산행렬의 차이가 크더라도 독립변수의 수가 많으면 선형분류함수가 이차분류함수보다 선호된다.

③ 각 집단의 표본크기가 충분히 큰 경우 공분산행렬의 차이가 크고, 독립변수의 수가 많으면 이차분류함수가 선형분류함수보다 선호된다.

결론적으로 분류 혹은 판별분석을 할 때 어떤 분류방법의 선택은 공분산행렬의 동일성에 대한 검정보다는 오분류율이 작은 방법을 선택하는 것이 바람직하다고 판단된다.

7.4 공분산행렬의 동일성 검정

집단의 수가 k개일 때 각 집단을 구분하기 위하여 사용되어지는 선형 혹은 이차분류함수를 결정하기 위해서는 우선 각 집단의 공분산행렬이 동일한지 여부를 통계적으로 검정하여야 한다. 우선 각 집단 g_i의 공분산행렬이 $\boldsymbol{\Sigma}_i$이고 표본크기 n_i에서 추정된 표본공분산행렬을 S_i이라고 할 때, k개 집단에 대한 표본공분산행렬의 가중평균인 합동표본공분산행렬 S_p는

$$S_p = \frac{(n_1-1)S_1 + (n_2-1)S_2 + \cdots + (n_k-1)S_k}{N-k}$$

이 된다. 이때 전체표본크기는 $N = \sum_{i=1}^{k} n_i$이다. k개 집단 공분산행렬의 동일성에 대한 우도비 검정절차는 다음과 같다.

(1) 가설설정

$H_o : \boldsymbol{\Sigma}_1 = \boldsymbol{\Sigma}_2 = \cdots = \boldsymbol{\Sigma}_k$

H_1 : 적어도 두 개 이상의 공분산행렬이 같지 않다.

(2) 검정통계량

위 가설을 검정하기 위한 검정통계량은

$$M = \sum_{i=1}^{g} n_i |S_p| - \sum_{i=1}^{g} n_i \ln S_i \tag{7-21}$$

이고, Box(1949)는 척도인자(scale factor)가 다음과 같을 때

$$C^{-1} = 1 - \frac{2p^2+3p-1}{6(p+1)(k+1)}\left(\sum_{i=1}^{k}\frac{1}{n_i} - \frac{1}{N}\right)$$

통계량 $M^* = MC^{-1}$는 n_i가 커짐에 따라 자유도가 $\nu = 0.5(k-1)p(p+1)$인 카이자승분포로 근사하게 됨을 보였다. 특히 k와 p가 4개 혹은 5개보다 크지 않고, n_i가 20보다 큰 경우 카이자승근사는 적절한 것으로 알려져 있다. 검정시 유의할 점은 통계량 M^*의 분포는 다변량정규성 가정에 근거를 두고 있기 때문에 자료가 다변량정규성가정으로부터 크게 벗어나면 이 검정방법은 사용할 수 없게 된다.

(3) 의사결정과 p-값

유의수준 α에서 구한 기각치 $\chi^2_{\alpha,\nu}$와 검정통계량의 값 M^*를 비교하여 귀무가설의 채택여부를 결정하게 된다. 만약 $M^* > \chi^2_{\alpha,\nu}$이면 모든 집단의 공분산행렬이 동일하다는 귀무가설 H_0을 기각하게 되고, 그 이외에는 귀무가설 H_0를 기각할 수 없게 된다. 또한 자료와 귀무가설의 일치정도 여부를 결정하는 p-값은 $P(\chi^2_\nu > M^*)$이 되고, p-값이 상당히 작다면 자료와 귀무가설의 일치정도가 매우 작다는 근거가 되어 귀무가설을 강력하게 기각하게 된다.

예제 7.2 **투자성채권과 투기성채권 분류분석**

기업에서 발행된 채권(Bond)의 등급평가는 채권의 특수성을 감안하여 채권의 약관내용과 운영 및 재무상태 등이 평가요소로 이용되고 있다. 채권등급은 기관 포트폴리오 관리자가 채권의 위험수준을 평가하는 지표로 자주 사용되어진다. 미국의 신용조사기관의 하나인 Moody's 등급은 신용도가 높은 순서부터 Aaa, Aa, A, Baa, Ba, B, Caa, Ca, C의 등급으로 분류한다. 일반적으로 Baa 이상인 처음 네등급은 투자성 등급이고, Ba 이하는 투기성 등급으로 분류된다. 따라서 Baa 등급은 투자성채권과 투기성채권을 구분하는 기준등급으로 사용되어 진다. 판별 및 분류함수를 추정하기 위하여 1987년도 Moody's Industrial Manual에서 130개 채권(투자성채권 85개와 투기성채권 45개)을 추출하여 5개 독립변수에 대한 정보를 수집하였다.

등 급	Aaa	Aa	A	Baa	Ba	B	합 계
표본수	8	20	35	22	18	27	130

종속변수 : RATE (Aaa – B)

X_1 = 총자산규모(1억 달러), X_2 = 레버리지척도(장기부채/총자본)
X_3 = 수익성척도(순이익/총자산), X_4 = 불안정척도(순이익 변동계수)
X_5 = 주식등급 (1－6 척도)

독립변수 X_5 는 1986년도 자료이고, 나머지 독립변수들은 1982년부터 1986년까지의 5년간 산술평균을 사용한 자료이다. 자료는 첨부된 디스켓 [\DATA\BOND.DAT]에 저장되어있다. 독립변수 중 X_1 과 X_4 가 정규성을 크게 위반하므로 자연대수변환($\log_e$)한

$$LX_1 = \log_e(X_1/100)\ ,\ LX_4 = \log_e(X_4)$$

자료를 사용하여 다음 절차에 따라 분류 및 판별분석을 하여라.

(1) 우선 자료를 투자성채권(Baa 이상 등급)과 투기성채권(Ba 이하)으로 구분하고, 두 집단의 채권을 분류할 수 있는 표본선형분류함수를 구하여라. 또한 분류행렬을 구하고 단순오분류율을 계산하여라.

(2) 두 집단 공분산행렬이 동일한지 유의수준 0.05에서 검정하여라.

(3) 표본이차분류함수에 의한 단순오분류율을 계산하고, 표본선형분류함수에서 구한 단순오분류율과 비교하여라.

프로그램 \CH7\EX2.SAS 

```
DATA BOND;
  ① INFILE 'C : \DATA\BOND.DAT' ;
INPUT RATE $ X1－X5 ;
  ② LX1＝LOG(X1/100) ;  LX4＝LOG(X4) ;
③ IF RATE＝'AAA' THEN Y=1 ;
  ELSE IF RATE＝'AA' THEN Y＝2 ;
   ELSE IF RATE＝'A' THEN Y＝3 ;
    ELSE IF RATE＝'BAA' THEN Y＝4 ;
     ELSE IF RATE＝'BA' THEN Y＝5 ;
      ELSE  Y＝6 ;
```

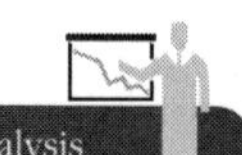

```
④ IF Y <= 4 THEN G=1 ;
   ELSE G=2 ;
;
   RUN ;
⑤ PROC DISCRIM LISTERR ;
 VAR LX1 X2 X3 LX4 X5 ;
  CLASS G ;
   RUN ;
⑥ PROC DISCRIM POOL=TEST ;
 VAR LX1 X2 X3 LX4 X5 ;
  CLASS G ;
   RUN ;
```

프로그램 해설

① INFILE 'C : \DATA\BOND.DAT' ; 첨부된 디스켓으로부터 채권등급자료를 읽어들이는 명령을 나타낸다.

② LX1=LOG(X1/100) ; LX4=LOG(X4) ; 독립변수 X1과 X4를 자연대수로 변환시킨다.

③ IF-THEN-ELSE 문을 사용하여 채권 6등급(Aaa부터 B)을 1부터 6까지 값을 부여하여 명목변수 Y 로 표시하였다.

④ 채권을 투자성집단(Y가 4 이하)과 투기성집단(Y가 5 이상)으로 구분하기 위하여 조건문을 사용하였다.

⑤ PROC DISCRIM LISTERR ; 분류분석을 하라는 명령문이고 오분류 된 관측치를 출력시키기 위하여 옵션 LISTERR를 사용하였다. 추가적인 명령문은 VAR 독립변수들 ; CLASS 집단변수 ; 이다.

⑥ PROC DISCRIM POOL=TEST ; SAS에서는 각 집단의 공분산행렬의 동일성에 대한 검정은 옵션 POOL=TEST 를 사용하며, 검정결과에 따라 선형 혹은 이차분류함수를 추정하고 분류행렬을 출력한다.

결과 및 해석

Discriminant Analysis ① Linear Discriminant Function

	1	2
CONSTANT	-20.62443	-26.60233
LX1	4.40250	3.92577
X2	8.03918	3.92577
X3	3.61640	3.10212
LX4	-4.16009	-3.49467
X5	6.84415	8.05039

두 집단 공분산행렬이 같다고 가정하고 추정된 선형판별함수는 다음과 같다. 투자성집단의 표본선형분류함수 $\hat{L}_1(\mathbf{x})$와 투기성집단의 표본선형분류함수 $\hat{L}_2(\mathbf{x})$는 다음과 같다.

$$\hat{L}_1(\mathbf{x}) = -20.62 + 4.40LX_1 + 8.04X_2 + 3.62X_3 - 4.16LX_4 + 6.84X_5$$

$$\hat{L}_2(\mathbf{x}) = -26.60 + 3.93LX_1 + 17.02X_2 + 3.01X_3 - 3.50LX_4 + 8.05X_5$$

두 집단을 판별할 수 있는 표본선형판별함수 $\hat{L}(\mathbf{x})$는 다음과 같다.

$$\hat{L}(\mathbf{x}) = \hat{L}_1(\mathbf{x}) - \hat{L}_2(\mathbf{x})$$
$$= 5.98 + 0.48LX_1 - 8.99X_2 + 0.51X_3 - 0.67LX_4 - 1.21X_5$$

Classification Results for Calibration Data: WORK.BOND

Resubstitution Results using Linear Discriminant Function

Generalized Squared Distance Function:

$$D_j^2(X) = (X - X_j)' \; COV^{-1} \; (X - X_j)$$

② Posterior Probability of Membership in each G:

$$Pr(j|X) = \exp(-.5\ D_j^2(X))\ /\ SUM_k\ \exp(-.5\ D_k^2(X))$$

② 관측치 x 가 주어졌을 때 각 집단에 속할 사후확률에 대한 계산식이다. 이 계산식은 식 (7-35)에서 설명하도록 하겠다. 사후확률에 의한 관측치의 분류는 두 집단에 대하여 사후확률이 큰 집단으로 분류하게 된다. ③아래 결과는 표본선형분류함수에 의하여 잘못 분류된 관측치들이다. 예를 들면 투자성집단에 속하는 57번째 관측치는 근소한 차이로 투기성집단으로 분류되었음을 알 수 있고, 투기성집단에 속해있는 90번째 관측치는 투자성집단에 속할 사후확률이 매우 높음을 알 수 있다.

③ Posterior Probability of Membership in G:

Obs	From G	Classified into G	1	2
49	1	2 *	0.4315	0.5685
57	1	2 *	0.4891	0.5109
58	1	2 *	0.4776	0.5224
60	1	2 *	0.4656	0.5344
68	1	2 *	0.4411	0.5589
69	1	2 *	0.1966	0.8034
70	1	2 *	0.2507	0.7493
75	1	2 *	0.2898	0.7102
79	1	2 *	0.1211	0.8789
80	1	2 *	0.0885	0.9115
82	1	2 *	0.4427	0.5573
83	1	2 *	0.1166	0.8834
85	1	2 *	0.3020	0.6980
90	2	1 *	0.8342	0.1658

④ Discriminant Analysis

Classification Summary for Calibration Data : WORK.BOND

Resubstitution Summary using Linear Discriminant Function

Number of Observations and Percent Classified into G:

From G	1	2	Total
1	72	13	85
	84.71	15.29	100.00
2	1	44	45
	2.22	97.78	100.00
Total	73	57	130
Percent	56.15	43.85	100.00

⑤ Error Count Estimates for G:

	1	2	Total
Rate	0.1529	0.0222	0.0876
Priors	0.5000	0.5000	

④ 표본선형분류함수에 의한 분류행렬을 살펴보면 투자성집단(1)에 속하는 85개 중 72개가 옳게 분류되었고, 13개가 투기성집단(2)으로 잘못 분류되었다. 또한 투기성집단에 속하는 45 중 단지 1개가 투자성집단으로 잘못 분류되었다.

⑤ 투자성집단에 속하는 관측치 중 15.29%가 잘못 분류되었고, 투기성집단에 속하는 관측치 중 2.2%가 잘못 분류되었다. 따라서 표본선형분류함수는 투자성집단의 오분류율이 크고 투기성집단의 오분류율이 작은 것으로 나타났으며, 전체 자료에 대한 표본선형분류함수의 단순오분류율은 10.77%(14/130)가 된다. 또한 사전확률(0.5)이 동일하다고 가정하면 전체자료의 오분류율은 8.76%(0.5*(15.29+2.22))이 된다.

⑥ Test of Homogeneity of Within Covariance Matrices

Notation: K = Number of Groups   P = Number of Variables

N = Total Number of Observations − Number of Groups

N(i) = Number of Observations in the i'th Group − 1

```
                      N(i)/2
       ||  |Within SS Matrix(i)|
V = - - - - - - - - - - - - - -
                         N/2
         |Pooled SS Matrix|
```

$$RHO = 1.0 - \left[SUM \frac{1}{N(i)} - \frac{1}{N} \right] \frac{2P^2 + 3P + 1}{6(P+1)(K-1)}$$

$$DF = .5(K-1)P(P+1)$$

Under null hypothesis : $-2\ RHO\ \ln \left[\frac{N^{PN/2}}{\Pi} \frac{V}{N(i)^{PN(i)/2}} \right]$

is distributed approximately as chi − square(DF)

⑦ Test Chi − Square Value = 488.170228

with   15 DF   Prob > Chi − Sq = 0.0001

Since the chi − square value is significant at the 0.1000 level, the within covariance matrices will be used in the discriminant function.

Reference: Morrison, D.F.(1976) Multivariate Statistical Methods p252.

⑥ 두 개 집단의 공분산행렬이 동일한지 여부를 검정하면 검정통계량은 자유도가 $\nu = 15$인 카이자승분포에 근사하게 된다. 또한 ⑦ 검정통계량의 값은 $M^* = 488.17$이고 p−값은 0.0001로 유의수준 0.05보다 매우 작으므로 공분산행렬이 동일하다는 귀무가설을 강하게 기각하게 된다. 따라서 검정결과에 의하면 표본선형분류함수보다는 표본이차분류함수를 두 집단의 분류에 사용하는 것이 더 적절할 것으로 판단된다.

⑧ Discriminant Analysis

Classification Summary for Calibration Data: WORK.BOND

Resubstitution Summary using Quadratic Discriminant Function

Number of Observations and Percent Classified into G:

From G	1	2	Total
1	82	3	85
	96.47	3.53	100.00
2	16	29	45
	35.56	64.44	100.00
Total	98	32	130
Percent	75.38	24.62	100.00

⑨ Error Count Estimates for G:

	1	2	Total
Rate	0.0353	0.3556	0.1954
Priors	0.5000	0.5000	

⑧ 표본이차분류함수에서 구해진 분류행렬을 살펴보면 투자성집단(1)에 속하는 85개 중 82개가 옳게 분류되었고, 3개가 투기성집단(2)으로 잘못 분류되었다. 또한 투기성집단에 속하는 45 중 16개가 투자성집단으로 잘못 분류되었다.

⑨ 투자성집단에 속하는 관측치 중 3.5%가 잘못 분류되었고, 투기성집단에 속하는 관측치 중 35.6%가 잘못 분류되었다. 따라서 표본이차분류함수는 투자성집단의 오분류율은 작고 투기성집단의 오분류율이 큰 것으로 나타났으며, 전체 자료에 대한 표본이차분류함수의 단순오분류율은 14.62% (19/130)가 된다. 또한 사전확률(0.5)이 동일하다고 가정하면 전체자료의 오분류율은 19.54%가 된다. 결론적으로 두 집단의 공분산행렬이 다르다 할지라도 표본선형분류함수가 표본이차분류함수보다 판별력이 큰 것으로 나타났으며, 두 분류함수의 분류결과가 두 집단 중 어느 한 집단에 대한 분류력만 높은 것으로 나타난 것은 바람직하지 못한 결과일 수도 있다는 것을 유의하기 바란다.

7.5 세 집단 이상의 분류

이론적으로 세 집단이상의 분류절차는 앞에서 구한 두 집단의 분류절차로부터 쉽게 일반화될 수 있다. $f_i(\mathbf{x})$를 집단 g_i의 확률밀도함수, p_i를 집단 g_i에 속할 사전확률, $P(j|i)$를 실제로는 집단 g_i에 속하는 관측치를 집단 g_j로 오분류하는 조건부 오분류확률, $c(j|i)$를 조건부 오분류비용이라고 하자. 이때 집단 g_i에 속하는 관측치를 다른 집단으로 오분류하는 조건부 오분류비용의 기대값ECM(i)는

$$\mathrm{ECM}(i) = \sum_{j \neq i}^{k} P(j|i)c(j|i) \tag{7-22}$$

이 된다. 따라서 전체집단의 조건부 오분류비용의 기대값 ECM은 개별 ECM(i)에 해당되는 사전확률 p_i를 곱하여 합한 것이 된다.

$$\mathrm{ECM} = \sum_{i=1}^{k} p_i \left(\sum_{j \neq i}^{k} P(j|i)c(j|i) \right) \tag{7-23}$$

최적분류절차는 식 (7−23)의 ECM을 최소화하는 서로 배반적이고 배타적인 관측치 $\mathbf{x}$의 분류영역 $R_1, R_2, \cdots, R_k$를 구하는 것이다. ECM을 최소화시키는 분류기준 결과는 관측치 $\mathbf{x}$에 대한

$$\sum_{i \neq j}^{k} p_i\, f_i(\mathbf{x})\, c(j|i) \tag{7-24}$$

의 값이 가장 작은 값을 가지는 집단 g_j에 분류하는 것이다. 만약 오분류비용이 동일(모든 오분류비용이 1이라고 두자)하다고 가정하면 ECM을 최소화하는 절차는 TPM을 최소화하는 절차가 된다. 모든 오분류비용을 1이라고 두면 식 (7−24)으로부터 관측치 $\mathbf{x}$에 대한

$$\sum_{i \neq j}^{k} p_i f_i(\mathbf{x}) \tag{7-25}$$

의 값이 가장 작은 집단 g_j에 분류하는 것이다. 식 (7−25)의 값이 가장 작다는 것은 제외된 j 번째의 $p_j f_j(\mathbf{x})$가 가장 크다는 의미가 된다. 따라서 다음과 같은 정리가 성립된다.

정리 7-5

오분류비용이 동일할 때 TPM를 최소화하는 분류기준은 다음과 같다. 만약 모든 $i \neq j$에 대하여

$$p_j f_j(\mathbf{x}) > p_i f_i(\mathbf{x}) \quad \text{혹은} \quad \ln p_j f_j(\mathbf{x}) > \ln p_i f_i(\mathbf{x}) \tag{7-26}$$

이면 관측치 $\mathbf{x}$를 집단 g_j에 분류된다.

따라서 식 (7−26)은 관측치 $\mathbf{x}$가 주어졌을 때 사후확률이 가장 큰 집단 g_j에 분류하는 기준과 같다. 관측치 $\mathbf{x}$가 주어졌을 때 집단 g_j에 분류될 사후확률 $q_j(\mathbf{x}) = P(g_j | \mathbf{x})$는 다음과 같다.

$$q_j(\mathbf{x}) = P(g_j | \mathbf{x}) = \frac{p_j f_j(\mathbf{x})}{\sum_{i=1}^{k} p_i f_i(\mathbf{x})} \tag{7-27}$$

이제부터는 각 집단이 다변량정규분포를 따른다고 가정할 때 분류함수를 유도하는 과정에 대하여 설명하기로 하겠다. 각 집단 g_i의 확률밀도함수 $f_i(\mathbf{x})$가 평균벡터가 μ_i이고 공분산행렬이 Σ_i인 다변량 정규확률밀도함수인 특수한 경우를 고려하여 보자.

$$f_i(\mathbf{x}) = \frac{1}{(2\pi)^{p/2}|\Sigma_i|^{1/2}} \exp\left[-\frac{1}{2}(\mathbf{x}-\mu_i)'\Sigma_i^{-1}(\mathbf{x}-\mu_i)\right] \tag{7-28}$$

$i = 1, 2, \cdots, k$

또한 $c(i|i)=0, c(j|i)=1$, $j \neq i$이고, 각 집단 공분산행렬이 같지 않다고 가정하면 식 (7−26)의 분류함수는 아래 조건이 성립될 때 관측치 x를 집단 g_j에 분류하게 된다.

$$\ln p_j f_j(\mathbf{x}) = \ln p_j - \left(\frac{p}{2}\right)\ln(2\pi) - \frac{1}{2}\ln|\boldsymbol{\Sigma}_j| - \frac{1}{2}(\mathbf{x}-\boldsymbol{\mu}_j)'\boldsymbol{\Sigma}_j^{-1}(\mathbf{x}-\boldsymbol{\mu}_j) \qquad (7-29)$$

$$= \max_i \ln p_i f_i(\mathbf{x})$$

즉, 관측치 x에서 구한 k개 $\ln p_i f_i(\mathbf{x})$ 중에서 $\ln p_j f_j(\mathbf{x})$가 가장 클 때 집단 g_j에 분류하는 기준이다. 식 (7−29)에서 상수항 $(p/2)\ln(2\pi)$는 모든 집단에 대하여 동일하므로 식에서 제외하면 집단 g_i의 모집단이차분류함수 $Q_i(\mathbf{x})$는 다음과 같이 정의된다.

$$Q_i(\mathbf{x}) = -\frac{1}{2}\ln|\boldsymbol{\Sigma}_i| - \frac{1}{2}(\mathbf{x}-\boldsymbol{\mu}_i)'\boldsymbol{\Sigma}_i^{-1}(\mathbf{x}-\boldsymbol{\mu}_i) + \ln p_i \qquad (7-30)$$

$$i = 1, 2, \cdots, k$$

자료에 대하여 분류분석을 할 때에는 일반적으로 모수인 평균벡터 $\boldsymbol{\mu}_i$와 공분산행렬 $\boldsymbol{\Sigma}_i$이 알려져 있지 않기 때문에 표본에서 추정된 표본평균벡터 $\overline{\mathbf{x}}_i$와 표본공분산행렬 S_i를 이용하게 된다. 식 (7−30)에서 모수를 추정치로 대체하면 집단 g_i의 표본이차분류함수 $\widehat{Q}_i(\mathbf{x})$를 얻게 된다.

$$\widehat{Q}_i(\mathbf{x}) = -\frac{1}{2}\ln|S_i| - \frac{1}{2}(\mathbf{x}-\overline{\mathbf{x}}_i)'S_i^{-1}(\mathbf{x}-\overline{\mathbf{x}}_i) + \ln p_i \qquad (7-31)$$

정리 7-6

오분류비용이 동일하고 또한 각 집단의 공분산행렬이 다를 때 TPM를 최소화하는 분류기준은 다음과 같은 조건이 성립될 때 관측치 x는 집단 g_j로 분류된다.

(1) 최대값$(Q_1(\mathbf{x}), Q_2(\mathbf{x}), \cdots, Q_k(\mathbf{x}))$

(2) 최대값$(\widehat{Q}_1(\mathbf{x}), \widehat{Q}_2(\mathbf{x}), \cdots, \widehat{Q}_k(\mathbf{x}))$

만약 각 집단 공분산행렬이 $\Sigma_i = \Sigma \ (i = 1, 2, \cdots, k)$로 동일하다면, 식 (7 – 31)의 모집단이차분류함수는 단순한 모집단선형분류함수 $L_i(x)$로 된다.

$$L_i(x) = -\frac{1}{2}\ln|\Sigma| - \frac{1}{2}(x-\mu_i)'\Sigma^{-1}(x-\mu_i) + \ln p_i \qquad (7-32)$$
$$= -\frac{1}{2}\ln|\Sigma| - \frac{1}{2}x'\Sigma^{-1}x + \mu'_i\Sigma^{-1}x - \frac{1}{2}\mu'_i\Sigma^{-1}\mu_i + \ln p_i$$

식 (7 – 32)에서 우변의 첫째 항과 두 번째 항은 모든 집단의 분류함수에서 동일하므로 분류를 목적으로 하는 함수에서는 제외시켜도 동일한 분류결과를 갖게 된다. 따라서 식 (7 – 32)는 다음과 같이 간단히 표현할 수 있으며, 이는 x에 대한 선형분류함수로 나타나게 된다.

$$L_i(x) = \mu'_i\Sigma^{-1}x - \frac{1}{2}\mu'_i\Sigma^{-1}\mu_i + \ln p_i \qquad (7-33)$$

식 (7 – 33)에서 모수인 평균벡터 μ_i와 공분산행렬 Σ를 추정치인 표본평균벡터 $\overline{x}_i$와 합동 표본공분산행렬 S_p로 대체하면 다음과 같은 표본선형분류함수 $\hat{L}_i(x)$를 구할 수 있다.

$$\hat{L}_i(x) = \overline{x}_i' S_p^{-1} x - \frac{1}{2}\overline{x}_i' S_p^{-1}\overline{x}_i + \ln p_i \qquad (7-34)$$

정리 7-7

오분류비용이 동일하고 또한 각 집단의 공분산행렬이 같을 때 TPM를 최소화하는 분류기준은 다음과 같은 조건이 성립될 때 관측치 x는 집단 g_j로 분류된다.

(1) $L_j(x) =$ 최대값$(L_1(x), L_2(x), \cdots, L_k(x))$

(2) $\hat{L}_j(x) =$ 최대값$(\hat{L}_1(x), \hat{L}_2(x), \cdots, \hat{L}_k(x))$

이제까지 각 집단의 독립변수들이 다변량정규분포를 따른다고 가정하고 표본이차분류함수와 표본선형분류함수를 유도하였다. 정규분포를 따른다는 것은 관측치들이 평균을 중심으로 밀집되어있고, 평균으로부터 멀어질수록 관측치들의 빈도가 작아지는 특성을 의미한다. 따라서 임의의 관측치 x가 어느 특정한 집단 g_i의 표본평균 $\bar{x}_i$로부터 떨어져 있는 거리를 측정하면 그 관측치가 어느 집단에 가장 가깝게 위치해 있는가를 판단할 수 있을 것이다. 따라서 관측치 x에서 집단 g_i까지의 일반화거리자승(generalized squared distance) $D_i^2(\mathbf{x})$는 다음과 같이 정의된다.

① 집단의 공분산행렬이 다른 경우

$$D_i^2(\mathbf{x}) = \ln|S_i| + (\mathbf{x} - \bar{\mathbf{x}}_i)' S_i^{-1} (\mathbf{x} - \bar{\mathbf{x}}_i) - 2\ln p_i$$

② 각 집단의 공분산행렬이 같은 경우

$$D_i^2(\mathbf{x}) = (\mathbf{x} - \bar{\mathbf{x}}_i)' S_p^{-1} (\mathbf{x} - \bar{\mathbf{x}}_i) - 2\ln p_i$$

위의 식을 이용하여 관측치 x이 주어졌을 때 각 집단 g_i에 속할 사후확률을 다음과 같이 구할 수 있고, 관측치 x는 사후확률이 가장 큰 집단에 분류하게 된다.

$$q_i(\mathbf{x}) = P(g_i|\mathbf{x}) = \frac{\exp\left(-0.5\,D_i^2(\mathbf{x})\right)}{\sum_{i=1}^{k}\exp\left(-0.5\,D_i^2(\mathbf{x})\right)} \qquad (7-35)$$

7.6 분류함수의 평가

일단 자료에 의하여 분류함수들이 추정되면 분류함수의 타당성 및 설명력을 검토하여야 한다. 분류함수들의 분류력을 측정할 수 있는 오분류확률은 집단의 분포형태가 미리 알려져 있다면 비교적 쉽게 계산할 수 있으나, 각 집단 분포의 모수가 알려져 있지 않은 경우에는 표본에서 유도된 표본분류함수에서 오분류율을 추정하여야 한다. 만약 각 집단의 확률밀도함수 $f_i(\mathbf{x})$의 분포형태와 모수가 알려져 있을 때 전체

오분류확률 TPM의 최소값인 최적오분류율 OER(Optimum Error Rate)은

$$OER = \sum_{i=1}^{k} p_i \left(\sum_{j \neq i}^{k} P(j|i) \right) = \sum_{i=1}^{k} p_i \left(\sum_{j \neq i}^{k} \int_{R_j} f_i(x)dx \right) \tag{7-36}$$

이 된다. 반면에 각 집단의 확률밀도함수 $f_i(x)$의 분포 형태는 알려져 있으나 모수가 알려져 있지 않을 때에는 표본으로부터 추정되어야 한다. 표본분류함수에 의하여 얻어진 각 집단에 속하는 관측치들의 분류영역을 $\widehat{R_i}$라고 하면 최적오류율 OER의 추정치인 실질오류율 AER(Actual Error Rare)은

$$AER = \sum_{i=1}^{k} p_i \left(\sum_{j \neq i}^{k} \int_{\widehat{R_j}} f_i(x)dx \right) \tag{7-37}$$

와 같이 구해진다. 그러나 일반적으로 확률밀도함수 $f_i(x)$가 알려져 있지 않기 때문에 최적오류율 OER혹은 실질오류율 AER을 계산할 수 없다. 이러한 문제점을 해결하기 위하여 집단의 분포형태와 상관없이 어떤 분류함수에 대하여도 오류율을 측정할 수 있는 척도로서 단순오분류율인 APER(Apparent Error Rate)가 있다. 단순오분류율이란 자료에 의하여 추정된 표본분류함수를 이용하여 자료를 다시 분류하였을 때 잘못 분류된 자료의 비율을 의미한다. APER는 자료의 원래 소속집단과 분류된 집단 사이의 분류결과를 나타내는 <표 7.1>의 분류행렬을 이용하면 쉽게 계산할 수 있다. 만약 각 집단 g_i에 속한 자료가 n_i이면 분류행렬은 다음과 같은 형태로 표시된다.

〈표 7.1〉 분류행렬

		분류된 집단				자료수
		g_1	g_2	⋯	g_k	
소속 집단	g_1	n_{11}	n_{12}	⋯	n_{1k}	n_1
	g_2	n_{21}	n_{22}	⋯	n_{2k}	n_2
	⋮	⋮	⋮	⋮	⋮	⋮
	g_k	n_{k1}	n_{k2}	⋯	n_{kk}	n_k

여기서 n_{ii}는 소속집단이 g_i인 n_i개 자료 중에서 옳게 분류된 수이고, n_{ij}는 소속집단이 g_i인 n_i개 자료 중에서 집단 g_j로 잘못 분류된 수이다. 따라서 분류행렬의 대각원소값들은 각 소속집단 자료 중에서 옳게 분류된 자료의 수를 의미하고, 비대각원소값은 각 소속집단과 다르게 분류된 자료의 수를 의미한다. 따라서 단순오분류율인 APER는 다음과 같이 계산된다.

$$APER = 1 - \frac{\sum_{i=1}^{k} n_{ii}}{\sum_{i=1}^{k} n_i} \tag{7-38}$$

단순오분류율인 APER는 모집단분포에 대한 특정한 가정을 하지 않기 때문에 어떤 분류함수에도 사용할 수 있다. APER는 계산하기 쉽다는 장점이 있으나 이 척도의 약점은 일반적으로 실질오류율인 AER을 과소추정하는 경향이 있다는 것이다. 이러한 과소추정 경향은 다음과 같은 두 가지 이유에서 발생될 수 있다고 판단된다. 첫째는 각 집단의 자료 크기 n_i가 상당히 크지 않을 때 일반적으로 발생된다. 따라서 단순오분류율인 APER은 각 집단의 자료수가 대표본인 경우에 신뢰성을 갖게 된다고 판단할 수 있겠다. 둘째는 분류함수를 추정하는데 사용된 자료를 이용하여 다시 표본분류함수의 오분류율을 평가하는데 있다고 볼 수 있다.

이러한 문제를 해결하기 위해서는 각 집단에 속하는 표본자료가 충분히 크다면 표본분류함수를 구하는데 사용되는 분석표본(analysis sample)과 표본분류함수의 오분류율을 평가하는데 사용될 수 있는 검증표본(validation sample)의 두 그룹으로 전체표본을 나누는 것이 필요하다. 이를 위해서는 사전에 분석표본으로 사용할 표본과 검증표본으로 사용할 표본을 미리 정해 놓을 수도 있고 무작위로 나눌 수도 있다. 만약 전체표본의 수가 충분히 크다면 전체를 이등분하여 50%씩 두 표본으로 나누게 되며, 전체 표본의 수가 크지 않으면 표본의 수가 30이 넘는 범위에서 검증표본의 수를 정하게 된다. 또한 분석표본과 검증표본에서 집단간 비율은 전체표본의 집단간 비율과 일치하도록 계획하는 것이 바람직하다. 예를 들면 전체표본의 두 집단에 대한 비율이

60 : 40이라면 분석표본과 검증표본에서도 두 집단의 비율을 60 : 40으로 유지하는 것이 바람직하다고 판단된다.

분류함수의 오분류확률을 추정하여 평가할 수 있는 다른 방법으로는 교차타당성(cross validation)방법이 있는데 그 절차는 아래와 같다.

1. 소속집단이 g_1인 n_1자료부터 고려하자. 첫 번째 소속집단에서 자료 하나를 생략하고 나머지 자료 $n_1 - 1, n_2, \cdots, n_k$에 근거해서 분류함수들을 추정한다.
2. 첫 번째 절차에서 구한 분류함수를 이용해서 소속집단에서 제외된 하나의 자료의 분류를 결정한다.
3. 위 두 절차를 반복해서 소속집단이 g_1에 속한 모든 자료를 하나씩 분류한 결과 오분류 수를 $n_{1M}^{(H)}$로 표시하자.
4. 나머지 집단 $g_2, \cdots, g_k$에 대해서도 위 세 절차를 적용한다. 이때 소속집단이 g_i에 속한 모든 자료를 하나씩 분류한 결과 오분류 수를 $n_{iM}^{(H)}$로 표시하자.

소속집단 g_i에 속한 자료가 다른 집단으로 분류될 조건부 오분류확률의 추정값을 교차타당성방법에 의해서 구하면 아래와 같다.

$$\hat{P}(X \notin R_i | g_i) = \frac{n_{iM}^{(H)}}{n_i}$$

또한 모든 집단에 대해서 교차타당성방법에 의해서 구한 단순오분류율은 각 집단의 자료 수가 충분하면 실질오류율의 기대값 E(AER)의 불편추정값에 근사하게 된다.

$$\hat{E}(AER) = \frac{n_{1M}^{(H)} + n_{2M}^{(H)} + \cdots + n_{kM}^{(H)}}{n_1 + n_2 + \cdots + n_k} = \frac{\sum_{i=1}^{k} n_{iM}^{(H)}}{\sum_{i=1}^{k} n_i}$$

교차타당성방법을 이용해서 실질오류율의 기대값을 추정하기 위해서는 SAS PROC DISCRIM 옵션으로 CORSSVALIDATE를 사용하게 된다.

예제 7.3 **채권 등급 분류함수 분석**

[예제 7.2]의 자료 Aaa에서 B까지 6등급을 다음과 같이 세 집단으로 구분한 후 다음 절차에 따라 분류분석을 하여라.

우량투자성집단g_1 : Aaa, Aa, A 채권등급

투기성집단g_2 : Ba, B 채권등급

보통투자성집단g_3 : Baa 채권등급

(1) 우선 자료를 세 집단으로 구분하고 세 집단을 판별할 수 있는 표본선형분류함수를 구하여라. 또한 분류행렬을 구하여 단순오분류율을 계산하여라.

(2) 세 집단 공분산행렬이 동일한지 여부를 유의수준 0.05에서 검정하여라.

(3) 표본이차분류함수에 의한 단순오분류율을 계산하여라.

(4) 교차타당성방법에 의하여 실질오류율의 기대값을 추정하여라.

프로그램 \CH7\EX3.SAS 

```
DATA BOND ;
INFILE 'C : \DATA\BOND.DAT' ;
  INPUT RATE $ X1-X5 ;
LX1=LOG(X1/100) ;  LX4=LOG(X4) ;
 IF RATE='AAA' THEN Y=1 ;
  ELSE IF RATE='AA' THEN Y=2 ;
   ELSE IF RATE='A' THEN Y=3 ;
    ELSE IF RATE='BAA' THEN Y=4 ;
     ELSE IF RATE='BA' THEN Y=5 ;
      ELSE  Y=6 ;
     IF Y <=  3 THEN G=1 ;
     ELSE IF Y>=5 THEN G=2 ;
      ELSE  G=3 ;
 ;
RUN ;
PROC DISCRIM ;
 VAR LX1 X2 X3 LX4 X5 ;
```

```
  CLASS G ;
RUN ;
PROC DISCRIM POOL=TEST CROSSVALIDATE ;
 VAR LX1 X2 X3 LX4 X5 ;
  CLASS G ;
RUN ;
```

결과 및 해석

Discriminant Analysis ① Linear Discriminant Function

	1	2	3
CONSTANT	−20.72385	−27.44080	−21.24679
LX1	4.66747	3.47104	3.65935
X2	6.99170	18.28613	10.30764
X3	3.71118	2.90360	3.29685
LX4	−4.38629	−3.10089	−3.51508
X5	6.45240	8.46668	7.59157

①은 세 개 집단에 대한 표본선형분류함수 $\hat{L}_i(\mathbf{x})$의 계수이다. 첫 번째 집단은 우량투자성집단, 두 번째 집단은 투기성집단이고 세 번째 집단은 보통투자성집단임을 표시된다. 위 세 개 표본분류함수에 의하여 구한 각 집단 사후확률에 의하여 자료를 분류한 행렬은 다음과 같다.

② lassification Summary for Calibration Data : WORK.BOND
Resubstitution Summary using Linear Discriminant Function
Number of Observations and Percent Classified into G:

From G	1	2	3	Total
1	51	0	12	63
	80.95	0.00	19.05	100.00
2	0	33	12	45
	0.00	73.33	26.67	100.00
3	2	5	15	22

	9.09	22.73	68.18	100.00
Total	53	38	39	130
Percent	40.77	29.23	30.00	100.00

③ Error Count Estimates for G :

	1	2	3	Total
Rate	0.1905	0.2667	0.3182	0.2584
Priors	0.3333	0.3333	0.3333	

② 표본선형분류함수에 의한 분류행렬을 살펴보면 우량투자성집단(1)에 속하는 63개 중 51개가 옳게 분류되었고, 12개가 보통투자성집단(3)으로 잘못 분류되었다. 투기성집단(2)에 속하는 45 중 33개가 옳게 분류되었고, 12개가 보통투자성집단(3)으로 잘못 분류되었다. 또한 보통투자성집단(3)에 속하는 22개 중 15개가 옳게 분류되었고, 2개는 우량투자성집단(1)으로 5개는 투기성집단(2)으로 잘못 분류되었다. ③ 우량투자성집단(1)에 속하는 관측치 중 19.05%가 잘못 분류되었고, 투기성집단(2)에 속하는 관측치 중 26.67%가 잘못 분류되었으며, 보통투자성집단(3)에 속하는 관측치 중 31.82%가 잘못 분류되었다. 따라서 전체 자료에 대한 표본선형분류함수의 단순오류율은 23.84%(31/130)가 된다. 또한 사전확률이 동일하다면 오분류율은 25.4%가 된다.

④ Test of Homogeneity of Within Covariance Matrices

Test Chi－Square Value = 507.183954

with 30 DF Prob > Chi－Sq = 0.0001

④ 세 개 집단의 공분산행렬이 동일한지 여부를 검정하면 검정통계량은 자유도가 $\nu=30$인 카이자승분포에 근사하게 된다. 또한 검정통계량의 값은 $M^*=507.18$이고 p－값은 0.0001로 유의수준 0.05보다 매우 작으므로 공분산행렬이 동일하다는 귀무가설을 강하게 기각하게 된다. 따라서 검정결과에 의하면 표본선형분류함수보다는 표본이차분류함수를 세 집단의 분류하는데 사용하는 것이 적절할 것으로 판단된다.

⑤ Discriminant Analysis

Classification Summary for Calibration Data : WORK.BOND

Resubstitution Summary using Quadratic Discriminant Function

Number of Observations and Percent Classified into G :

From G	1	2	3	Total
1	55	0	8	63
	87.30	0.00	12.70	100.00
2	2	23	20	45
	4.44	51.11	44.44	100.00
3	2	0	20	22
	9.09	0.00	90.91	100.00
Total	59	23	48	130
Percent	45.38	17.69	36.92	100.00

⑥ Error Count Estimates for G :

	1	2	3	Total
Rate	0.1270	0.4889	0.0909	0.2356
Priors	0.3333	0.3333	0.3333	

표본이차분류함수에 의하여 구해진 ⑤ 분류행렬을 살펴보면 ⑥ 단순오분류율이 24.62%(32/130)이기 때문에 표본선형분류함수의 단순오류율 23.84%(31/130)와 비슷한 것으로 나타났다. 또한 사전확률이 동일하다면 오분류율은 23.56%이므로 선형분류함수의 경우 25.84%와 비슷하다.

표본이차분류함수에 근거해서 교차타당성방법에 의해서 얻어진 분류행렬은 아래와 같다.

Discriminant Analysis Classification Summary for Calibration Data: WORK.BOND

⑦ Cross－validation Summary using Quadratic Discriminant Function

Number of Observations and Percent Classified into G:

From G	1	2	3	Total
1	55	0	8	63
	87.30	0.00	12.70	100.00
2	2	22	21	45
	4.44	48.89	46.67	100.00
3	4	1	17	22
	18.18	4.55	77.27	100.00
Total	61	23	46	130
Percent	46.92	17.69	35.38	100.00
Priors	0.3333	0.3333	0.3333	

⑧ Error Count Estimates for G:

	1	2	3	Total
Rate	0.1270	0.5111	0.2273	0.2885
Priors	0.3333	0.3333	0.3333	

교차타당성방법에 의하여 구해진 ⑦ 분류행렬을 살펴보면 단순오분류율이 27.69%(36/130)이기 때문에 ⑤에서 구한 단순오류율 24.62% 보다 약간 높게 나타났다. 또한 사전확률이 동일하다면 오분류율은 28.85% 이다.

7.7 단계적 분류분석

집단을 분류하는데 영향을 미치는 가능한 모든 독립변수들을 분류모형에 포함시켰다고 하자. 이때 각 집단을 구분하는 분류함수식에 포함되는 필요한 독립변수를 어떻게 선택할 것인가를 다루어 보기로 하자. 독립변수를 선택하여 분류함수를 설정할 때에는 다음과 같은 두 원칙에 따르게 된다. 첫 번째 원칙은 가능한 많은 독립변수의 정보를 이용하여 집단을 구분하는데 사용하여야 한다. 두 번째 원칙은 너무 많은 독립변수를 사용하면 자료를 수집, 분석하고 변수들의 변화를 관리하는데 많은 시간과 노력이 필요하므로 가능한 범위 내에서 적은 수의 독립변수를 포함시켜 함수의 형태를 단순화하여야 한다. 이 두 원칙은 서로 이율배반적이기 때문에 적절한 판정기준에 의하여 필요한 독립변수를 선택하여야 한다.

분류모형에 포함된 독립변수의 수가 많으면 그 중에는 집단을 구분하는데 중요한 독립변수가 있는가 하면 그렇지 못한 변수가 포함될 수 있다. 이러한 경우에는 분류력이 유의한 독립변수들을 선택하고 나머지 독립변수들을 제외시키는 것이 바람직할 것이다. 또한 독립변수의 수가 많아지면 변수들 사이에 다중공선성의 문제가 발생되기 때문에 개별 독립변수의 영향을 평가하는데 문제가 발생되게 된다.

단계별 분류분석에서 유의한 변수를 선택하는 방법은 (1) 스텝와이즈선택법(stepwise selection), (2) 전진선택법(forward selection)과 (3) 후진소거법(backward elimination)이 사용되어진다. (1) 스텝와이즈선택법은 가장 유의한 변수를 먼저 분류함수에 포함하고 일정한 선택 혹은 제외 기준에 따라 각 단계마다 변수를 선택 혹은 제외하게 되고, 일단 포함된 변수도 분류의 설명력을 높이기 위하여 다시 제외될 수 있다. 이 방법은 대체적으로 변수의 수가 많을 때 매우 유용하게 사용된다. (2) 전진선택법은 일정한 기준에 의하여 분류의 설명력을 높일 수 있는 한 변수씩 분류함수에 추가하는 방법으로 일단 분류함수에 포함된 변수는 제외할 수 없다. 마지막으로 (3) 후진소거법은 고려한 모든 변수를 일단 분류함수에 포함시킨 다음 일정한 기준에 따라 유의하지 않은 변수를 하나씩 제외시키는 방법으로 한 번 제외된 변수는 다시 분류함수에 포함될 수 없다.

단계별 변수선택 과정에서 변수를 선택하거나 제외할 때 일반적으로 사용되는 검정법은 F－검정법과 우도비 검정법 등이 있다. 우선 집단이 두 개인 경우 단계별 변수선택에 사용되는 F－검정법에 대하여 설명하기로 하겠다. 우선 두 집단의 분류에 영향을 미치는 변수의 수가 m개 있을 때 두 집단의 표본평균벡터와 표본공분산행렬을 각각 $\overline{x}_1$, S_1과 $\overline{x}_2$, S_2라고 하자. 또한 각 집단의 공분산행렬이 동일하다고 가정하면 불편추정치인 합동표본공분산행렬은S_p가 된다. 이때 두 집단 표본평균벡터 $\overline{x}_1$과 $\overline{x}_2$ 사이의 Mahalanobis 거리자승 d_m^2는 다음과 같이 표시된다.

$$d_m^2 = (\overline{x_1} - \overline{x_2})' S_p^{-1} (\overline{x_1} - \overline{x_2}) \qquad (7-39)$$

독립변수m개가 포함된 분류모형에 하나의 변수를 추가했을 때 그 변수가 집단 사이의 차이를 구분하는데 통계적으로 유의한 변수인가를 검정하는F－검정 절차는 다음과 같다.

(1) F－검정 절차

① 가설설정

H_o : 추가된 변수에 대하여 집단간 차이가 없다. $(d_m^2 = d_{m+1}^2)$

H_1 : 추가된 변수에 대하여 집단간 차이가 있다. $(d_m^2 \neq d_{m+1}^2)$

② 검정통계량

두 집단 사이의 차이에 대한 F통계량은 두 집단간 거리자승 d_m^2을 이용하여 다음과 같이 표시된다.

$$F_m = \frac{n_1 n_2 (n_1 + n_2 - m - 1)}{m(n_1 + n_2)(n_1 + n_2 - 2)} d_m^2$$

이제 m＋1번째 변수가 추가되었을 때 거리자승의 증가분 $d_{m+1}^2 - d_m^2$이 유의수준 α 에서 유의한 차이가 있는가를 검정해주는 부분 F－검정통계량(partial F test statistic)인

F^*는 귀무가설이 참일 때 다음과 같이

$$F^* = \frac{(n_1+n_2-m-2)\,n_1 n_2\,(d_{m+1}^2 - d_m^2)}{(n_1+n_2)(n_1+n_2-2)+n_1 n_2 d_m^2} \qquad (7-40)$$

분자의 자유도가 $\nu_1 = 1$이고 분모의 자유도가 $\nu_2 = n_1+n_2-m-2$인 F분포에 따르게 된다.

③ 의사결정과 p-값

유의수준 α에서 기각치를 $F(\alpha;\nu_1,\nu_2)$라고 하면 검정통계량의 값과 비교하여 귀무가설의 채택여부를 결정하게 된다. 만약 $F^* > F(\alpha;\nu_1,\nu_2)$이면 귀무가설 H_o를 기각하고, 그 외에는 귀무가설 H_o를 기각할 수 없게 된다. 귀무가설을 기각한다는 의미는 새로운 변수를 추가했을 때 집단간 유의한 차이가 있다는 의미이다. 또한 검정통계량의 p-값은 다음과 같이 구할 수 있다.

$$p-\text{값} = P(F(\nu_1,\nu_2) > F^*)$$

(2) 우도비검정 절차

이제 각 집단간 모평균벡터가 동일하다는 귀무가설을 검정하기 위한 우도비 검정통계량인 윌크스 람다 Λ에 대하여 설명하기로 하겠다. 윌크스 람다 Λ는 집단내 자승합 W과 전체자승합 T의 비율로 0과 1 사이의 값을 갖는다.

$$W = \sum_{i=1}^{k}\sum_{j=1}^{n_i}(x_{ij}-\bar{x}_i)(x_{ij}-\bar{x}_i)'$$

$$T = \sum_{i=1}^{k}\sum_{j=1}^{n_i}(x_{ij}-\bar{x})(x_{ij}-\bar{x})'$$

$$\Lambda = \frac{|W|}{|T|}$$

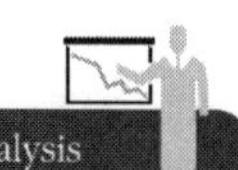

윌크스 람다 Λ값이 크다는 것은 집단내의 분산이 크다는 것이며, 상대적으로 집단간의 차이가 별로 없음을 나타낸다. 따라서 그 값이 작으면 집단간의 차이가 큼을 나타낸다. 만약 Λ_m이 m개 독립변수에 근거한 k개 집단의 모평균벡터의 동일성을 검정하기 위한 비율이고, Λ_{m+1}은 다른 하나의 변수를 추가했을 때 대응되는 비율이라고 했을 때 윌크스 람다 Λ값의 변화에 대한 유의성 검정을 하기 위한 부분 F검정 통계량인 F^*은 식 (7−41)과 같이 되며, 귀무가설이 참일 때 분자의 자유도가 $\nu_1 = k-1$이고 분모의 자유도가 $\nu_2 = N-k-m$인 F분포에 따르게 된다.

$$F^* = \frac{N-k-m}{k-1}\left(\frac{\Lambda_m}{\Lambda_{m+1}} - 1\right) \sim F(k-1, N-k-m) \tag{7-41}$$

$$N = n_1 + n_2 + \cdots + n_k$$

의사결정은 유의수준 α에서 기각치가$F(\alpha;\nu_1,\nu_2)$일 때$F^* > F(\alpha;\nu_1,\nu_2)$이면 귀무가설을 기각하게 된다. 따라서 각 단계마다 식(7−41)의 F^*값을 최대화시키는 변수를 선택하게 된다. 이러한 기준은 Λ_{m+1}를 최소화시키는 변수를 선택하는 것과 같은 기준이다.

예제 7.4 단계별 분류분석

[예제 7. 2]에서 다룬 이분류 선형분류분석에서는 다섯 개의 독립변수를 사용하였다. 사용된 독립변수 중 분류에 유의한 영향을 미치는 독립변수를 스텝와이즈선택법을 사용하여 선택하여라. 또한 선택된 독립변수를 사용하였을 때 표본선형분류함수를 추정하고 단순오분류율을 계산한 후 모든 독립변수를 포함한 경우의 단순오분류율과 비교하여라.

프로그램 \CH7\EX4.SAS

```
DATA BOND ;
 INFILE 'C : \DATA\BOND.DAT' ;
INPUT RATE $ X1-X5 ;
LX1 = LOG(X1/100) ;  LX4 = LOG(X4) ;
```

```
 IF RATE='AAA' THEN Y=1 ;
   ELSE IF RATE='AA' THEN Y=2 ;
     ELSE IF RATE='A' THEN Y=3 ;
       ELSE IF RATE='BAA' THEN Y=4 ;
         ELSE IF RATE='BA' THEN Y=5 ;
           ELSE  Y=6 ;
IF Y <= 4 THEN G=1 ;
  ELSE G=2 ;
;
RUN ;
① PROC STEPDISC ;
  VAR LX1 X2 X3 LX4 X5 ;
  CLASS G ;
   RUN
② PROC DISCRIM ;
  VAR LX1 X2 LX4 X5 ;
  CLASS G ;
   RUN ;
```

프로그램 해설

① PROC STEPDISC : 단계별 분류분석을 하라는 명령문이다. 전진선택법과 후진소거법을 사용하려면 각각 METHOD=FORWARD 혹은 BACKWARD를 옵션으로 사용하고, 옵션이 생략되면 스텝와이즈선택법이 자동적으로 수행된다. 변수선택에 사용되는 부분 F-검정의 유의수준은 default 값은 0.15이다.

② PROC DISCRIM : 단계별 분류분석에서 선택된 독립변수를 사용하여 분류분석을 다시 하라는 명령문이다.

결과 및 해석

① Stepwise Selection: Summary

Step	Variable Entered	Removed	Number In	Partial R**2	F Statistic	Prob > F
1	X5		1	0.4987	127.315	0.0001
2	X2		2	0.0744	10.212	0.0018
3	LX4		3	0.0238	3.068	0.0823
4	LX1		4	0.0254	3.261	0.0734

② Stepwise Selection: Summary

Step	Variable Entered	Number In	Wilks' Lambda	Prob < Lambda	Canonical Correlation	Prob > ASCC
1	X5	1	0.50134117	0.0001	0.49865883	0.0001
2	X2	2	0.46402873	0.0001	0.53597127	0.0001
3	LX4	3	0.45299812	0.0001	0.54700188	0.0001
4	LX1	4	0.44148108	0.0001	0.55851892	0.0001

위 두 개의 표는 단계적 분류분석에서 변수선택하기 위한 ① 부분 F-검정과 ② 윌크스 람다Λ를 이용한 검정결과가 요약된 표이다. default 유의수준 0.15에서 제외된 독립변수는 수익성척도인X_3이다. 따라서 수익성척도는 채권을 투자성집단과 투기성집단으로 판별하는데 유의한 영향을 미친다고는 판단할 수 없겠다. 단계별 분류분석과정에서 선택된 네 개의 독립변수를 이용한 ③ 표본선형분류함수와 ④ 단순오분류율은 다음과 같다.

③ Linear Discriminant Function

	1	2
CONSTANT	−19.56881	−25.82560
LX1	4.07345	3.64351
X2	7.76332	16.78768
LX4	−4.17295	−3.50570
X5	6.59542	7.83703

[예제 7.2]에서 구한 표본선형분류함수의 계수와 네 개의 독립변수를 포함한 ③ 표본선형분류함수의 계수를 비교해보면 차이가 별로 없음을 알 수 있다. 즉, 수익성 척도 X_3를 제외하더라도 나머지 독립변수계수에 영향을 거의 미치지 않음을 알 수 있다.

④ Classification Summary for Calibration Data : WORK.BOND

Resubstitution Summary using Linear Discriminant Function

Number of Observations and Percent Classified into G:

From G	1	2	Total
1	71	14	85
	83.53	16.47	100.00
2	1	44	45
	2.22	97.78	100.00
Total	72	58	130
Percent	55.38	44.62	100.00

⑤ Error Count Estimates for G:

	1	2	Total
Rate	0.1647	0.0222	0.0935
Priors	0.5000	0.5000	

[예제 7.2]에서 구한 표본선형분류함수의 분류행렬과 네개 독립변수를 포함한 ③표본선형분류함수의 분류행렬을 비교하면 투자성집단(1)에서 관측치 1개가 추가적으로 잘못 분류되었음을 알 수 있다. 또한 다섯 개 변수를 포함했을 때의 단순오분류율은 10.77%(14/130)이었고, 네 개의 독립변수를 사용하였을 때는 11.5%(15/130)로 그 차이가 거의 없음을 알 수 있다. 따라서 단계별 분류분석을 통하여 판별에 유의한 변수를 분류함수에 포함시키는 것이 모형을 좀 더 단순화할 수 있고 또한 개별 독립변수의 영향을 평가하는데도 바람직하다고 판단된다.

7.8 정준판별분석

판별분석의 목적은 다음과 같은 세 가지로 요약된다. 첫째, 두 개 이상 집단의 차이를 설명하기 위하여 변수들의 선형함수를 추정하는 것이다. 둘째, 집단간 평균벡터 차이를 설명하는데 영향을 미치는 개별변수의 상대적인 기여도를 식별하는 것이다. 셋째, 집단간 상대적인 위치를 정량적 혹은 그래프로 표현하는 것이다. 판별분석에서 사용되는 선형함수를 정준판별함수(canonical discriminant function)이라고 부른다. 변수의 수가 p개이고 집단의 수가 k개인 경우 분류함수의 수는 k개 이지만, 판별함수의 수는 p와 k－1개 중에서 작은 값에 의하여 결정된다.

7.8.1 두개 집단에 대한 정준판별분석

두개 집단의 평균벡터 차이를 최대로 설명할 수 있는 선형판별함수를 유도하여 보자. 비교 대상 두개 모집단의 평균벡터는 μ_1, μ_2이고 공분산행렬은 동일한 Σ을 갖는다고 가정하자. 두개 모집단에서 임의 추출된 다변량 표본을 $X_{11}, X_{12}, \cdots, X_{1n1}$과 $X_{21}, X_{22}, \cdots, X_{2n2}$로 표시하자. X_{1j}는 첫 번째 모집단에서 추출된 j-번째 관측벡터로 p개 변수에 대한 관측값으로 구성된다. 판별변수는 두 그룹간 평균벡터사이의 거리를 최대화하는 p개 변수의 선형결합으로 구성된다. 관측벡터 X_{ij}는 선형결합 계수벡터 $a' = (a_1, a_2, \cdots, a_p)$를 통하여 일변량 변수 Y_{ij}로 아래와 같이 변환된다.

$$Y_{1j} = a'X_{1j} = a_1X_{1j1} + a_2X_{1j2} + \cdots + a_pX_{1jp}, \quad j = 1, 2, \ldots, n_1$$

$$Y_{2j} = a'X_{2j} = a_1X_{2j1} + a_2X_{2j2} + \cdots + a_pX_{2jp}, \quad j = 1, 2, \ldots, n_2$$

자료로부터 표본평균 $\overline{Y}_1 = \Sigma_{j=1}^{n1} Y_{1j}/n_1 = a'\overline{X}_1$과 $\overline{Y}_2 = \Sigma_{j=1}^{n2} Y_{2j}/n_2 = a'\overline{X}_2$를 구하고, 표준화거리제곱(squared standardized distance) $(\overline{Y}_1 - \overline{Y}_2)^2/s_p^2$를 최대화할 수 있는 계수벡터 a를 구한다. 여기서 s_p^2는 두 표본분산 s_{y1}^2과 s_{y2}^2으로부터 구한 합동표본분산(pooled sample variance)을 의미한다. 표본분산 s_{y1}^2, s_{y2}^2, s_p^2 과 표본공분

산행렬 S_1, S_2, S_p사이의 관계와 표준화거리제곱은 아래와 같다.

$$s_{y1}^2 = \frac{1}{n_1-1}\sum_{j=1}^{n_1}(Y_{1j}-\overline{Y}_1)^2 = \frac{1}{n_1-1}\sum_{j=1}^{n_1}\left[a'(X_{1j}-\overline{X}_1)\right]^2$$
$$= a'\left(\frac{1}{n_1-1}\sum_{j=1}^{n_1}(X_{1j}-\overline{X}_1)(X_{1j}-\overline{X}_1)'\right)a = a'S_1a$$

$$s_{y1}^2 = \frac{1}{n_2-1}\sum_{j=1}^{n_2}(Y_{2j}-\overline{Y}_2)^2 = \frac{1}{n_2-1}\sum_{j=1}^{n_2}\left[a'(X_{2j}-\overline{X}_2)\right]^2$$
$$= a'\left(\frac{1}{n_2-1}\sum_{j=1}^{n_2}(X_{2j}-\overline{X}_2)(X_{2j}-\overline{X}_2)'\right)a = a'S_2a$$

$$s_y^2 = \frac{(n_1-1)s_{y1}^2+(n_2-1)s_{y2}^2}{n_1+n_2-2} = \frac{(n_1-1)a'S_1a+(n_2-1)a'S_2a}{n_1+n_2-2}$$
$$= a'\left(\frac{(n_1-1)S_1+(n_2-1)S_2}{n_1+n_2-2}\right)a = a'S_pa$$

$$\frac{(\overline{Y}_1-\overline{Y}_2)^2}{s_p^2} = \frac{\left[a'(\overline{X}_1-\overline{X}_2)\right]^2}{a'S_pa} \tag{7-42}$$

표준화거리제곱을 최대화시키는 계수벡터 a를 구하기 위해서는 Cauchy-Schwartz 부등식을 이용한다. b와 d가 p차원 벡터이고, B가 $p\times p$ 양정치행렬(positive definite matrix)이라고 했을 때 아래와 같은 부등식이 성립된다. 식 (7-43)에서 등식은 상수 c에 대하여 $b=cB^{-1}d$ 혹은 $d=cBb$일 때 성립된다.

$$(b'd)^2 \le (b'Bb)(d'B^{-1}d) \tag{7-43}$$

식 (7-43) 부등식을 식 (7-42)에 적용하면 $b'=a'$, $d=(\overline{X}_1-\overline{X}_2)$, $B=S_p$가 되고, 식 (7-44)와 같이 구해진다.

$$\frac{(\overline{Y}_1-\overline{Y}_2)^2}{s_p^2} = \frac{\left[a'(\overline{X}_1-\overline{X}_2)\right]^2}{a'S_pa} \le (\overline{X}_1-\overline{X}_2)'S_p^{-1}(\overline{X}_1-\overline{X}_2) \tag{7-44}$$

식 (7−44)를 최대화시키는 계수벡터 a는 $S_p^{-1}(\overline{X}_1 - \overline{X}_2)$에 비례하기 때문에 유일한 값을 갖지 않지만, 계수 $a_1, a_2, \ldots, a_p$의 상대적인 값이나 비율은 유일하다. 따라서 식 (7−42)를 최대화시키는 판별함수는 $Y = a'X = (\overline{X}_1 - \overline{X}_2)' S_p^{-1} X$로 구해진다. 여기서 S_p^{-1} 존재하기 위해서는 $n_1 + n_2 - 2 > p$이 성립되어야 한다.

예제 7.5 투자성채권과 투기성채권의 정준판별분석

[예제 7.2]에서 다룬 투자성 등급과 투기성 등급의 5개 변수의 평균벡터 차이를 최대화하는 정준판별분석을 아래와 같은 절차에 따라 수행하여라.

(1) 두 개 집단사이의 표준화거리를 구하여라.
(2) 두 개 집단을 최대로 분리할 수 있는 판별함수를 구하여라.
(3) 두 개 집단에 대한 정준판별점수의 평균을 비교하여라.
(4) 표준화 정준판별분석에 근거하여 상대적인 기여도를 설명하여라.

프로그램 \CH7\EX5.SAS 

```
DATA ONE;
 INFILE 'C: \DATA\BOND.DAT';
INPUT RATE $ X1-X5;
LX1=LOG(X1/100); LX4=LOG(X4);
 IF RATE='AAA' THEN Y=1;
  ELSE IF RATE='AA' THEN Y=2;
   ELSE IF RATE='A' THEN Y=3;
    ELSE IF RATE='BAA' THEN Y=4;
     ELSE IF RATE='BA' THEN Y=5;
      ELSE  Y=6;
IF Y <= 4 THEN G=1;
  ELSE G=2;
;
```

```
RUN;
PROC ①CANDISC ②DISTANCE;
 CLASS G;
 VAR LX1 X2 X3 LX4 X5;
RUN;
```

프로그램 해설

① CANDISC는 정준판별분석 과정에서 원자료(raw data)에 대한 계수벡터 a와 표준화자료에 대한 계수벡터 a^*를 출력한다. 그리고 두 개 집단에 대한 정준판별점수(canonical discriminant score)의 평균인 $\overline{Y}_1, \overline{Y}_2$을 출력한다.

② DISTANCE $d_{12} = (\overline{X}_1 - \overline{X}_2)' S_p^{-1} (\overline{X}_1 - \overline{X}_2)$는 두집단사이의 평균벡터의 표준화거리제곱을 출력한다.

결과 및 해석

The CANDISC Procedure

Pairwise Squared Distances Between Groups

$$D^2_{(ij)} = (\overline{X}_i - \overline{X}_j)' \, COV^{-1} (\overline{X}_i - \overline{X}_j)$$

Squared Distance to G

From G	1	2
1	0	①5.54631
2	5.54631	0

투자성등급과 투기성등급사이의 평균벡터의 표준화거리제곱 ① d_{12}=5.54631이 된다. 투자성등급과 투기성등급사이의 평균벡터차이 표준화거리를 최대화하는 ② 정준판별계수(raw canonical coefficients)는 원변수를 중심화한 변수(centered variables)의 선형결합함수인 Y로 표시하고 이를 정준판별함수라고 한다.

$$Y = -0.2024(LX_1 - \overline{LX_1}) + 3.8152(X_2 - \overline{X_2}) - 0.2184(X_3 - \overline{X_3})$$

The CANDISC Procedure

② Raw Canonical Coefficients

Variable	Can1
LX1	−0.202429285
X2	3.815243147
X3	−0.218371220
LX4	0.282548692
X5	0.512190736

정준판별함수에 자료를 대입하여 정준판별점수를 구하고 두 개 그룹에 대한 평균을 구하면 ③과 같다. 투자성 등급의 정준판별점수의 평균은 −0.8152로 투기성등급의 평균 1.5398로 상당히 작게 나타났기 때문에, 정준판별함수에 의하여 두 개 그룹이 충분히 구별될 수 있는 근거가 있다. 정준판별함수 Y와 집단변수사이의 ④정준상관계수는 $r = 0.7486$이고, ⑤ 정준상관계수의 제곱은 $r^2 = 0.5604$가 된다. 투자성등급과 투기성등급을 판별하는데 기여한 상대적인 중요도를 판단하기 위해서 표준화정준판별계수는 ⑤와 같다. 부호에 관계없이 절대값으로 비교하면 판별력이 큰 순서로 주식등급(X5), 레버지지척도(X2), 불안정척도(LX4), 총자산규모(LX1), 수익성척도(X3) 순으로 나타났다.

③Class Means on Canonical Variables

G	Can1
1	−0.815212912
2	1.539846611

The CANDISC Procedure

	④Canonical Correlation	Adjusted Canonical Correlation	Approximate Standard Error	⑤Squared Canonical Correlation
1	0.748614	0.740786	0.038703	0.560424

⑤Pooled Within – Class Standardized Canonical Coefficients

Variable	Can1
LX1	–.2618210916
X2	0.4108866943
X3	–.0912604630
LX4	0.2876800264
X5	0.4950289620

7.8.2 세 개 이상 집단에 대한 정준판별분석

이제부터 세 개 이상 집단 이상의 차이를 설명할 수 있는 정준판별함수로 확장하여 보자. 집단의 수가 k개인 경우 관측벡터 $X_{ij}, i = 1, 2, \ldots, k;\ j = 1, 2, \ldots, n_i$를 선형결합함수인 $Y_{ij} = a'X_{ij}$로 변환한 다음, 표본평균을 구하면 $\overline{Y}_i = a'\overline{X}_i, i = 1, 2, \ldots, k$이 된다. 두 집단 경우와 마찬가지로 k개 집단의 경우에도 k개 표본평균 $\overline{Y}_1, \overline{Y}_2, \cdots, \overline{Y}_k$의 차이를 최대화하기 위한 판별함수를 구하는 것이다. 두 개 집단의 경우 식 (7–42)를 다시 표현하면 식 (7–45)와 같다.

$$\frac{(\overline{Y}_1 - \overline{Y}_2)^2}{s_p^2} = \frac{[a'(\overline{X}_1 - \overline{X}_2)]^2}{a'S_p a} = \frac{a'(\overline{X}_1 - \overline{X}_2)(\overline{X}_1 - \overline{X}_2)'a}{a'S_p a} \qquad (7-45)$$

두 개 집단의 표준화거리제곱을 k개 집단으로 확장하기 위해서 식 (7–45)의 분자에서 $(\overline{X}_1 - \overline{X}_2)(\overline{X}_1 - \overline{X}_2)'$대신에 집단간 행렬 $B = \Sigma_{i=1}^{k} n_i(\overline{X}_i - \overline{X})(\overline{X}_i - \overline{X})'$을 이용하고, 분모 S_p 대신에 집단내 행렬 $W = \Sigma_{i=1}^{k}\Sigma_{j=1}^{ni}(X_{ij} - \overline{X}_i)(X_{ij} - \overline{X}_i)'$을 사용하면 다음과 같이 구해진다.

$$\lambda = \frac{a'Ba}{a'Wa} \qquad (7-46)$$

식 (7–43)은 $a'Ba = \lambda a'Wa$ 혹은 $a'(Ba - \lambda Wa) = 0$로 표시된다. 여기서 $a' \neq 0'$이므로 양변을 a'로 나누면 $Ba - \lambda Wa = 0$이 되고, 다시 표현하면 식 (7–47)과 같다.

$$(W^{-1}B - \lambda I)a = 0 \qquad (7-47)$$

식 (7.47)의 해는 $W^{-1}B$의 s개 고유값 $\lambda_1, \lambda_2, \ldots, \lambda_s$과 대응되는 고유벡터는 $a_1, a_2, \ldots, a_s$와 같다. 여기서 영이 아닌 고유값의 수인 s는 B의 계수이고, s는 $\min(k-1, p)$을 의미한다. λ의 최대값은 첫번째 고유값은 λ_1이 되고, λ를 최대화시키는 계수벡터는 λ_1과 연관된 고유벡터는 $a = a_1$이다. 따라서 집단간 평균벡터 차이를 최대화하는 첫번째 정준판별함수는 $Y_1 = a'_1 X = a_{11}X_1 + a_{12}X_2 + \cdots + a_{1p}X_p$이 된다. s개 고유벡터를 이용한 s개 정준판별함수는 $Y_1 = a'_1 X$, $Y_2 = a'_2 X$, ... ,$Y_s = a'_s X$ 이다. 개별 판별변수의 상대적인 중요도는 연관된 고유값을 비교하여 평가할 수 있다. s개 고유값은 $\lambda_1 > \lambda_2 > \cdots > \lambda_s$이 성립되고, i-번째 판별변수의 상대적인 중요도는 전체 고유값의 합의 비율인 $\lambda_i / \sum_{j=1}^{s} \lambda_j$로 평가한다. 일반적으로 집단간 차이를 설명하는데 소수개 정준판별함수로 충분한 경우가 자주 발생한다. 고유값 관점에서 고유값이 상당히 작은 정준판별함수 집단간 차이를 설명하는데 영향력이 작기 때문에 무시될 수 있다.

예제 7.6 세가지 집단간 정준판별분석

[예제 7.3]에서 다룬 우량투자성집단 g_1(Aaa, Aa, A), 투기성집단 g_2(Ba, B), 보통투자성 등급 g_3(Baa) 등 세 가지 집단의 평균벡터 차이를 최대화하는 정준판별분석을 아래와 같은 절차에 따라 수행 하여라.

(1) 세 개 집단사이의 표준화거리를 구하여라.
(2) 세 개 집단을 최대로 분리할 수 있는 판별함수를 구하여라.
(3) 세 개 집단에 대한 정준판별점수의 평균을 비교하여라.
(4) 표준화 정준판별분석에 근거하여 상대적인 기여도를 설명하여라.

프로그램 \CH7\EX6.SAS

```
DATA ONE;
 INFILE 'C:\DATA\BOND.DAT';
INPUT RATE $ X1-X5;
```

```
LX1=LOG(X1/100); LX4=LOG(X4);
 IF RATE='AAA' THEN Y=1; ELSE IF RATE='AA' THEN Y=2;
  ELSE IF RATE='A' THEN Y=3; ELSE IF RATE='BAA' THEN Y=4;
   ELSE IF RATE='BA' THEN Y=5; ELSE Y=6;
IF Y <= 3 THEN G=1;  ELSE IF Y>=5 THEN G=2;  ELSE G=3;
RUN;
PROC CANDISC DISTANCE OUT=TWO;
 CLASS G;
 VAR LX1 X2 X3 LX4 X5;
RUN;
PROC PLOT HPERCENT=50 VPERCENT=50;
 ① PLOT CAN2*CAN1=G/VREF=0 HREF=0;
    RUN;
PROC SORT; BY G; RUN;
PROC MEANS DATA=TWO MEAN STD;
 VAR CAN1 CAN2;
 ② OUTPUT OUT=THREE MEAN=MCAN1 MCAN2;  BY G;
    RUN;
PROC PLOT DATA=THREE HPERCENT=50 VPERCENT=50;
 ③ PLOT MCAN2*MCAN1=G/VREF=0 HREF=0;
    RUN;
```

프로그램 해설

① 첫 번째 정준판별변수를 수평축으로 두 번째 정준판별변수를 수직축으로 하여 정준판별점수를 집단표시(1, 2, 3)에 따라 플롯하라는 명령문 PLOT CAN2*CAN1 = G이다. 그리고 개별 정준판별변수의 평균은 0이기 때문에 VREF = 0 HREF = 0은 수직축과 수평축에서 참고선을 출력하기 위한 명령문이다.

② 정준판별함수(CAN1, CAN2)의 평균(MEAN)을 MCAN1, MCAN2로 설정하여 자료 THRREE에 출력(OUT)하여 저장한다. 집단으로 분류하기 위해서 BY G를 사용하였다.

③ 첫 번째 정준판별변수를 수평축으로 두 번째 정준판별변수를 수직축으로 하여 정준판별점수의

평균을 집단표시(1,2,3)에 따라 플롯하라는 명령문 PLOT MCAN2* MCAN1 = G / VREF = 0 HREF = 0이다.

결과 및 해석

우량투자성집단(g_1), 투기성집단(g_2), 보통투자성등급(g_3) 사이의 평균벡터의 ①표준화거리제곱은 d_{12}=11.071, d_{13}=4.038, d_{23}=2.168로 나타났다. 우량투자성집단과 보통투자성집단 사이의 평균벡터 거리(d_{12})는 상당히 구분되고, 투기성집단과 보통투자성등급사이의 거리(d_{23})는 상대적으로 작음을 알 수 있다. 세 개 집단을 판별할 수 있는 판별변수의 수는 $\min(3-1,5)=2$개가 된다. $W^{-1}B$의 ② 첫 번째 고유값은 λ_1=2.3339이고 두 번째 고유값은 λ_2=0.0361이 되고, 개별 고유값과 연관된 ③ 설명비율은 0.9848과 0.0152가 된다.

```
                The CANDISC Procedure
        Pairwise Squared Distances Between Groups
           2                    -1
          D(ij) = (X̄i - X̄j)' COV (X̄i - X̄j)

                ① Squared Distance to G
    From G         1            2             3
      1            0         11.07125      4.03797
      2         11.07125        0          2.16756
      3         4.03797      2.16756          0

 Test of H0: The canonical correlations in the
 Eigenvalues of Inv(E)*H         current row and all that follow
 = CanRsq/(1 - CanRsq)           are zero
                                 Likelihood Approximate

    ② Eigenvalue   Difference   ③ Proportion   Cumulative
 1     2.3339        2.2978        0.9848        0.9848
 2     0.0361                      0.0152        1.0000
```

	Ratio	FValue	NumDF	DenDF	Pr > F
1	0.2895	21.12	10	246	<.0001
2	0.9651	1.12	4	124	0.3504

첫 번째 고유값에 대응되는 고유벡터 원소(Can1)가 첫 번째 정준판별함수(Y_1)의 계수가 되고, 두 번째 고유값에 대응되는 고유벡터 원소(Can2)가 두 번째 정준판별함수(Y_2)의 계수가 된다.

$$Y_1 = -0.3703(LX_1 - \overline{LX_1}) + 3.2790(X_2 - \overline{X_2}) - 0.2407(X_3 - \overline{X_3}) + 0.3904(LX_4 - \overline{LX_4}) + 0.6039(X_5 - \overline{X_5})$$

$$Y_2 = 0.6040(LX_1 - \overline{LX_1}) + 6.5529(X_2 - \overline{X_2}) - 0.1183(X_3 - \overline{X_3}) - 0.2302(LX_4 - \overline{LX_4}) + 0.0861(X_5 - \overline{X_5})$$

④ Raw Canonical Coefficients

Variable	Can1	Can2
LX1	−0.370320301	0.603993901
X2	3.278987169	6.552867093
X3	−0.240655592	−0.118280390
LX4	0.390446625	−0.230182277
X5	0.603944524	0.086040441

세 개 집단을 판별하는데 첫 번째 정준판별변수에서 기여한 상대적인 중요도를 판단하기 위해서 판별력이 큰 세 가지 ⑤ 표준화정준판별계수는 주식등급(X5), 총자산규모(LX1), 불안정척도(LX4) 등이고, 두 번째 정준판별함수에서 총자산규모(LX1), 레버지지척도(X2), 불안정척도(LX4) 등 순으로 나타났다. 첫 번째 정준판별함수(Y_1)와 집단변수(G)사이의 ⑥정준상관계수는 0.8367로 높게 나타났고, 두 번째 정준상관계수는 0.1867로 상대적으로 낮게 나타났다.

⑤ Pooled Within−Class Standardized Canonical Coefficients

Variable	Can1	Can2
LX1	−.4425780534	0.7218465862
X2	0.3439140301	0.6872923908
X3	−.1009569618	−.0496195777
LX4	0.3771669150	−.2223534126
X5	0.5070022145	0.0722296377

	⑥ Canonical Correlation	Adjusted Canonical Correlation	Approximate Standard Error	Squared Canonical Correlation
1	0.836692	0.830674	0.026409	0.700054
2	0.186699	0.127917	0.084946	0.034857

첫 번째 정준판별함수를 수평축으로 하고 두 번째 정준판별함수를 수직축으로 하여 정준판별점수 ⑦ 산점도를 플롯하면 첫 번째 정준판별함수 축으로 넓게 산포되어 있고 세 개 집단(1, 2, 3)의 영역이 서로 중복되는 부분도 있으나 전반적으로 잘 판별될 수 있음을 알 수 있다. 세 개 집단에 따른 정준판별점수의 평균과 표준편차는 아래와 같고, 집단별 정준판별점수 평균을 ⑧플롯하면 세 개 집단(1, 2, 3)사이의 평균차이가 명확하게 나타났다.

⑦ 정준판별점수 산점도

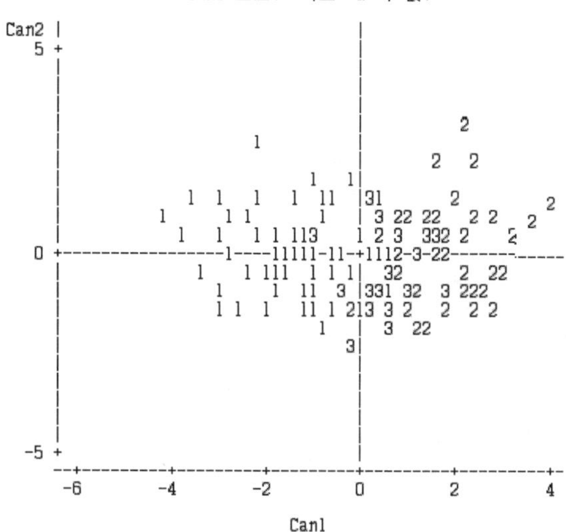

G = 1

MEANS 프로시저

변 수	평균값	표준편차
Can1	−1.4821679	1.1472803
Can2	0.0594002	0.9338096

G = 2

변 수	평균값	표준편차
Can1	1.8446601	0.8822009
Can2	0.1182757	1.1150112

G = 3

변 수	평균값	표준편차
Can1	0.4712215	0.7286036
Can2	−0.4120280	0.9317923

⑧ 정준판별점수 평균 위치도

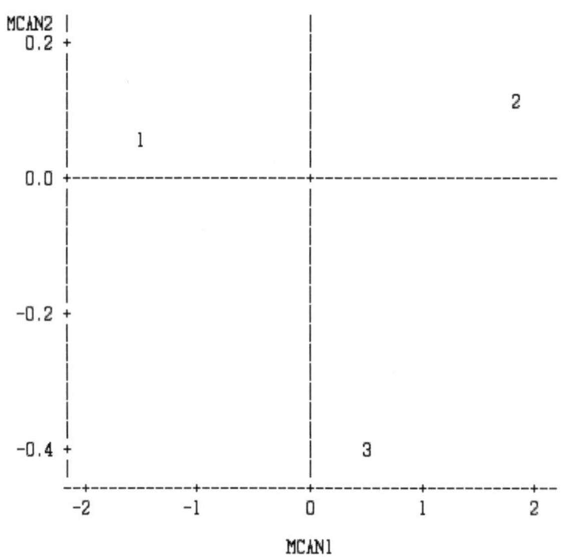

7.9 로짓판별분석

앞에서 구한 선형 혹은 이차분류함수에서는 독립변수들이 다변량정규분포에 따른다고 가정하였다. 그러나 분류 혹은 판별분석에 대한 자료는 다변량정규분포에 따르지 않는 경우가 흔히 있다. 예를 들면 독립변수가 연속형변수와 이산형변수의 혼합으로 되어 있는 경우에는 자료의 정규성을 위반하게 된다. 따라서 본 절에서는 독립변수들의 분포 형태에 대한 가정을 요구하지 않는 로짓판별분석에 대하여 설명하기로 하겠다.

두 집단인 경우 Press와 Wilson(1978)은 정규성의 가정이 분명히 위반된 자료에 대하여 로짓판별모형이 선형판별모형보다 설명력이 높은 것으로 결론을 내렸다. 또한 통계적인 관점에서 Brook, Clark, Hadgu와 Jones(1988)는 독립변수들이 비정규분포를 가지는 여러 경우에 대하여 로짓모형과 선형판별모형을 비교하였다. 그들의 결론은 독립변수들의 분포를 정규분포라고 가정해야 할 특별한 이유가 없거나, 독립변수들과 종속변수 사이에 강한 통계적인 관계가 성립되면 로짓판별모형이 선형판별모형보다 더 효율적이라고 제안하였다. 따라서 로짓모형은 독립변수들이 연속형이고 정규성의 가정이 크게 위반한 경우나 독립변수들이 이산형과 연속형으로 되어 있는 경우에 널리 사용될 수 있는 판별분석모형이다.

7.9.1 로지스틱 판별모형(두 집단인 경우)

우선 집단의 수가 두개인 경우에 사용되는 로짓모형을 로지스틱판별모형이라고 부르고 다음과 같은 형태로 정의된다.

$$\ln\left[\frac{f_1(\mathbf{x})}{f_2(\mathbf{x})}\right] = \alpha + \beta_1 x_1 + \beta_2 x_2 + \cdots + \beta_p x_p \qquad (7-48)$$

식 (7－17)의 분류기준에 의하면 만약 $\ln(f_1(\mathbf{x})/f_2(\mathbf{x})) > \ln(p_2/p_1)$이면 첫 번째 집단 g_1에 분류하게 된다. 여기서 수정된 절편항 $\beta_o = \alpha + \ln(p_1/p_2)$을 사용하면

$$\ln\left[\frac{f_1(x)p_1}{f_2(x)p_2}\right] = \beta_o + \beta_1 x_1 + \cdots + \beta_p x_p \qquad (7-49)$$

$$= \beta' x > 0$$

일 때, 관측치 x를 첫 번째 집단 g_1에 분류하게 된다. 관측치 x가 첫 번째 집단 g_1에 속할 사후확률 $q_1(x)$을 식 (7-9)를 이용하여 구하면

$$q_1(x) = \frac{p_1 f_1(x)}{p_1 f_1(x) + p_2 f_2(x)} = \frac{p_1 f_1(x)/p_2 f_2(x)}{p_1 f_1(x)/p_2 f_2(x) + 1}$$

$$= \frac{\exp(\beta' x)}{\exp(\beta' x) + 1} \qquad (7-50)$$

이 되고, 두 번째 집단 g_2 에 속할 사후확률 $q_2(x)$ 은

$$q_2(x) = 1 - q_1(x) = \frac{1}{1 + \exp(\beta' x)} \qquad (7-51)$$

이 된다. 각 집단에 속하는 사후확률은 계수벡터 β에 대하여 비선형이기 때문에 선형화하기 위하여 로짓변환 $\ln(q_1(x)/q_2(x))$ 을 사용한다. 따라서 두 집단 사후확률의 자연대수비율인 로지스틱 판별함수 다음과 같이 독립변수들의 선형결합식으로 표시된다.

$$\ln\left[\frac{q_1(x)}{q_2(x)}\right] = \ln\left[\frac{\exp(\beta' x)}{1 + \exp(\beta' x)} \Big/ \frac{1}{1 + \exp(\beta' x)}\right]$$

$$= \ln\{\exp(\beta' x)\} = \beta' x \qquad (7-52)$$

식 (7-52)의 사후확률의 비율 $q_1(x)/q_2(x)$을 사후승산(posterior odds)이라고 하며, 그 의미는 어떤 관측치가 첫 번째 집단에 속하지 않을 사후확률 $q_2(x) = 1 - q_1(x)$에 대한 첫 번째 집단에 속할 사후확률 $q_1(x)$의 비율을 의미한다. 따라서 k번째 독립변수의 계수 β_k의 해석은 다음 식을 유도하면 쉽게 이해할 수 있다.

$$\left[\frac{q_1(\mathbf{x})}{q_2(\mathbf{x})}\right] = \exp(\beta_o + \beta_1 x_1 + \cdots + \beta_k x_k + \cdots + \beta_p x_p) \qquad (7-53)$$

$$= \exp(\beta_o)\exp(\beta_1 x_1)\cdots\exp(\beta_k x_k)\cdots\exp(\beta_p x_p)$$

계수 β_k의 해석은k번째 이외의 나머지 독립변수들의 수준을 일정하게 하였을 때k번째 독립변수를 한 단위 증가하였을 때 사후승산은 $\exp(\beta_k)$만큼 평균적으로 증가된다는 의미이다. 만약 $\beta_k = 1.5$라면 나머지 변수들의 수준이 일정할 때 k번째 독립변수를 한 단위 증가시키면 첫 번째 집단에 속할 사후확률이 속하지 않을 사후확률보다 1.5배 높아진다는 의미이다.

로지스틱판별모형의 장점은 확률밀도함수 $f_i(\mathbf{x})$의 분포형태를 설정하지 않고 표본자료로 부터 k+1개의 계수를 추정하게 된다. 로지스틱판별모형의 계수는 최대우도추정법에 의하여 구해진다. 최대우도 추정계수벡터 $\hat{\beta}$은 모든 관측치 $(N = n_1 + n_2)$의 사후확률에 대한 우도함수 혹은 자연대수 우도함수를 최대로 하는 계수벡터 β의 값이다. 우선 우도함수 L을 유도하기 위하여 가변수 y_j를 다음과 같이

$$y_j = \begin{cases} 1 & \mathbf{x}_j \text{ 가 } g_1 \text{ 에 속하면} \\ 0 & \mathbf{x}_j \text{ 가 } g_2 \text{ 에 속하면} \end{cases}$$

정의하면, 모든 관찰치의 우도함수 L과 자연대수 우도함수 lnL은 다음과 같이 표시된다.

$$L = \prod_{j=1}^{N} \{q_1(\mathbf{x}_j)\}^{y_j} \{q_2(\mathbf{x}_j)\}^{1-y_j} \qquad (7-54)$$

$$\ln L = \sum_{j=1}^{N} \{y_j \ln q_1(\mathbf{x}_j) + (1-y_j)\ln q_2(\mathbf{x}_j)\}$$

$$= \sum_{j=1}^{N} \{y_j(\beta'\mathbf{x}_j) - \ln(1+\exp(\beta'\mathbf{x}_j))\} \qquad (7-55)$$

최대우도추정벡터 $\hat{\beta}$은 자연대수 우도함수 lnL을 최대화시키는 계수벡터 β의 값을

의미한다. 최대우도추정벡터 $\hat{\beta}$은 자연대수 우도함수를 계수벡터로 편미분한 식을 $\partial \ln L / \partial \beta = 0$으로 하면 구해질 수 있으나, 편미분한 식이 계수벡터에 대하여 비선형이기 때문에 Newton–Raphson 절차를 이용하여 반복적인 추정을 하게 된다. 또한 추정된 계수벡터의 분산공분산행렬은 $\partial^2 \ln L / \partial\beta\, \partial\beta'$로 구해진다. 로지스틱 계수벡터와 분산공분산행렬 추정절차는 이 책의 수준을 넘으므로 생략하기로 하겠다.

일단 로지스틱계수벡터 β에 대한 최대우도추정벡터 $\hat{\beta}$가 얻어지면 식 (7–50)과 식 (7–51)를 이용하여 각 집단에 속할 사후확률의 추정치는 다음과 같이 계산할 수 있다.

$$\hat{q}_1(\mathrm{x}) = \frac{\exp(\hat{\beta}'\mathrm{x})}{1+\exp(\hat{\beta}'\mathrm{x})} \tag{7-56}$$

$$\hat{q}_2(\mathrm{x}) = 1 - \hat{q}_1(\mathrm{x}) = \frac{1}{1+\exp(\hat{\beta}'\mathrm{x})} \tag{7-57}$$

일단 로지스틱판별함수의 계수를 추정한 다음 절차는 추정된 로지스틱판별함수가 자료를 얼마나 잘 판별하고 있는지 여부와 더불어 개별계수가 통계적으로 유의한지 여부를 검정하는 것이다. 로지스틱 판별함수에 대한 전반적인 적합도를 검정을 하기 위한 우도비검정절차는 다음과 같다.

(1) 로지스틱 판별함수에 대한 우도비 검정

① 가설설정

H_o : $\beta_1 = \beta_2 = \cdots = \beta_p = 0$,

H_1 : 적어도 하나 이상 $\beta_j \neq 0$ $(j = 1, 2, \cdots, p)$

귀무가설은 판별함수에 포함된 p 개 독립변수들이 두 집단을 판별하는데 전혀 정보를 제공하지 못한다는 의미이고, 대립가설은 적어도 하나 이상의 독립변수들이 판별에 필요한 유의한 변수라는 가설이다.

② 우도비 검정통계량

우도비검정을 위한 검정통계량을 계산하기 위하여 두 가지 우도를 계산하여야한다. 첫 번째 우도는 모든 독립변수들이 두 집단을 판별하는데 영향을 미치지 않는다는 귀무가설이 참일 때 모든 관측치들의 우도 $L_o(\hat{\beta}_o)$는 식 (7−54)로부터

$$L_o(\hat{\beta}_o) = \prod_{j=1}^{N} \{q_1(\mathbf{x}_j)\}^{y_j} \{q_2(\mathbf{x}_j)\}^{1-y_j}$$

$$= \prod_{j=1}^{N} \left\{ \frac{\exp(\hat{\beta}_o)}{1+\exp(\hat{\beta}_o)} \right\}^{y_j} \left\{ \frac{1}{1+\exp(\hat{\beta}_o)} \right\}^{1-y_j} \qquad (7-58)$$

이 된다. 우도 $L_o(\hat{\beta}_o)$에서 두 집단판별에 사용된 것은 단지 로스지틱판별함수의 절편항이다. 이제 모든 독립변수의 정보를 판별함수에 포함했을 때 모든 관측치의 우도 $L_1(\hat{\beta})$는

$$L_1(\hat{\beta}) = \prod_{j=1}^{N} \{q_1(\mathbf{x}_j)\}^{y_j} \{q_2(\mathbf{x}_j)\}^{1-y_j}$$

$$= \prod_{j=1}^{N} \left\{ \frac{\exp(\hat{\beta}'\mathbf{x})}{1+\exp(\hat{\beta}'\mathbf{x})} \right\}^{y_j} \left\{ \frac{1}{1+\exp(\hat{\beta}'\mathbf{x})} \right\}^{1-y_j} \qquad (7-59)$$

이 된다. 만약 판별함수에 포함된 독립변수들의 정보가 두 집단을 판별하는데 유의한 정보를 가지고 있다면 우도 $L_1(\hat{\beta})$은 우도 $L_o(\hat{\beta}_o)$에 비하여 크게 증가할 것이고, 포함된 독립변수들의 정보가 판별에 중요하지 않다면 우도의 증가는 작을 것이다. 여기서 고려할 것은 모든 독립변수를 판별함수에 포함하였을 때 우도의 증가가 두 집단의 판별력을 증가시킬 만큼 충분히 큰 가를 검정하여야 한다. 이것을 검정하기 위해서는 두 가지 우도 $L_1(\hat{\beta})$과 $L_o(\hat{\beta}_o)$의 비율의 자연대수 함수인 우도비검정통계량을 다음과 같이 구할 수 있다.

$$\Lambda = -2\ \ln\left\{ \frac{L_o(\hat{\beta}_o)}{L_1(\hat{\beta})} \right\} = -2\ \ln L_o(\hat{\beta}_o) + 2\ \ln L_1(\hat{\beta}) \qquad (7-60)$$

만약 독립변수들이 판별에 영향을 크게 미치면 $L_1(\hat{\beta})$은 $L_o(\hat{\beta_o})$에 비해서 크게 될 것이기 때문에 검정통계량 Λ의 값은 클 것이고, 반대로 판별에 영향을 미치지 않는다면 그 값은 0에 가까운 값을 가지게 될 것이다. 또한 검정통계량 Λ의 분포는 귀무가설이 참일 때 자유도가 p인 카이자승 χ_p^2분포에 근사하게 된다.

③ 의사결정과 p－값

유의수준 α에서 기각치는 $\chi_{\alpha, p}^2$가 된다. 의사결정은 검정통계량의 값 Λ와 기각치를 비교하여 귀무가설의 채택여부를 결정하게 된다. 만약 $\Lambda > \chi_{\alpha, p}^2$ 이면 귀무가설 H_o를 기각하고, 그 외에는 귀무가설 H_o를 채택하게 된다. 검정통계량의 p－값은 다음과 같이 구해진다.

$$p-\text{값} = P(\chi_p^2 > \Lambda)$$

만약 포함된 독립변수들이 두 집단을 판별하는데 크게 영향을 미친다면 검정통계량의 p－값은 작게 될 것이다.

지금까지는 로지스틱 판별함수가 두 집단을 판별하는데 통계적으로 유의한가를 우도비 검정에 의하여 살펴보았다. 일단 우도비 검정에 의하여 로지스틱 판별함수의 판별력이 유의하다고 판정되면 그 다음 단계는 포함된 개별 독립변수가 두 집단을 판별하는데 유의한 영향을 미치는가를 검정할 필요가 있다. 따라서 개별 독립변수와 연관된 계수가 통계적으로 유의한지 여부를 검정하는 개별계수 우도비검정 절차는 다음과 같다.

(2) 개별계수에 대한 우도비 검정

① 가설설정

$$H_o : \beta_j = 0 \ , \quad H_1 : \beta_j \neq 0$$

귀무가설은 판별함수에 포함된 j번째 독립변수 x_j가 두 집단을 판별하는데 전혀 정보를 제공하지 않는다는 의미이고, 대립가설은 j번째 독립변수 x_j가 판별에 필요한 유의한 변수라는 가설이다.

② 우도비 검정통계량

개별 계수에 대한 우도비검정을 위한 검정통계량을 계산하기 위하여 두 가지 우도를 고려하여야 한다. 첫 번째 우도는 j번째 독립변수 x_j를 제외한 모든 독립변수들을 포함한 판별함수와 연관된 우도 $L_o(\hat{\beta}_{(j)})$이고, 두 번째 우도는 모든 독립변수들을 포함한 판별함수와 연관된 우도는 $L_1(\hat{\beta})$이다. j번째 독립변수 x_j가 판별에 영향을 미치는 유의한 변수라면 독립변수 x_j를 포함한 우도 $L_1(\hat{\beta})$가 포함하지 않은 우도 $L_o(\hat{\beta}_{(j)})$보다 클 것이다. 따라서 개별계수 β_j에 대한 우도비검정통계량은 다음과 같다.

$$\Lambda_j = -2\ln\left\{\frac{L_o(\hat{\beta}_{(j)})}{L_1(\hat{\beta})}\right\} = -2\ln L_o(\hat{\beta}_{(j)}) + 2\ln L_1(\hat{\beta}) \qquad (7-61)$$

만약 독립변수 x_j가 판별에 영향을 크게 미치면 $L_1(\hat{\beta})$은 $L_o(\hat{\beta}_{(j)})$에 비해서 크게 될 것이기 때문에 검정통계량 Λ_j의 값은 클 것이고, 반대로 판별에 영향을 미치지 않는다면 그 값은 0에 가까운 값을 가지게 될 것이다. 또한 검정통계량 Λ_j의 분포는 귀무가설이 참일 때 자유도가 1인 카이자승 χ_1^2분포에 근사하게 된다.

③ 의사결정과 p-값

유의수준 α에서 기각치는 $\chi^2_{\alpha,1}$가 된다. 의사결정은 검정통계량의 값 Λ_j와 기각치를 비교하여 귀무가설의 채택여부를 결정하게 된다. 만약 $\Lambda > \chi^2_{\alpha,1}$이면 귀무가설

H_o를 기각하고, 이 이외에는 귀무가설을 채택하게 된다. 검정통계량의 p－값은 다음과 같이 구해진다.

$$p - 값 = P(\chi_1^2 > \Lambda_j)$$

만약 독립변수 x_j가 두 집단을 판별하는데 크게 영향을 미친다면 검정통계량의 p－값은 작게 될 것이다.

선형회귀모형에서는 모형의 적합도를 측정하기 위해서 일반적으로 결정계수R^2를 사용하였지만, 범주형(1 혹은 0)결과를 가진 로지스틱 회귀모형에서는 그대로 사용할 수가 없다. 따라서 선형모형에서 사용된 결정계수 R^2의 대안으로서 여러 가지 통계량들이 제안되었으나, 결정계수와 같은 분명한 해석을 할 수 없다는 약점을 가지고 있다. 이제부터 설명될 통계량들은 서로 다른 로지스틱 판별모형들을 상대적으로 비교하여 최종 모형(final model)을 찾을 때 유용하게 사용될 수 있겠다.

(1) 선형모형에 근거한 유사 결정계수(Pseudo－R^2)

모형의 개별계수들이 최대우도(Maximum Likelihood)방법에 의하여 추정되었다고 하자. 이때 모든 변수들을 포함한 모형에서 구한 우도함수를 $L_1(\hat{\beta})$, 절편만을 포함한 모형에서 구한 우도함수를 $L_o(\hat{\beta_0})$라고 했을 때 유사 R^2인 R_{ML}^2는 다음과 같이 정의된다.

$$R_{ML}^2 = 1 - \left[\frac{L_o(\hat{\beta_0})}{L_1(\hat{\beta})}\right]^{2/n} \tag{7-62}$$

우도함수 $L_1(\hat{\beta})$는 확률의 곱으로 표시되므로 R_{ML}^2의 값은 1보다 작게 된다. Maddala (1983)에 의하면 R_{ML}^2의 최대값은 $1 - L_o(\hat{\beta_0})^{2/n}$이 되고, $L_1(\hat{\beta}) \rightarrow L_o(\hat{\beta_0})$로 접근할수록 R_{ML}^2는 0에 접근하게 된다. 따라서 수정된 유사 결정계수 $\overline{R^2}_{ML}$는 다음과 같이 설정될 수 있다.

$$\overline{R^2}_{ML} = \frac{R^2_{ML}}{\max R^2_{ML}} = \frac{1 - \left[L_o(\hat{\beta}_o)/L_1(\hat{\beta})\right]^{2/n}}{1 - L_1(\hat{\beta})^{2/n}} \quad (7-63)$$

유사 R^2인 R^2_{ML}와 수정된 유사 결정계수 $\overline{R^2}_{ML}$는 모두 우도함수 식으로 정의되기 때문에 모형들의 설명력을 비교할 때 사용되어 질 수 있다.

(2) 분할표를 이용한 정분류율

종속변수가 범주형(1 혹은 0)일 때 모형의 적합성을 평가할 수 있는 다른 방법은 종속변수의 관측값과 예측값을 비교하는 것이다. 종속변수 Y가 1과 0 두 가지 값을 취할 때, $Y=1$일 확률의 예측값은 $\hat{\pi}_i$이 된다. 이때 확률 예측값 $\hat{\pi}_i$을 특정 분류 기준값c를 이용해서 예측 결과 $\hat{Y}$로 다음과 같이 구분할 수 있다.

$$\text{분류집단} = \begin{cases} g_1 & \text{만약 } \hat{\pi}_i \geq c \\ g_2 & \text{만약 } \hat{\pi}_i < c \end{cases} \quad (7-64)$$

식 (7-58)에서 분류 기준값 c는 일반적으로 0.5를 사용하게 된다. 식 (7-58)을 이용해서 관측 집단과 분류집단을 비교하여 <표 7.1>과 같은 분류행렬을 작성하게 된다.

(3) 정보척도(Information measures)

로지스틱 모형들의 적합성을 비교 평가할 수 있는 방법으로 Akaike(1973)가 제안한 정보기준인 AIC(Akaike's Information Criterion)가 있다. 이 방법은 서로 다른 독립변수들을 포함한 모형의 적합성을 비교하기 위해서 사용되어질 수 있다.

$$AIC = \frac{-2\ln L_1(\hat{\beta}) + 2(k+1)}{n} \quad (7-65)$$

여기서 $L_1(\hat{\beta})$는 주어진 독립변수들을 포함한 모형에서 구한 우도함수이고, k는 모형에 포함된 독립변수의 수이다. $L_1(\hat{\beta})$는 확률의 곱으로 표시되므로 0과 1 사이의 값을 갖게 되고, 1에 가까운 값을 가질 때 적합도는 좋아진다. $\log_e L_1(\hat{\beta})$의 범위는 $-\infty$과 0 사이이므로, $-\log_e L_1(\hat{\beta})$의 범위는 0과 ∞사이가 된다. 따라서 $-\log_e L_1(\hat{\beta})$의 값이 작을수록 적합도는 좋아지게 된다. 또한 유의한 독립변수의 수가 많아질수록 $-\log_e L_1(\hat{\beta})$의 값이 작아지기 때문에, 독립변수의 수 증가로 인한 효과를 수정하기 위해서 $2(k+1)$을 더하게 된다. 또한 우도함수는 관측 자료 크기에 따라 영향을 받으므로, 개별 관측점들의 기여를 평가하기 위해서 자료 크기인 n으로 나누게 된다. 따라서 AIC는 자료수가 다른 모형들 혹은 독립변수의 수가 다른 모형들의 적합성을 비교평가하기 위해서 사용되어질 수 있다. 만약 고려한 여러 모형들이 같은 관측수를 가진다면 식 (7－55)의 분자만을 사용할 수 있을 것이다. SAS 출력되는 AIC는 식 (7－65)의 분자에 대한 값인 것을 유의하기 바란다.

예제 7.7 채권 이분류 로지스틱판별분석

채권등급자료를 투자성채권(Baa 이상 등급)과 투기성채권(Ba 이하)으로 구분하고 두 집단 채권을 판별할 수 있는 로지스틱판별모형을 다음 절차에 따라 분석하여라.

(1) 단계별 로지스틱판별분석을 통하여 유의한 변수를 선택하여 함수를 추정하여라.

(2) 로지스틱판별함수 적합성을 평가하기 위한 우도비검정을 하여라.

(3) 개별계수에 대한 유의성검정을 하여라.

(4) 관측치가 개별집단에 속할 사후확률을 계산하여라.

(5) 분류 기준을 0.3부터 증가분 0.1를 이용하여 0.7까지 사용했을 때 단순오분류율을 계산하여라.

(6) 분류 기준을 0.6으로 사용했을 때 분류행렬을 작성하여라.

프로그램 \CH7\EX7.SAS

```
DATA ONE ;
 INFILE 'C : \DATA\BOND.DAT' ;
INPUT RATE $ X1-X5 ;
LX1=LOG(X1/100) ;  LX4=LOG(X4) ;
 IF RATE='AAA' THEN Y=1 ;
```

```
      ELSE IF RATE='AA' THEN Y=2 ;
       ELSE IF RATE='A' THEN Y=3 ;
        ELSE IF RATE='BAA' THEN Y=4 ;
         ELSE IF RATE='BA' THEN Y=5 ;
          ELSE  Y=6 ;
   IF Y <= 4 THEN G=1 ;
      ELSE G=2 ;
   ;
   RUN ;
① PROC LOGIST ORDER=DATA ;
      MODEL G=LX1 X2 X3 LX4 X5/② RSQ SELECTION=STEPWISE
      CTABLE PPROB=(0.3 TO 0.7 BY 0.1) ③ OUTPUT OUT=TWO P=PREDICTS ;
   RUN ;
④ PROC PRINT DATA=TWO ;
      VAR G LX1 X3 LX4 X5 POSTP ;
   RUN ;
```

프로그램 해설

① PROC LOGIST ORDER=DATA ; PROC LOGIST는 최대우도추정법에 의하여 로지스틱판별함수를 추정하라는 명령문이다. ORDER=DATA는 집단 G가 1, 2 중 특정한 집단에 속할 사후확률을 DATA에 첫 번째 입력된 G값에 의하여 정하라는 의미이다. 입력자료에서 첫 번째 자료의 G값이 1이므로 투자성집단에 속할 사후확률을 계산하여 0.5보다 크면 집단 1에 분류하게 된다.

② RSQ 는 유사 R^2인 R^2_{ML}와 수정된 유사 결정계수 $\overline{R^2}_{ML}$를 구하라는 옵션이고, SELECTION = STEPWISE; 통계적으로 유의한 변수를 스텝와이즈법에 의하여 선택하라는 옵션이다. 전진선택법인 경우에는 FORWARD를 후진소거법인 경우에는 BACKWARD를 사용한다. CTABLE PPROB =(0.3 TO 0.7 BY 0.1) 옵션은 분류 기준을 0.3부터 증가분 0.1를 이용하여 0.7까지 사용했을 때 작성된 분류표 출력하라는 것이다.

③ OUTPUT OUT = TWO P = PREDICTS ; 각 집단에 속할 사후확률의 이름을 PREDICTS로 지정하여 자료 TWO에 저장한다.

④ PROC PRINT DATA=TWO ; 판별분석에 사용된 네 개의 독립변수의 집단구분변수 G와 사후 확률 PREDICTS을 출력하라는 명령문이다.

① The LOGISTIC Procedure

Summary of Stepwise Procedure

Step	Variable Entered	Removed	Number In	Score Chi−Square	Wald Chi−Square	Pr > Chi−Square
1	X5		1	64.8256	.	0.0001
2	X2		2	10.2496	.	0.0014
3	LX1		3	5.9525	.	0.0147
4	LX4		4	4.7295	.	0.0296

①로지스틱판별모형에서 스텝와이즈법에 의하여 유의한 변수를 선택하면 앞에서 구한 단계별분류분석과 마찬가지로 수익성척도인 X_3가 제외되고 나머지 변수들은 모형에 포함되었다.

Criteria for Assessing Model Fit

riterion	Intercept Only	Intercept and Covariates	Chi−Square for Covariates
③ AIC	169.709	61.675	.
SC	172.576	76.013	.
② −2 LOG L	167.70 9	51.675	116.034 with 4 DF (p=0.0001)
Score	.	.	72.607 with 4 DF (p=0.0001)

RSquare = 0.5904　　Max−rescaled RSquare = 0.8146

로지스틱판별함수에 대한 유의성에 대한 ②우도비검정 결과는

$$-2\ln L_0(\hat{\beta}_0)=167.709, \quad -2L_1(\hat{\beta})=51.675$$

$$\Lambda=-2\ln L_0(\hat{\beta}_0)+2\ln L_1(\hat{\beta})=116.034$$

이 된다. 우도비검정통계량의 p−값이 0.001로 유의수준 0.05보다 매우 작으므로 귀무가설을 강

력하게 기각하게 된다. 즉 투자성집단과 투기성집단을 판별하는데 네 독립변수를 포함한 로지스틱판별함수가 매우 유의 하다고 판단된다. SAS에서 ③ AIC는 식 (7−59)의 분자값만 다음과 같이 계산되어 출력된다.

$$AIC = -2\ln L_1(\hat{\beta}) + 2(k+1) = 51.675 + 2(5) = 61.675$$

유의하다고 판단된다. 또한 유사 R^2인 R^2_{ML}와 수정된 유사 결정계수 $\overline{R^2}_{ML}$는 다음과 같은 식에서 계산되었다.

$$R^2_{ML} = 1 - \left[\frac{L_0(\hat{\beta}_0)}{L_1(\hat{\beta})}\right]^{2/130} = 0.5904$$

$$\overline{R^2}_{ML} = \frac{R^2_{ML}}{\max R^2_{ML}} = 0.8146$$

④ Analysis of Maximum Likelihood Estimates

Variable	Parameter Estimate	Standard Error	Wald Chi−Square	Pr > Chi−Square	⑤ Standardized Estimate
INTERCPT	12.2216	3.5942	11.5623	0.0007	0.850918
LX1	1.0727	0.3933	7.4389	0.0064	−0.854691
X2	−11.5243	4.1313	7.7814	0.0053	−0.462032
LX4	−0.6981	0.3517	3.9404	0.0471	−1.959605
X5	−2.6141	0.7915	10.9078	0.0010	

④ 최대우도추정법에 의하여 추정된 로지스틱판별함수는 다음과 같다.

$$\ln\left\{\frac{\hat{q}_1(\mathbf{x})}{\hat{q}_2(\mathbf{x})}\right\} = 12.22 + 1.07\,LX_1 - 11.52X_2 - 0.70LX_4 - 2.61X_5$$

추정된 계수의 의미를 살펴보면 $\hat{\beta}_1 = 1.07$이므로 LX_1을 제외한 다른 변수들이 일정한 수준일 때 사후확률의 승산은 $\exp(1.07) = 2.92$이다. 따라서 LX_1이 한 단위 증가함에 따라 투기성집단에 속할 사후확률보다 투자성집단에 속할 사후확률이 약 2.92배 증가한다는 의미이다.
판별함수에 포함된 네 개의 독립변수는 서로 측정단위가 다르기 때문에 두 집단을 판별하는데 사용된 개별 독립변수의 상대적인 영향력 크기를 비교 검토할 수 없다. 이러한 경우 각 독립변수를 표준화하여 추정된 계수를 이용하여 개별 독립변수의 상대적인 영향력 크기를 비교하면 된다.
⑤ 추정된 표준화계수를 살펴보면 상대적으로 가장 영향력이 큰 변수는 주식등급(X_5)이고, 가장 영향력이 작은 변수는 불안정척도(LX_4)임을 알 수 있다. 또한 총자산규모(LX_1)와 레버리지척도(X_2)의 영향력 크기는 비슷한 것으로 나타났다.

분류 기준값을 0.3부터 증가분 0.1를 이용하여 0.7까지 사용했을 때 작성된 분류표는 아래와 같다. 분류표에 의하면 모형의 예측력을 평가하기 위해서 5가지 퍼센트가 출력되었다.

Classification Table

	Correct		Incorrect		Percentages				
Prob Level	Event	Non-Event	Event	Non-Event	Correct	Sensi-tivity	Speci-ficity	False POS	fALSE neg
0.300	81	33	12	4	87.7	95.3	73.3	12.9	10.8
0.400	81	36	9	4	90.0	95.3	80.0	10.0	10.0
0.500	80	39	6	5	91.5	94.1	86.7	7.0	11.4
0.600	80	41	4	5	93.1	94.1	91.1	4.8	10.9
0.700	76	42	3	9	90.8	89.4	93.3	3.8	17.6

분류표에서 두 가지 범주로 표시된 Event는 G = 1, Non-Event는 G = 2를 의미한다. 만약 분류기준(Prob Level)을 $\hat{\pi}_i = 0.6$으로 하였을 때 정분류(correct)된 빈도는 G = 1로 관측된 85개 중 80개, G = 2로 관측된 45개 중 41개가 옳게 분류되었고, 오분류(incorrect)된 빈도는 G = 1로 관측된 85개 중 5개, G = 2로 관측된 45개 중 4개가 오분류되었다. 이제 출력된 5가지 퍼센트를 설명하여 보자.

(1) Correct : 총 자료에서 정분류된 퍼센트

$$\left(\frac{\text{정분류된 자료수}}{\text{총 자료수}}\right) \times 100 = \left(\frac{80+41}{130}\right) \times 100 = 93.1\%$$

(2) Sensitivity : $G = 1$로 관측된 자료 중에서 정분류된 퍼센트

$$\left(\frac{G=1 \text{ 로 정분류된 자료수}}{G=1 \text{ 인 관측 자료수}}\right) \times 100 = \left(\frac{80}{85}\right) \times 100 = 94.1\%$$

0(3) Specificity : G＝2로 관측된 자료 중에서 정분류된 퍼센트

$$\left(\frac{\text{G}=2\ \text{로 정분류된 자료수}}{\text{G}=2\ \text{인 관측 자료수}}\right)\times 100 = \left(\frac{41}{45}\right)\times 100 = 91.1\%$$

(4) False POS : G＝1로 분류된 자료 중 오분류된 퍼센트

$$\left(\frac{\text{G}=1\ \text{로 오분류된 자료수}}{\text{G}=1\ \text{로 분류된 자료수}}\right)\times 100 = \left(\frac{4}{4+80}\right)\times 100 = 4.8\%$$

(5) False NEG : G＝2분류된 자료 중 오분류된 퍼센트

$$\left(\frac{\text{G}=2\ \text{로 오분류된 자료수}}{\text{G}=2\ \text{로 분류된 자료수}}\right)\times 100 = \left(\frac{5}{5+41}\right)\times 100 = 10.9\%$$

또한 전체 자료에 대한 로지스틱판별함수의 단순오분류율은 분류기준값이 0.5일 때 8.5%(100－91.5)가 된다. [예제 7.4]에서 똑같은 네 개의 독립변수를 사용한 표본선형분류함수의 단순오분류율 11.5%(15/130)보다 낮기 때문에 로지스틱판별모형이 선형분류함수보다 채권등급을 분류하는 데 더 적절한 모형이라고 판단할 수 있다.

OBS	G	LX1	X3	LX4	X5	⑥ PREDICTS
1	1	5.51931	0.068	－1.10866	1	1.00000
2	1	4.74270	0.038	－0.61619	1	1.00000
3	1	5.56572	0.085	－2.12026	1	1.00000
4	1	6.10050	0.129	－1.71480	1	1.00000
5	1	4.13705	0.111	－2.40795	1	1.00000
⋮		⋮		⋮		⋮
126	2	0.34784	0.095	－2.33304	4	0.32579
127	2	2.06585	0.047	－0.39156	5	0.03707
128	2	2.81181	0.025	－1.19073	6	0.00109
129	2	1.80829	0.027	0.04879	5	0.00467
130	2	1.43556	0.030	0.47000	5	0.06352

로지스틱판별함수가 추정된 후 개별 관측치가 ⑥ 투자성집단에 속할 사후확률을 구할 수 있다. 위 결과는 130개 관측치 중 지면상 10개의 관측치에 대한 투자성집단에 속할 사후확률을 표시하고 있다.

7.8.2 로짓판별함수(집단이 세 개 이상인 경우)

로짓판별함수는 집단이 $k(k \geq 3)$인 경우로서 로지스틱판별함수로부터 유도된 일반화된 판별함수이다. 즉, 각 집단에 속할 사후확률 $q_i(x)$과 비교대상 집단에 속할 사후확률 $q_k(x)$의 자연대수 비율은 독립변수들의 선형결합으로 표시되고, 이러한 사후확률에 대한 자연대수비율을 집단 g_i와 집단 g_k를 판별하는 로짓판별함수라고 하고 다음과 같이 정의된다.

$$\ln\left[\frac{q_i(x)}{q_k(x)}\right] = \beta_{oi} + \beta_{1i}x_1 + \cdots + \beta_{pi}x_p \qquad (7-66)$$

$$= \beta'_i x \qquad (i = 1, 2, \cdots, k-1)$$

식(7－60)로부터 비교집단 g_k와 관련된 계수벡터는 $\beta_k = 0$이 됨을 알 수 있다. 따라서 두 집단 g_i와 집단 g_j를 판별하는 로짓판별함수는 식 (7－66)으로부터 다음과 같이 유도될 수 있다.

$$\ln\left[\frac{q_i(x)}{q_j(x)}\right] = \ln\left[\frac{q_i(x)/q_k(x)}{q_j(x)/q_k(x)}\right] \qquad (7-67)$$

$$= (\beta_i - \beta_j)' x$$

집단의 수가 k개 있는 경우 로짓판별함수는 $k-1$개 유도된다. 또한 어떤 관측치 x가 각 집단에 속할 사후확률은

$$q_i(x) = \frac{\exp(\beta'_i x)}{1 + \sum_{j \neq k} \exp(\beta'_j x)} \qquad (i \neq k)$$

$$q_k(x) = 1 - \sum_{j \neq k} q_j(x) \qquad (7-68)$$

와 같다. 따라서 관측치 x는 사후확률이 가장 큰 집단에 분류하게 된다.

로짓판별함수의 계수벡터 β_j의 최대우도추정치 $\hat{\beta}_j$는 모든 관측치의 사후확률에 대한 우도함수 혹은 자연대수 우도함수를 최대로 하는 계수벡터 β_j의 값이다. 우선 우도함수L을 유도하기 위하여 가변수 y_{ij}를 다음과 같이 정의한다.

$$y_{ij} = \begin{cases} 1 & \mathbf{x}_j \text{ 가 } g_i \text{ 에 속하면} \\ 0 & \mathbf{x}_j \text{ 가 } g_i \text{ 에 속하면 않으면} \end{cases}$$

그리고 모든 관찰치의 우도함수 L 은 다음과 같이 표시된다.

$$L = \prod_{j=1}^{N} \{q_1(\mathbf{x}_j)\}^{y_{1j}} \{q_2(\mathbf{x}_j)\}^{y_{2j}} \cdots \{q_k(\mathbf{x}_j)\}^{y_{kj}} \tag{7-69}$$

식 (7－69)의 우도함수를 최대화하는 최대우도추정계수벡터 $\hat{\beta}_j$는 로지스틱판별함수 과정에서 사용한 Newton－Raphson방법에 의하여 추정할 수 있다. 일단 추정된 $\hat{\beta}_j$를 식 (7－68)에 대입하면 각 집단에 속할 사후확률을 다음과 같이 추정할 수 있게 된다.

$$\hat{q}_i(\mathbf{x}) = \frac{\exp(\hat{\beta}'_i x)}{1 + \sum_{j \neq k} \exp(\hat{\beta}'_j x)} \qquad (i \neq k)$$

$$\hat{q}_k(\mathbf{x}) = 1 - \sum_{j \neq k} \hat{q}_j(\mathbf{x}) \tag{7-70}$$

예제 7.8 **채권 등급 로짓판별함수 분석**

[예제 7. 2]의 자료 Aaa에서 B까지 6등급을 다음과 같이 세 집단으로 구분한 후 우량투자성집단 g_1: Aaa, Aa, A 채권등급, 투기성집단 g_2 : Ba, B 채권등급, 보통투자성집단 g_3 : Baa 채권등급 세 집단을 구분할 수 있는 로짓판별함수를 추정하여라. 또한 분류행렬을 구하여 단순오분류율을 계산하여 표본선형분류함수의 결과와 비교하여라.

프로그램 \CH7\EX8.SAS

```
DATA BOND ;
 INFILE 'C : \DATA\BOND.DAT' ;
INPUT RATE $ X1-X5 ;
LX1=LOG(X1/100) ;  LX4=LOG(X4) ;
 IF RATE='AAA' THEN Y=1 ;
  ELSE IF RATE='AA' THEN Y=2 ;
   ELSE IF RATE='A' THEN Y=3 ;
    ELSE IF RATE='BAA' THEN Y=4 ;
     ELSE IF RATE='BA' THEN Y=5 ;
      ELSE  Y=6 ;
① IF Y <= 3 THEN G=1 ;
  ELSE IF Y>=5 THEN G=2 ;
   ELSE  G=3 ;
  ;
  RUN ;
② PROC CATMOD ;
 ③ DIRECT LX1 X2 LX4 X5 ;
   MODEL G=LX1 X2 LX4 X5/④ML NOGLS PRED=PROB
    NODESIGN ;
  RUN ;
```

프로그램 해설

① 자료집단을 우량투자성집단(G=1), 투기성집단(G=2)과 보통투자성집단(G=3)으로 구분하는 조건부명령문이다. 여기서 집단 G=3는 비교대상집단이 된다.

② PROC CATMOD : 범주형자료모형(Categorical Data Modeling)을 사용하라는 명령문이다.

③ DIRECT LX1 X2 LX4 X5 : 모형에 사용되는 독립변수가 구간척도를 갖는 변수라는 의미이다.

④ ML NOGLS PRED = PROB NODESIGN : 일반최소자승추정(GLS)을 사용하지 말고 최대우도추정법(ML)에 의하여 계수를 추정하라는 옵션이다. 각 집단에 속하는 사후확률(PRED=PROB)을 출력하고 DESIGN 행렬은 출력하지 말라는 옵션이다.

결과 및 해석

① ANALYSIS OF MAXIMUM LIKELIHOOD ESTIMATES

Effect	Parameter	Estimate	Error	Standards Square	Chi − ② Prob
INTERCEPT	1	− 1.8601	2.9185	0.41	0.5239
	2	− 11.3892	3.6531	9.72	0.0018
LX1	3	1.7941	0.5447	10.85	0.0010
	4	− 0.8099	0.4144	3.82	0.0506
X2	5	− 11.2377	5.3802	4.36	0.0367
	6	4.1945	0.0177	5.62	0.0177
LX4	7	− 2.0468	0.7576	7.30	0.0069
	8	0.4898	0.3553	1.90	0.1680
X5	9	− 0.3489	0.5869	0.35	0.5522
	10	2.4436	0.8144	9.00	0.0027

① 최대우도추정법에 의하여 추정된 로짓판별함수는 다음과 같다.

$$\ln\left\{\frac{\hat{q}_1(x)}{\hat{q}_3(x)}\right\} = -1.86 + 1.79\,LX_1 - 11.24\,X_2 - 2.05\,LX_4 - 0.35\,X_5$$

$$\ln\left\{\frac{\hat{q}_2(x)}{\hat{q}_3(x)}\right\} = -11.39 - 0.81\,LX_1 + 9.95\,X_2 + 0.49\,LX_4 + 2.44\,X_5$$

각 로짓판별함수의 개별 독립변수 계수에 대한 카이자승검정 결과인 ② p－값을 살펴보면 우량투자성집단(G＝1)과 보통투자성집단(G＝3)을 판별하는데 순이익변동계수(LX_4)에 대한 p－값이 0.1680이므로 유의수준 0.05에서 유의하지 않은 것으로 나타났고, 나머지 변수는 모두 유의한 것으로 나타났다. 또한 보통투자성집단과 투기성집단을 판별하는데 주식등급(X_5)은 유의수준 0.05에서 유의하지 않은 것으로 나타났고, 나머지 변수는 모두 유의한 것으로 나타났다.

이제 추정된 로짓판별함수에 의한 분류행렬은 PROC CATMOD 에서는 자동적으로 출력되지 않고 다음과 같은 관측치의 ③ 소속집단과 각 집단에 속하는 ④ 사후확률을 출력시킨다. 지면 상 두 개의 관측에 대한 결과를 살펴보기로 하자.

MAXIMUM LIKELIHOOD PREDICTED VALUES
FOR RESPONSE FUNCTIONS AND PROBABILITIES

-------Observed------				-------Predicted-------		
Sample	Function Number	③Function	Standard Error	④Function	Standard Error	Residual
11	.	.	−9.9014788	3.03022238	.	
2	.	.	3.97703867			
P1	0	0	9.21663E−7	3.06484E−6	−9.2166E−7	
P2	1	0	0.98160281	0.02946037	0.01839719	
P3	0	0	0.01839627	0.02945909	−0.0183963	
50	1	.	.	−7.3835726	2.64631925	.
2	.	.	0.53056954	1.02464727	.	
P1	0	0	0.0002301	0.00062019	−0.0002301	
P2	0	0	0.62947107	0.23896927	−0.6294711	
P3	1	0	0.37029884	0.23884757	0.62970116	

위 표에 의하면 소속집단이 g_2인 첫 번째 관측치는 사후확률이 가장 큰 g_2로 옳게 분류된 경우이고, 소속집단이 g_3인 50번째 관측치는 사후확률이 가장 큰 g_2로 잘못 분류된 경우를 나타낸다. 전체자료 130개에 대한 분류행렬을 구하면 다음과 같다.

<표 7.2> 로짓판별함수에 의한 분류행렬

분 류 / 소 속	g_1	g_2	g_2	합 계
g_1	60	0	3	63
g_2	0	42	3	45
g_3	4	5	13	22

로짓판별함수에 의한 분류행렬을 살펴보면 단순오분류율은 11.5%(15/130)로 표본선형분류함수의 단순오분류율 23.84%(31/130), 표본이차분류함수의 단순오분류율 24.62%(32/130)보다 상당히 작음을 알 수 있다. 따라서 채권등급모형을 판별하기 위한 분석모형은 다변량정규분포에서 유도된 선형 혹은 이차분류모형보다 로짓판별모형이 더 적절한 모형으로 판단된다.

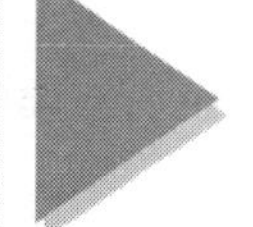

연/습/문/제

7.1 두 집단에서 관측된 자료행렬이 다음과 같을 때

$$X_1 = \begin{bmatrix} 3 & 2 & 4 \\ 7 & 4 & 7 \end{bmatrix}, \quad X_2 = \begin{bmatrix} 6 & 5 & 4 \\ 9 & 7 & 8 \end{bmatrix}$$

표본평균벡터 $\bar{x}_1, \bar{x}_2$ 와 합동표본공분산행렬 S_p는 아래와 같이 구해진다.

$$\bar{x}_1 = \begin{bmatrix} 3 \\ 6 \end{bmatrix}, \quad \bar{x}_2 = \begin{bmatrix} 5 \\ 8 \end{bmatrix}, \quad S_p = \begin{bmatrix} 1 & 1 \\ 1 & 2 \end{bmatrix}$$

(1) 식(7 − 15)의 표본선형분류함수를 위 결과를 이용하여 구하여라.

(2) $x'_0 = [2 \quad 7]$ 을 두 모집단 g_1과 g_2 중 어느 한 집단에 분류하여라.

7.2 식 (7 − 11)이 성립됨을 보여라.

7.3 식 (7 − 18)이 성립됨을 보여라.

7.4 의의 관측치 x 가 사전확률이 동일한 두 모집단 중 한 모집단에서 관측되었다고 하자. 두 모집단의 확률밀도함수가 다음과 같은 주어졌을 때 TPM을 최소로 하는 분류식을 식 (7-7)의 (3)을 이용하여 유도하여라.

$$f_i(x) = \lambda_i \exp(-\lambda_i x),\ x > 0,\quad i = 1, 2$$

(힌트 : $\ln\left\{\frac{f_1(x)}{f_2(x)}\right\} = \beta_o + \beta_1 x$로 표시할 수 있다.)

7.5 두 모집단의 확률벡터 $X' = [X_1, X_2]$는 각각 1과 0을 취하는 독립적인 베르누이 확률변수라고 하자. 집단 g_i에서$X_j = 1$인 확률은 π_{ij}이고 $X_j = 0$인 확률은 $1-\pi_{ij}$이라고 가정하면 확률함수는 다음과 같이 표시된다. 이 경우에 두 집단을 분류할 수 있는 선형분류함수를 유도하여라.

$$f_i(\mathbf{x}) = \pi_{i1}^{x_1}(1-\pi_{i1})^{1-x_1}\ \pi_{i2}^{x_2}(1-\pi_{i2})^{1-x_2},\quad i = 1, 2$$

(힌트 : $\ln\left\{\frac{f_1(\mathbf{x})}{f_2(\mathbf{x})}\right\} = \beta_o + \beta_1 X_1 + \beta_2 X_2$로 표시할 수 있다.

식을 유도할 때 $(1-\pi_{ij})^{1-x_j} = (1-\pi_{ij})(1-\pi_{ij})^{-x_j}$를 이용하여라.)

7.6 기업파산에 대한 통계적 예측모형을 개발하기 위하여 영향을 미칠 수 있는 네 개 독립변수를 고려하였다. 첫 번째 변수는 일정한 기간 중에 동태적 유동성 상태를 나타내는 지표로 현금흐름 대 총부채 비율(X1=Cash Flow/Total Debt), 두 번째 변수는 수익성 지표로 순이익 대 총자산 비율(X2=Net Income/Total Assets), 세 번째 변수는 기업의 단기지급능력을 측정하는 지표로 유동자산 대 유동부채 비율(X3=Current Assets/Current Liabilities), 네 번째 변수는 자산운영의 효율성을 측정하는 지표로 유동자산 대 순매출액 비율(X4=Current Assets/Net Sales) 등 네

가지 재무비율을 고려하였다. 분류모형을 추정하기 위하여 파산된 21개 기업과 정상적으로 운영되는 25개 기업을 선정하여 각 기업에 대하여 네 가지 재무비율을 구하였다. 자료는 첨부된 디스켓 [\DATA\BANK.DAT]에 저장되어 있다. SAS를 이용하여 아래 절차에 따라 분류 및 판별분석을 수행하여라.

(1) 네 개 변수 중 기업파산에 영향을 미치는 중요한 변수를 PROC STEPDISC을 이용하여 선택하여라.

(2) 선택된 변수를 이용하여 기업파산 선형분류모형을 추정하고 그 결과를 해석하여라.

(3) 두 집단의 공분산행렬이 동일한지 검정하여라.

(4) 이차분류모형을 추정하고 그 결과를 선형판별모형과 비교하여라.

(5) 로지스틱판별모형을 이용하여 중요한 변수를 선택하여라.

(6) 선택된 변수를 이용하여 로지스틱판별모형을 추정하고 그 결과를 해석하여라.

(7) 정준판별분석을 이용하여 정준판별계수를 추정하고, 네 개 변수의 평균벡터 차이 판별에 기여한 상대적인 중요도를 판단하여라. 그리고 정준상관계수를 해석하여라.

< SAS Program: \CH7\P6.SAS >

```
DATA ONE;
 INFILE 'C:\DATA\BANK.DAT';
INPUT X1-X4 Y;
RUN;
PROC STEPDISC;
 VAR X1-X4; CLASS Y;  RUN;
PROC DISCRIM;
 VAR X2 X3; CLASS Y; RUN;
PROC DISCRIM POOL=TEST CROSSVALIDATE;
 VAR X2 X3; CLASS Y;  RUN;
PROC LOGISTIC ORDER=DATA;
 MODEL Y=X1-X4/RSQ SELECTION=STEPWISE CTABLE PPROB=(0.3 TO
    0.7 BY 0.1);
```

```
RUN;
PROC CANDISC;
 CLASS Y; VAR X1−X4;  RUN;
```

46개 기업에 대한 재무자료

OBS	X1	X2	X3	X4	Y	OBS	X1	X2	X3	X4	Y
1	-0.45	-0.41	1.09	0.45	0	2	-0.56	-0.31	1.51	0.16	0
3	0.06	0.02	1.01	0.40	0	4	-0.31	1.51	0.16	0	
5	-0.10	-0.09	1.56	0.67	0	6	-0.07	-0.09	1.45	0.26	0
7	0.04	0.01	1.50	0.71	0	8	-0.14	-0.07	0.71	0.28	0
9	0.07	-0.01	1.37	0.34	0	10	-0.06	-0.06	1.37	0.40	0
11	-0.23	-0.30	0.33	0.18	0	12	-0.13	-0.14	1.42	0.44	0
13	0.01	0.00	2.15	0.70	0	14	0.07	0.02	1.31	0.25	0
15	0.15	0.05	1.88	0.27	0	16	-0.28	-0.23	1.19	0.66	0
17	-0.08	-0.08	1.51	0.42	0	18	0.37	0.11	1.99	0.38	0
19	0.01	0.00	1.26	0.60	0	20	0.05	0.03	1.68	0.95	0
21	-0.28	-0.27	1.27	0.51	0	22	0.12	0.11	1.14	0.17	0
23	0.08	0.02	2.01	0.53	1	24	0.51	0.10	2.49	0.54	1
25	0.19	0.05	2.25	0.33	1	26	0.38	0.11	3.27	0.35	1
27	0.31	0.05	4.45	0.69	1	28	0.32	0.05	0.63	1	
29	-0.02	0.02	2.05	0.35	1	30	0.12	0.05	2.52	0.69	1
31	0.17	0.07	1.80	0.52	1	32	0.22	0.08	2.35	0.40	1
33	-0.10	-0.01	2.50	0.58	1	34	0.15	0.05	2.17	0.55	1
35	0.14	0.07	2.61	0.52	1	36	0.14	-0.03	0.46	0.26	1
37	0.16	0.05	2.31	0.20	1	38	0.15	0.06	2.23	0.56	1
39	0.54	0.11	2.33	0.48	1	40	0.29	0.06	1.84	0.38	1
41	0.48	0.09	1.24	0.18	1	42	-0.33	-0.09	3.01	0.47	1
43	0.20	0.08	1.99	0.30	1	44	0.56	0.11	4.29	0.45	1
45	0.17	0.04	2.45	0.14	1	46	0.47	0.14	2.92	0.45	1

7.7 미국의 경영대학원에서는 M.B.A 과정에 지원하는 학생들에 대한 주요 평가자료로서 학부 전학년 평균평점(X1:GPA)과 경영대학원 수능시험(X2:GMAT)을 사용하고 있다. 학과에서는 두 가지 평가요소에 근거하여 합격(1), 불합격(2), 보류(3) 등의 의사결정을 하게 된다. 아래 자료는 85명의 지원자와 학교당국의 의사결정 자료이다. 자료는 디스켓[\DATA\MBA.DAT]에 저장되어 있다.

N	X1	X2	합격	N	X1	X2	합격	N	X1	X2	합격
1	2.96	596	1	32	2.54	446	2	60	2.86	494	3
2	3.14	473	1	33	2.43	425	2	61	2.85	496	3
3	3.22	482	1	34	2.20	474	2	62	3.14	419	3
4	3.29	527	1	35	2.36	531	2	63	3.28	371	3
5	3.69	505	1	36	2.57	542	2	64	2.89	447	3
6	3.46	693	1	37	2.35	406	2	65	3.15	313	3
7	3.03	626	1	38	2.51	412	2	66	3.50	402	3
8	3.19	663	1	39	2.51	458	2	67	2.89	485	3
9	3.63	447	1	40	2.36	399	2	68	2.80	444	3
10	3.59	588	1	41	2.36	482	2	69	3.13	416	3
11	3.30	563	1	42	2.66	420	2	70	3.01	471	3
12	3.40	553	1	43	2.68	414	2	71	2.79	490	3
13	3.50	572	1	44	2.48	533	2	72	2.89	431	3
14	3.78	591	1	45	2.46	509	2	73	2.91	446	3
15	3.44	692	1	46	2.63	504	2	74	2.75	546	3
16	3.48	528	1	47	2.44	336	2	75	2.73	467	3
17	3.47	552	1	48	2.13	408	2	76	3.12	463	3
18	3.35	520	1	49	2.41	469	2	77	3.08	440	3
19	3.39	543	1	50	2.55	538	2	78	3.03	419	3
20	3.28	523	1	51	2.31	505	2	79	3.00	509	3
21	3.21	530	1	52	2.41	489	2	80	3.03	438	3
22	3.58	564	1	53	2.19	411	2	81	3.05	399	3
23	3.33	565	1	54	2.35	321	2	82	2.85	483	3
24	3.40	431	1	55	2.60	394	2	83	3.01	453	3
25	3.38	605	1	56	2.55	528	2	84	3.03	414	3

N	X1	X2	합격	N	X1	X2	합격	N	X1	X2	합격
26	3.26	664	1	57	2.72	399	2	85	3.04	446	3
27	3.60	609	1	58	2.85	381	2				
28	3.37	559	1	59	2.90	384	2				
29	3.80	521	1								
30	3.76	646	1								
31	3.24	467	1								

(1) 경영대학원 입학사정 자료를 이용하여 선형분류함수를 추정하고, 분류행렬을 출력하고 해석하여라.

(2) 세집단의 공분산행렬이 동일한지 검정하고, 이차분류함수에 의하여 분류행렬을 출력하고 선형분류함수 결과와 비교하여라.

(3) 정준판별함수를 추정한 후 개별 정준판별함수의 설명력을 비교하여라. 그리고 표준화 판별계수에 의하여 상대적인 중요도를 판단하여라.

7.8

어느 회사의 영업 부서에서는 영업사원의 영업실적과 잠재적인 능력사이에 높은 상관관계가 있다는 판단아래 영업사원들의 잠재적인 능력을 평가하기 위하여 네 가지 평가시험을 실시하였다. 이를 위하여 영업사원 50명을 무작위로 추출하여 창의력 평가시험(X1), 단순추론능력 평가시험(X2), 복합추론능력 평가시험(X3)과 계량능력 평가시험(X4) 등을 실시하였다. 또한 평가대상 영업사원의 최근 6개월간에 걸친 영업수익성을 100을 기준으로 평가한 영업수익성 평가지수(X5) 자료를 조사하였다. 즉, X5 값이 100 이상이면 영업수익성이 평균이상이고, 100 미만이면 평균이하를 표시한다. 다섯 개 변수에서 얻어진 자료는 첨부된 디스켓 [\DATA\FACT.DAT]에 저장되어있다. X5 변수가 두 집단으로 분류되었을 때 처음 4개의 변수를 사용하여 분류 및 판별분석을 하여라. 이 문제는 [예제 5.2]에서 다른 예제이다.

영업사원의 평가시험과 영업실적자료

X1	X2	X3	X4	X5	X1	X2	X3	X4	X5	X1	X2	X3	X4	X5
9	12	9	20	96	7	10	10	15	91.8	8	12	9	26	100.3
13	14	12	29	103.8	10	15	12	32	107.8	10	14	11	21	97.5
9	12	9	25	99.5	18	20	15	51	122	10	17	13	31	108.3
14	18	11	39	120.5	12	17	12	32	109.8	10	18	8	31	111.8
16	17	11	34	112.5	8	10	11	34	105.5	13	10	8	34	107
7	9	5	16	93.5	11	12	11	32	105.3	11	14	11	35	110.8
5	14	13	30	104.3	17	17	11	27	105.3	10	12	7	15	95.3
5	11	11	42	115	9	9	7	16	92.5	12	15	12	37	114
16	19	12	39	121	10	15	7	23	102	14	16	12	39	118
10	16	11	49	120	8	10	13	17	90.8	9	17	11	44	121
18	15	10	43	119.5	13	11	8	10	92.8	7	15	11	27	103.3
10	12	11	19	94.5	18	17	10	42	121.5	8	13	14	47	115.5
18	16	8	18	99.5	13	12	14	28	99.8	15	19	12	41	122.3
14	20	12	37	119	9	17	13	32	109.3	13	15	6	23	102.5
17	20	10	32	113.8	1	5	9	15	87.3	7	16	11	24	101.8
18	13	12	37	112	7	15	11	14	96	8	8	8	9	89.8
14	12	12	36	109.5	12	16	11	39	118.5					

(1) 네 가지 평가시험변수 중 영업수익성평가에 영향을 미치는 중요한 변수를 PROC STEPDISC을 이용하여 선택하여라.

(2) 선택된 변수를 이용하여 선형분류모형을 추정하고 그 결과를 해석하여라.

(3) 세 집단의 공분산행렬이 동일한지 검정하여라.

7.9 종합병원에서 당뇨병 검사를 받은 145명에 대한 검사결과에 근거하여 증상을 당뇨확정(Y=1), 잠재(Y=2), 정상(Y=3) 등 세 가지로 분류하였다. 검사에서 측정된 변수는 상대몸무게(X1: 신장에 대한 평균 몸무게에 대한 실제 몸무게 비율), 혈장 포도당 검사(X2), 혈장 인슐린(X3) 등 세 가지이다. 당뇨병 증상분류 Y를 종속변수를 하고, 세 가지 검사변수를 독립변수로 하여 판별분석을 수행하여라. 자료는 \DATA\'DIA.DAT'을 이용하여라.

(1) 선형분류함수를 추정하고 분류행렬에 의하여 정분류율을 구하여라.

(2) 이차분류함수를 추정하고 분류행렬에 의하여 정분류율을 구하여라.

(3) 정준판별함수를 추정하고 개별 정준판별함수의 설명력을 판단하여라. 그리고 당뇨병 집단을 판별하는 데 기여한 변수의 상대적인 중요도를 판단하여라.

(4) 다항로짓모형을 적합시키고 개별 계수의 유의성을 판단하여라. 분류행렬에 의하여 정분류율을 구하고 선형분류모형과 비교하여라.

<SAS Program \CH7\P9.SAS>

```
DATA ONE;
 INFILE 'C:\DATA\DIA.DAT';
INPUT X1-X3 Y@@;
RUN;
PROC DISCRIM;
 VAR X1 X2 X3;  CLASS Y;
RUN;
PROC DISCRIM POOL=TEST CROSSVALIDATE;
 VAR X1 X2 X3;  CLASS Y;
RUN;
PROC CANDISC;
 CLASS Y; VAR X1 X2 X3;
RUN;
PROC CATMOD ;
 DIRECT X1-X3;
 MODEL Y=X1-X3/NOGLS ML NODESIGN MAXITER=20 EPSILON=0.001;
 RUN;
DATA TWO;
 SET ONE;
 G1=337.7-4.4405*X1-0.7522*X2-0.0531*X3;
 G2=14.4405+3.1032*X1-0.0288*X2+0.000325*X3;
```

```
 EG1=EXP(G1); EG2=EXP(G2); SUM=1+EG1+EG2;
 P1=EG1/SUM; P2=EG2/SUM; P3=1/SUM;
 IF P1>P2 AND P1>P3 THEN YHAT=1;
 IF P2>P1 AND P2>P3 THEN YHAT=2;
 IF P3>P1 AND P3>P2 THEN YHAT=3;
RUN;
PROC FREQ;
 TABLES Y*YHAT/NOCOL NOROW NOPERCENT;
RUN;
```

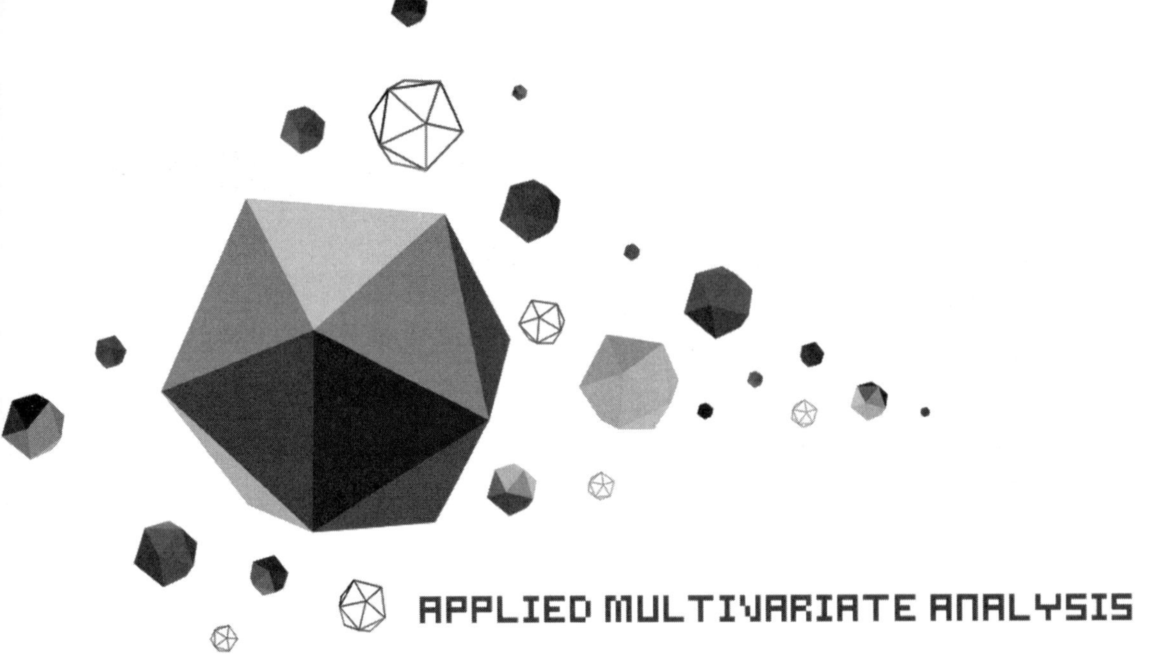
APPLIED MULTIVARIATE ANALYSIS

군집분석

CHAPTER 08

군집분석

APPLIED MULTIVARIATE ANALYSIS

8.1 서 론

군집분석(cluster analysis)은 어떤 개체나 대상들을 밀접한 상사성(similarity) 또는 거리(distance)에 의하여 유사한 특성을 지닌 개체들을 몇 개의 군집으로 집단화하는 다변량기법이다. 군집분석은 제7장에서 설명한 분류 및 판별분석과는 다른 특징을 가지고 있다. 분류 및 판별분석에서는 소속집단인 그룹이 미리 정해져 있고, 분석 목적은 각 소속집단을 구분할 수 있는 분류 및 판별함수를 추정하고, 또한 각 개체를 어느 한 집단에 분류하는 것이다. 반면에 군집분석에서는 집단의 수 혹은 집단 구조에 대한 가정이 없으며, 오직 개체들 사이의 상사성 또는 거리에 의하여 군집을 형성하고, 형성된 군집의 특성을 파악하여 군집들 사이의 관계를 분석하는 기법이다. 따라서 군집분석은 어떤 개체나 대상들이 가지고 있는 다양한 특성에 의하여 동질성을 지닌 군집으로 집단화하는 방법이다. 군집분석은 분명한 분류기준이 없거나 알려져 있지 않은 상태에서 활용될 수 있는 기법이다.

군집분석은 고고학, 인류학, 경제학, 시장세분화, 교육학, 지질학, 사회학 등 여러 분야에 응용되어왔다. 예를 들면 마케팅분야에서 여러 가지 승용차 브랜드를 대상으로 각 브랜드의 속성인 경제성, 승차안락감, 차량의 외형, 안정성 등을 군집변수로 하여 군집분석을 수행한 결과, 어떤 브랜드들이 같은 군집에 속해 있다면 이들 브랜드들은 서로 경쟁적인 관계에 있다고 할 수 있으며, 서로 다른 군집에 속해 있다면 이들 브랜드들은 서로 다른 목표시장을 가지고 있음을 알 수 있을 것이다. 또한 시장경쟁상황을 검토한 후 각 브랜드가 보완적으로 취할 정책방향을 결정할 수도 있을 것이다.

군집의 기본적인 세 가지 유형을 살펴보면 다음과 같다.

① 계보적 군집(Hierarchical clustering) : 군집의 수를 정하지 않고 자료의 계보적 구조를 구하여, 목적에 따라 대군집과 소군집으로 묶는 방법이다. 이때 한 군집은 다른 큰 군집에 포함되나 군집 사이의 중복이 허용되지 않으며 나무가지와 같은 구조를 가지게 된다.

② 분리(Partitioning) 군집 : 각 개체는 서로 중복되지 않는 군집에 소속된다.

③ 중복(Overlapping) 군집 : 각 개체는 두 개 이상의 군집에 중복되어 소속되는 것을 허용한다.

군집분석을 수행하기 위하여 여러 가지 방법을 사용할 수 있는데 군집분석에서는 분석전에 군집의 수나 특성이 알려져 있지 않으므로 분류하고자 하는 군집의 수나 특성이 자료로부터 얻어지기 때문에 사용되는 군집 방법에 따라 군집의 수와 내용이 달라질 수 있음을 유의하기 바란다. 본 장에서 다룰 군집분석의 내용은 다음과 같다.

- ☑ 거리의 척도
- ☑ 계보적 군집방법(최단연결법, 최장연결법, 평균연결법, 중심연결법)
- ☑ 분리군집방법(k－평균 군집방법)
- ☑ 군집분석시 유의사항
- ☑ SAS를 이용한 군집분석

8.2 거리의 척도

군집분석에서 상사성이 높은 개체들은 같은 군집에 포함시키고, 상대적 상사성이 낮은 개체들은 서로 다른 군집에 포함시킬 수 있도록 해주는 상사성이나 비상사성을 측정하는 어떤 척도가 필요하다. 이 절에서는 두 다변량 관측치의 비상사성(dissimilarity)인 거리를 측정하는 세 가지 방법에 대하여 설명하도록 하겠다. p개 군집변수 $X_1, X_2, \cdots, X_p$ 각각에 대하여 n개 관측치가 구해지면, $(p \times n)$ 자료행렬 X와 표본공분산행렬 S는 다음과 같이 표시된다.

$$X = \begin{bmatrix} X_{11} & X_{12} & \cdots & X_{1n} \\ X_{21} & X_{22} & \cdots & X_{2n} \\ \vdots & \vdots & \vdots & \vdots \\ X_{p1} & X_{p2} & \cdots & X_{pn} \end{bmatrix} = [X_1 X_2 \cdots X_n] ,$$

$$S = \begin{bmatrix} s_1^2 & s_{12} & \cdots & s_{1p} \\ s_{21} & s_2^2 & \cdots & s_{2p} \\ \vdots & \vdots & \vdots & \vdots \\ s_{p1} & s_{p2} & \cdots & s_p^2 \end{bmatrix}$$

두 개 다변량 관측벡터 X_i와 X_j사이의 거리를 측정하는 방법 중 자주 사용되는 Minkowski 거리족은

$$d_{ij} = d(X_i, X_j) = \left\{ \sum_{k=1}^{p} |X_{ki} - X_{kj}|^m \right\}^{1/m} \tag{8-1}$$

이 된다. 만약 $m = 1$이면 city block거리이고, $m = 2$이면 가장 널리 사용되는 Euclidean 거리가 되며 다음과 같이 나타낸다.

$$\begin{aligned} d_{ij} &= d(X_i, X_j) = \sqrt{(X_i - X_j)'(X_i - X_j)} \\ &= \sqrt{(X_{1i} - X_{1j})^2 + (X_{2i} - X_{2j})^2 + \cdots + (X_{pi} - X_{pj})^2} \end{aligned} \tag{8-2}$$

식 (8-2)의 유클리드방법에 의하여 구해진 거리는 사용된 척도에 따라서 거리순위에 상당한 영향을 미치게 된다. 이러한 문제를 극복하기 위하여 일반적으로 각 변수를 표준편차로 나눈 표준화변수를 사용하게 된다. 그러나 변수들 사이의 상관관계가 존재할 때 거리는 척도의 불변성과 상관관계를 고려한 통계적 거리로 측정되어져야 한다. 이러한 통계적 거리를 Mahalanobis거리라고 하며 다음과 같이 정의된다.

$$d_{ij} = \sqrt{(X_i - X_j)' S^{-1} (X_i - X_j)} \tag{8-3}$$

따라서 두 다변량 관측벡터사이의 거리행렬 $D = \{d_{ij}\}$는

$$D_{n\times n}=\begin{bmatrix} d_{11} & d_{12} & \cdots & d_{1j} & \cdots & d_{1n} \\ d_{21} & d_{22} & \cdots & d_{2j} & \cdots & d_{2n} \\ \vdots & \vdots & \vdots & \vdots & \vdots & \vdots \\ d_{i1} & d_{i2} & \cdots & d_{ij} & \cdots & d_{in} \\ \vdots & \vdots & \vdots & \vdots & \vdots & \vdots \\ d_{n1} & d_{n2} & \cdots & d_{nj} & \cdots & d_{nn} \end{bmatrix} \qquad (8-4)$$

이 된다. 위에서 정의된 거리 d_{ij}는 다음과 같은 성질을 갖는다.

① $d_{ij} \geqq 0$ (등식은 $i=j$ 경우에 성립된다.)

② $d_{ij} = d_{ji}$

③ $d_{ij} < d_{ik} + d_{jk}$

8.3 계보적 군집방법

계보적 군집방법에는 상사성이 밀접한 개체들을 단계적으로 군집을 형성해 나가는 병합적 방법(agglomerative method)과 반대로 비상사성이 큰 개체들을 하나씩 분리해 나가는 분할적 방법(divisive method)으로 구분될 수 있다. 병합적 방법에서는 각 개체가 별개 군집을 형성하기 때문에 n개 군집에서 출발한다. 연속되는 각 단계마다 가까운 두 개 군집들을 병합하면, 각 단계마다 군집의 수가 하나씩 줄어든다. 따라서 마지막 단계에서는 모든 개체들이 하나의 군집을 형성하게 된다.

반대로 분할적 방법에서는 모든 개체들이 포함되는 하나의 군집에서 출발한다. 연속되는 각 단계에서 가장 거리가 먼 개체를 하나씩 분할하면, 각 단계마다 군집의 수가 하나씩 늘어난다. 따라서 마지막 단계에서는 각 개체들이 별개의 군집을 형성하게 된다. 이러한 계보적 방법에 의한 군집형성 결과는 이차원상의 도면에 나타낸 dendrogram 형식으로 표시될 수 있다. 계보적 방법에서 가장 널리 사용되는 방법은 병합적 방법이므로 분할적 방법은 생략하도록 하겠다. 병합적 방법으로는 두 군집 사이의 거리에 대한 정의 방법에 따라 군집연결방법이 달라진다. 연결방법으로는 (1)

최단연결법, (2) 최장연결법, (3) 평균연결법, (4) 중심연결법 등이 있는데 이를 요약하면 다음과 같다.

(1) 최단연결법(single linkage method)

이 방법은 우선 $(n \times n)$거리행렬 $D = \{d_{ij}\}$에서 우선 거리가 가장 가까운 개체가 U, V라면 두 개체를 묶어서 군집 (UV)를 형성한다. 다음 단계는 군집 (UV)와 나머지 $(n-2)$개의 다른 개체 중 임의의 개체W와의 최소거리를 다음과 같이 계산한 후

$$d_{(UV)W} = \min\{d_{UW},\ d_{VW}\} \tag{8-5}$$

거리행렬에서 거리가 가장 가까운 개체와 다시 군집을 형성한다. 이러한 과정을 반복하면 모든 개체를 포함하는 하나의 군집을 형성하게 된다. 최단연결법의 결과는 덴드로그램(Dendrogram) 혹은 나무구조그림(Tree diagram)으로 표시할 수 있는데 이 그림은 전체 군집들 사이의 구조적 관계를 파악하는데 매우 유용하게 사용된다.

예제 8.1

최단연결법의 알고리즘을 설명하기 위하여 다음과 같은 다섯 개체에 대한 거리행렬에 대하여 고려하자. 최단연결법을 이용하여 군집을 형성하고 나무구조그림을 그려라.

$$D = \{d_{ik}\} = \begin{matrix} \\ 1 \\ 2 \\ 3 \\ 4 \\ 5 \end{matrix} \begin{matrix} \begin{matrix} 1 & 2 & 3 & 4 & 5 \end{matrix} \\ \begin{bmatrix} 0 & & & & \\ 9 & 0 & & & \\ 3 & 7 & 0 & & \\ 6 & 5 & 9 & 0 & \\ 11 & 10 & \textcircled{2} & 8 & 0 \end{bmatrix} \end{matrix}$$

풀이

각 개체를 군집으로 취급하고 첫 단계로 가장 거리가 작은 짝은 $d_{35} = 2$ 이므로 두 개체를 묶어 군집(3 5)을 만든다. 다음 단계의 군집을 만들기 위하여 군집(3 5)와 나머지 개체 1, 2와 4 사이의 최단거리는

$$d_{(35)1} = \min\{d_{31}, d_{51}\} = \min\{3, 11\} = 3$$
$$d_{(35)2} = \min\{d_{32}, d_{52}\} = \min\{7, 10\} = 7$$
$$d_{(35)4} = \min\{d_{34}, d_{54}\} = \min\{9, 8\} = 8$$

이 된다. 거리행렬 D에서 개체 3과 5에 해당되는 행과 열을 제외하고 그 대신 군집(3 5)을 첫 번째 행과 열에 놓으면 새로운 거리행렬 D_1은

$$D_1 = \begin{array}{c} \\ (35) \\ 1 \\ 2 \\ 4 \end{array} \begin{array}{c} (35)\ 1\ \ 2\ \ 4 \\ \begin{bmatrix} 0 & & & \\ ③ & 0 & & \\ 7 & 9 & 0 & \\ 8 & 6 & 5 & 0 \end{bmatrix} \end{array}$$

이 된다. 거리행렬 D_1에서 가장 작은 거리를 갖는 짝은 $d_{(35)1} = 3$이므로 군집(1)과 군집(3 5)은 결합되어 군집(1 3 5)을 만든다. 다시 군집(1 3 5)과 개체 2 ,4와 최단거리를 계산하면

$$d_{(135)2} = \min\{d_{(35)2}, d_{12}\} = \min\{7, 9\} = 7$$
$$d_{(135)4} = \min\{d_{(35)4}, d_{14}\} = \min\{8, 6\} = 6$$

이 되므로 다음 군집단계를 위한 거리행렬 D_2는 아래와 같다.

$$D_2 = \begin{array}{c} \\ (135) \\ 2 \\ 4 \end{array} \begin{array}{c} (135)\ \ 2\ \ \ 4 \\ \begin{bmatrix} 0 & & \\ 7 & 0 & \\ 6 & ⑤ & 0 \end{bmatrix} \end{array}$$

거리행렬 D_2에서 가장 작은 거리는 $d_{42} = 5$이므로 개체 4와 2를 결합하여 군집(2 4)을 만든다. 이제 두 개의 군집 (1 3 5) 와 (2 4) 사이의 최단거리는

$$d_{(135)(24)} = \min\{d_{(135)2}, d_{(135)4}\} = \min\{7, 6\} = 6$$

이 되고 마지막 거리행렬 D_3는

$$D_3 = \begin{array}{c} \\ (135) \\ (24) \end{array} \begin{array}{c} (135)\ \ (24) \\ \begin{bmatrix} 0 & \\ ⑥ & 0 \end{bmatrix} \end{array}$$

이 된다. 결론적으로 군집(1 3 5)과 (2 4)는 하나의 군집(1 2 3 4 5)으로 결합되고 최단거리는 6이 된다. 병합과정의 군집과정과 해당되는 거리를 나무구조그림으로 나타내면 다음과 같다.

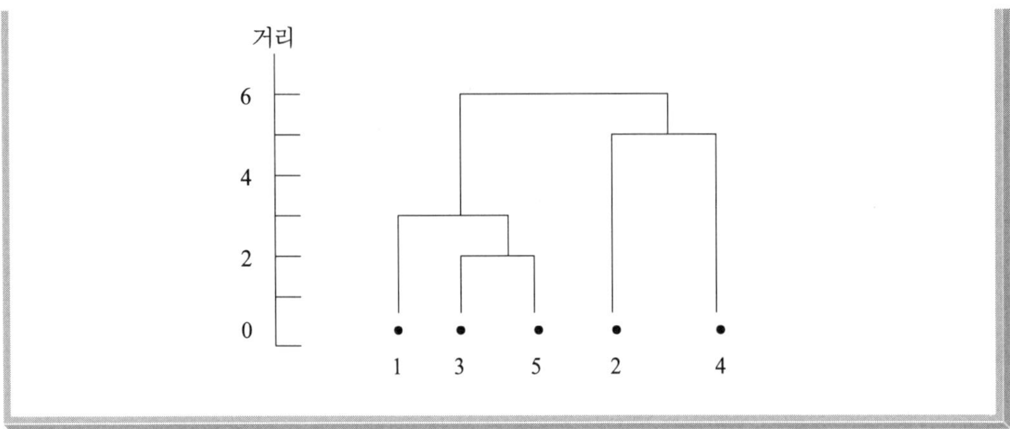

(2) 최장연결법(complete linkage method)

이 방법은 우선 (n×n) 거리행렬 $D=\{d_{ij}\}$에서 우선 거리가 가장 가까운 개체가 U,V 라면 두 개체를 묶어서 군집 (UV)를 형성한다. 다음 단계는 군집(UV)와 나머지 (n−2)개의 다른 개체 중 임의의 개체 W와의 최대거리를 계산한 후

$$d_{(UV)W} = \max\{d_{UW},\ d_{VW}\} \tag{8-6}$$

거리행렬 중 거리가 가장 가까운 개체와 다시 군집을 형성한다. 이러한 과정을 반복하면 모든 개체를 포함하는 하나의 군집을 형성하게 된다.

예제 8.2

최단연결법에서 사용된 거리행렬 D에 대하여 최장연결법을 이용하여 군집을 형성하고 나무구조그림을 그려라.

$$D=\{d_{ik}\}=\begin{array}{c} \\ 1\\2\\3\\4\\5\end{array}\begin{array}{c}\begin{array}{ccccc}1&2&3&4&5\end{array}\\ \begin{bmatrix}0&&&&\\9&0&&&\\3&7&0&&\\6&5&9&0&\\11&10&②&8&0\end{bmatrix}\end{array}$$

풀이

첫 단계로 가장 거리가 작은 짝은 $d_{35}=2$이므로 두 개체를 묶어 군집(3 5)을 만든다. 다음 단계의 군집을 만들기 위하여 군집(3 5)과 나머지 개체 1, 2와 4 사이의 최대거리는

$$d_{(35)1} = \max\{d_{31}, d_{51}\} = \max\{3, 11\} = 11$$
$$d_{(35)2} = \max\{d_{32}, d_{52}\} = \max\{7, 10\} = 10$$
$$d_{(35)4} = \max\{d_{34}, d_{54}\} = \max\{9, 8\} = 9$$

이 된다. 거리행렬 D 에서 개체 3과 5에 해당되는 행과 열을 제외하고 그 대신 군집(3 5)을 첫 번째 행과 열에 놓으면 새로운 거리행렬 D_1 은

$$D_1 = \begin{matrix} \\ (35) \\ 1 \\ 2 \\ 4 \end{matrix} \begin{matrix} \begin{matrix} (35) & 1 & 2 & 4 \end{matrix} \\ \begin{bmatrix} 0 & & & \\ 11 & 0 & & \\ 10 & 9 & 0 & \\ 9 & 6 & ⑤ & 0 \end{bmatrix} \end{matrix}$$

이 된다. 거리행렬 D_1 에서 가장 작은 거리를 갖는 짝은 $d_{24}=5$이므로 개체 (2)와 (4)는 결합되어 군집(2 4)을 만든다. 다시 군집(2 4)과 (3 5), 4와 최대거리를 계산하면

$$d_{(24)(35)} = \max\{d_{2(35)}, d_{4(35)}\} = \max\{10, 9\} = 10$$
$$d_{(24)1} = \max\{d_{21}, d_{41}\} = \max\{9, 9\} = 9$$

이 되므로 다음 군집단계를 위한 거리행렬 D_2 는 아래와 같다.

$$D_2 = \begin{matrix} \\ (35) \\ (24) \\ 1 \end{matrix} \begin{matrix} \begin{matrix} (35) & (24) & 1 \end{matrix} \\ \begin{bmatrix} 0 & & \\ 10 & 0 & \\ 11 & ⑨ & 0 \end{bmatrix} \end{matrix}$$

거리행렬 D_2에서 가장 작은 거리는 $d_{(24)1}=9$이므로 군집(2 4)와 1을 결합하여 군집(1 2 4)을 만든다. 이제 두 개의 군집 (1 2 4)와 (3 5) 사이의 최대거리는

$$d_{(124)(35)} = \max\{d_{1(35)}, d_{(24)(35)}\} = \max\{11, 10\} = 11$$

이 되고, 마지막 거리행렬 D_3는

$$D_3 = \begin{matrix} \\ (124) \\ (35) \end{matrix} \begin{matrix} \begin{matrix} (124) & (35) \end{matrix} \\ \begin{bmatrix} 0 & \\ ⑪ & 0 \end{bmatrix} \end{matrix}$$

이 된다. 결론적으로 군집(1 2 4)와 (3 5)는 하나의 군집(1 2 3 4 5)으로 결합되고 최대거리는 11이 된다. 병합과정의 군집과정과 해당되는 거리를 나무구조그림으로 나타내면 다음과 같고 군집구조가 최단연결법과 서로 다른 것을 알 수 있다.

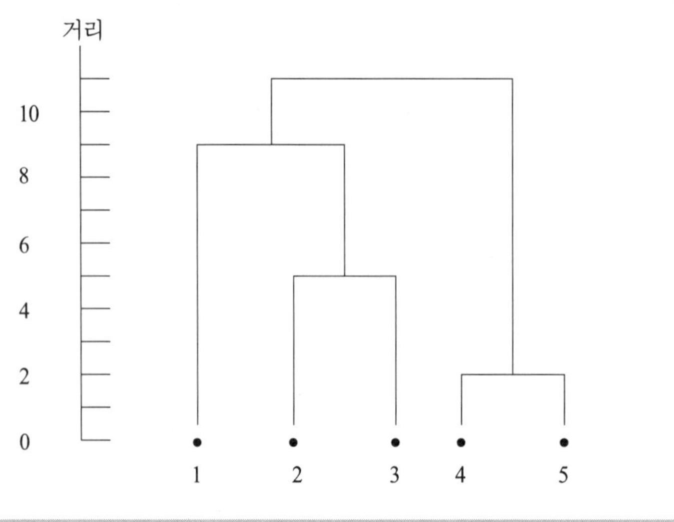

(3) 평균연결법(average linkage method)

이 방법은 우선 거리행렬 $D = \{d_{ij}\}$에서 우선 거리가 가장 가까운 개체가 U, V라면 두 개체를 묶어서 군집 (UV)를 형성한다. 다음 단계는 군집 (UV)와 나머지 $(n-2)$개 다른 개체 중 임의의 개체 W와의 평균거리를 다음과 같이 계산한 후

$$d_{(UV)W} = \frac{\sum_i \sum_j d_{ij}}{n_{(UV)} \; n_W} \qquad (8-7)$$

거리행렬 중 거리가 가장 가까운 개체와 다시 군집을 형성한다. 식 (8-7)에서 d_{ij}는 군집 (UV)에 포함되어 있는 개체 i와 군집 W에 있는 개체 j와의 거리를 의미하며, $n_{(UV)}$와 n_W는 군집(UV)와 군집 W에 포함된 개체의 수이다. 이러한 과정을 반복하면 모든 개체를 포함하는 하나의 군집을 형성하게 된다.

(4) 중심연결법(centroid linkage method)

이 방법에서 두 군집 사이의 거리는 두 군집의 중심간의 거리로 계산된다. 만약 군집 C_1에 속하는 개체의 수가 n_1일 때 군집 C_1의 중심은

$$\overline{X}_1 = \sum_{i \in C_i} \frac{X_i}{n_1} \tag{8-8}$$

이 된다. 군집 C_2에 속하는 n_2개체의 중심을 $\overline{X}_2$라고 하면 두 군집 사이의 거리는

$$d_{(C_1)(C_2)} = P(\overline{X}_1, \overline{X}_2) = |\overline{X}_1 - \overline{X}_2|^2 \tag{8-9}$$

이 된다. 여기서 P는 근접척도(Proximity measure)로 유클리드거리의 자승이 사용된다. 만약 두 군집이 결합되면 새로운 군집의 중심은 가중평균을 이용하여 다음과 같이 구한다.

$$\overline{X} = \frac{n_1\overline{X}_1 + n_2\overline{X}_2}{n_1 + n_2} \tag{8-10}$$

각 군집 사이의 거리를 구한 후 중심거리가 가장 가까운 개체와 다시 새로운 군집을 형성한다. 이러한 과정을 반복하면 모든 개체를 포함하는 하나의 군집을 형성하게 된다.

앞에서 설명한 계보적 방법은 어떤 개체가 일단 특정 군집에 할당되면 다시는 다른 군집으로 포함되지 못하는 성질을 가지고 있기 때문에 때때로 잘못된 군집결과를 초래할 수 있다. 특히 자료에 이상치가 존재할 경우 초기 단계에서 잘못 분류된 군집은 분석이 끝날 때까지 소속 군집이 변하지 않기 때문에 군집 결과 해석에 어려운 경우가 발생하게 된다. 따라서 군집분석시 이상치에 대한 사전 검토가 필요하다고 판단된다. 계보적 방법 중에는 중심연결법이 이상치에 영향을 크게 받지 않은 것으로 알려져 있다.

예제 8.3 평균연결법과 중심연결법 군집분석

앞의 최단연결법에서 사용한 거리행렬 D에 대하여 SAS 군집분석 프로그램 중 평균연결법과 중심연결법을 이용하여 군집을 형성하고 나무구조그림을 그려라.

프로그램 \CH8\EX3.SAS

```
DATA ONE(TYPE=DISTANCE) ;
  INPUT X1 X2 X3 X4 X5 ;
CARDS ;
0 . . . .
9 0 . . .
3 7 0 . .
6 5 9 0 .
11 10 2 8 0
;
RUN ;
① PROC CLUSTER DATA=ONE METHOD=AVERAGE ;
② VAR X1-X5 ;
   RUN ;
③ PROC TREE HORIZONTAL SPACES=2 ;
   RUN ;
PROC CLUSTER DATA=ONE METHOD=CENTROID ;
  VAR X1-X5 ;
RUN ;
PROC TREE HORIZONTAL SPACES=2 ;
RUN ;
```

프로그램 해설

① PROC CLUSTER DATA=ONE METHOD=AVERAGE ; 평균연결법(AVERAGE)을 이용하여 군집분석을 하라는 명령문이다. 만약 최단연결법이면 SINGLE, 최장연결법이면 COMPLETE, 중심연결법이면 CENTROID를 사용한다.

② VAR X1-X5 ; 군집분석에 사용될 변수들을 의미한다.

③ PROC TREE HORIZONTAL SPACES=2 ; 나무구조그림을 수평적으로 출력하기 위하여 명령문이다.

① Average Linkage Cluster Analysis

Root-Mean-Square Distance Between Observations = 7.549834

Number of Clusters	Clusters Joined		Frequency of New Cluster	Normalized RMS Distance	Tie
4	OB3	OB5	2	0.264906	
3	OB2	OB4	2	0.662266	
2	OB1	CL3	3	0.662266	
1	CL2	CL4	5	1.113448	

① 평균연결법에 의한 군집과정은 위 표와 같다.

군집 5 : 5개 개체가 개별 군집이라고 가정한다.

군집 4 : OB3, OB5이 병합하여 군집(OB3 OB5)을 형성한다. 즉 (OB3, OB5), OB1, OB2, OB4의 군집이 존재한다.

군집 3 : OB2, OB4이 병합하여 군집(OB2 OB4)을 형성한다. 즉 (OB3, OB5), (OB2, OB4), OB1의 군집이 존재한다.

군집 2 : CL3 = (OB2 OB4)와 OB1이 병합하여 군집(OB1 OB2 OB4)을 형성한다. 즉 (OB1, OB2, OB4), (OB3, OB5)의 군집이 존재한다.

군집 1 : CL2 = (OB1 OB2 OB4)와 CL4 = (OB3 OB5)가 병합하여 군집(OB1 OB2 OB3 OB4 OB5)을 형성한다.

② Dendrogram of Average Linkage Cluster Analysis

Average Distance Between Clusters

```
          1.2  1.1   1   0.9  0.8  0.7  0.6  0.5  0.4  0.3  0.2  0.1   0
          +----+----+----+----+----+----+----+----+----+----+----+----+
N  OB1        XXXXXX...................................................
a             XXXXXX
m             XXXXXX
e  OB2        XXXXXXXXXXXXXXXXXXXXXXXX.................................
              XXXXXXXXXXXXXXXXXXXXXXXX
o             XXXXXXXXXXXXXXXXXXXXXXXX
f  OB4        XXXXXXXXXXXXXXXXXXXXXXXX.................................
              X
O             X
b  OB3        XXXXXXXXXXXXXXXXXXXXXXXXXXXXXXXXXXXXXXXXXXXX.............
s             XXXXXXXXXXXXXXXXXXXXXXXXXXXXXXXXXXXXXXXXXXXX
e             XXXXXXXXXXXXXXXXXXXXXXXXXXXXXXXXXXXXXXXXXXXX
r  OB5        XXXXXXXXXXXXXXXXXXXXXXXXXXXXXXXXXXXXXXXXXXXX.............
```

③ 평균연결법의 나무구조그림을 살펴보면 최장연결법에서 구한 나무구조그림과 같은 군집구조를 갖는 것으로 나타났다.

④ Centroid Hierarchical Cluster Analysis

Root-Mean-Square Distance Between Observations = 7.549834

Number of Clusters	Clusters Joined	Frequency of New Cluster	Normalized Centroid Distance	Tie
4	OB3	OB5	2	0.264906
3	OB2	OB4	2	0.662266
2	OB1	CL3	3	0.957427
1	CL2	CL4	5	0.972327

⑤ Dendrogram of Centroid Hierarchical Cluster Analysis

Distance Between Cluster Centroids

```
           1     0.9    0.8    0.7    0.6    0.5    0.4    0.3    0.2    0.1     0
           +------+------+------+------+------+------+------+------+------+------+
N  OB1      XX....................................................................
a           XX
m           XX
e  OB2      XXXXXXXXXXXXXXXXXXXXXXX...............................................
            XXXXXXXXXXXXXXXXXXXXXXX
o           XXXXXXXXXXXXXXXXXXXXXXX
f  OB4      XXXXXXXXXXXXXXXXXXXXXXX...............................................
            X
O           X
b  OB3      XXXXXXXXXXXXXXXXXXXXXXXXXXXXXXXXXXXXXXXXXXXXXXXXXX....................
s           XXXXXXXXXXXXXXXXXXXXXXXXXXXXXXXXXXXXXXXXXXXXXXXXXX
e           XXXXXXXXXXXXXXXXXXXXXXXXXXXXXXXXXXXXXXXXXXXXXXXXXX
r  OB5      XXXXXXXXXXXXXXXXXXXXXXXXXXXXXXXXXXXXXXXXXXXXXXXXXX....................
```

④ 중심연결법에 의한 군집과정은 평균연결법에 의한 군집과정과 동일한 결과를 나타내고, ⑤ 나무구조그림도 같은 구조로 나타났다.

예제 8.4 **25개회사에 대한 계보적 군집분석**

다음 표는 미국의 화학산업 회사, 건강관리산업 회사와 식품산업 회사 등 3개 산업체에서 수집된 25개회사의 재정 자료를 나타내고 있다. 수집된 7개 재정 변수는 다음과 같이 정의되었다. 아래 자료에 대하여 다음 절차에 따라 군집분석을 하여라. 25개회사에 대한 자료는 [\DATA\CLUSTER.DAT]을 이용하여라.

X1 : 주당수익에 대한 주가비율(%) = (주가/주당수익) × 100%
X2 : 총자본 이익률(%) = (순이익/총자본) × 100%
X3 : 부채비율 = 타인자본 / 자기자본
X4 : 매출액 증가율(%)
X5 : 주당 이익률 증가(%)
X6 : 매출액 순이익율(%) = (당기순이익/매출액) × 100%
X7 : 주당 수익 = 순이익/발행주수

① 계보적 방법 중 중심연결법에 의하여 분석하여라.
② 군집형성 과정을 나무구조그림으로 표시하여라.

25개회사 재정자료

산 업	OBS	X1	X2	X3	X4	X5	X6	X7
Chemical	1	9	13.0	0.7	20.2	15.5	7.2	0.42640
Chemical	2	8	13.0	0.7	17.2	12.7	7.3	0.38069
Chemical	3	8	13.0	0.4	14.5	15.1	7.9	0.40678
Chemical	4	9	12.2	0.2	12.9	11.1	5.4	0.56818
Chemical	5	5	10.0	0.4	13.6	8.0	6.7	0.32454
Chemical	6	6	9.8	0.5	12.1	14.5	3.8	0.50808
Chemical	7	10	9.9	0.5	10.2	7.0	4.8	0.37891
Chemical	8	9	10.3	0.3	11.4	8.7	4.5	0.48193
Chemical	9	11	9.5	0.4	13.5	5.9	3.5	0.57325
Chemical	10	9	9.9	0.4	12.1	4.2	4.6	0.49080
Chemical	11	7	7.9	0.4	10.8	16.0	3.4	0.48913
Chemical	12	7	7.3	0.6	15.4	4.9	5.1	0.27228
Chemical	13	7	7.8	0.4	11.0	3.0	5.6	0.31565
Chemical	14	10	6.5	0.4	18.7	−3.1	1.3	0.38400
Health	15	21	9.2	2.7	39.8	34.4	5.8	0.39088

Health	16	22	8.9	0.9	27.8	23.5	6.7	0.16129
Health	17	19	8.4	1.2	38.7	24.6	4.9	0.30303
Health	18	19	9.0	1.1	22.1	21.9	6.0	0.30332
Health	19	14	12.9	0.3	16.0	16.2	5.7	0.28750
Grocery	20	8	15.2	0.7	15.3	11.6	1.5	0.59893
Grocery	21	9	18.4	0.2	15.0	11.6	1.6	0.57831
Grocery	22	6	9.9	1.6	9.6	24.3	1.0	0.19495
Grocery	23	8	9.9	1.1	17.9	15.3	1.6	0.32107
Grocery	24	6	10.2	0.5	12.6	18.0	0.9	0.45373
Grocery	25	7	9.2	1.0	11.6	4.5	0.8	0.59497

프로그램 \CH8\EX4.SAS

```
DATA ONE ;
 INFILE 'C : \DATA\CLUSTER.DAT' ;
 INPUT X1 - X7 ;
 ;
RUN ;
① PROC CLUSTER ② STD ③ METHOD = CENTROID ④ TREE = TWO;
     VAR X1 - X7 ;
   RUN ;
⑤ PROC TREE DATA = TWO HORIZONTAL ;
   RUN ;
```

프로그램 해설

군집분석을 수행하라는 ① PROC CLUSTER 명령문에서 분석을 하기 전에 모든 변수를 표준화시키기 위한 옵션 ② STD, 중심연결법에 의하여 군집을 분류하기 위한 옵션 ③ METHOD = CENTROID, 나무구조그림 입력자료를 저장하기 위한 자료 옵션 ④ TREE = TWO 등을 사용하였다. 나무구조그림을 수평적으로 출력하기 위하여 ⑤ PROC TREE에 옵션 HORIZONTAL을 사용하였다.

결과 및 해석

The data have been standardized to mean 0 and variance 1

Root-Mean-Square Total-Sample Standard Deviation = 1

Root-Mean-Square Distance Between Observations = 3.741657

① Centroid Hierarchical Cluster Analysis

Number of Clusters	Clusters Joined	Frequency of New Cluster	Normalized Centroid Distance	Tie
24	OB8	OB10	2	0.160419
23	OB1	OB2	2	0.176054
22	CL23	OB3	3	0.222764
21	OB12	OB13	2	0.223924
20	OB6	OB11	2	0.224438
19	OB7	CL24	3	0.257008
18	CL19	OB9	4	0.324459
17	OB5	CL21	3	0.350166
16	CL20	CL18	6	0.363032
15	OB4	CL16	7	0.377280
14	OB20	OB21	2	0.412444
13	OB16	OB18	2	0.419869
12	OB23	OB24	2	0.476938
11	CL22	OB19	4	0.480079
10	CL15	CL17	10	0.521510
9	CL13	OB17	3	0.539518
8	CL11	CL10	14	0.547959
7	CL8	CL12	16	0.577124
6	CL7	OB25	17	0.716258
5	CL6	OB14	18	0.741428
4	CL5	CL14	20	0.837698
3	CL4	OB22	21	0.983565
2	OB15	CL9	4	0.989335
1	CL3	CL2	25	1.195168

관측번호(OB) 1부터 14까지는 화학산업 회사이고, 15부터 19까지는 건강관리산업 회사이고, 20부터 25까지는 식품산업 회사이다. ① 중심연결법에 의한 군집형성 과정을 요약하면 다음과 같다. 여기서는 병합된 군집의 개체들만을 나타낸다.

군집 25 : 25개회사가 25개 개별 군집이라고 가정한다.
군집 24 : OB8, OB10 이 병합하여 군집(OB8 OB10)을 형성한다.
군집 23 : OB 1, OB 2 이 병합하여 군집(OB1 OB2)을 형성한다.
군집 22 : (OB1 OB2 OB3), (OB8 OB10)
군집 21 : (OB1 OB2 OB3)
군집 20 : (OB1 OB2 OB3), (OB8 OB10), (OB12 OB13), (OB6 OB11)
군집 19 : (OB1 OB2 OB3), (OB8 OB10 OB7), (OB12 OB13), (OB6 OB11)
군집 18 : (OB1 OB2 OB3), (OB8 OB10 OB7 OB9), (OB12 OB13), (OB6 OB11)
군집 17 : (OB1 OB2 OB3), (OB8 OB10 OB7 OB9), (OB12 OB13 OB5), (OB6 OB11)
군집 16 : (OB1 OB2 OB3), (OB8 OB10 OB7 OB9 OB6 OB11), (OB12 OB13 OB5)
군집 15 : (OB1 OB2 OB3), (OB8 OB10 OB7 OB9 OB6 OB11 OB4),
(OB12 OB13 OB5)
군집 14 : (OB1 OB2 OB3), (OB8 OB10 OB7 OB9 OB6 OB11 OB4),
(OB12 OB13 OB5), (OB20 OB21)
군집 13 : (OB1 OB2 OB3), (OB8 OB10 OB7 OB9 OB6 OB11 OB4),
(OB12 OB13 OB 5), (OB20 OB21), (OB16 OB18)
군집 12 : (OB1 OB2 OB3), (OB8 OB10 OB7 OB9 OB6 OB11 OB4),
(OB12 OB13 OB5), (OB20 OB21), (OB16 OB18), (OB23 OB24)
군집 11 : (OB1 OB2 OB3 OB19), (OB8 OB10 OB7 OB9 OB6 OB11 OB4),
(OB12 OB13 OB5), (OB20 OB21), (OB16 OB18), (OB23 OB24)
군집 10 : (OB1 OB2 OB3 OB19), (OB8 OB10 OB7 OB9 OB6 OB11 OB4
OB12 OB13 OB5), (OB20 OB21), (OB16 OB18), (OB23 OB24)
군집 9 : (OB1 OB2 OB3 OB19), (OB8 OB10 OB7 OB9 OB6 OB11 OB4
OB12 OB13 OB5), (OB20 OB21), (OB16 OB18 OB17), (OB23 OB24)
군집 8 : (OB1 OB2 OB3 OB19 OB8 OB10 OB7 OB9 OB6 OB11 OB4 OB12
OB13 OB5), (OB20 OB21), (OB16 OB18 OB17), (OB23 OB24)
군집 7 : (OB1 OB2 OB3 OB19 OB8 OB10 OB7 OB9 OB6 OB11 OB4 OB12
OB13 OB5 OB23 OB24), (OB20 OB21), (OB16 OB18 OB17)

군집 6 : (OB1 OB2 OB3 OB19 OB8 OB10 OB7 OB9 OB6 OB11 OB4 OB12 OB13 OB5 OB23 OB24 OB25), (OB20 OB21), (OB16 OB18 OB17)

군집 5 : (OB1 OB2 OB3 OB19 OB8 OB10 OB7 OB9 OB6 OB11 OB4 OB12 OB13 OB5 OB23 OB24 OB25 OB14), (OB20 OB21), (OB16 OB18 OB17)

군집 4 : (OB1 OB2 OB3 OB19 OB8 OB10 OB7 OB9 OB6 OB11 OB4 OB12 OB13 OB5 OB23 OB24 OB25 OB14 OB20 OB21), (OB16 OB18 OB17)

군집 3 : (OB1 OB2 OB3 OB19 OB8 OB10 OB7 OB9 OB6 OB11 OB4 OB12 OB13 OB5 OB23 OB24 OB25 OB14 OB20 OB21 OB22), (OB16 OB18 OB17)

군집 2 : (OB1 OB2 OB3 OB19 OB8 OB10 OB7 OB9 OB6 OB11 OB4 OB12 OB13 OB5 OB23 OB24 OB25 OB14 OB20 OB21 OB22), (OB16 OB18 OB17 OB15)

군집 1 : (OB1 OB2 OB3 OB19 OB8 OB10 OB7 OB9 OB6 OB11 OB4 OB12 OB13 OB5 OB23 OB24 OB25 OB14 OB20 OB21 OB22 OB16 OB18 OB17 OB15)

② dendrogram

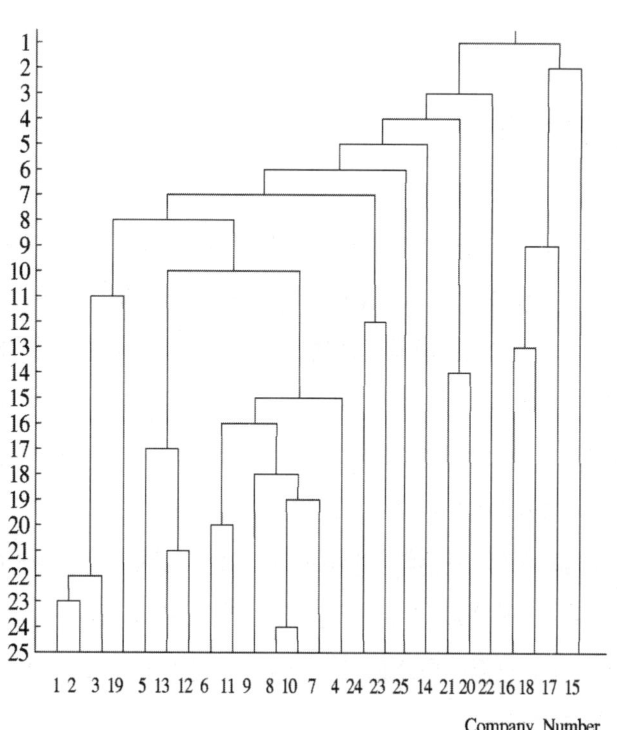

② 나무구조그림에 의하면 회사 1, 2와 3은 군집 수가 22개 일 때 하나의 군집을 형성한다. 이와 비슷하게 반대편에 있는 회사 15,17,18과 16(모두 건강관리산업 회사)은 군집이 2개로 나누어지는 단계에서 하나의 군집을 형성한다. 회사 22는 3개 군집을 형성할 때까지 하나의 개체로 남아 있음을 알 수 있다.

나무구조그림을 통해서 산업별로 군집이 잘 형성되었는지 여부를 검토하여 보자. 화학산업 회사 14개 중 13개 화학회사는 군집 수가 8개 일 때 하나의 군집을 형성했고, 오직 한 회사 14만이 다른 산업회사와 군집을 형성하였다. 또한 건강관리회사 5개 중 3개(회사 16,18,17)가 군집을 형성하였고, 회사 15는 다른 산업과 병합되기 전에 군집에 포함되었다. 그 이유는 회사 15는 다른 건강관리회사와 비교하여 부채비율(X3)이 매우 높기 때문이라고 판단된다. 또한 회사 19는 건강관리회사들 대신에 화학회사들과 군집을 형성하고 있다. 그 이유를 살펴보면 다른 건강관리회사들은 빠른 매출액 성장(X4)을 보이고 있는 반면에 회사 19는 화학회사들과 유사한 매출액 성장률을 갖고 있기 때문인 것으로 판단된다. 식품산업 회사들의 군집은 산만하다. 자료를 살펴보면 그 이유를 부분적으로 설명할 수 있을 것이다. 이는 변수들의 값이 회사별로 상당히 큰 차이를 보이고 있기 때문에 나타난 현상이다. 예를 들면 회사 22는 부채비율(X3)이 매우 높고, 반면에 회사 21은 부채비율이 매우 낮게 나타나고 있음을 볼 수 있다.

8.4 분리군집방법

계보적 군집방법에서는 일단 어떤 개체가 특정한 군집에 할당되면 다른 군집에 다시 할당될 수 없는 단점을 가지고 있다. 반면에 분리군집방법은 어떤 개체가 초기 할당에서 잘못되었다 하더라도 다시 할당할 수 있는 방법이다. 이 분리군집방법은 미리 설정된 기준의 최적화에 근거해서 자료를 분리하게 된다. 또한 이 방법을 사용할 때에는 최종 군집의 수가 알려져 있고 또한 미리 설정될 수 있다고 가정한다. 분리군집방법은 다음 세 가지의 기준에 따라 달라질 수 있다. (1) 초기 군집을 어떻게 나눌 것인가? (2) 개체를 어떤 기준에 의하여 군집에 할당할 것인가? (3) 특정군집에 속하는 개체의 일부 혹은 전체를 다른 군집에 어떤 기준에 의하여 재 할당할 것인가? 이다. 본 절에서는 분리군집방법으로 k－평균 군집방법과 트레이스(trace)에 근거한 방법을 설명하도록 하겠다.

8.4.1 K-평균 군집방법

n개 개체가 p차원 다변량 개체라고 했을 때 각 개체는 초기에 설정된 k개 군집 중 어느 한 군집에 할당된다고 가정하자. 이때 i번째 개체의 j번째 변수를 $X(i,j)$로 표시하고, c번째 군집에 속한 n_c개 개체들의 j번째 변수에 대한 평균을 $\overline{X}(c,j)$로 표시했을 때 i번째 개체와c번째 군집 사이의 유클리드 거리는 다음과 같이 표시할 수 있다.

$$D(i,c) = \left(\sum_{j=1}^{p} [X(i,j) - \overline{X}(c,j)]^2 \right)^{1/2} \qquad (8-11)$$

또한 각 개체를 c번째 군집에 재 할당할 때 오차자승합 E는

$$E = \sum_{i=1}^{n} [D(i,c(i))]^2 \qquad (8-12)$$

이 된다. 식 (8−12)에서 c(i)는 군집 c는 i번째 개체를 포함하고 있다는 것이고, D(i,c(i))는 i번째 개체와 그 개체를 포함하고 있는 군집 사이의 유클리드거리를 표시한다. 따라서 분리군집방법은 각 개체를 어느 한 군집으로부터 다른 군집으로 움직일 때 오차자승합을 계산하여 비교하면서 더 이상 움직일 개체가 없을 때(오차자승합이 최소화)까지 반복하게 된다. 가장 널리 사용되는 k-평균 군집방법의 기본적 절차는 다시 요약하면 다음과 같다.

① 자료를 k개 초기군집으로 나눈다. 군집의 수는 사용자에 의하여 설정되거나 프로그램에 의하여 선택될 수 있다.

② 개별 군집의 평균은 처음에 설정된 k개 개체를 선택한다.

③ 각 개체와 각 군집사이의 유클리드 거리를 계산한다. 만약 개체가 현재 속해있는 군집평균에 가장 가까우면 현재 소속군집에 포함되고, 다른 군집의 중심에 가까우면 다른 군집으로 재 할당한다.

④ 개별군집의 평균이 다시 계산되어 각 개체에 대한 3번째 단계를 반복한다.

⑤ 다시 할당되는 개체가 없을 때까지 2, 3, 4단계를 반복하여 수행한다.

k-평균 군집분석에서 최대 군집의 수를 정하는 것은 쉬운 일이 아니다. 만약 k의 선택이 분명하지 않다면 다양한 k값에 대하여 분석을 한 후 그 결과를 비교하는 것이 유용할 것이다.

8.4.2 트레이스에 근거한 방법

일단 초기군집으로 구분하였다면 다음 단계는 어떤 판정기준으로 각 개체를 적절한 군집에 재 할당할지를 결정하여야 한다. 산포행렬(dispersion matrix)에 근거한 판정기준에 대하여 설명하기 위하여 전체산포행렬을 T, 군집내산포행렬을 W, 군집간 산포행렬을 B로 두면 다음과 같은 관계가 성립된다.

$$T = W + B \qquad (8-13)$$

군집을 좀 더 명확히 구분하기 위하여는 군집내 산포는 작아야하고 군집간 산포는 커야할 것이다. 따라서 일단 자료가 주어지면 전체산포행렬 T는 고정되기 때문에 군집간산포행렬 B의 크기를 최대화하거나 군집내산포행렬 W의 크기를 최소화하는 판정기준에 따라 각 개체를 군집에 재 할당하게 된다.

(1) tr(W) 최소화 기준

Edwards, Cavalli-Sforza(1965)는 군집내산포행렬에서 대각원소의 합을 최소화하는 기준을 제시하였다. 전체산포행렬에서 대각원소의 합인 tr(T)은 각 개체와 전체표본 평균 사이의 편차자승을 합한 것으로 다음과 같은 성질을 만족한다.

$$tr(T) = tr(W) + tr(B) \qquad (8-14)$$

따라서 군집내산포행렬의 대각원소의 합인 tr(W)을 최소화하는 기준은 군집간산포행렬에서 대각원소의 합인 tr(B)를 최대화하는 기준과 같아진다. 따라서 이 기준은 군집내산포행렬에서 대각원소의 합이 최소가 되도록 주어진 개체를 재할당하는 것이다.

(2) |W|의 최소화 기준

이 기준은 군집내산포행렬의 행렬식 |W|를 최소가 되도록 군집을 분리하는 것이다. 군집의 기준으로 |W|를 최소화하는 것은 |T|/|W|를 최대화하는 기준과 동일하다. Friedman과 Rubin(1967)는 이 기준을 수정하여 $\log(\max|\boldsymbol{T}|/|\boldsymbol{W}|)$를 분리기준으로 제안하였다.

(3) $\mathrm{tr}(BW^{-1})$의 최대화 기준

Friedman과 Rubin(1967)는 군집간산포행렬 B와 군집내산포행렬의 역행렬 W^{-1}의 곱에 대한 대각원소의 합 $\mathrm{tr}(BW^{-1})$이 최대가 되도록 주어진 개체들을 재할당하다 기준을 제시하였다. 이 기준은 BW^{-1}의 고유값으로 표현하면

$$\mathrm{tr}(BW^{-1}) = \sum_{i=1}^{k} \lambda_i \qquad (8-15)$$

이 된다. 식 (8−15)는 고유값이 클수록 $\mathrm{tr}(BW^{-1})$이 커지기 때문에 가장 큰 고유값을 최대화시키는 군집으로 개체를 재할당하게 된다.

위에서 설명한 세 가지 기준 중에서 가장 널리 사용되는 기준은 (1)과 (2)이다. tr(W)을 최소화하는 기준은 일반적으로 구형(spherical)종류의 군집분석에서 사용될 수 있다. 왜냐하면 트레이스는 대각원소만을 사용하기 때문에 변수들 사이의 상관을 고려하지 못하기 때문이다. 이러한 이유 때문에 tr(W)을 최소화하는 기준은 구형군집을 생성하는데 사용된다. 반면에 |W|를 최소화하는 기준은 행렬의 비대각원소를 사용하기 때문에 변수들의 상관을 고려한 기준으로 타원형(elliptical)종류의 군집분석에서 사용될 수 있다.

예제 8.5 **대한 K-평균 군집분석**

[예제 8. 4]에서 다룬 25개회사의 7개 변수를 이용하여 최대군집의 수를 3개로 하는 k-평균 군집분석을 실시하고 분류행렬을 작성하여라.

프로그램 \CH8\EX5.SAS 

```
DATA ONE ;
 INFILE 'C : \DATA\CLUSTER.DAT' ;
 INPUT X1 - X7  ;
① IF _N_ LE 14 THEN TYPE = 'CHEMICAL' ;
  ELSE IF _N_ LE 19 THEN TYPE = 'HEALTH' ;
  ELSE TYPE = 'GROCERY' ;
 ;
  RUN ;
② PROC STANDARD MEAN = 0 STD = 1 OUT = TWO ;
  RUN ;
③ PROC FASTCLUS DATA = TWO LIST MAXITER = 10
     MAXCLUSTERS = 3 OUT = THREE ;
  VAR X1 - X7 ;
  RUN ;
④ PROC FREQ DATA = THREE NOROW NOCOL NOPERCENT ;
     TABLES CLUSTER*TYPE ;
  RUN ;
```

프로그램 해설

25개의 입력자료를 산업별로 구분하여 표시하기 위하여 조건부처리를 하였다.

```
① IF _N_ LE 14 THEN TYPE = 'CHEMICAL' ;
  ELSE IF _N_ LE 19 THEN TYPE = 'HEALTH' ;
  ELSE TYPE = 'GROCERY' ;
```

만약 입력번호(_N_) 14번까지 산업분류 변수(TYPE)는 화학산업(CHEMICAL)이고, 입력번호 15번부터 19번까지 산업분류 변수(TYPE)는 건강관리산업(HEALTH)이고, 나머지 산업분류 변수(TYPE)는 식품산업(GROCERY)이다.
변수들의 측정단위가 서로 다르기 때문에 군집분석을 하기 전에 모든 변수를 평균(mean)이 0이고 표준편차(std)가 1이 되도록 표준화시키기 위하여 ② PROC STANDARD MEAN = 0 STD = 1 OUT = TWO ; 명령문을 사용하였다. 표준화변수를 데이터 TWO에 저장하기 위하여 옵션 OUT = TWO를 사용하였다. 표준화 변수를 사용하여 k-평균 군집분석을 수행하기 위하여 ③

PROC FASTCLUS DATA=TWO LIST MAXITER=10 MAXCLUSTERS=3 OUT=THREE ; 명령문을 사용하였다. 각 객체들의 할당된 군집번호와 seed 사이의 거리를 출력하기 위하여 LIST 옵션, 군집 seed를 반복 계산하기 위한 최대 반복 수를 10으로 하기 위하여 MAXITER=10의 옵션, 최대 군집의 수 3으로 지정하기 위하여 MAXCLUSTERS=3의 옵션과 원자료, CLUSTER, DISTANCE 변수를 저장하기 위한 데이터 이름을 THREE로 지정하기 위하여 OUT=THREE 옵션을 사용하였다.
각 군집에 할당된 산업별 회사의 수를 분류행렬로 간략하게 표시하기 위하여 ④ PROC FREQ DATA=THREE NONOW NOCOL NOPERCENT ; 명령문을 사용하였다. 행 퍼센트, 열 퍼센트, cell 퍼센트를 출력시키지 않기 위하여 NOROW NOCOL NOPERCENT 옵션을 사용하였다. 또한 군집이 3개이고 산업분류가 3개이므로 (3×3) 분류행렬을 출력시키기 위하여 TABLES CLUSTER*TYPE ; 문을 사용하였다.

FASTCLUS Procedure

Replace = FULL Radius = 0 Maxclusters = 3 Maxiter = 10 Converge = 0.02

① Initial Seeds

Cluster	X1	X2	X3	X4	X5	X6	X7
1	−0.23733	3.00368	−0.92731	−0.22715	−0.18818	−1.20381	1.37273
2	2.21779	−0.47315	3.67244	2.90251	2.53422	0.66601	−0.13396
3	−0.85111	−0.20861	1.64855	−0.90861	1.32824	−1.47093	−1.70897

② Iteration Change in Cluster Seeds

	1	2	3
1	2.812835	2.413694	2.938866
2	0	0.51686	0.331464
3	0.230696	0	0.24932
4	0	0	0

①은 초기 3개 군집 seed로 사용된 자료를 나타내고, ②군집 seed 를 반복 계산한 결과 3회만에 최적해를 구했다는 것을 표시하고 있다.

③ Cluster Listing

Obs	Cluster	Distance from Seed	Obs	Cluster	Distance from Seed
1	1	1.52533	2	1	1.52867
3	1	1.58755	4	1	0.89180
5	3	1.85263	6	1	1.37985
7	3	1.17991	8	1	1.01644
9	1	1.66634	10	1	1.35371
11	3	1.39472	12	3	1.49418
13	3	1.61561	14	3	2.21606
15	2	2.77632	16	2	1.68697
17	2	1.12690	18	2	1.55058
19	1	2.00856	20	1	2.10319
21	1	2.80421	22	3	3.02777
23	3	1.47288	24	3	1.67744
25	3	2.24388			

화학회사 14개(1~14) 중 회사 5, 7, 11, 12, 13, 14는 군집 3으로 분류되었고, 나머지 8개 회사는 함께 군집 1에 분류되었다. 건강관리 회사 5개(15~19) 중 회사 19가 군집 1에 분류되었고, 나머지 4개 회사는 같은 군집 2에 속해 있다. 또한 식품회사 6개(20~25) 중 회사 20, 21이 군집 1로 분류되었고, 나머지 4개 회사는 같은 군집 3에 분류되었다.

④ Cluster Summary

Cluster	Frequency	RMS Std Deviation	Maximum Distance from seed to Observation	Nearest Cluster	Centroid Distance
1	11	0.6745	2.8042	3	1.9057
2	4	0.8231	2.7763	3	4.5331
3	10	0.7529	3.0278	1	1.9057

④ 군집분석의 요약통계치를 살펴보면 각 군집별 도수(Frequency), 군집내 거리들의 표준편차 제곱근(RMS Std Deviation), 군집 seed와 개체 사이의 최대거리(Maximum Distance), 가까운 군집(Nearest Cluster)과 중심거리(Centroid Distance) 등을 나타내고 있다.

⑤ Statistics for Variables

Variable	Total STD	Within STD	R-Squared	RSQ/(1-RSQ)
X1	1.000000	0.369504	0.874845	6.990068
X2	1.000000	0.755117	0.477315	0.913197
X3	1.000000	0.776846	0.446802	0.807670
X4	1.000000	0.525642	0.746726	2.948288
X5	1.000000	0.751593	0.482182	0.931182
X6	1.000000	0.923192	0.218741	0.279985
X7	1.000000	0.844832	0.345737	0.528438
OVER-ALL	1.000000	0.728741	0.513192	1.054200

Pseudo F Statistic = 11.60

Approximate Expected Over-All R-Squared = 0.31992

Cubic Clustering Criterion = 6.539

WARNING : The two above values are invalid for correlated variables.

⑤ 변수별 통계량을 살펴보면 각 변수별 설명력은 R-Squared의 값으로 표시되는데, 설명력의 크기는 X1, X4, X5, X2, X3, X7, X6 순으로 나타났다. 마지막 열은 군집내 분산에 대한 군집간 분산의 비율(RSQ/(1−RSQ))을 표시하고 있다.

⑥ Cluster Means

Cluster	X1	X2	X3	X4	X5	X6	X7
1	−0.21873	0.76367	−0.49242	−0.28222	−0.19361	0.22891	0.59768
2	2.06435	−0.59597	1.41856	1.93080	1.54317	0.68827	−0.94786
3	−0.58514	−0.60164	−0.46188	−0.40430	−0.40430	−0.52711	−0.27830

⑦ Cluster Standard Deviations

Cluster	X1	X2	X3	X4	X5	X6	X7
1	0.41381	1.00686	0.35173	0.32803	0.46877	0.96245	0.78885
2	0.30689	0.12862	1.52001	1.08397	0.67383	0.33017	0.76386
3	0.33480	0.51176	0.75339	0.40519	0.99264	1.00885	0.92670

⑥ Cluster Means는 각 군집별 변수들의 평균을, ⑦ Cluster Standard Deviations는 각 군집별 변수들의 표준편차를 나타내고 있다.

⑧ TABLE OF CLUSTER BY TYPE

```
CLUSTER      TYPE

          |
Frequency|CHEMICAL|GROCERY |HEALTH  |  Total
---------+--------+--------+--------+
       1 |      8 |      2 |      1 |     11
---------+--------+--------+--------+
       2 |      0 |      0 |      4 |      4
---------+--------+--------+--------+
       3 |      6 |      4 |      0 |     10
---------+--------+--------+--------+
Total          14        6        5       25
```

⑧ 군집과 산업별 분할표에 의하면 군집 1은 8개 화학산업 회사, 2개 식품산업 회사, 1개 건강관리산업 회사로 구성되어 있고, 군집 2는 4개의 건강관리산업 회사로 구성되어 있고, 군집 3은 6개 화학산업 회사와 4개 식품산업 회사로 구성되어 있음을 알 수 있다. 각 개체에 할당된 군집번호와 그 개체의 소속 산업분류를 비교하여 보면 다음과 같다. 14개 화학산업 회사 중 8개가 군집 1에 분류되었고, 6개가 군집 3에 분류되었다. 식품산업 회사 6개 중 4개가 군집 3에 분류되었고, 2개가 군집 1에 분류되었다. 또한 건강관리산업 회사 5개 중 4개가 군집 2에 분류되었고, 1개가 군집 1에 분류되었다. 따라서 전체 25개회사 중 군집번호와 산업분류가 일치하지 않는 회사 수는 9개이며 전체 회사의 약 36% 임을 알 수 있다.

8.5 군집분석시 유의사항

군집분석은 소속 집단에 대한 정보가 없을 때 각 개체들을 설정된 군집으로 할당하는 방법이다. 군집을 형성하는 방법에는 여러 방법이 있지만 최적 방법에 대한 기준은 명확하지 않다. 따라서 군집분석을 할 때 유의해야 할 사항을 정리하면 다음과 같다.

① 만약 집단들 사이에 상당한 차이가 없다면 현실적으로 군집분석에서 매우 명확한 결과를 기대할 수 없을 것이다. 특히 만약 개체들이 비선형형태로 분포되어 있다면 명확한 군집들을 찾아내는 것은 어려울 것이다.

② 군집분석은 이상치에 대하여 상당히 민감한 결과를 보인다. 따라서 군집분석을 시행하기 전에 자료에 대하여 이상치 존재 여부를 살펴야 한다고 판단된다.

③ 군집분석에 사용될 변수들의 측정 척도가 서로 다른 경우에는 분석 전에 표준화하여야 한다.

④ 군집의 타당성을 검토하기 위하여 두 가지 방법이 사용되어진다. 첫 번째 방법은 자료에 대하여 여러 가지 군집방법을 적용한 후 그 결과들이 유사한가를 검토하는 방법이다. 두 번째 방법은 자료를 랜덤하게 이등분하고 각각에 대하여 여러 가지 군집방법을 실시한 후 두 개의 결과가 유사한지 여부를 검토하여 일치도가 높은 군집방법을 선택하는 방법이다.

연/습/문/제

8.1 거리행렬D 가 다음과 같이 주어졌을 때 계보적 군집분석을 실시하여라.

$$D = \{d_{ik}\} = \begin{matrix} & 1 & 2 & 3 & 4 & 5 \\ 1 & 0 & & & & \\ 2 & 7 & 0 & & & \\ 3 & 1 & 6 & 0 & & \\ 4 & 9 & 3 & 8 & 0 & \\ 5 & 8 & 5 & 7 & 4 & 0 \end{matrix}$$

(1) 최단연결법에 의하여 군집을 형성하고 나무구조그림을 그려라.

(2) 최장연결법에 의하여 군집을 형성하고 나무구조그림을 그려라.

(3) 평균연결법에 의하여 군집을 형성하고 나무구조그림을 그려라.

(4) 중심연결법에 의하여 군집을 형성하고 나무구조그림을 그려라.

8.2 다음 자료는 아침식사로 이용되는 곡물식인 시리얼(cereals)에 대한 5가지 영양분변수에 대한 자료이다. SAS를 이용하여 다섯 가지 영양분변수에 대한 군집분석을 실시하여라.

X1 = 단백질(gm)　　X2 = 탄수화물(gm)　　X3 = 지방(gm)
X4 = 칼로리(온스 당)　　X5 = 비타민 A(하루 필요한 섭취량의 %)

Cereal 종류	X1	X2	X3	X4	X5
Life	6	19	1	110	0
Grape Nuts	3	23	0	100	25
Super Sugar Crisp	2	26	0	110	25
Special K	6	21	0	110	25
Rice Krispies	2	25	0	110	25
Rasin Bran	3	28	1	120	25
Product 19	2	24	0	110	100
Wheaties	3	23	1	110	25
Total	3	23	1	110	100
Puffed Rice	1	13	0	50	0
Sugar Corn Pops	1	26	0	110	25
Sugar Smacks	2	25	0	110	25

(1) 계보적 군집방법 중 중심연결법에 의하여 분석하여라.

(2) 군집형성과정을 나무구조그림으로 표시하여라.

(3) k = 2와 3인 경우에 k-평균 군집분석을 실시하고, 각 군집에 속한 cereal 종류를 작성하여 비교하여라.

(4) 군집을 형성하는데 설명력이 큰 변수는 무엇인가?

(힌트 : SAS 프로그램

```
DATA ONE;
 INPUT CEREAL $ X1-X5 @@;
CARDS;
LIFE 6 19 1 110 0  GRAPE 3 23 0 100 25
   자료 생략
   ;
RUN ;
```

```
PROC FASTCLUS MAXC=3 LIST ;
 ID CEREAL ;
   VAR X1-X5 ;
RUN :
```

8.3 다음 자료는 1955년도 14개 국가에 대한 10개 변수에 대한 자료이다. 10개 변수에 대한 해석은 다음과 같다.

X1＝국민 일인당 GNP($)
X2＝교역량(백만 $)
X3＝국민일인당 전력생산순위(오름차순)
X4＝국가안정도(폭동, 구테타, 잦은 파업 등 고려, 1＝안정, 0＝불안정)
X5＝반대집단에 대한 자유도
(0＝정치적 반대집단 불허, 1＝제한적 반대집단 허용, 2＝반대집단 허용)
X6＝국외마찰(1＝심각한 마찰, 0＝마찰 없음)
X7＝U.N. 에서 미국과의 협력정도(미국측 찬성 %－미국측 반대 %)
X8＝국방비(백만 $)
X9＝GNP 대비 국방비(%)
X10＝국제법 인정여부 (1＝인정, 0＝불인정)

국 가	X1	X2	X3	X4	X5	X6	X7	X8	X9	X10
Brazil	91	2,729	7	0	2	0	69.1	148	2.8	0
Burma	51	407	4	0	1	0	−9.5	74	6.9	0
China	58	349	11	0	0	1	−41.7	3054	8.7	0
Cuba	359	1,169	3	0	1	0	64.3	53	2.4	0
Egypt	134	923	5	1	1	1	−15.4	158	6.0	1
India	70	2,689	10	0	2	0	−28.6	410	1.9	1
Indonesia	129	1,601	8	0	1	0	−21.4	267	6.7	0
Israel	515	415	2	1	2	1	42.9	33	2.7	1

Jordan	70	83	1	0	1	1	8,3	29	25.7	0
Netherlands	707	5,395	6	1	2	0	52.3	468	6.1	1
Poland	468	1,892	9	0	0	1	−41.7	220	1.5	0
U.S.S.R	749	6,530	13	1	0	1	−41.7	34,000	20.4	0
U.K	998	18,677	12	1	2	1	69.0	3,934	7.8	0
U.S.A	2,334	26,836	14	1	2	1	100.0	40,641	12.2	1

(1) 계보적군집방법 중 중심연결법에 의하여 분석하여라.

(2) 군집형성과정을 나무구조그림으로 표시하여라.

(3) k=3와 4인 경우에 k-평균 군집분석을 실시하고, 각 군집에 속하는 국가를 작성하여 비교하여라.

(4) [연습문제 5.6]에서 구한 인자점수에 의하여 k-평균 군집분석을 실시하여라.

8.3 기업파산에 대한 통계적 예측모형을 개발하기 위하여 영향을 미칠 수 있는 네 개 독립변수를 고려하였다. 첫 번째 변수는 일정한 기간 중에 동태적 유동성 상태를 나타내는 지표로 현금흐름 대 총부채 비율(X1=Cash Flow/Total Debt), 두 번째 변수는 수익성 지표로 순이익 대 총자산 비율(X2=Net Income/Total Assets), 세 번째 변수는 기업의 단기지급능력을 측정하는 지표로 유동자산 대 유동부채 비율(X3=Current Assets/Current Liabilities), 네 번째 변수는 자산운영의 효율성을 측정하는 지표로 유동자산 대 순매출액 비율(X4=Current Assets/Net Sales) 등 네 가지 재무비율을 고려하였다. 분류모형을 추정하기 위하여 파산된 21개 기업과 정상적으로 운영되는 25개 기업을 선정하여 각 기업에 대하여 네 가지 재무비율을 구하였다. 자료는 첨부된 디스켓 [\DATA\FIN.DAT]에 저장되어 있다. SAS를 이용하여 군집분석을 수행하고 그 군집결과를 [연습문제 7.6]의 판별분석 결과와 비교하여라.

46개 기업에 대한 재무자료

OBS	X1	X2	X3	X4	Y	OBS	X1	X2	X3	X4	Y
1	−0.45	−0.41	1.09	0.45	0	2	−0.56	−0.31	1.51	0.16	0
3	0.06	0.02	1.01	0.40	0	4	−0.07	−0.09	1.45	0.26	0
5	−0.10	−0.09	1.56	0.67	0	6	−0.14	−0.07	0.71	0.28	0
7	0.04	0.01	1.50	0.71	0	8	−0.06	−0.06	1.37	0.40	0
9	0.07	−0.01	1.37	0.34	0	10	−0.13	−0.14	1.42	0.44	0
11	−0.23	−0.30	0.33	0.18	0	12	0.07	0.02	1.31	0.25	0
13	0.01	0.00	2.15	0.70	0	14	−0.28	−0.23	1.19	0.66	0
15	0.15	0.05	1.88	0.27	0	16	0.37	0.11	1.99	0.38	0
17	−0.08	−0.08	1.51	0.42	0	18	0.05	0.03	1.68	0.95	0
19	0.01	0.00	1.26	0.60	0	20	0.12	0.11	1.14	0.17	0
21	−0.28	−0.27	1.27	0.51	0	22	0.51	0.10	2.49	0.54	1
23	0.08	0.02	2.01	0.53	1	24	0.38	0.11	3.27	0.35	1
25	0.19	0.05	2.25	0.33	1	26	0.32	0.07	4.24	0.63	1
27	0.31	0.05	4.45	0.69	1	28	0.12	0.05	2.52	0.69	1
29	−0.02	0.02	2.05	0.35	1	30	0.22	0.08	2.35	0.40	1
31	0.17	0.07	1.80	0.52	1	32	0.15	0.05	2.17	0.55	1
33	−0.10	−0.01	2.50	0.58	1	34	0.14	−0.03	0.46	0.26	1
35	0.14	0.07	2.61	0.52	1	36	0.15	0.06	2.23	0.56	1
37	0.16	0.05	2.31	0.20	1	38	0.29	0.06	1.84	0.38	1
39	0.54	0.11	2.33	0.48	1	40	−0.33	−0.09	3.01	0.47	1
41	0.48	0.09	1.24	0.18	1	42	0.56	0.11	4.29	0.45	1
43	0.20	0.08	1.99	0.30	1	44	0.47	0.14	2.92	0.45	1
45	0.17	0.04	2.45	0.14	1	46	0.58	0.04	5.06	0.13	1

다차원 척도법

CHAPTER 09

다차원척도법

9.1 서 론

다차원척도법(multidimensional scaling)은 인자분석이나 군집분석에서와 마찬가지로 자료에 내재된 구조를 찾아내어 자료를 함축적으로 표현하고자 하는 자료축약형 다변량분석기법이다. 다차원척도법에서는 개체들 사이의 유사성 또는 비유사성을 평가하는데 사용될 수 있는 기준을 찾아내어 각 기준에 대하여 각 개체를 다차원 공간상에 시각적으로 표현하게 된다. 일반적으로 다차원척도법의 목표는 각 개체들의 유사성 혹은 비유사성(거리)을 설명할 수 있는 내재된 의미있는 차원을 찾아내는 것이다. 인자분석에서는 개체 사이의 유사성은 상관행렬로 표시하지만 다차원척도법에서는 상관행렬과 더불어 유사성 혹은 비유사성행렬을 분석대상으로 한다.

다차원척도법을 이해하기 위하여 다음과 같은 문제를 우선 생각하여보자. 독자에게 우리나라의 지도가 주어졌을 때 자와 지도상의 축척에 의하여 대도시들 사이의 상대적 거리를 측정하여 거리표를 작성하는 것은 그리 어렵지 않을 것이다. 그러나 문제를 정반대로 생각하여보자. 만약 독자에게 대도시들 사이의 거리표의 정보에 의하여 우리 나라 대도시들의 상대적 위치를 지도에 표시한다는 것은 어려운 일이라고 생각된다. 다차원척도법은 바로 후자의 경우의 문제를 해결하는데 사용되어진다.

좀 더 구체적으로 설명하면 다차원척도법은 개체들의 유사성 혹은 비유사성 자료를 평가하여 관측된 거리를 다시 형성할 수 있도록 특정한 다차원 공간상에 개체들을 상대적으로 좌표화하여 표현하고, 또한 거리를 구해진 차원으로 설명할 수 있게 된다. 즉, 다차원척도법은 개체들 사이의 유사성 혹은 비유사성 정보를 알고 있을 때 각 개체들의 좌표를 추정하는 절차이다. 다차원척도분석은 여러 분야에서 널리 사용되고 있는데 예를 들면 다음과 같다. 정치분야에서는 정당 후보자들 사이의 유사성과 비유사성을 평가하는 기준으로 사용될 수 있으며, 인류학분야에서는 신앙, 언어, 도구

등에 근거하여 여러 인종간의 문화적 차이를 연구하는데 사용될 수 있고, 도시와 지역개발분야에서는 여러 도시, 군, 혹은 지역들의 인구통계, 재정, 경제적 요인들에 근거해서 각 지역 사이의 유사성을 파악하는데 사용될 수 있다. 또한 마케팅분야에서는 시장구조와 경쟁관계분석을 하거나 혹은 제품 포트폴리오 등 제품전략을 개발하는데 사용되어진다. 본 장에서는 다차원척도방법에 대한 기초적인 부분만 다루어 보기로 하겠다.

☑ 자료의 측정방법과 형태
☑ MDS 분석절차
☑ SAS를 이용한 MDS 분석

9.2 자료의 측정방법과 형태

다차원척도분석을 위한 입력자료는 개체들 사이의 유사성 혹은 비유사성을 평가한 자료나 혹은 선호도를 나타내는 자료를 사용할 수 있다. 개체들 사이의 유사성 혹은 비유사성을 평가하는 측정방법은 직접적인 측정방법과 간접적인 측정방법이 있다. 개체들의 유사성을 직접적으로 측정하기 위해서는 개체들을 우선 두 개씩 짝을 지우고 가능한 모든 짝에 대하여 유사성을 기준으로 일련 순위를 부여하든지 혹은 두 개체의 유사성의 정도를 Likert 척도 등으로 측정하는 방법이 주로 사용되어진다. 다음과 같은 10개의 청량음료제품에 대하여 유사성을 측정하기 위한 직접적인 방법의 하나는 두 개씩 짝으로 결합하여 유사성에 대한 순위를 부여하는 것이다.

① Pepsi	② Coke	③ Coke Classic	④ Diet Pepsi	⑤ Diet Slice
⑥ Diet 7-up	⑦ Dr. Pepper	⑧ Slice	⑨ 7-up	⑩ Tab

두 개 제품씩 짝으로 결합하면 짝의 수는 모두 ${}_{10}C_2 = (10 \times 9)/2 = 45$개 짝이 다음과 같이 나오게 된다.

Pepsi-Coke　　Pepsi-Coke Classic　　Pepsi-Dier Pepsi
Pepsi-Diet Slice　　Tab-7 up

응답자에게 45개 짝에 대한 유사성의 측정 정도에 따라 순위를 부여하게 한다. 가장 유사성이 있는 짝에 순위 1, 그 다음으로 유사성이 강한 짝에 순위 2, 그리고 가장 유사성이 없다고 평가한 짝에 순위 45를 부여할 수 있다.

개체들의 유사성을 측정하는 다른 직접적인 방법은 두 개 제품의 짝들의 유사성의 정도를 Likert 척도(9점 척도)등으로 평가하는 것이다.

제품 짝	매우 유사하다								전혀 유사하지 않다.
Pepsi-Coke	1	2	3	4	5	6	7	8	9
Pepsi-Coke Classic	1	2	3	4	5	6	7	8	9
⋮									
Tab-7 up	1	2	3	4	5	6	7	8	9

개체들의 유사성을 간접적으로 유사성을 평가하는 방법으로는 응답자에게 청량음료수 제품의 여러 가지 속성(탄산정도, 당도, 칼로리, 갈증해소 정도, 뒷맛 등)을 평가하게 한 다음 간접적으로 제품들의 유사성을 순위나 Likert 척도로 평가하게 된다. 선호도 자료는 제품들 각각에 대하여 선호정도를 기준으로 순위를 부여할 수 도 있고, 제품들을 두 개씩 짝으로 결합하여 선호하는 정도를 순위나 Likert 척도로 측정 평가하게 할 수 도 있다. 또한 제품의 속성들에 근거하여 각 제품들을 선호하는 정도를 측정 평가할 수 있다.

다차원척분석에 사용되는 자료의 형태는 정량적(Metric)형태와 비정량적(Nonmetric)형태로 구분되는데 이는 입력자료가 등간(interval)척도나 비율(ratio)척도인가 혹은 서열(ordinal)척도인가에 따라 구분된다. 즉, 정량적 다차원척도분석에서는 입력자료가 등

간척도나 서열척도로 측정된 정량적인 자료를 이용하게 되고, 반면에 비정량적 다차원 척도분석에서는 입력자료가 명목척도나 서열척도로 측정된 정성적인 자료를 이용하게 된다. 다차원척도분석에서는 정량적 형태와 비정량적 형태의 자료를 모두 이용할 수 있으나 비정량적 형태 자료가 주로 이용되고 있다. 그리고 다차원척도의 최종결과는 언제나 다차원공간상에서 개체들의 거리로 표시되기 때문에 입력자료의 형태가 정량적이든 비정량적이든 항상 정량적 결과로 나타나게 된다.

9.3 MDS 분석절차

(1) 비유사성과 거리와의 관계

n개 개체가 있을 때 $m = {}_{n}C_{2}$개 짝에서 개체i와 개체j 사이에 관측된 비유사성을 δ_{ij} 라고 했을 때 비유사성행렬 $\Delta = \{\delta_{ij}\}$는

$$\Delta = \begin{bmatrix} \delta_{11} & \delta_{12} & \cdots & \delta_{1n} \\ \delta_{21} & \delta_{22} & \cdots & \delta_{2n} \\ \vdots & \vdots & \cdots & \vdots \\ \delta_{n1} & \delta_{n2} & \cdots & \delta_{nn} \end{bmatrix}$$

와 같이 표시된다. 비유사성행렬에서 대각원소는 $\delta_{ii} = 0$이 되고, 또한 대칭행렬이기 때문에 δ_{ij} 와 δ_{ji} 는 같은 값을 갖는다. 개체들 사이의 비유사성자료로부터 각 개체들을 공간상에 좌표화하기 위해서는 개체들 사이의 상대적 거리를 계산하여야 한다. 만약 q차원 유클리드 공간에서 n개 개체들의 좌표점들을 알려져 있다면 벡터 $x_1, \cdots, x_n$ 들의 유클리드 거리는 쉽게 구할 수 있을 것이다. 두 개체 i와 j사이의 거리를 d_{ij} 라고 했을 때 거리행렬 $D = \{d_{ij}\}$는

$$D = \begin{bmatrix} d_{11} & d_{12} & \cdots & d_{1n} \\ d_{21} & d_{22} & \cdots & d_{2n} \\ \vdots & \vdots & \cdots & \vdots \\ d_{n1} & d_{n2} & \cdots & d_{nn} \end{bmatrix}$$

와 같이 표시된다. 거리행렬의 대각원소 $d_{ii} = 0$ 이고 $d_{ij} = d_{ji}$ 인 대칭행렬이다.

다차원척도의 기본적 개념은 두 개체 사이의 거리 d_{ij} 가 두 개체 사이의 비유사성 δ_{ij} 와 대응관계에 있어야 된다는 것이다. 예를 들면 작은 비유사성은 작은 거리와 큰 비유사성은 큰 거리와 대응관계가 성립되어야 하므로 d_{ij} 와 δ_{ij} 사이의 함수관계는 어떤 증가함수의 형태를 갖게 될 것이다. 여기서 d_{ij} 와 δ_{ij} 함수관계는 사전에 알려져 있지 않기 때문에 입력자료의 측정척도에 따라 다음과 같은 모형으로 구분하여 가정한다.

① 절대(absolute)척도인 경우 : $d_{ij} = \delta_{ij} + \epsilon_{ij}$
② 구간(interval)척도인 경우 : $d_{ij} = a + b\delta_{ij} + \epsilon_{ij}$ $(a \neq 0, b > 0)$
③ 비율(ratio) 척도인 경우 : $d_{ij} = b\delta_{ij} + \epsilon_{ij}$ $(b > 0)$
④ 서열(ordinal)척도인 경우 : $d_{ij} = f(\delta_{ij}) + \epsilon_{ij}$

절대척도인 경우에는 비유사성 측정값 δ_{ij} 을 그대로 거리값 d_{ij} 으로 사용하는 모형을 가정하고, 구간척도인 경우에는 d_{ij} 와 δ_{ij} 의 관계가 절편이 a 이고 양의 기울기 b를 갖는 직선적인 함수형태를 갖는 모형을 가정하고, 비율척도인 경우에는 d_{ij} 와 δ_{ij} 의 관계가 원점을 통과하고 기울기가 양수인 b를 갖는 직선적인 함수형태를 갖는 모형을 가정하고, 서열척도인 경우에는 d_{ij} 와 δ_{ij} 의 관계가 어떤 특정한 함수인 단조증가함수 형태를 갖는 모형을 가정한다. 또한 각 모형에서 ϵ_{ij} 는 측정오차와 차원 축소에 따라 발생되는 오차항을 의미한다.

위에서 가정된 모형에서 d_{ij} 와 δ_{ij} 사이 함수관계의 추정은 절대척도를 제외한 정량적 척도인 경우에는 최소자승회귀방법이 사용되고, 비정량적 척도인 경우에는 단조증가회귀방법이 사용된다. 일단 함수관계가 추정되면 거리의 추정값인 $\widehat{d_{ij}}$ 을 구할 수 있다.

(2) 적합도 측정

d_{ij} 와 δ_{ij} 사이의 관계를 최적화시키는 함수형태를 추정하기 위하여 우선 개체들의 거리 d_{ij} 와 가정된 모형에 의하여 추정된 거리 $\widehat{d_{ij}}$ 사이의 적합도를 측정하는 방법은 Kruscal(1964)에 의하여 제안된 두 가지 형태의 스트레스(stress)척도가 있다.

$$\text{stress } 1 = \left[\frac{\sum_{i \neq j}^{n} (d_{ij} - \widehat{d_{ij}})^2}{\sum_{i \neq j}^{n} d_{ij}^2}\right], \quad \text{stress } 2 = \left[\frac{\sum_{i \neq j}^{n} (d_{ij} - \widehat{d_{ij}})^2}{\sum_{i \neq j}^{n} (d_{ij} - \bar{d})^2}\right] \qquad (9-1)$$

여기서 $\bar{d}$ 는 모든 거리 d_{ij} 들의 산술평균을 의미한다. 스트레스척도에서 분자는 d_{ij} 와 $\widehat{d_{ij}}$ 사이의 차이 자승합을 나타내고, 분모는 일반적으로 차원이 증가하면 거리 d_{ij} 는 증가하기 때문에 서로 다른 차원의 적합도를 비교하기 위하여 사용된 정규화 값을 나타낸다. 만약 두 거리가 동일하면 $(d_{ij} = \widehat{d_{ij}})$ 스트레스값은 0이 되고 d_{ij} 는 δ_{ij} 의 함수 $f(\delta_{ij})$ 에 의하여 완벽하게 추정된다는 것을 의미하게 된다. 또한 스트레스값이 크다면 실제거리 d_{ij} 와 추정된 거리 $\widehat{d_{ij}}$ 의 차이가 크다는 의미가 된다. 다차원척도의 적합도를 통계적으로 검정할 수 있는 방법은 없으나 일반적으로 다음과 같은 스트레스값에 대한 평가기준이 사용되고 있다.

스트레스 값	적합도 평가
0.2 이상	아주 나쁘다.
0.2	나쁘다
0.1	보통이다.
0.05	좋은 편이다.
0.025	매우 좋은 편이다.
0	완벽하다.

(3) 최적화와 차원의 결정

다차원척도에서 기본적인 전제조건은 공간에서 개체들 사이의 거리가 개체들 사이의 비유사성 정도와 일치해야 한다는 것이다. 따라서 일치도를 높이기 위해서는 d_{ij} 와 δ_{ij} 사이의 관계를 최적화시키는 함수를 반복적으로 추정하는 과정을 거치게 된다. 반복과정은 출발좌표로부터 구한 스트레스를 작게 할 수 있는 새로운 좌표로 개체점들을 이동시키는 과정을 의미한다. 예를 들면 d_{ij} 가 $\widehat{d_{ij}}$ 보다 크다면 i 번째 점은 차이의 특정 비례량만큼 j 번째 점으로 이동하게 되고, 역으로 $\widehat{d_{ij}}$ 가 d_{ij} 보다 크다면 j 번째 점은 차이의 특정 비례량만큼 i 번째 점으로 이동하여 새로운 좌표를 구하게 된다. 매 과정마다 구한 스트레스값이 연구자가 설정한 값보다 작거나, 새로운 과정을 반복하여도 스트레스값 차이의 감소가 매우 미미하다면 반복과정을 중지하고 마지막 단계에서 구한 좌표로 개체들을 공간상에 표시하게 된다. 이러한 스트레스를 최소화할 수 있는 최적화 함수를 구하는 방법으로는 수치최적화방법인 최대급경사(steepest descent)방법이나, 가우스-뉴우튼(gauss-newton)방법 등이 주로 사용된다.

다차원공간상에 차원의 수가 증가할수록 유도된 공간에서의 개체들의 거리가 개체들 사이의 비유사성을 재현시킬 수 있는 가능성이 점점 높아지게 된다. 일반적으로 n 개 개체가 있을 때 차원의 수가 $n-1$ 이면 스트레스값은 0으로 만들 수 있으며 개체간의 거리를 완벽하게 다차원공간상에 표시할 수 있다. 그러나 다차원척도의 목적은 가능한 소수의 차원의 수를 통하여 개체들 사이의 거리행렬을 설명하고자 하기 때문에 많은 차원의 수를 고려하는 것은 바람직하지 못하다. 따라서 유도된 차원을 간단하고 명료하게 해석하기 위해서는 차원의 축소가 필요하다. 일반적으로 다차원척도의 결과를 시각적으로 쉽게 나타내기 위하여 사용되는 차원은 이차원공간이다.

이제부터 거리행렬의 대부분을 설명할 수 있는 차원의 수를 결정하는 방법에 대하여 간단하게 설명하고자 한다. 이 방법은 인자분석에서 공분산행렬이나 상관행렬의 대부분을 설명할 수 있는 인자의 수를 결정하는 문제와 유사하다. 인자분석에서는 인자를 도출하기 위하여 공분산행렬이나 상관행렬을 사용하지만 다차원척도에서는 거리행렬이나 비유사성행렬을 사용하게 된다. 또한 인자모형에서 자료는 다변량정규분포

에 따르고 인자들은 선형함수 형태로 표시되었다. 그러나 다차원척도에서는 이러한 제약조건이 필요하지 않다.

다차원척도법에서 차원의 수를 결정하는 기준을 설명하기 위하여 우선 p차원 유클리드공간상의 n개 개체점이 있다면 각 개체 짝들 사이의 유클리드거리는 쉽게 계산될 수 있을 것이다. 예를 들면 i번째 점 x_i와 j번째 점 x_j사이의 유클리드 거리의 자승은

$$d_{ij}^2 = (x_i - x_j)'(x_i - x_j) \tag{9-2}$$

이 된다. 자료행렬 $X = [x_1, x_2, \cdots, x_n]'$가 $n \times p$행렬이면 식(9−2)에서 구한 각 개체들 사이의 유클리드 거리의 자승을 원소로 하는 행렬 $B = \{d_{ij}^2\}$는 $B = XX'$로 표시된다. 이때 행렬B는 n차 대칭행렬이고 계수가 p인 양반정치행렬이다. 따라서 행렬 B의 n개 고유치 중에서 p개는 음수가 아닌 고유값을 가지며 나머지 n−p는 영의 고유값을 갖게 된다. 이제 행렬 B를 고유값 λ_i과 고유벡터 e_i로 스펙트럼분해로 표시하면 다음과 같다.

$$B = XX' = \sum_{i}^{p} \lambda_i e_i e_i' = P \Lambda P' \tag{9-3}$$

여기서 $\Lambda = \mathrm{diag}(\lambda_1, \lambda_2, \cdots, \lambda_p)$이고, $P = [e_1, e_2, \cdots, e_p]$이다.

유사성자료행렬$\Delta = \{\delta_{ij}\}$의 대부분을 설명할 수 있는 차원의 수를 결정하기 위해서는 우선 행렬 B의 고유값을 살펴보아야 한다. 최대차원 수는 영보다 큰 고유값의 수로 구할 수 있으나 실제적으로 다차원척도에서 필요한 차원의 수는 두 개 혹은 세 개이다. 고유값을 크기순으로 배열했을 때, p개보다 훨씬 작은 q개 고유값들에 의하여 설명되어지는 비율은 처음 q개 고유값들의 합을 전체 고유값들의 합으로 나누어 평가되기 때문에 일정비율이상을 설명할 수 있는 차원의 수를 결정할 수 있을 것이다.

예제 9.1

12개 국가의 유사성을 직접적으로 측정하기 위하여 두 국가씩 짝을 지우고, 가능한 66가지 짝에 대하여 유사성의 정도를 Likert 9점 척도(전혀 유사하지 않다 1 – 매우 유사하다 9)로 평가하였다. 아래 대칭행렬 자료는 학생들이 66가지 짝에 대하여 평가한 유사성척도를 평균한 값이다. 다차원척도법을 이용하여 이차원 공간상에 개별 국가의 상대적 위치인 지각도를 그려라.

12개 국가에 대한 유사성순위 자료(Kruskal(1978))

	Brz	Con	Cub	Egy	Fra	Ind	Isr	Jan	Chi	Rus	USA	Yug
Brazil	–											
Congo	4.83	–										
Cuba	5.28	4.56	–									
Egypt	3.44	5.00	5.17	–								
France	4.72	4.00	4.11	4.78	–							
India	4.50	4.83	4.00	5.83	3.44	–						
Israel	3.83	3.33	3.61	4.67	4.00	4.11	–					
Japan	3.50	3.39	2.94	3.83	4.22	4.50	4.83	–				
China	2.39	4.00	5.50	4.39	3.67	4.11	3.00	4.17	–			
Russia	3.06	3.39	5.44	4.39	5.06	4.50	4.17	4.61	5.72	–		
U.S.A	5.39	2.39	3.17	3.33	5.94	4.28	5.94	6.06	2.56	5.00	–	
Yogo	3.17	3.50	5.11	4.28	4.72	4.00	4.44	4.28	5.06	6.67	3.56	–

프로그램 \CH7\EX3.SAS

```
DATA ONE ;
① INPUT (BRAZIL CONGO CUBA EGYPT FRANCE INDIA
   ISRAEL JAPAN CHINA USSR USA YUGO)
   (5.2) @ 60 ;
```

```
CARDS ;
  9
  4.83  9
  5.28  4.26  9
  3.44  5.00  5.17  9
  4.72  4.00  4.11  4.78  9
  4.50  4.83  4.00  5.83  3.44  9
  3.83  3.33  3.61  4.67  4.00  4.11  9
  3.50  3.39  2.94  3.84  4.11  4.50  4.83  9
  2.39  4.00  5.50  4.39  3.67  4.11  3.00  4.17  9
  3.06  3.39  5.44  4.39  5.06  4.50  4.17  4.61  5.72  9
  5.39  2.39  3.17  3.33  5.94  4.28  5.94  6.06  2.56  5.00  9
  3.17  3.50  5.11  4.28  4.72  4.00  4.44  4.28  5.06  6.67  3.56  9
  ;
  RUN ;
② PROC MDS DATA=ONE LEVEL=ORDINAL SIMILAR=9 DIMENSION=2
     PFIT PCONFIG MAXITER=30 OUT=TWO;
  RUN ;
③ PROC PLOT DATA=TWO;
④ PLOT DIM2*DIM1='*' $_NAME_/ VPOS=25 HPOS=45
   HREF=0 VREF=0 BOX;
   WHERE _TYPE_='CONFIG' ;
  RUN ;
```

프로그램 해설

① 입력자료가 대칭행렬일 때 사용되는 명령문이다. 형식은 INPUT(변수이름) 형식을 취한다. 입력자료에서 동일국가 짝의 유사성평가 척도는 9이기 때문에 입력자료에 9를 사용하였다.

② PROC MDS ; 다차원척도분석을 실시하라는 명령문이다. 측정척도를 순위로 지정하기 위하여 LEVEL=ORDINAL, 차원의 수를 두 개로 지정하기 위하여 DIMENSION=2, 부적합도를 출력하기 위하여 PFIT, 개별국가의 좌표를 출력하기 위하여 PCONFIG, 최대 반복추정회수를 지정하기 위하여 MAXITER=30을 옵션으로 사용하였다. 또한 출력자료는 데이터 TWO에 저장된다. 측정척도가 절대척도인 경우에는 LEVEL=ABSOLUTE, 등간척도인 경우에는

INTERVAL, 비율척도인 경우에는 RATIO를 사용한다.

③ PROC PLOT DATA=TWO ; 출력결과를 이차원 공간상에 표시하기 위한 그림표를 작성하라는 명령문이다.

④ PLOT DIM2*DIM1='*' $_NAME_/ VPOS=25 HPOS=45 HREF=0 VREF=0 BOX ; 출력은 * 와 국가이름을 동시에 표시하라는 명령문이다. 또한 수평축과 수직축의 위치와 참고선을 그리기 위한 옵션이다.

결과 및 해석

Multidimensional Scaling : Data=WORK.ONE

Shape=TRIANGLE Cond=MATRIX Level=ORDINAL

Coef=IDENTITY Dim=2 Formula=1 Fit=1

Mconverge=0.01 Gconverge=0.01 Maxiter=30 Over=2 Ridge=0.0001

	Badness-of-Fit	Change in	Convergence Measures		
Iteration	Type	① Criterion	Criterion	Monotone	Gradient
0	Initial	0.282553	·	·	·
1	Monotone	0.224915	0.057638	0.161007	0.439712
2	Gau-New	0.201999	0.022917	·	·
3	Monotone	0.199509	0.002489	0.034991	0.142383
4	Gau-New	0.198870	0.000639	·	·
5	Monotone	0.197115	0.001755	0.027438	0.100169
6	Gau-New	0.196840	0.000275	·	·
7	Monotone	0.196679	0.000161	0.008186	0.093506
8	Gau-New	0.195779	0.000900	·	0.018329
9	Gau-New	0.195717	0.000061447	·	0.015989
10	Gau-New	0.195670	0.000047346	·	0.014246
11	Gau-New	0.195632	0.000037868	·	0.012934
12	Gau-New	0.195600	0.000031474	·	0.011962
13	Gau-New	0.195573	0.000027068	·	0.011181
14	Gau-New	0.195550	0.000023684	·	0.010472
15	Gau-New	0.195529	0.000020738	·	0.009768

Convergence criteria are satisfied.

각 국가 간의 거리와 모형에 의하여 추정된 거리와의 적합도를 표시하는 ① stress 는 가우스-뉴우튼 방법에 의하여 15번 반복적인 추정결과 0.196로 적합도를 그리 좋은 편은 아니다.

② Configuration

	DIM1	DIM2
BRAZIL	−0.34	1.78
CONGO	1.41	1.28
EGYPT	1.43	−0.27
CUBA	0.79	0.31
FRANCE	−0.61	0.31
INDIA	0.40	0.61
ISRAEL	−1.45	0.35
JAPAN	−1.30	−0.78
CHINA	1.26	−1.18
USSR	0.01	−1.23
USA	−1.66	0.03
YUGO	0.07	−1.20

③ Plot of DIM2*DIM1$_NAME_. Symbol used is '*'.

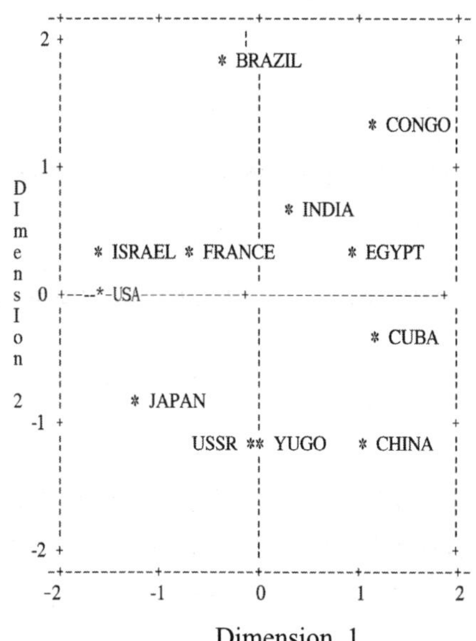

②는 다차원척도분석 결과 이차원 좌표축에 각 국가 좌표점을 표시하고 있다. 이 좌표점들을 이차원 공간상에 그려보면 ③과 같은 지각도를 갖는다. 이 지각도의 의미를 살펴보기 위해서는 내재된 의미있는 방향을 결정하여야 한다. 원래 좌표축보다는 좌표축을 회전시키면 좀 더 의미있는 해석을 할 수 있을 것이다.

친서방국가 ↖	개발도상국 ↗ II
↙ 선진국	↘ I 친공산국가

회전된 첫 번째 축(I)은 "정치적 제휴 여부"를 의미하고, 회전된 두 번째 축(II)은 "경제개발 정도" 를 의미한다고 판단된다. 즉 오른쪽 하향선은 친「공산국가군」을 왼쪽 상향선은 「친 서방국가군」을 표시한다. 또한 왼쪽 하향선은「선진국가군」을 오른쪽 상향선은 「개발도상국가군」을 표시한다.

예제 9.2

다음과 같은 10개 청량음료제품에 대하여 유사성을 측정하고자 한다.

① Pepsi ② Coke ③ Coke Classic ④ Diet Pepsi ⑤ Diet Slice
⑥ Diet 7-up ⑦ Dr. Pepper ⑧ Slice ⑨ 7-up ⑩ Tab

두 개 제품씩 짝으로 결합하면 짝의 수는 모두 45개 짝이 다음과 같이 나오게 된다.

Pepsi-Coke Pepsi-Coke Classic Pepsi-Dier Pepsi
Pepsi-Diet Slice Tab-7 up

전문가에게 45개 짝에 대한 유사성의 측정 정도에 따라 순위를 부여하게 한다. 가장 유사성이 있는 짝에 순위 1, 그 다음으로 유사성이 강한 짝에 순위 2, 그리고 가장 유사성이 없다고 평가한 짝에 순위 45를 부여하여 다음과 같은 유사성행렬을 얻었다. 다차원척도방법을 이용하여 각 청량음료수의 상대적 위치를 이차원공간상에 지각도를 그려라.

청량음료 짝 사이의 유사성 순위

	P	C	CC	DP	DS	D7	DR	S	UP	T
Pepsi-Coke	1	—								
Coke Classic	3	2	—							
Diet Pepsi	7	9	8	—						
Diet Slice	27	28	32	22	—					
Diet 7-Up	41	42	43	29	13	—				
Dr. Pepper	18	17	19	20	30	40	—			
Slice	24	25	26	31	5	16	23	—		
7-Up	35	36	38	44	15	6	37	14	—	
Tab	12	11	10	4	33	34	21	39	45	—

프로그램 \CH7\EX2.SAS 

```
DATA ONE;
 INPUT (P C CC DP DS D7 DR S UP T)(3.) @45 ;
  CARDS;
   0
   1    0
   3    2    0
   7    9    8    0
   27   28   32   22   0
   41   42   43   29   13   0
   18   17   19   20   30   40   0
   24   25   26   31   5    16   23   0
   35   36   38   44   15   6    37   14   0
   12   11   10   4    33   34   21   39   45   0
   ;
   RUN ;
PROC MDS DATA=ONE LEVEL=ORDINAL OUT=TWO
```

```
    MAXITER=30 PCONFIG PFINAL PFIT ;
     RUN ;
PROC PLOT DATA=TWO;
 PLOT DIM2*DIM1='*' $_NAME_/
    VPOS=25 HPOS=45 VAXIS=-1.5 TO 1.5
    HAXIS=-2 TO 2
    VREF=0 HREF=0 BOX;
 WHERE _TYPE_ ='CONFIG' ;
     RUN ;
```

프로그램 해설

```
Multidimensional Scaling :   Data=WORK.ONE
Shape=TRIANGLE Cond=MATRIX Level=ORDINAL
Coef=IDENTITY Dim=2 Formula=1 Fit=1
Mconverge=0.01 Gconverge=0.01 Maxiter=30 Over=2 Ridge=0.0001
```

			Convergence Measures		
	① Badness-of-Fit	Change in			
Iteration	Type	Criterion	Criterion	Monotone	Gradient
0	Initial	0.224308	·	·	
1	Monotone	0.149736	0.074572	0.140953	0.829342
2	Gau-New	0.135246	0.014490	·	·
3	Monotone	0.070143	0.065104	0.099966	0.745920
4	Gau-New	0.060028	0.010115	·	·
5	Monotone	0.046524	0.013504	0.035054	0.631185
6	Gau-New	0.036663	0.009861	·	·
7	Monotone	0.031476	0.005187	0.017794	0.317170
8	Gau-New	0.031215	0.000261	·	·
9	Monotone	0.028566	0.002648	0.011091	0.239354
10	Gau-New	0.027817	0.000749	·	·
11	Monotone	0.027148	0.000669	0.005686	0.177174
12	Gau-New	0.026737	0.000411	·	0.035955
13	Gau-New	0.026720	0.000017237	·	0.000713

Convergence criteria are satisfied.

각 청량음료간의 거리와 모형에 의하여 추정된 거리와의 적합도를 표시하는 ① stress는 13번의 반복적인 추정결과 0.027로 적합도가 좋은 것으로 나타났다.

Multidimensional Scaling : Data = WORK.ONE

Shape = TRIANGLE Cond = MATRIX Level = ORDINAL

Coef = IDENTITY Dim = 2 Formula = 1 Fit = 1

② Configuration

	DIM1	DIM2
P	1.20	0.05
C	1.20	0.02
CC	1.22	0.48
DP	0.78	0.85
DS	−1.26	0.28
D7	−1.71	1.35
DR	0.61	−1.05
S	−0.26	−1.43
UP	−1.78	−0.89
T	0.00	0.33

②는 다차원척도분석 결과 각 청량음료의 이차원 좌표축의 좌표점들을 표시하고 있다. 이 좌표점들을 이차원 공간상에 그려보면 ③과 같은 지각도를 갖는다. 좌표축의 의미를 살펴보면 첫 번째 좌표축은 "콜라향의 정도"를 의미하고, 두 번째 좌표축은 "칼로리 정도"를 의미한다고 판단된다. 이 결과에 의하면 Dr.Pepper와 Slice가 가장 높은 칼로리 청량음료군이고, Diet 7-Up과 Diet Pepsi가 가장 낮은 칼로리 청량음료군으로 나타났다. 또한 이 지각도는 청량음료들의 경쟁적 관계군을 표시하고 있다. 예를 들면 Pepsi와 Coke, Diet Pepsi와 Coke Classic, Dr. Pepper와 Slice는 서로 경쟁적인 브랜드임을 알 수 있다.

③ Plot of DIM2*DIM1$_NAME_. Symbol used is '*'.

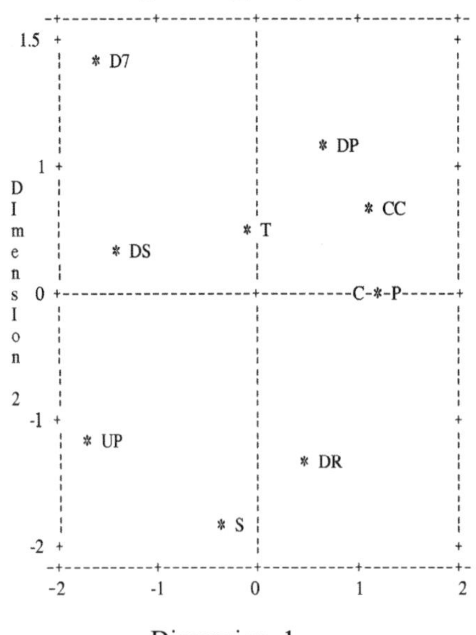

Dimension 1

NOTE : 1 obs hidden

9.4 대응분석

대응분석(Correspondence analysis)의 주요 목적은 분할표에 포함된 수치 정보의 연관성을 이해하기 쉽게 표현하기 위해서 그래프에 표현하는 것이다. 대응분석은 분할표 차원의 축소(dimensional reduction)를 통해서 지각도(perceptual map)작성하는데 사용되는 상호 종속적인(interdependence) 방법이다. 이 방법의 주요 활용은 명목척도에서 측정된 범주형변수의 대응관계를 지각도로 묘사하는 것이다. 예를 들면, 220명의 소비자를 조사하여 나이(세 개 수준 : 젊은층 18-35세, 중년층 36~55세, 노년층 56세 이상)범주에 따라 구입한 제품(세 개 수준 : A, B, C)범주에 따라 관측된 분할표는 <표 9.1>과 같다.

〈표 9.1〉 나이 범주에 의한 제품 분할표

	A	B	C	합 계
젊은층	20	20	20	60
중년층	40	10	40	90
노년층	20	10	40	70
합 계	80	40	100	220

위 분할표에 의하면 도수(frequency)는 제품과 나이에 따라서 상당하게 변동하고 있음을 알 수 있다. 제품 범주에 의하면 구입도수는 제품 C가 가장 높고 제품 B가 가장 낮은 것으로 나타났다. 나이 범주에 의하면 구입도수는 중년층에서 가장 높고 젊은층에서 가장 낮은 것으로 나타났다. 위 분할표에서 주요 관심사는 (1) 두 범주사이의 연관성 계량화, (2) 나이 범주에 대하여 각 제품의 연관성 계량화와 지각도 작성, (3) 제품 범주에 대하여 각 나이의 연관성 계량화와 지각도 작성, (4) 연관성을 측정한 후 두 직교적인 차원에 두 범주의 위치를 종합적으로 표시하는 지각도를 작성하는 것이다. 이제부터 대응분석에서 사용되는 용어의 개념과 수리적인 이론적 계산절차를 설명하도록 하자.

9.4.1 기본적 개념과 계산절차

행의 수가 I개이고 열의수가 J개인 <표 9.2>와 같은 $I \times J$ 이원분할표에서 i번째 행과 j번째 열의 도수를 $x_{ij}(i = 1, 2, \ldots, I., j = 1, 2, \ldots, J)$라고 하자.

〈표 9.2〉 입력자료

	B_1	B_2	$\cdots$	B_J
A_1	x_{11}	x_{12}	$\cdots$	x_{1J}
A_2	x_{21}	x_{22}	$\cdots$	x_{2J}
$\vdots$	$\vdots$	$\vdots$	$\vdots$	$\vdots$
A_I	x_{I1}	x_{I2}	$\cdots$	x_{IJ}

$I > J$라고 했을 때 각 셀의 도수 x_{ij}를 원소로 하는 행렬 X는

$$X_{I \times J} = \begin{bmatrix} x_{11} & x_{12} & \cdots & x_{1J} \\ x_{21} & x_{22} & \cdots & x_{2J} \\ \vdots & \vdots & \vdots & \vdots \\ x_{I1} & x_{I2} & \cdots & x_{IJ} \end{bmatrix}$$

로 표현되고, 완전 열계수(perfect column rank) J를 갖는다고 가정하자. 분할표의 연관성을 그래프로 표현하기 위해서는 각 셀의 도수보다는 전체에 대한 비율을 사용하게 된다. 만약 행렬X의 모든 원소의 합(총 도수)이 n이면 각 원소를 n으로 나눈 비율행렬(matrix of proportions)인 $P = \{p_{ij}\}$을 다음과 같이 구할 수 있다.

$$p_{ij} = \frac{x_{ij}}{n},\ i = 1, 2, \cdots, I,\ j = 1, 2, \cdots, J,$$

$$P_{(I \times J)} = \frac{1}{n} X_{(I \times J)} \tag{9-4}$$

$$= \begin{bmatrix} x_{11}/n & x_{12}/n & \cdots & x_{1J}/n \\ x_{21}/n & x_{22}/n & \cdots & x_{2J}/n \\ \vdots & \vdots & \vdots & \vdots \\ x_{I1}/n & x_{I2}/n & \cdots & x_{IJ}/n \end{bmatrix} = \begin{bmatrix} p_{11} & p_{12} & \cdots & p_{1J} \\ p_{21} & p_{22} & \cdots & p_{2J} \\ \vdots & \vdots & \vdots & \vdots \\ p_{I1} & p_{I2} & \cdots & p_{IJ} \end{bmatrix}$$

대응분석에서 비율행렬 P를 대응행렬(correspondence matrix)이라고 부른다. 대응행렬 P에서 행합 r_i, 열합 c_j은 다음과 같이 계산된다.

$$r_i = \sum_{j=1}^{J} p_{ij} = \sum_{j=1}^{J} \frac{x_{ij}}{n},\ i = 1, 2, \ldots, I,$$

혹은 $\mathbf{r}_{(I \times 1)} = P_{(I \times J)} \mathbf{1}_{(J \times 1)}$

$$c_j = \sum_{i=1}^{I} p_{ij} = \sum_{i=1}^{I} \frac{x_{ij}}{n},\ j = 1, 2, \ldots, J,$$

혹은 $\mathbf{c}_{(J \times 1)} = P'_{(J \times I)} \mathbf{1}_{(I \times 1)}$ (9-5)

<표 9.1>의 분할표에서 구한 대응행렬 P와 행합벡터 r, 열합벡터 c는 다음과 같다.

$$P = \begin{bmatrix} 0.0909 & 0.0909 & 0.0909 \\ 0.1818 & 0.0455 & 0.1818 \\ 0.0909 & 0.0455 & 0.1818 \end{bmatrix} \quad r = \begin{bmatrix} 0.2727 \\ 0.4091 \\ 0.3182 \end{bmatrix} \quad c = [0.3636 \;\; 0.1818 \;\; 0.4545]$$

이제 이원 분할표에서 연관성을 계산하는 절차를 <표 9.1>의 자료를 이용하여 설명하도록 하겠다. 우선 대응분석을 실시하기 위한 SAS 프로그램은 아래와 같다.

프로그램 \CH7\EX3.SAS

```
DATA ONE;
 INPUT AGE $ A B C;
CARDS;
YOUNG 20 20 20
MIDDLE 40 10 40
SENIOR 20 10 40
;
RUN;
① PROC CORRESP OUT=TWO ALL;
   TITLE "Correspondence Analysis of Product and Age";
   VAR A B C;
   ID AGE;
   RUN;
② PROC PRINT DATA=TWO;
   RUN;
③ PROC PLOT DATA=TWO VTOH=3;
  TITLE "Plot of Age Association";
  PLOT DIM2*DIM1='*' $AGE/HREF=0 VREF=0
   BOX HAXIS=BY 0.1 VAXIS=BY 0.1;
   WHERE _TYPE_ ='OBS';
   RUN;
④ PROC PLOT DATA=TWO VTOH=3;
  TITLE "Plot of Product Association";
  PLOT DIM2*DIM1='*' $AGE/HREF=0 VREF=0
```

```
  BOX HAXIS=BY 0.1 VAXIS=BY 0.1;
  WHERE _TYPE_ ='VAR';
  RUN;
⑤ PROC PLOT DATA=TWO VTOH=3;
 TITLE "Plot of All Association";
 PLOT DIM2*DIM1='*' $AGE/HREF=0 VREF=0
  BOX HAXIS=BY 0.1 VAXIS=BY 0.1;
  RUN;
```

프로그램 해설

① 자료에 대한 대응분석을 실시하기 위해서 PROC CORRESP 문을 사용하였다. 또한 대응분석의 모든 결과를 데이터 TWO에 저장하기 위해서 OUT=TWO ALL 옵션을 사용하였다. VAR A B C; 문은 열에 대한 정보를 가지고 있는 변수인 제품종류 A B C를 표시한다. ID AGE 문은 VAR 문과 함께 쓰이고 ID 문에는 하나의 범주형 변수가 지정된다.
② PROC PRINT DATA=TWO; 문은 데이터 TWO에 저장된 분석결과를 출력시킨다.
③ 행(나이 수준)에 관한 연관성을 지각도로 표현하기 위한 문이다.
④ 열(제품 종류)에 관한 연관성을 지각도로 표현하기 위한 문이다.
⑤ 행(나이 수준)과 열(제품 종류)에 관한 연관성을 지각도로 표현하기 위한 문이다.

(1) 행과 열의 프로파일(profile) 계산

분할표에서 각 셀의 도수를 단순히 비교한다는 것은 의미가 없다. 왜냐하면 행 혹은 열의 합이 같지 않기 때문이다. 각 셀의 도수를 비교하기 위해서는 각 행과 열에 대한 비율을 계산하여야 한다. 예를 들면, 첫 번째 행 [20 20 20]의 프로파일은 각 도수를 첫 번째 행의 합 60으로 나누면 [0.33 0.33 0.33]이 된다. 비율을 이용해서 행 프로파일 행렬 $R_{(I \times J)}$을 구하기 위해서 대각행렬 $D_r = \mathrm{diag}(r_1, r_2, \ldots, r_I)$을 이용하면 $R = D_r^{-1}P$이 된다. 또한 열 프로파일 행렬 $C'_{(J \times I)}$를 구하기 위해서 대각행렬 $D_c = \mathrm{diag}(c_1, c_2, \ldots, c_J)$을 이용하면 $C' = D_c^{-1}P'$이 된다. 예를 들면, $p_{11}/r_1 = 0.0909/0.2727 = 0.333333$이고 $p_{11}/c_1 = 0.0909/0.3636 = 0.25$이 된다.

Row Profiles

	A	B	C
YOUNG	0.333333	0.333333	0.333333
MIDDLE	0.444444	0.111111	0.444444
SENIOR	0.285714	0.142857	0.571429

Column Profiles

	A	B	C
YOUNG	0.250000	0.500000	0.200000
MIDDLE	0.500000	0.250000	0.400000
SENIOR	0.250000	0.250000	0.400000

(2) 척도행렬 유도

대응행렬 P의 (i, j) 각 원소인 관측비율(observed proportion)을 표준화시키기 위해서 우선 행합 r_i과 열합 c_j의 곱 $r_i \times c_j$인 기대비율(expected proportion)을 차이를 뺀 $\tilde{p}_{ij}$를 다음과 같이 표시하자.

$$\tilde{p}_{ij} = p_{ij} - r_i c_j,\ i = 1, 2, \ldots, I,\ j = 1, 2, \ldots, J,$$

혹은 $$\tilde{P}_{(I \times J)} = P_{(I \times J)} - \mathbf{r}_{(I \times 1)} \mathbf{c}'_{(1 \times J)} \qquad (9-6)$$

그 다음 $\tilde{p}_{ij}$를 기대비율의 제곱근으로 나눈 것으로 척도를 p^*_{ij}로 표시하면 아래와 같다.

$$p^*_{ij} = \frac{p_{ij} - r_i c_j}{\sqrt{r_i c_j}} = \frac{\tilde{p}}{\sqrt{r_i c_j}},\ i = 1, 2, \ldots, I,\ j = 1, 2, \ldots, J \qquad (9-7)$$

모든 셀에 대한 $\{p^*_{ij}\}$를 다음과 같이 척도행렬(scaled matrix) P^*로 표현할 수 있다.

$$P^*_{(I \times J)} = D_r^{-1/2}{}_{(I \times I)} \tilde{P}_{(I \times J)} D_c^{-1/2}{}_{(J \times J)} \qquad (9-8)$$

(3) 비정칙값 분해

스펙트럼분해는 공분산행렬이나 상관행렬과 같은 대칭행렬에 적용할 수 있는 반면에 비정칙값분해(singular value decomposition)는 스펙트럼분해를 일반화시킨 것으로 어떤 사각행렬(rectangular matrix)에도 적용할 수 있는 방법이다.

정리 9-1

(1) 행렬 A를 실수(real number)를 원소로 하는 $m \times k$ 행렬이라고 하면 다음과 같은 세 가지 행렬의 곱으로 표시된다.

$$A_{(m \times k)} = U_{(m \times m)} \Lambda_{(m \times k)} V'_{(k \times k)}$$

여기서 $m \times k$행렬 Λ의 (i, i)번째 원소는 $\lambda_i \geq 0, i = 1, 2, \dots, \min(m, k)$이고 다른 원소들은 0이다. 이때 양의 상수 λ_i를 행렬 A의 비정칙값(singular-value)이라고 부른다. 행렬 U는 $m \times m$ 직교행렬(orthogonal matrix)이고 행렬 V는 $k \times k$직교행렬이다.

(2) 만약 행렬 A의 계수(rank)가 r이라면 r개 양의 상수 $\lambda_1, \lambda_2, \dots, \lambda_r$, r개 $m \times 1$직교 단위벡터 $u_1, u_2, \dots, u_r$와 r개 $k \times 1$직교 단위벡터 $v_1, v_2, \dots, v_r$가 존재하게 되고, 행렬 A의 비정칙값 분해는 아래와 같이 표현된다.

$$A = \sum_{i=1}^{r} \lambda_i u_i v'_i = U_r \Lambda_r V'_r$$

여기서 $U_r = [u_1, u_2, \dots, u_r]$의 각 벡터들은 왼쪽 비정칙값 벡터라고 부른다. 또한 $V_r = [v_1, v_2, \dots, v_r]$의 각 벡터들은 오른쪽 비정칙값 벡터라고 부른다. Λ_r는 대각원소가 λ_i인 $r \times r$대각행렬이다.

[정리 9.1]을 이용해서 척도행렬(scaled matrix) P^*에 대해서 비정칙값 분해를 하여보자.

$$P^*_{(I \times J)} = U_{(I \times (J-1))} \Lambda_{((J-1) \times (J-1))} V'_{((J-1) \times J)} = \sum_{j=1}^{J-1} \lambda_j u_j v_j \qquad (9-9)$$

여기서 $\text{rank}(P^*) = \text{rank}(\widetilde{P}) \leq J-1$이고 $U'U = V'V = I$이 성립된다. <표 9.1>의 자료에서 구한 양의 비정칙값은 3 − 1 = 2개가 된다.

Singular Values

0.24591

0.14031

(4) 카이제곱 통계량 계산

행과 열 범주사이의 연관성의 정도를 측정하기 위한 χ^2통계량은 다음과 같이 설정된다.

$$\chi^2 = \sum_{i=1}^{I}\sum_{j=1}^{J}\frac{(O_{ij}-E_{ij})^2}{E_{ij}} = \sum_{i=1}^{I}\sum_{j=1}^{J}\frac{(x_{ij}-n\,r_i\,c_j)^2}{n\,r_i\,c_j} \qquad (9-10)$$

여기서 $O_{ij} = x_{ij}$는(i, j)번째 셀의 관측도수, $E_{ij} = n\,r_i\,c_j$는 대응되는 기대도수를 의미한다. 식 (9-7)을 이용하면

$$\chi^2 = \sum_{i=1}^{I}\sum_{j=1}^{J}\frac{(x_{ij}-n\,r_i\,c_j)^2}{n\,r_i\,c_j} \qquad (9-11)$$

$$= n\sum_{i=1}^{I}\sum_{j=1}^{J}\frac{(p_{ij}-r_ic_j)^2}{r_ic_j} = \sum_{i=1}^{I}\sum_{j=1}^{J}p_{ij}^{*2}$$

즉, 카이제곱통계량 χ^2은 관측비율과 기대비율사이의 차이 제곱을 기대비율로 나눈 통계량이다. 또한 카이제곱통계량 χ^2에 기여하는 셀(i, j)의 카이제곱값은 $\chi^2_{ij} = p^{*2}_{ij}$이 된다.

Chi-Square Statistic Expected Values$(E_{ij} = n\,r_i\,c_j)$

	A	B	C
YOUNG	21.8182	10.9091	27.2727
MIDDLE	32.7273	16.3636	40.9091
SENIOR	25.4545	12.7273	31.8182

Observed Minus Expected Values($O_{ij} - E_{ij}$)

	A	B	C
YOUNG	−1.81818	9.09091	−7.27273
MIDDLE	7.27273	−6.36364	−0.90909
SENIOR	−5.45455	−2.72727	8.18182

Observed Minus Expected Values($O_{ij} - E_{ij}$)

	A	B	C	Sum
YOUNG	① 0.1515	7.5758	1.9394	9.6667
MIDDLE	1.6162	2.4747	0.0202	4.1111
SENIOR	1.1688	0.5844	2.1039	3.8571
Sum	2.9365	10.6349	4.0635	② 17.6349

(젊은층-A)셀의 카이제곱값 ① χ^2_{11}과 카이제곱통계량 ② χ^2은 아래와 같다.

① $\chi^2_{11} = (20 - 21.82)^2 / 21.82 = 0.1515$ ② $\chi^2 = 17.6349$

나이와 제품선택 사이의 연관성에 대한 귀무가설 "H_0 : 두 범주는 독립적이다"를 검정하기 위한 임계값은 유의수준 0.05에서 $\chi^2_{0.05,4} = 0.711$이다. 카이제곱통계량 17.6349이 임계값 0.711보다 상당히 크므로 유의수준 0.05에서 귀무가설을 기각할 수 있는 근거가 된다. 또한 $(O_{ij} - E_{ij})$의 부호를 각 셀의 카이제곱값에 적용하면 다음과 같은 유사성(similarity)척도로 변환될 수 있다.

유사성척도

	A	B	C
YOUNG	−0.1515	7.5758	−1.9394
MIDDLE	1.6162	−2.4747	−0.0202
SENIOR	−1.1688	−0.5844	2.1039

양의 큰 유사성값(양의 연관성)은 젊은층−B(7.5758), 중년층−A(1.6162)과 노년층−C(2.1039)이었다. 양의 큰 유사성값을 갖는 짝은 지각도에서 표현될 때 서로 가깝게 위치하게 된다. 음의 큰 유사성값(음의 연관성)은 젊은층−C(−1.9394), 중년층−

B(− 2.4747)과 노년층 − A(− 1.1688)이었다. 음의 큰 유사성값을 갖는 짝은 지각도에서 표현될 때 서로 멀리 떨어져 위치하게 된다.

(5) 전체 이너시아 계산

두 범주사이의 연관성을 측정할 수 있는 카이제곱통계량 χ^2의 값의 해석은 다음과 같은 단점을 가지고 있다. 예를 들면, 만약 각 셀의 도수를 두 배를 하면 카이제곱통계량 χ^2값은 커지게 되지만 상대적인 거리는 변하지 않게 된다. 따라서 대응분석에서는 카이제곱통계량 χ^2 대신에 χ^2를 총 도수n 로 나눈 이너시아를 사용하고 ϕ^2로 표시한다. 대응분석에서 사용되는 이너시아(inertia)는 역학(mechanics)에 사용되는 용어인 관성모멘트(moment of inertia)에서 유래되었다. 역학에서 관성모멘트는 물체의 질량(mass)에 축에서의 거리제곱을 곱한 값으로 표시된다. 대응분석에서 전체 이너시아(totalinertia)는 이원분할표에서 구해진 카이제곱통계량을 총 도수로 나눈 값 혹은 비정칙값들의 제곱합으로 정의되고, 다차원 공간에서 프로파일의 산포(dispersion)의 정도를 의미한다. 전체 이너시아가 클수록 행-열 연관성은 커지게 되고, 이너시아가 작을수록 행-열 연관성은 낮아지게 된다.

$$\text{전체 이너시아 } \phi^2 = \sum_{i=1}^{I}\sum_{j=1}^{J}\frac{(x_{ij} - n\,r_i\,c_j)^2}{n\,r_i\,c_j} = \frac{\chi^2}{n} = \sum_{i}^{r}\lambda_i^2 \qquad (9-12)$$

(6) 이너시아의 주축 계산

분할표 범주 수준의 연관성을 설명할 수 있는 서로 직교적인 축들을 이너시아의 주축(principal axis of inertia)이라고 부른다.

대응분석에서 필요한 차원은 $K = \min\{I-1, J-1\}$이다. 주축들에 의해서 설명되어지는 이너시아의 비율을 계산하기 위해서는 식(9 − 9)의 P^*에서 구한 비정칙값의 제곱이나$(P^*)'P^*$ 혹은 $P^*(P^*)'$의 고유값(eigen value)을 구하여 전체 이너시아를 나누게 된다. 이때 비정칙값의 제곱 $\lambda_1^2, \lambda_2^2, \ldots, \lambda_K^2$을 주이너시아(principal inertia)라고 부른다. 주이너시아는 전체 이너시아에 대한 설명비율을 의미한다.

```
                Inertia and Chi-Square Decomposition

Singular  Principal Chi-
Values    Inertias  Squares Percents   15   30   45   60   75
                                    ----+----+----+----+----+---
0.24591   0.06047   13.3039④75.44% *************************
0.14031   0.01969    4.3310  24.56% ********
          -------   -------
        ③0.08016   17.6349 (Degrees of Freedom = 4)
```

전체 이너시아 ③$\phi^2 = 0.08016$은 비정칙값들의 제곱합 혹은 χ^2/n으로 다음과 같이 계산된다.

$$0.08016 = \lambda_1^2 + \lambda_2^2 = (0.24591)^2 + (0.14031)^2 = 0.06047 + 0.01969$$
$$= \chi^2/n = 17.6349/220$$

여기서 첫 관심은 개별 주축에 의해서 전체 이너시아가 얼마나 설명될 수 있는 가이다. 첫 번째 주이너시아 0.06047는 전체 이너시아 0.08016의 ④ 75.44%이고, 두 번째 주이너시아 0.01969는 전체 이너시아 0.08016의 24.56%가 된다.

$$75.44\% = \left(\frac{\lambda_1^2}{\lambda_1^2 + \lambda_2^2}\right) \times 100 = \left(\frac{0.06047}{0.08016}\right) \times 100$$

다음 관심사는 전체 이너시아의 대부분을 설명할 수 있는 주축의 수에 대한 것이다. 주축의 수를 결정하기 위해서는 통계적인 검정보다는 고유값 λ_i^2을 사용하여 개별 축의 설명력과 처음 몇 개 축들의 누적 설명력을 이용하는 것이 일반적이다. 실제적으로 대응분석에서는 필요한 차원 $\mathrm{K} = \min\{I-1, J-1\}$보다는 훨씬 작은 2개 혹은 3개의 주축을 사용하게 된다.

(7) 행 프로파일과 열 프로파일의 좌표 계산

행 프로파일에 대한 좌표의 계산은 다음 식을 이용하여 구할 수 있다.

$$\mathrm{Y}_{(\mathrm{I}\times(\mathrm{J}-1))} = \mathrm{D}^{-1/2}_{(\mathrm{I}\times\mathrm{I})}\mathrm{U}_{(\mathrm{I}\times(\mathrm{J}-1))}\mathrm{r} \qquad (9-13)$$

그리고 열 프로파일에 대한 좌표의 계산은 다음 식을 이용하여 구할 수 있다.

$$Z_{(J\times(J-1))} = D^{-1/2}_{(J\times J)} V_{(J\times(J-1))C} \qquad (9-14)$$

<표 9.1>에서 행(나이 수준) 프로파일에 대한 두 축에 대한 좌표와 행에 관한 지각도 작성과 관련된 값들은 아래와 같다.

Row Coordinates

	Dim1	Dim2
YOUNG	0.401297	0.008476
MIDDLE	−.159894	0.141820
SENIOR	−.138391	−.189605

Plot of Age Association

Plot of DIM2*DIM1$AGE. Symbol used is '*'.

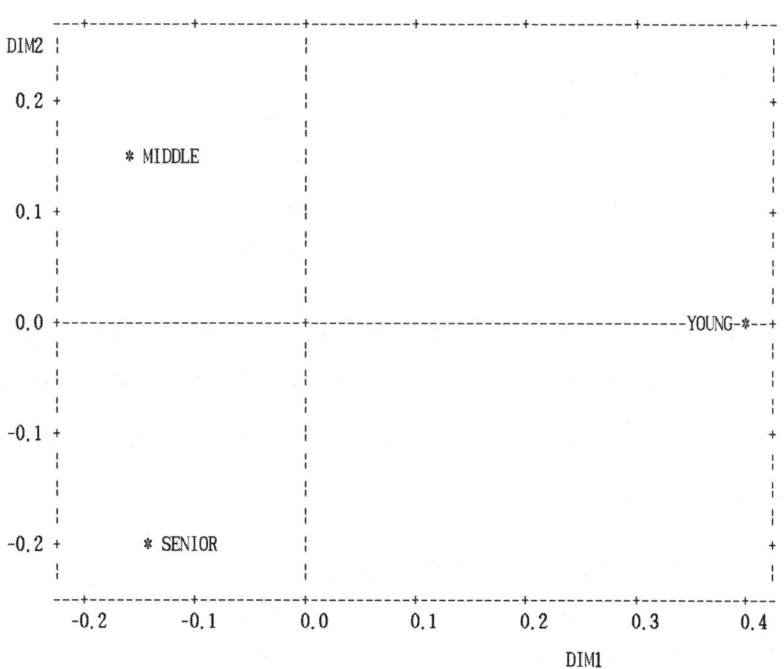

Summary Statistics for the Row Points

	Quality	Mass	Inertia
YOUNG	1.00000	0.272727	0.548155
MIDDLE	1.00000	0.409091	0.233123
SENIOR	1.00000	0.318182	0.218722

Quality는 인자분석에서 사용된 개별 변수에 대한 공통성(communality)과 유사하게 해석될 수 있다. 따라서 대응분석에서 Quality는 두 개 차원에 의해서 나이 개별 수준을 설명할 수 있는 비율을 의미한다. 차원의 최대값이 1이기 때문에 나이 수준은 두 개 차원에 의해서 완전히 설명된다. 만약 Quality 값이 작다면 설정된 차원이 행의 개별 수준을 잘 설명할 수 없다고 해석될 수 있다. Mass는 각 행합 비율 r_i을 의미한다. 또한 Inertia는 전체 Inertia에 대한 행의 개별 수준의 상대적인 기여도(relative contribution to total inertia)를 의미하기 때문에 행에 대한 차원은 나이 수준이 젊은층인지 혹은 (중년층, 노년층)인지를 구분하게 된다.

Partial Contributions to Inertia for the Row Points

	Dim1	Dim2
YOUNG	0.726277	0.000995
MIDDLE	0.172953	0.141820
SENIOR	0.100770	0.581048

Partial Contributions to Inertia for the Row Points는 인자분석에서 사용된 인자적재량(factor loadings)과 유사하게 해석될 수 있다. 따라서 Partial Contributions는 나이 개별 수준과 두 차원과의 연관성의 크기로 해석하면 차원1은 젊은층과 차원2는 중년층과 노년층과 연관성이 더 있다고 판단할 수 있다.

Squared Cosines for the Row Points

	Dim1	Dim2
YOUNG	0.999554	0.000446
MIDDLE	0.559691	0.440309
SENIOR	0.347573	0.652427

Squared Cosines for the Row Points는 행의 수준과 차원사이의 cosine 제곱값으로 행의 개별 수준과 차원사이의 상관관계(correlation)로 해석될 수 있다. cosine 제곱값이 큰 행의 수준은 차원에 가깝게 위치하게 된다. 따라서 차원1에 매우 가깝게 위치한 나이 수준은 젊은층이고 중년층과 노년층은 상대적으로 약간 멀리 떨어져 있게 된다. 또한 차원2에서 상대적으로 가깝게 위치하는 나이 수준은 노년층, 중년층인 반면에 젊은층 매우 멀리 떨어져 위치하게 된다.

<표 9.1>에서 열(제품 종류) 프로파일에 대한 두 축에 대한 좌표와 열에 관한 지각도 작성과 관련된 값들은 아래와 같다.

Column Coordinates(열 좌표)

	Dim1	Dim2
A	−.057828	0.182654
B	0.512694	−.054938
C	−.158815	−.124148

Plot of Product Association

Plot of DIM2*DIM1$AGE. Symbol used is '*'.

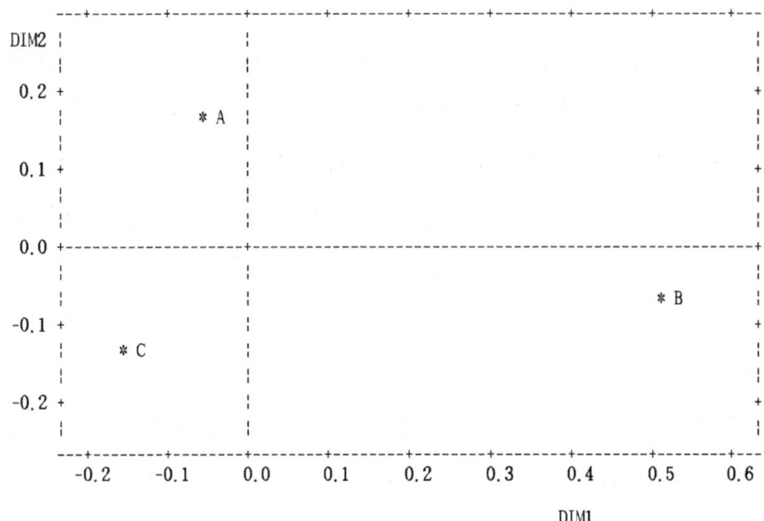

Summary Statistics for the Row Points

	Quality	Mass	Inertia
YOUNG	1.00000	0.363636	0.166517
MIDDLE	1.00000	0.181818	0.603060
SENIOR	1.00000	0.454545	0.230423

Partial Contributions to Inertia for the Column Points

	Dim1	Dim2
A	0.020109	0.616255
B	0.790306	0.027876
C	0.189585	0.355869

Squared Cosines for the Column Points

	Dim1	Dim2
A	0.091102	0.908898
B	0.988648	0.11352
C	0.620705	0.379295

Quality 차원의 최대값이 1이기 때문에 제품 수준은 두 개 차원에 의해서 완전히 설명된다. Mass는 열의 개별 수준합 비율 c_j을 의미한다. Inertia는 전체 Inertia에 대한 열의 개별 수준의 상대적인 기여도를 의미하기 때문에 열에 대한 차원은 제품 종류가 B인지 혹은 (A, C)인지를 구분하게 된다. Partial Contributions to Inertia for the Column Points는 제품 종류와 두개 차원과의 연관성의 크기로 해석하면 차원1은 제품 B와 차원2는 제품(A, C)과 연관성이 더 있다고 판단할 수 있다. 차원1에 매우 가깝게 위치한 제품은 B이고 가장 멀리 위치한 제품은 A이다. 또한 차원2에 매우 가깝게 위치한 제품은 A이고 가장 멀리 위치한 제품은 B이다.

나이수준과 제품종류에 대한 연관성을 종합한 지각도를 작성하면 아래와 같다. 젊은층은 제품 B에 가장 가깝게 위치하고, 중년층은 제품 A에 가장 가깝게 위치하고 노년층은 제품 C에 가장 가깝게 위치하고 있음을 알 수 있다. 또한 나이수준과 제품종류의 위치에서 서로 음의 연관성이 있음을 알 수 있다. 결론적으로 지각도를 통해서 나이 수준에 따라서 제품의 선호도가 다름을 탐지할 수 있기 때문에 영업 부서에서는 나이 수준에 따른 상이한 판매전략을 세우는 것이 바람직 할 것이다.

Plot of All Association

Plot of DIM2*DIM1$AGE. Symbol used is '*'.

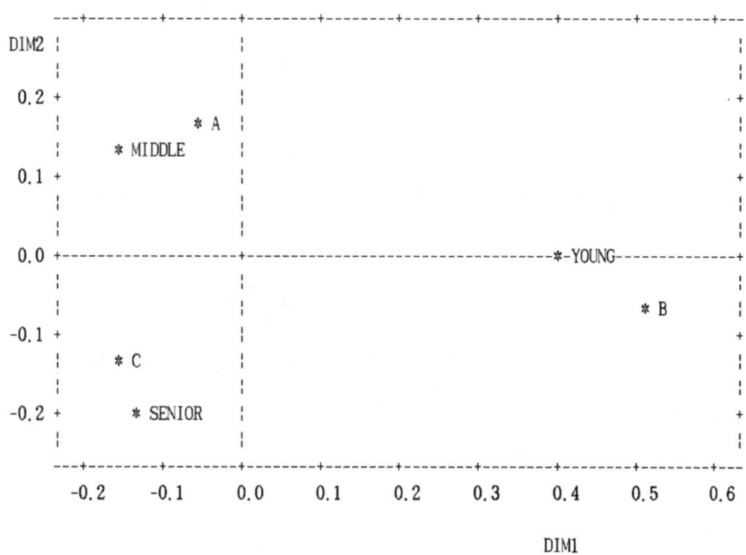

NOTE: 1 obs had missing values.

연 / 습 / 문 / 제

9.1 아래 표는 우리나라 9개 도시에 대한 항공거리에 대한 상대적거리이다. 절대척도를 이용하여 지리적 거리를 이차원 공간상에 좌표화하고, 좌표축을 설명하여라.

9개 도시 상대적 거리

	서울	인천	부산	대구	대전	청주	춘천	광주	충주
서울	0								
인천	28	0							
부산	306	315	0						
대구	213	224	94	0					
대전	128	130	187	104	0				
청주	100	107	208	118	31	0			
춘천	91	119	295	202	158	128	0		
광주	240	232	177	154	126	156	284	0	
충주	173	169	178	118	57	87	215	69	0

9.2 다음 자료는 11개 자동차를 유사성을 직접적으로 측정하기 위하여 자동차브랜드를 두 개씩 짝으로 결합하여 55개 짝에 대한 유사성에 대하여 순위를 부여한 자료이다. 가장 유사성이 있는 짝에 1을 가장 유사성이 없는 55를 부여하였다. 다차원분석을 실시하여 서로 경쟁관계에 있는 브랜드군을 살펴보아라.

11개 자동차 브랜드 유사성자료

	A	B	C	D	E	F	G	H	I	J	K
Ford Mustang 6	–										
Mercury Cougar V8	8	–									
Lincoln Continental V8	50	38	–								
Ford Thunderbird V8	31	9	11	–							
Ford Falcon	12	33	55	44	–						
Chrysler Imperial V8	48	37	1	13	54	–					
Jagular Sedans	36	22	23	16	53	26	–				
AMC Javelin V8	2	6	46	19	30	47	29	–			
Plumouth Barracuda	5	4	41	25	28	40	35	3	–		
Buick Le Sabre V8	39	14	17	18	45	24	34	27	20	–	
Chevrolet Corvair	10	32	52	42	7	51	49	15	21	43	–

9.3 기업파산에 대한 통계적 예측모형을 개발하기 위하여 영향을 미칠 수 있는 네 개 독립변수를 고려하였다. 첫 번째 변수는 일정한 기간 중에 동태적 유동성 상태를 나타내는 지표로 현금흐름 대 총부채 비율(X1 = Cash Flow / Total Debt), 두 번째 변수는 수익성 지표로 순이익 대 총자산 비율(X2 = Net Income / Total Assets), 세 번째 변수는 기업의 단기지급능력을 측정하는 지표로 유동자산 대 유동부채 비율(X3 = Current Assets / Current Liabilities), 네 번째 변수는 자산운영의 효율성을 측정하는 지표로 유동자산 대 순매출액 비율(X4 = Current Assets / Net Sales) 등 네가지 재무비율을 고려하였다. 파산된 21개 기업(Y = 0)과 정상적으로 운영되는 25개 기업(Y = 1)을 선정하여 각 기업에 대하여 네 가지 재무비율을 구하였다. 자료는 첨부된 디스켓 [\DATA\FIN.DAT]에 저장되어 있다. SAS IML을 이용해서 유클리드 거리를 구한 후 다차원척도법에 의해서 (1) 파산과 정상여부로 표시된 지각도와 (2) 기업 번호로 표시된 지각도를 각각 작성하여라.

< SAS Program: \CH9\P3.SAS >

```
DATA ONE;
 INFILE "A:\DATA\P93.DAT";
INPUT X1-X4 Y;
 FIRM = _N_;
RUN;
PROC IML;
 USE ONE;
 READ ALL VAR{X1 X2 X3 X4} INTO X;
 N=NROW(X); D=J(N,N,0);
 DO I = 1 TO N;
  DO J = 1 TO N;
  D[I,J]=SQRT(SSQ(X[I,]-X[J,]));
  END;
 END;
CREATE DISTMAT FROM D;
APPEND FROM D;
QUIT;
RUN;
DATA TWO;
 MERGE DISTMAT ONE;
RUN;
PROC MDS DATA=TWO OUT=THREE DIM=2 MAXITER=30;
 TITLE "MDS OF BANKRUPTCY DATA SET";
 VAR COL1-COL46;
 ID Y;
RUN;
PROC PLOT DATA=THREE HPERCENT=70 VPERCENT=70;
 TITLE "PLOT SYMBOL DENOTES BANKRUPTCY STATUS";
  PLOT DIM2*DIM1=Y/HAXIS=-6 TO 4 VAXIS=-1 TO 1
  HREF=0 VREF=0;
RUN;
```

```
PROC MDS DATA=TWO OUT=THREE DIM=2 MAXITER=30;
 TITLE "MDS OF BANKRUPTCY DATA SET";
 VAR COL1-COL46;
 ID FIRM;
RUN;
PROC PLOT DATA=THREE HPERCENT=70 VPERCENT=70;
 TITLE "PLOT SYMBOL DENOTES FIRM NUMBER";
  PLOT DIM2*DIM1='*' $ FIRM/HAXIS=-6 TO 4 VAXIS=-1 TO 1
  HREF=0 VREF=0;
RUN;
```

PLOT SYMBOL DENOTES BANKRUPTCY STATUS

Plot of DIM2*DIM1. Symbol is value of Y.

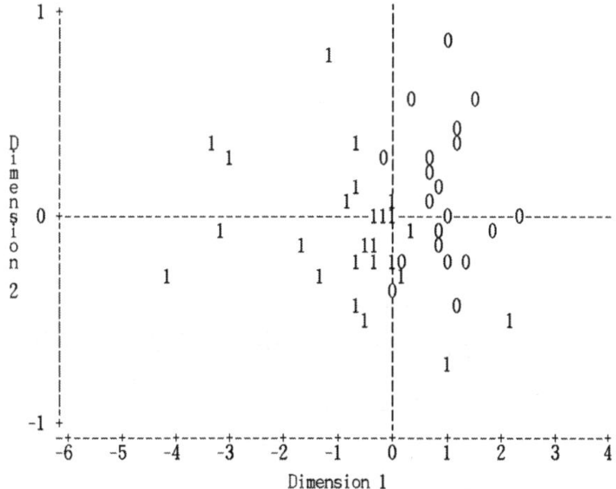

NOTE: 1 obs had missing values. 1 obs hidden.

PLOT SYMBOL DENOTES FIRM NUMBER

Plot of DIM2*DIM1$FIRM. Symbol used is '*'.

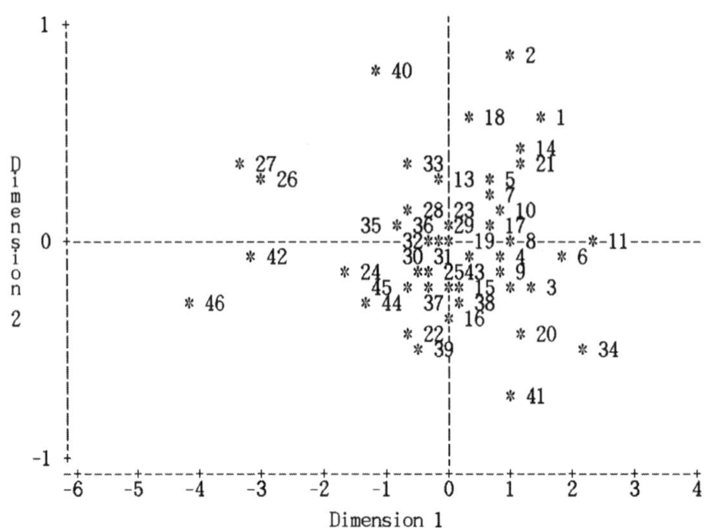

NOTE: 1 missing. 1 hidden. 1 chars hidden.

9.4 아래 자료는 자녀의 정신건강상태(mental health status)와 부모의 사회경제적(socioeconomic status)인 범주사이에 어떤 연관성이 있는지를 분석하기 위해서 다음과 같은 이원 분할표를 얻었다. 대응분석을 실시하여 정신건강상태 범주의 연관성에 대한 지각도, 사회경제적인 범주의 연관성에 대한 지각도와 두 범주의 연관성을 종합적으로 평가할 수 있는 지각도를 각각 작성하여라.

자녀의 정신 건강상태	부모의 사회경제적 범주				
	A(높음)	B	C	D	E(낮음)
정 상(M1)	121	57	72	36	21
가벼운 증상(M2)	188	105	141	97	71
중 간 증 상(M3)	112	65	77	54	54
심각한 증상(M4)	86	60	94	78	71

< SAS Program: \CH9\P4.SAS >

```
DATA ONE;
 INPUT MENTAL$ S1 S2 S3 S4 S5;
CARDS;
M1 121 57 72 36 21
M2 188 105 141 97 71
M3 112 65 77 54 54
M4 86 60 94 78 71
;
RUN;
PROC CORRESP OUT=TWO ALL;
 TITLE " Correspondence Summary Statistics for Menatal
 Health vs SES status";
VAR S1-S5;
 ID MENTAL;
RUN;
PROC PRINT DATA=TWO;
RUN;
 DATA PLOT;
 SET TWO;
  IF _TYPE_ ='OBS' THEN PLOTCHAR='+';
  IF _TYPE_ ='VAR' THEN PLOTCHAR='*';
  IF _TYPE_ ='INERTIA' THEN DELETE;
RUN;
PROC PLOT;
 TITLE "PLOT OF MENTAL HEALTH";
 PLOT DIM2*DIM1='*' $ MENTAL/VREF=0 HREF=0 BOX
  HAXIS=-0.3 TO 0.3 BY 0.1 VAXIS=-0.3 TO 0.3 BY 0.1;
 WHERE PLOTCHAR='*';
RUN;
PROC PLOT;
 TITLE "PLOT OF SES STATUS";
 PLOT DIM2*DIM1='*' $ MENTAL/VREF=0 HREF=0 BOX
```

```
  HAXIS = −0.3 TO 0.3 BY 0.1 VAXIS = −0.3 TO 0.3 BY 0.1;
 WHERE PLOTCHAR = '+';
RUN;
PROC PLOT;
 TITLE "PLOT OF MENTAL HEALTH AND SES ";
 PLOT DIM2*DIM1 = '*' PLOTCHAR $ MENTAL/VREF = 0 HREF = 0 BOX
  HAXIS'0.3 TO 0.3 BY 0.1 VAXIS'0.3 TO 0.3 BY 0.1;
RUN;
```

9.5 아래 자료는 소득수준과 직무만족수준 범주사이에 어떤 연관성이 있는지를 분석하기 위해서 다음과 같은 이원 분할표를 얻었다. 대응분석을 실시하여 소득수준 연관성에 대한 지각도, 직무만족 범주의 연관성에 대한 지각도와 두 범주의 연관성을 종합적으로 평가할 수 있는 지각도를 각각 작성하여라.

소득수준	직무만족 수준			
	매우 불만족(J1)	약간불만족(J2)	보통만족(J3)	매우만족(J4)
저소득층(I1)	42	62	184	207
중소득층(I2)	13	28	81	113
고소득층(I3)	7	18	54	92

참고문헌

[01] Afifi, Abdelmonem., May, Susanne., and Clark, Virginia A. (2011), Practical Multivariate Analysis, Fifth Edition, CRC Press.

[02] Afifi, Abdelmonem., May, Susanne., and Clark, Virginia A. (2003), Computer-Aided Multivariate Analysis, Chapman & Hall/CRC.

[03] Bartlett, M. S. (1954), "Note on Multiplying Factors for Various Chi-square Approximation," Journal of Royal Statistical Society(B) 16, 296-298.

[04] Basilevsky, Alexander (1994), Statistical Factor Analysis and Related methods, john Wiely & Sons, Inc.

[05] Chatfield, C. and A.J. Collins (1981), Introduction to Multivariate Analysis, Chapman and Hall Ltd.

[06] Cox, Trevor F. and Michael A.A. Cox (1994), Multidimensional Scaling, Chapman & Hall.

[07] Denis, Daniel J. (2015), Applied Univariate, Bivariate, and Multivariate Statistics, Wiely.

[08] Green, Paul E., Frank J. Carmone and Scott M. Smith (1989), Multidimensional Scaling, Allyn and Bacon.

[09] Greenacre, Michael (2007), Correspondence Analysis in Practice, Chapman & Hall/CRC.

[10] Hair Joseph F., Anderson Rolph E. and Black William C. (1998), Multivariate Data Analysis, Prentice Hall.

[11] Hosmer, David W., Lemeshow, Stanley. and Sturdivant, Rodney X. (2014), Applied Logistic Regression, Wiely.

[12] Jambu, Michael (1991), Exploratory and Multivariate Data Analysis, Academic Press, Inc.

[13] Johnson, Richard A. and Dean W. Wichern (2012), Applied Multivariate Statistical Analysis, 6/E, PHI.

[14] Kaiser, H. F. and Rice, J. (1974), "Little Jiffy, mark IV," Educational and Psychological Masurement, 34, 111-117.

[15] Khattree, Ravindra and Naik, Dayanand N. (2000), Applied Multivariate Statistics With SAS Software, SAS.

[16] Kleinbaum, David G., Kupper, Lawrence L., Nizam, Azhar. and Muller, Keith E. (2007). Applied Regression Analysis and Other Multivariable Methods, Duxbury.

[17] Rencher, Alvin C. and Christensen, William (2014), Methods of Multivariate Analysis, Wiley.

[18] Sharma, Subhash (1996), Applied Multivariate Techniques, John Wiley & Sons, Inc.

[19] Sung, Oong-Hyun (1989), "valuating Statistical Classification Models with Application to Bond Ratings Classification,"Texas Tech University, Ph.D. Dissertation.

[20] Timm, Neil H. (2013), Applied Multivariate Analysis, Springer.

찾아보기

저/자/소/개

저자 | 성웅현

성균관대학교 통계학과 졸업

미국 Ohio University 대학원 졸업(경영학 전공 M.B.A)

미국 Texas Tech University 대학원졸업(경영통계학전공 Ph.D.)

한신대학교 응용통계학과 교수 soh@hucc.hanshin.ac.kr

응용다변량분석 – 이론 · 방법론 · SAS활용

지 은 이 | 성웅현

펴 낸 이 | 최재범

펴 낸 곳 | 도서출판 탐진

등록 1-996호(倫). 1990. 1. 12.

서울시 마포구 신수로 27-1

Tel. 02)715-1092 ~ 3

Fax. 02)701-6391

E-mail. tamjin1990@hanmail.net

Homepage. www.tamjin.co.kr

1997. 7. 20. 초 판 발행

2016. 9. 20. 제3판 발행

2019. 9. 11. 제3판 제3쇄 발행

ISBN 978-89-5540-458-6 93310 정가 25,000원

✓ 잘못된 책은 바꿔드립니다.

✓ 본서를 무단으로 복제·전재할 경우 저작권법에 저촉됩니다.